# 간추린 현대대수학

김 주 필 지음

# Summarized Modern Algebra

연습문제풀이 및 해답은 교우사 웹사이트
http://kyowoo.co.kr/data/modernalgebra.zip에서 제공합니다.

KYOWOOSA 敎友社

# 머리말

본인은 과거 몇 권의 현대대수학 관련 교재를 출간한 적이 있다. 대부분의 책은 대학교 수학과 학생 및 수학을 부전공으로 하는 학생을 위한 것이었다.

그래서 내용도 되도록 쉽고 자세하게 설명하여 대수를 잘 모르는 학생도 잘 이해할 수 있도록 하였다. 그러다보니 설명이 길어지고 예제도 많이 들어가서 부피가 매우 많아졌다. 그런데 이러한 교재는 수학을 처음하는 사람에게는 유익하나 어느 정도 대수학을 익힌 학생에게는 조금은 지루하고 아는 내용을 이중으로 설명하는 것처럼 되어 시간낭비같이 보이기도 했다.

그래서 많은 독자들이 좀 더 간략하고 내용을 간추린 교재를 출간해주면 좋겠다고 요청하였다.

그래서 이번에는 과거 본인의 저술한 교재 중 필요 없는 부분은 과감히 버리고 중요한 내용만 간추려서 대수학을 공부한 학생이 다시 한 번 총정리하거나 어느 정도 대수학에 대한 기초가 되어있는 학생을 위해서 새로운 교재를 집필하게 되었다.

특히 본 교재는 대학원 입학이나 수학임용고사를 앞두고 단기간에 대수학을 공부하고자 하는 학생에게는 아주 유용할 것으로 생각된다.

본 교재가 조금 어려운 학생은 본인의 즐거운 현대대수 시리즈를 읽으면 많은 도움이 될 것이다.

본 교재로 공부하다가 미비한 점이나 추가할 점이 있으면 연락주시면 감사하겠다.

2013년 2월

저 자

# 차 례


**01** 집합과 연산(Sets and Operations)_1
- 연습문제_21

**02** 군의 정의와 기본적인 성질(Definitions and Elementary Properties of Groups)_24
- 연습문제_37

**03** 부분군과 원소의 위수(Subgroups and Order of Element)_40
- 연습문제_56

**04** 순환군과 군의 직적(Cyclic Groups and Direct Product of Groups)_60
- 연습문제_71

**05** 잉여류 및 유한군(Cosets and Finite Groups)_74
- 연습문제_85

**06** 치환(Permutations)_87
- 연습문제_103

**07** 준동형사상과 정규부분군(Homomorphism and Normal Subgroups)_107
- 연습문제_119

**08** 여러 가지 동형사상(More on Isomorphisms)_122
- 연습문제_137

**09** 실로우의 정리와 그 응용(Sylow Theorems and It's Applications)_143
- 연습문제_162

**10** 유한아벨군(Finite Abelian Groups)_165
- 연습문제_188

**11** 군의 열과 군의 작용(Series of Groups and Group Action)_190
- 연습문제_201

**12** 환의 정의와 기본 성질(Definitions and Properties of Rings)_203
- 연습문제_209

c·o·n·t·e·n·t·s

**13** 아이디얼(Ideal)_212

- 연습문제_224

**14** 상환과 환준동형사상(Quotient Ring and Ring Homomorphisms)_226

- 연습문제_235

**15** 정역과 분수체(Integral Domain and Field of Quotients)_237

- 연습문제_257

**16** 다항식 환과 그 성질(Polynomial Rings)_259

- 연습문제_279

**17** 확대체(Extension Fields)_282

- 연습문제_293

**18** 확대체와 작도(Extension Fields and Construction)_295

- 연습문제_308

**19** 분해체(Splitting Field)_310

- 연습문제_319

**20** 체의 동형사상(Field Isomorphisms)_322

- 연습문제_342

**21** 갈루아 정리(Galois Theorem)_344

- 연습문제_365

**22** 방정식의 풀이(Solving Equations)_367

- 연습문제_382

참고문헌_384

찾아보기_385

CHAPTER 01

# 집합과 연산

Sets and Operations

## 집합

**정의 1.1** 집합이란 우리의 사유나 직관으로 확실히 구분되는 사물들의 모임을 말하며, 또 이 사물들을 집합의 원소라고 부른다. 「A set is a collection into a whole of definite, distinct objects of our intuition or our thought. The objects are called the elements(members) of the set」

수학에서는 몇 가지 씨앗 역할을 하는 단어는 정의하지 않고 그냥 각자가 생각하는 대로 받아들이는 것으로 하여 이것을 **무정의 용어**(undefined terms)라고 부른다. 여기서부터 다른 용어를 차례로 정의해 나간다.

$x$가 집합 $A$의 원소일 때

$$x \in A$$

로 표시하고, $x$는 $A$의 원소($x$ is an element of $A$) 또는 $x$는 $A$에 속한다($x$ belongs to $A$)라고 한다. 그 반대의 경우, 즉 $x$가 집합 $A$의 원소가 아닐 때

$$x \notin A$$

로 표시하고, $x$는 $A$의 원소가 아니다($x$ is not an element of $A$)라고 한다.

**정의 1.2** 성질 $P(x)$를 만족시키는 모든 사물 $x$들의 집합을

$$\{x \mid P(x)\}$$

로 표시하고 "성질이 $P(x)$인 원소 $x$들의 집합"이라고 읽는다.

$A=\{x \mid P(x)\}$의 참뜻은 "모든 사물 $x$에 대하여 $x \in A$일 필요충분조건은 $x$가 성질 $P(x)$를 만족"임을 뜻한다.

**정의 1.3** 두 집합 $A$, $B$에서 $A$의 모든 원소가 $B$에 속할 때, 즉 임의의 $x \in A$에 대해서 $x \in B$일 때 $A$를 $B$의 **부분집합**(subset)이라고 부르고 $A \subset B$로 표시한다.

$A \subset B$가 아닐 때, 즉 $A$가 $B$의 부분집합이 아닐 때 $A \not\subset B$로 표시한다. 또 $A \subset B$이고 $A \neq B$일 때 $A \subsetneq B$로 표시하고 $A$는 $B$의 **진부분집합**(proper subset)이라고 부른다.

**정리 1.1** 임의의 집합 $A$, $B$, $C$에서 다음이 성립한다.

(1) $A \cap B = B \cap A$, $A \cup B = B \cup A$ (교환법칙)

(2) $A \cup A = A$, $A \cap A = A$ (멱등법칙)

(3) $(A \cup B) \cup C = A \cup (B \cup C)$, $(A \cap B) \cap C = A \cap (B \cap C)$ (결합법칙)

(4) $A \cup \varnothing = A$, $A \cap \varnothing = \varnothing$

(5) $A \cap (B \cup C) = (A \cap B) \cup (A \cap C)$, $A \cup (B \cap C) = (A \cup B) \cap (A \cup C)$ (분배법칙)

우리는 집합의 원소들을 성질이 같은 것들끼리 분류할 때가 많다. 이와 같이 집합을 나누는 것을 분할이라고 한다.

**정의 1.4** $A$는 $\varnothing$이 아닌 집합이다. $A_i \subset A$, $A_i \neq \varnothing$, $S=\{A_i \mid i \in I\}$이다. $S$가 다음 조건을 만족시킬 때 $S$를 $A$의 **분할**(partition)이라고 한다.

(1) $\cup\{A_i \mid i \in I\} = A$

(2) 임의의 $A_i$, $A_j \in S$에 대해서 $A_i \neq A_j$이면 $A_i \cap A_j = \varnothing$.

분할의 정의에서 $S$가 집합 $A$의 분할이면 집합 $S$의 원소가 세포처럼 서로 겹치지 않고 $A$를 덮고(cover) 있음을 알 수 있다. 결국 $S$가 집합 $A$의 분할이라는 말은 $A$가 $S$의 원소에 의해서 조각나게 되는 것이다.

$A \times B$의 부분집합을 $A$에서 $B$로의 **관계**(relation from $A$ to $B$)라고 부른다. 특히 $A$에서 $A$로의 관계를 그냥 $A$의 **관계**라 한다.

**정의 1.5** $R \subset A \times A$이고 다음 3가지 성질을 만족시킬 때 $R$을 $A$에서 **동치관계**(equivalent relation)라고 부른다.

(1) 임의의 $a \in A$에 대해서 $(a, a) \in R$이다. (반사율)

(2) 만일 $(a, b) \in R$이면 $(b, a) \in R$이다. (대칭률)

(3) 만일 $(a, b) \in R$, $(b, c) \in R$이면 $(a, c) \in R$이다. (추이율)

참고 $R$이 $A$의 관계이고 $(a, b) \in R$일 때 $aRb$로 표시하고 $a$, $b$는 $R$관계라고 말한다.

**정의 1.6** $R$은 집합 $A$의 동치관계이고 $a \in A$이다. $a$와 $R$ 관계가 있는 모든 원소들의 집합을 $a$의 **동치류**(equivalent class)라고 부르고 $\bar{a}$ 또는 $[a]$로 표시한다. 즉

$$\bar{a} = \{x \in A \mid (x, a) \in R\}$$

인 집합이다.

**정리 1.2** $R$이 $A$의 동치관계이면 다음이 성립한다.

(1) 임의의 $a \in A$에 대해서 $\bar{a} \neq \varnothing$ 이다.

(2) $(a, b) \in R$일 필요충분조건은 $\bar{a} = \bar{b}$ 이다.

(3) $(a, b) \notin R$일 필요충분조건은 $\bar{a} \cap \bar{b} = \varnothing$ 이다.

(4) $\cup\{\bar{a} \mid a \in A\} = A$ 이다.

**증 명** (1) 임의의 $a\in A$에 대해서 $aRa$이므로 $a\in\bar{a}$이다. 따라서 $\bar{a}\neq\varnothing$이다.

(2) $aRb$라 하자. 만일 $x\in\bar{a}$면 $xRa$이다. 따라서 추이률에 의해서 $xRb$이므로 $x\in\bar{b}$이다. 또 만일 $x\in\bar{b}$면 $xRb$이다. 한편, $aRb$이므로 대칭율에 의해서 $bRa$. 따라서 $xRa$가 되므로 $x\in\bar{a}$이다. 따라서 $\bar{a}=\bar{b}$이다. 역으로 $\bar{a}=\bar{b}$라고 하면 (1)에서 $a\in\bar{a}$이므로 $a\in\bar{b}$가 되고, 따라서 $aRb$가 된다.

(3) $(a, b)\notin R$라 하자. 만일 $\bar{a}\cap\bar{b}\neq\varnothing$라고 하면 $x\in\bar{a}\cap\bar{b}$인 $x\in A$가 존재할 것이다. $x\in\bar{a}$이므로 $xRa$. 따라서 $aRx$. $x\in\bar{b}$이므로 $xRb$이다. 추이율에 의해서 $aRb$가 되어 모순이다. 따라서 $\bar{a}\cap\bar{b}=\varnothing$이다.

역으로, $\bar{a}\cap\bar{b}=\varnothing$라 하자. 만일 $aRb$라면 $a\in\bar{b}$이다. 한편, (1)에서 $a\in\bar{a}$이므로 $a\in\bar{a}\cap\bar{b}$가 되어 모순이다. 따라서 $(a, b)\notin R$이다.

(4) 임의의 $a\in A$에 대해서 $\bar{a}\subset A$이므로 $\cup\{\bar{a}\mid a\in A\}\subset A$이다. 한편 모든 $a\in A$에 대해서 $a\in\bar{a}$이므로 $A\subset\cup\{\bar{a}\mid a\in A\}$이다. □

**따름정리 1.3** $R$이 $A$에서의 동치관계이면 임의의 $a, b\in A$에 대해서 $\bar{a}=\bar{b}$이거나 또는 $\bar{a}\cap\bar{b}=\varnothing$이다.

**정의 1.7** $R$이 $A$에서의 동치관계일 때 모든 동치류들의 집합을 $A/R$로 표시하고 $R$에 의한 $A$의 **상집합**(quotient set)이라고 부른다. 즉 $A/R=\{\bar{x}\mid x\in A\}$이다.

**예제 1** 정수 집합 $\mathbb{Z}$에서 $R=\{(a, b)\mid a-b$는 2의 배수$\}$라고 하면 $R$은 $\mathbb{Z}$에서 동치관계이고 $\mathbb{Z}/R=\{$짝수, 홀수$\}$가 된다.

**예제 2** $A=\{1, 2, 3, 4\}$, $R=\{(1, 1), (2, 2), (3, 3), (3, 4), (4, 3), (4, 4)\}$은 $A$에서 동치관계이다. 또 $\bar{1}=\{1\}$, $\bar{2}=\{2\}$, $\bar{3}=\{3, 4\}$이므로 $A/R=\{\bar{1}, \bar{2}, \bar{4}\}$이다.

앞에서의 정리 1.2에 의해서 우리는 다음과 같은 사실을 알 수 있다.

**정리 1.4** $R$이 집합 $A$의 동치관계이면 $A/R$은 $A$의 분할이다.

정수에서 합동은 매우 중요한 동치관계이므로 좀 더 조사해 보자.

**정의 1.8** $n \in \mathbb{Z}$, $n > 0$이다. 임의의 $a, b \in \mathbb{Z}$에 대해서 $a-b$가 $n$의 배수일 때 $a$는 법 $n$에 의해서 $b$와 합동($a$ is congruent to $b$ modulo $n$)이라고 하고 $a \equiv b \pmod{n}$ 또는 $a \equiv_n b$로 표시한다.

**예제 3** $17-5$는 6의 배수이므로 $17 \equiv 5 \pmod{6}$이다.

**정리 1.5** 임의의 양의 정수 $n$에 대해서 $\equiv_n$은 $\mathbb{Z}$에서 동치관계이다.

**증명** (1) 임의의 $a \in \mathbb{Z}$에 대해서 $a-a=0$은 $n$의 배수이므로 $a \equiv_n a$이다.

(2) 만일 $a \equiv_n b$이면 $a-b$는 $n$의 배수이다. $a-b=nk$($k$는 정수)로 두면 $b-a=n(-k)$가 되어 역시 $b-a$도 $n$의 배수이다. 따라서 $b \equiv_n a$.

(3) $a \equiv_n b$, $b \equiv_n c$라고 하면

$$a-b=nk,\ b-c=nt\ (k,\ t \in \mathbb{Z})$$

로 둘 수 있다. 따라서

$$\begin{aligned}(a-b)+(b-c)&=nk+nt\\ a-c&=n(k+t)\end{aligned}$$

이므로 $a \equiv_n c$이 되어 $\equiv_n$은 $\mathbb{Z}$에서 동치관계이다. □

**정의 1.9** $\mathbb{Z}$에서의 동치관계 $\equiv_n$에서 $a$의 동치류 $\overline{a} = \{b \in \mathbb{Z} \mid b \equiv_n a\}$를 $n$을 법으로 하는 $a$의 합동류(congruence class of $a$ modulo $n$)이라고 부른다.

정의에서

$$\begin{aligned}\overline{a} &= \{b \in \mathbb{Z} \mid b \equiv_n a\}\\ &= \{b \in \mathbb{Z} \mid b-a\text{가 } n\text{의 배수}\}\\ &= \{b \in \mathbb{Z} \mid b-a=nk,\ k\text{는 정수}\}\\ &= \{a+nk \mid k \in \mathbb{Z}\}\end{aligned}$$

이다.

**예제 4** 5를 법으로 하는 9의 합동류는

$$\begin{aligned}\overline{9} &= \{9+5k \mid k \in \mathbb{Z}\}\\ &= \{\cdots, -11, -6, -1, 4, 9, 14, 19, 24, \cdots\}\end{aligned}$$

이다. 또 2의 합동류는

$$\overline{2} = \{2+5k \mid k \in \mathbb{Z}\} = \{\cdots, -8, -3, 2, 7, 12, \cdots\}$$

이다.

**정리 1.6** 동치관계 $\equiv_n$에 의한 정수 $\mathbb{Z}$의 상집합은

$$\mathbb{Z}/\equiv_n = \{\overline{0}, \overline{1}, \overline{2}, \cdots, \overline{n-1}\}$$

이다.

**증명** 우선 $\{\overline{0}, \overline{1}, \cdots, \overline{n-1}\}$의 원소는 모두 틀리다는 것을 보이자.

임의의 $0 \le i, j \le n-1$인 정수 $i, j$에 대해서 $i-j$는 $n$의 배수가 될 수 없다. 따라서 $\overline{i} \ne \overline{j}$이다. 다음으로 임의의 $\overline{a} \in \mathbb{Z}/\equiv_n$에 대해서 $a$를 $n$으로 나누어 몫을 $q$, 나머지를 $r$라고 하면 $a = nq+r(0 \le r \le n-1)$로 쓸 수 있고 $a-r$은 $n$의 배수이므로 $a \equiv_n r$이다. 따라서 $\overline{a} = \overline{r}$가 된다. □

**정의 1.10** 동치관계 $\equiv_n$에 의한 $\mathbb{Z}$의 상집합 $\mathbb{Z}/\equiv_n$을 $\mathbb{Z}_n$으로 표시한다 ($\mathbb{Z}$ $\bmod n$으로 읽음).

**예제 5** $\mathbb{Z}_5 = \{\overline{0}, \overline{1}, \overline{2}, \overline{3}, \overline{4}\}$이다.

**주의** $\mathbb{Z}_3$에서 $\overline{2} = \overline{5} = \overline{-1} = \overline{14} = \cdots$으로 같은 합동류도 여러 가지 다른 모양으로 표시할 수 있다. 그러나 합동류는 $\overline{0}, \overline{1}, \overline{2}$ 세 개뿐이다.

## 함수

보통 우리가 말하는 함수는 "집합 $A$의 각 원소 $a$에 대해서 어떤 규칙에 의해서 집합 $B$의 원소 $b$가 단 한 개씩 대응될 때"를 $A$에서 $B$로의 함수라고 부른다. 이러한 대응되는 규칙을 $f$라고 했을 때 $f$를 $A$에서 $B$로의 함수라고 부르고

$$f : A \rightarrow B$$

로 표시한다. 그러나 위의 정의는 좀 애매하므로 다음과 같이 관계를 가지고 함수를 정의하는 것이 보다 합리적이다.

**정의 1.11** $f$가 집합 $A$에서 $B$로의 관계로서 다음 두 조건

(1) 임의의 $a \in A$에 대해서 $(a, b) \in f$가 되는 원소 $b \in B$가 반드시 존재한다.

(2) 만일 $(a, b) \in f$, $(a, c) \in f$이면 $b = c$

을 만족시킬 때 $f$를 $A$에서 $B$로의 **함수**(function)라 부르고

$$f : A \rightarrow B$$

로 표시한다.

**예제 6** $A = \{1, 2, 3\}$, $B = \{a, b\}$라고 하면 $f = \{(1, b), (2, a), (3, a)\}$는 $A$에서 $B$로의 함수이다. 그러나 $f = \{(1, a), (2, b)\}$는 $A$에서 $B$로의 함수가 아니다.

$(a, b) \in f$일 때 $b$는 $a$에 대응하는 원소라고 하면 $A$에서 $B$로의 함수의 정의는 결국

(1) 집합 $A$의 어떠한 원소 $a$에 대해서도 반드시 대응하는 $B$의 원소가 존재하고 (존재성)

(2) 이 대응하는 $B$의 원소는 단 한 개밖에 없다. (유일성)

함수 $f : A \rightarrow B$에서 $a \in A$에 대해서 $(a, b) \in f$인 $b$는 단 한 개뿐이므로 $f(a) = b$로 적는다. 즉 $f$가 함수일 때는 $(a, b) \in f$와 $f(a) = b$는 같은 말이다.

**정의 1.12** $f : A \rightarrow B$에서 $f(a) = b$일 때 $b$를 $f$에 의한 $a$의 상(image) 또는 $a$에

서의 $f$의 함수값이라 하고 $a$를 $f$에 의한 $b$의 **원상**(preimage)이라고 한다.

함수의 일반적인 표시는 $f: A \to B$, $y = f(x)$꼴로 표시한다. 뒤의 $y = f(x)$는 $x$에 대응하는 $f$의 함수값이 $y$라는 뜻이다.

**예제 7** $f: \mathbb{R} \to \mathbb{R}$, $y = x^2$은 $f$는 실수에서 실수로의 함수로서 실수 $x$에 대해서 $x^2$이 대응된다. 즉 $f = \{(x, x^2) \mid x \in \mathbb{R}\}$이다.

**정의 1.13** 함수 $f: A \to B$에서 $C \subset A$, $D \subset B$일 때 집합

$$f(C) = \{f(x) | x \in C\},\ f^{-1}(D) = \{x \in A \mid f(x) \in D\}$$

를 각각 $C$, $D$의 상, 원상들의 집합이라고 한다.

정의에서 $y \in f(C)$일 필요충분조건은 $y = f(x)$, $x \in C$가 되는 $x$가 존재할 경우이고, $x \in f^{-1}(D)$일 필요충분조건은 $f(x) \in D$임을 쉽게 알 수 있다.

일반적으로 함수 $f: A \to B$에서 $f(A) = B$가 될 필요는 없다. 따라서 $f(A)$와 $B$를 구분하여 $B$를 $f$의 **공역**(codomain), $f(A)$를 $f$의 **치역**(range)이라고 한다. $A$는 $f$의 **정의역**(domain)이라고 하고 dom $f$로 적는다.

**문제 1** $f(x) = \dfrac{x}{\sqrt{2-x}}$의 정의역은 무엇인가? 또, $x = -7, -1, 1$에서의 $f$의 함수값을 구하여라.

**풀이** 우선 분모가 0이 될 수 없고 $\sqrt{\ }$ 속은 음수가 될 수 없으므로 $2 - x > 0$이어야 한다. 따라서 $2 - x > 0$을 풀어주면 $x < 2$를 얻게 된다. 정의역은 $(-\infty, 2)$이다.

또 $f(-7) = -\dfrac{7}{3}$, $f(-1) = \dfrac{-1}{\sqrt{3}}$, $f(1) = 1$이다. ■

**문제 2** $f: (-\infty, 6] \to \mathbb{R}$, $f(x) = \begin{cases} -x, & x < 0 \\ -3, & x = 0 \\ \dfrac{3}{x}, & 0 < x \le 6 \end{cases}$

인 함수이다. $f$의 그래프를 그리고 $f([0, 3])$, $f^{-1}((-\infty, 2])$를 구하여라.

**풀이** 주어진 정의역을 셋으로 나누어 $x<0$, $x=0$, $0<x\le 6$일 때를 각각 그려 종합하면 그림은 다음과 같다.

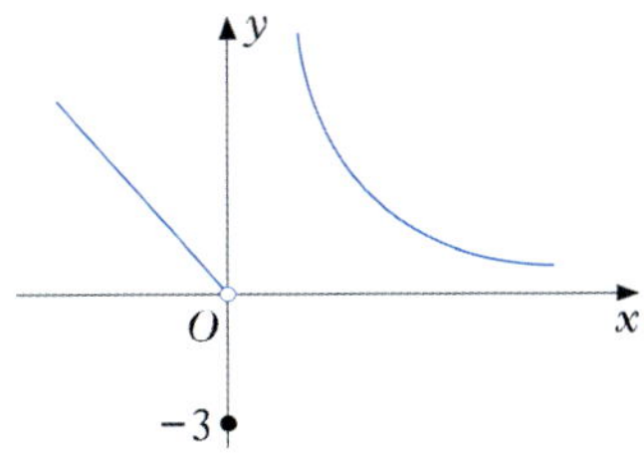

[그림 1.1]

$f([0,\ 3])=[1,\ \infty)$, $f^{-1}((-\infty,\ 2])=(0,\ \infty)\cup\{-3\}$이다. ■

## 여러 가지 함수

**정의 1.14** 임의의 집합 $A$에서 $f: A\to A$, $f(x)=x$, 즉 함수 $f$가 $A$의 각 원소에 대해서 자기 자신으로 대응시킬 때 이 함수를 **항등함수**(identity function)라고 부르고 $1_A$로 표시한다.

**정의 1.15** $f: A\to B$에서 $A$의 모든 원소를 $B$의 한 개의 원소로 대응시킬 때 이 함수를 **상수함수**(constant function)라고 한다.

$f: A\to B$가 상수함수일 필요충분조건은 $f$의 치역은 한 개의 원소만으로 된 단집합일 때이다.

**정의 1.16** $f: A\to B$가 $a\ne b$이면 $f(a)\ne f(b)$일 때, 즉 $A$의 서로 다른 원소에는 서로 다른 원소가 대응될 때 $f$를 **단사함수**(one to one function)라고 부른다.

**예제 8** (1) $f: \mathbb{R} \to \mathbb{R}$, $f(x) = x^2$은 단사함수가 아니다. 왜냐하면 $1 \neq -1$이나 $f(1) = f(-1) = 1$이 되기 때문이다.

(2) $f: \mathbb{R} \to \mathbb{R}$, $f(x) = x^3$은 단사함수이다. 왜냐하면 $a \neq b$이면

$$a^3 - b^3 = (a-b)(a^2 + ab + b^2)$$

고 $a^2 + ab + b^2 > 0$이므로 $a^3 \neq b^3$이기 때문이다.

> **정의 1.17** $f: A \to B$가 $f(A) = B$일 때, 즉 공역과 치역이 같을 때 $f$를 전사함수(onto function)라고 부른다.

**예제 9** $A = \{a, b, c, d\}$, $B = \{1, 2, 3\}$, $f: A \to B$, $f = \{(a, 2), (b, 3), (c, 2), (d, 3)\}$이면 $f$는 전사가 아니다. 치역은 $\{2, 3\}$이다.

보통 함수 $f$가 단사임을 보이기 위해서는 정의 1.16의 대우를 써서 $f(a) = f(b)$이면 $a = b$가 됨을 보이면 된다.

또 $f: A \to B$가 전사임을 보이기 위해서는 항상 $f(A) \subset B$이므로 $B \subset f(A)$임을 보이면 된다. 즉 임의의 $b \in B$에 대해서 $b = f(a)$가 되는 $a \in A$가 존재함을 보이면 된다.

## 함수의 합성

> **정리 1.7** 두 함수 $f: A \to B$, $g: B \to C$에서 관계
>
> $$h = \{(a,\ g(f(a))) \mid a \in A\}$$
>
> 는 $A$에서 $C$로의 함수가 된다.

**증명** 우선 $a \in A$이므로 $f(a) \in B$이고 $g(f(a))$는 $C$의 원소이므로 $(a, g(f(a)))$는 $A \times C$의 원소이다. 따라서 $h$는 $A \times C$의 부분집합이다. 임의의 $a \in A$에 대해서

$$g(f(a)) \in C, \quad (a, g(f(a))) \in h$$

이므로 dom $h=A$이다. 만일 $(a,\ b)\in h$, $(a,\ c)\in h$라고 하면

$$b=g(f(a)),\quad c=g(f(a))$$

이므로 $b=c$가 되어 $h$는 함수의 정의를 만족시킨다. □

위의 정리의 $h$는 $A$에서 $C$로의 함수이므로 $h:A\to C$, $h(a)=g(f(a))$이다. 이 함수 $h$를 $f$, $g$의 합성함수라 한다.

**정의 1.18** 두 함수 $f:A\to B$, $g:B\to C$에서

$$h:A\to C,\quad h(a)=g(f(a))$$

일 때 $h$를 $f$와 $g$의 **합성함수**(composition function)라고 부르고 $g\circ f$로 표시한다.

$f$와 $g$의 합성함수 $g\circ f$는 먼저

(1) $f$의 공역과 $g$의 정의역이 같아야 하고,

(2) $f$의 정의역의 임의의 원소 $a$에 대해서 $a$의 $f$에 의한 상 $f(a)$를 다시 $g$에 의한 상 $g(f(a))$로 대응시킨 것이다.

**예제 10** $f:\mathbb{R}\to\mathbb{R}$, $f(x)=2x+1$, $g:\mathbb{R}\to\mathbb{R}$, $g(x)=x^2-2$라고 하면

$$\begin{aligned} g\circ f:\mathbb{R}\to\mathbb{R},\ (g\circ f)(x) &= g(f(x)) \\ &= g(2x+1) \\ &= 4x^2+4x-1 \\ f\circ g:\mathbb{R}\to\mathbb{R},\ (f\circ g)(x) &= f(g(x)) \\ &= f(x^2-2) \\ &= 2x^2-3 \end{aligned}$$

**정리 1.8** $f:A\to B$, $g:B\to C$, $h:C\to D$일 때 $(h\circ g)\circ f=h\circ(g\circ f)$이다. 또 이것은 $A$에서 $D$로의 함수이다.

정리 1.8에 의해서 앞으로 $(h \circ g) \circ f$는 괄호 없이 $h \circ g \circ f : A \to D$로 써도 무방하다.

> **정리 1.9** 임의의 함수 $f : A \to B$에 대해서 $f \circ 1_A = f$, $1_B \circ f = f$이다.

## 역함수

> **정의 1.19** 함수 $f : A \to B$에 대해서 함수 $g : B \to A$가 존재해서 $g \circ f = 1_A$, $f \circ g = 1_B$가 성립할 때 $g$를 $f$의 **역함수**(inverse function)라고 하고 $g = f^{-1}$로 표시한다.

**예제 11** $f : \mathbb{R} \to \mathbb{R}$, $f(x) = 3x - 1$, $g : \mathbb{R} \to \mathbb{R}$, $g(x) = \frac{1}{3}x + \frac{1}{3}$이라고 하면

$$(g \circ f)(x) = g(3x - 1) = x,$$
$$(f \circ g)(x) = f\left(\frac{1}{3}x + \frac{1}{3}\right) = x$$

이므로 $g$는 $f$의 역함수이다.

**예제 12** $A = \{1,\ 2,\ 3\}$, $B = \{a,\ b,\ c\}$

$$f : A \to B,\ f(1) = c,\ f(2) = a,\ f(3) = b$$
$$g : B \to A,\ g(a) = 2,\ g(b) = 3,\ g(c) = 1$$

라고 하면

$$\begin{aligned} g \circ f : A \to A,\ & (g \circ f)(1) = g(c) = 1 \\ & (g \circ f)(2) = g(a) = 2 \\ & (g \circ f)(3) = g(b) = 3 \end{aligned}$$

이므로 $g \circ f = 1_A$이다. 마찬가지로 $f \circ g = 1_B$가 됨도 알 수 있다. 따라서 $g$

는 $f$의 역함수이다.

일반적으로 모든 함수가 역함수를 가지는 것은 아니다. 역함수가 존재하기 위해서는 특별한 조건을 갖추어야 한다. 다음 정리에서 살펴보면

**정리 1.10** $f: A \to B$가 역함수를 가질 필요충분조건은 $f$가 전단사함수이다.

$f$와 역함수 $f^{-1}$와의 관계는 $f(a)=b$일 필요충분조건은 $f^{-1}(b)=a$이다.

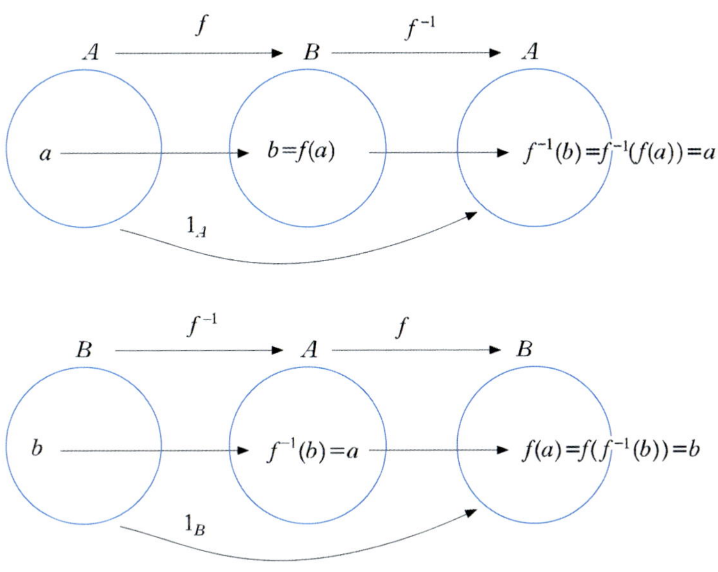


[그림 1.2]

**정리 1.11** (1) $f: A \to B$가 역함수를 가지면 $f^{-1}$도 역함수를 가지고 $(f^{-1})^{-1}=f$이다.
(2) $f: A \to B$, $g: B \to C$가 모두 역함수를 가지면 $g \circ f: A \to C$도 역함수를 가지고 $(g \circ f)^{-1}=f^{-1} \circ g^{-1}$이다.

**증명** (1) $f^{-1}$도 $B$에서 $A$로의 전단사함수이므로 역함수를 가진다. 또
$(f^{-1})^{-1}=(f^{-1})^{-1} \circ 1_A=(f^{-1})^{-1} \circ (f^{-1} \circ f)=((f^{-1})^{-1} \circ f^{-1}) \circ f=1_B \circ f=f$이다.

(2) $f$, $g$는 각각 전단사이므로 $g \circ f$도 전단사이고 따라서 역함수를 가진다. □

**정리 1.12** $f : A \rightarrow B$는 함수이다. $f$가 단사일 필요충분조건은 $g \circ f = 1_A$를 만족시키는 함수 $g : B \rightarrow A$가 존재하는 것이다.

**문제 5** $f(3x-1) = \frac{1}{2}x - 5$의 역함수를 구하여라.

**풀이** $3x - 1 = (f^{-1} \circ f)(3x-1) = f^{-1}\left(\frac{1}{2}x - 5\right)$이다. $\frac{1}{2}x - 5 = X$라 두면 $x = 2X + 10$이므로

$$f^{-1}(X) = 3x - 1 = 6X + 29$$

따라서 $f^{-1}(x) = 6x + 29$이다. ■

**정리 1.13** (수학적 귀납법) 자연수 $n$에 대한 성질 $P(n)$에 대해서 다음 두 조건

(1) $P(1)$은 참이다. (2) 만일 $P(n)$이 참이면 $P(n+1)$도 참이다.

가 만족되면 $P(n)$은 모든 자연수에 대해서 참이다.

**증명** 만일 $P(n)$이 참이 되지 않는 자연수가 존재한다면 집합

$$X = \{n \in N \mid P(n)\text{은 거짓}\}$$

는 $\varnothing$가 아니다. 정열법칙에 의해서 $X$의 최소원소 $c \in X$가 존재한다. 그런데 (1)에 의해서 $c \neq 1$이다. 따라서 $c-1 \in N$이고 $c-1 < c$이므로 $c-1 \notin X$이다. 따라서 $P(c-1)$은 참이 되고 (2)에 의해서 $P(c) = P((c-1)+1)$도 참이다. 그런데 $c \in X$이므로 $P(c)$는 처음부터 거짓이므로 모순이다. 따라서 $P(n)$이 거짓인 자연수는 존재하지 않는다. 즉 모든 자연수에 대해서 $P(n)$은 참이다. □

**정리 1.14** (제2-수학적 귀납법) 자연수 $n$에 대한 성질 $P(n)$에 대해서 다음 두 조건

(1) $P(1)$은 참이다.

(2) 만일 $1 \leq k < n$인 모든 자연수 $k$에 대해서 $P(k)$가 참이면 $P(n)$도 참이다.

가 만족되면 $P(n)$은 모든 자연수에 대해서 참이다.

**증명** 집합 $X=\{n\in N\,|\,P(n)$은 거짓$\}$가 $\varnothing$가 아니라고 하면 위와 마찬가지로 하여 모순이 발생한다. □

## 연산

집합 $A$에서의 연산이란 $A$의 두 개의 원소를 결합하여 한 개의 새로운 원소를 만들어 내는 것을 말한다.

연산을 정식으로 수학적으로 정의하면 아래와 같다.

> **정의 1.20** $A$는 공집합이 아닌 집합이다. $A$에서의 **연산**(operation)이란 $A\times A$에서 $A$로의 함수를 말한다.

일반적으로 연산의 표시는 $*$, $\circ$ 또는 $\cdot$ 로 표시한다. 위의 정의에 의해서 $A$에서의 연산 $*$는 함수

$$*\ :A\times A\rightarrow A$$

이다. 임의의 원소 $(a,\,b)\in A\times A$의 함수값 $*\,(a,\,b)$를 보통 $a*b$로 나타낸다.

**예제 13** 정수집합 $\mathbb{Z}$에서 $a*b=a+b$라고 하면 $*$는 연산이다. 그러나 $a*b=\dfrac{a}{b}$는 연산이 아니다. 왜냐하면 $a,\,b\in\mathbb{Z}$이나 $\dfrac{a}{b}\notin\mathbb{Z}$인 경우가 있으므로 $*$는 $\mathbb{Z}\times\mathbb{Z}$에서 $\mathbb{Z}$로의 함수가 될 수 없다.

**예제 14** 유리수집합 $\mathbb{Q}$에서 $a*b=\dfrac{a+b}{ab}$는 연산이 아니다. $0*3$의 값은 없다.

**예제 15** $A$는 집합, $\mathscr{P}(A)=\{X\,|\,X\subset A\}$를 $A$의 멱집합이라고 하면 $\cup$, $\cap$는 $\mathscr{P}(A)$에서 연산이다. 즉

$$\cup,\ \cap : \mathscr{P}(A)\times\mathscr{P}(A)\to\mathscr{P}(A)$$

이다. 이 연산을 특히 **집합연산**(set operation)이라고 부른다.

참고 연산은 함수이므로 함수의 모든 성질을 만족시켜야 한다. 특히 함수의 다음 세 가지 사실을 잘 기억하자.

(1) $A$의 **모든**(all) 원소 $a$, $b$에 대해서 $a*b$의 값이 항상 존재해야 한다.

(2) $A$의 임의의 두 원소 $a$, $b$에 대해서 $a*b$의 값은 **단 한 개**(unique) 존재해야 한다. 예를 들어 유리수집합 $\mathbb{Q}$에서 $\frac{b}{a}*\frac{d}{c}=\frac{b+d}{ac}$라고 하면 $*$는 연산이 아니다. 왜냐하면 $\frac{1}{2}=\frac{2}{4}$, $\frac{1}{3}=\frac{3}{9}$이지만 $\frac{1}{2}*\frac{1}{3}=\frac{2}{6}$, $\frac{2}{4}*\frac{3}{9}=\frac{5}{36}$가 되어 연산한 값이 단 한 개만 정해지지 않으므로 연산이 아니다.

(3) $A$의 임의의 두 원소 $a$, $b$에 대해서 $a*b$의 값은 반드시 $A$의 원소라야 한다. 즉 닫혀 있어야 한다(closed).

**정의 1.21** 집합 $A$의 연산 $*$가 모든 $a,\ b\in A$에 대해서

$$a*b=b*a$$

를 만족시킬 때 $*$를 **가환**(commutative)이라고 한다.

**예제 16** 정수집합 $\mathbb{Z}$에서 $x\circ y=x^2+y^2$은 가환이다. 그러나 $x*y=x^2+y$는 가환이 아니다.

**정의 1.22** 집합 $A$의 연산 $*$가 모든 $a,\ b,\ c\in A$에 대해서

$$(a*b)*c=a*(b*c)$$

를 만족시킬 때 $*$를 **결합적**(associative)이라고 한다.

**예제 17** 정수집합 $\mathbb{Z}$에서 $a*b=2(a+b)$는 가환이다. 그러나 결합적은 아니다.

**예제 18** 정수집합 $\mathbb{Z}$에서 $x*y=x^2+y$는 결합적이 아니다. 그러나 $x\circ y=x$는 결합적이다. 또 두 연산 모두 가환이 아니다.

연산이 가환이면 우리는 두 원소를 연산할 때 순서를 바꾸어도 상관없다. 보통 연산이 가환일 때 **교환법칙**이 성립한다고 한다고 하고 결합적일 때 **결합법칙**이 성립한다고 한다.

결합법칙이 성립하면 괄호를 생략하고 $(a*b)*c$나 $a*(b*c)$나 모두 $a*b*c$로 적는다. 그러나 순서를 바꾸면 안된다.

**예제 19** $M=\{A \mid A$는 $2\times 2$ 행렬$\}$이라고 하면 $M$에서 일반적으로 $AB\neq BA$이다. 그러나 $(AB)C=A(BC)$는 성립한다.

만일 집합 $A$가 유한집합이면 $A$의 연산을 표로 나타낼 수 있다.

$$A=\{x_1,\ x_2,\ \cdots,\ x_n\}$$

라고 하자. $x_1,\ \cdots,\ x_n$을 가로, 세로로 차례로 적은 후 위에서 $i$번째의 원소 $x_i$와 왼쪽에서 $j$번째의 원소 $x_j$를 연산한 $x_i*x_j$를 $(i,\ j)$항에 다음과 같이 표시한다.

| $*$ | $x_1$ | $\cdots$ | $x_j$ | $\cdots$ | $x_n$ |
|---|---|---|---|---|---|
| $x_1$ | | | $\vdots$ | | |
| $\vdots$ | | | $\vdots$ | | |
| $x_i$ | $\cdots$ | $\cdots$ | $x_i*x_j$ | | |
| $\vdots$ | | | | | |
| $x_n$ | | | | | |

[표 1.1]

이와 같이 만든 표를 **연산표**(operation table)라고 부른다.

**예제 20** $A=\{1,2,3\}$이다. 연산 $*$와 $\circ$는 다음 표와 같다.

| $*$ | 1 | 2 | 3 |
|---|---|---|---|
| 1 | 2 | 1 | 3 |
| 2 | 3 | 2 | 1 |
| 3 | 1 | 3 | 2 |

| $\circ$ | 1 | 2 | 3 |
|---|---|---|---|
| 1 | 1 | 2 | 3 |
| 2 | 2 | 3 | 1 |
| 3 | 3 | 1 | 2 |

[표 1.2]

여기서 $3*2=3,\ 1*3=3,\ 3*1=1$이므로 $*$는 가환은 되지 않는다. 그러나 $\circ$는 가환이다.

만일 유한집합 $A$의 연산이 가환이면 연산표를 만들었을 때 이 표는 대각선으로 대칭이 됨을 쉽게 알 수 있다. 그러나 연산이 결합적이냐 하는 것은 연산표로 금방 알 수는 없다.

예제 20에서 $(1*1)*1=2*1=3$, $1*(1*1)=1*2=1$이 되어 $*$는 결합법칙이 성립하지 않는다. 그러나 연산 $\circ$는 결합법칙이 성립한다. 연산표로 보다 쉽게 결합법칙이 성립하는지 않는지를 알 수 있는 비교적 쉬운 방법으로 Light의 방법이 있다.

## Light의 방법

이항연산 $*$을 가진 집합 $S$에서 $a\in S$라 할 때 다음과 같이 새로운 두 개의 연산 $\cdot(a)$, $(a)\odot$을 정의한다. 임의의 $x$, $y\in S$에 대해서 $\cdot(a), (a)\odot$를 간단히 $\cdot$, $\odot$로 표시해서

$$x\cdot y=(x*a)*y,\quad x\odot y=x*(a*y)$$

라 하자. 만일 $S$의 모든 원소 $a$에 대해서,

$$x\cdot y=x\odot y$$

라면 결합법칙이 성립하는 것이다. 그러면 이 두 연산에 대한 연산표를 만들어 보자.

$\cdot$ 연산표는 $*$ 연산표에서 $x$값 대신에 $x*a$값을 대입하면 된다. 따라서 세로의 각 $x$값 대신에 $x*a$값을 대입하는 것이다.

예를 들어서 $*$가 다음과 같을 때,

| $*$ | $a$ | $b$ | $c$ |
|---|---|---|---|
| $a$ | $a$ | $c$ | $b$ |
| $b$ | $c$ | $a$ | $a$ |
| $c$ | $b$ | $b$ | $c$ |

[표 1.3]

$b$에 대한 $\cdot$ 연산표는 $x$값 대신에 $x*b$가 대입되므로 $*$ 연산에서 세로의 $a$, $b$, $c$ 대신에 $b$열의 값 $c$, $a$, $b$가 대신 들어서게 된다. 따라서 $\cdot$ 연산표의 제1행에는 $c$행의 값 $b$, $b$, $c$가, 제2행에는 $a$행의 값 $a$, $c$, $b$가, 제3행에는 $b$행의 값 $c$, $a$, $a$가 나타나므로 연산표는

| * | $a$ | $b$ | $c$ |
|---|---|---|---|
| $c$ | $b$ | $b$ | $c$ |
| $a$ | $a$ | $c$ | $b$ |
| $b$ | $c$ | $a$ | $a$ |

이다.

(1)

마찬가지로 $b$에 대한 ⊙ 연산표는 $y$의 값 대신에 $b*y$의 값이 나타나므로 제일 위의 가로값 $a$, $b$, $c$ 대신에 $b$행의 값 $c$, $a$, $a$의 값이 나타난다. 따라서 제1열의 값은 $c$ 열의 값 $b$, $a$, $c$. 2열은 $a$열의 값 $a$, $c$, $b$. 3열은 역시 $a$열의 값 $a$, $c$, $b$이다. 즉,

| | $c$ | $a$ | $a$ |
|---|---|---|---|
| $a$ | $b$ | $a$ | $a$ |
| $b$ | $a$ | $c$ | $c$ |
| $c$ | $c$ | $b$ | $b$ |

(2)

와 같게 된다. 이 두 값 (1)과 (2)를 비교하면 서로 틀리므로 결합적이 아니다. 그러나 이와 같이 표를 두 개 만들 필요는 없다. 즉, 이 두 표를 함께 생각해서 세로축은 · 연산표의 $x*b$의 값 $c$, $a$, $b$를 적고 각 $c$, $a$, $b$의 행의 값을 마찬가지로 적어서 표 (1)을 만들고 이 표의 가로축은 ⊙ 연산표의 $b*y$의 값을 적는다. 즉, $c$, $a$, $a$를 적어서

| $b$ | $c$ | $a$ | $a$ |
|---|---|---|---|
| $c$ | $b$ | $b$ | $c$ |
| $a$ | $a$ | $c$ | $b$ |
| $b$ | $c$ | $a$ | $a$ |

(3)

와 같이 만들어서 여기서 각 열에 해당하는 값을 읽어서 원래 $*$연산표의 $c$, $a$, $a$의 값과 일치하는지를 살펴보면 알 수 있다. 즉, 표 (1)만 만들고 표 (2)는 머릿속에서 만들어서 (1)과 겹쳐보는 것이다.

물론 이러한 표는 모든 원소에 대해서 해야 하나 실제로는 생성원(generator)에 대해서만 해도 충분하다. 표에서 보면 $b*c=a$이므로 $b$와 $c$가 생성원이 된다. 따라서 $b$와 $c$에 대해서 결합법칙이 성립하면 $a$는 자동으로 결합법칙이 성립된다. 또 $\{a, c\}$, $\{a, b\}$ 등도 모두 생성원이 된다.

집합 $A$에 어떤 연산이나 관계가 있을 때 우리는 $A$가 **대수적 구조**(algebraic structure)를 가졌다고 하고 바탕집합(underlying set) $A$와 구조를 괄호로 묶어서 함께 표시한다. 예를 들어 $(\mathbb{R}, +, -, \times, \leq)$은 실수집합 $\mathbb{R}$과 연산 $+$, $-$, $\times$, 부등식 $\leq$를 함께 생각한 구조이다. 연산 $*$를 가진 집합 $A$를 $(A, *)$로 표시한다.

다음 집합은 앞으로 자주 나타나는 집합이므로 잘 기억하기 바란다.

$$\mathbb{Z} = \{x | x\text{는 정수}\} = \{-2, -1, 0, 1, 2, \cdots\}$$
$$\mathbb{Z}^+ = \{x \in \mathbb{Z} | x > 0\} = \{1, 2, 3, \cdots\}$$
$$\mathbb{Q} = \{x | x\text{는 유리수}\} = \left\{\frac{b}{a} \middle| a, b \in \mathbb{Z}, a \neq 0\right\}$$
$$\mathbb{Q}^+ = \{x \in \mathbb{Q} | x > 0\}$$
$$\mathbb{R} = \{x | x\text{는 실수}\}$$
$$\mathbb{Q}^* = \mathbb{Q} - \{0\}, \ \mathbb{R}^* = \mathbb{R} - \{0\}.$$

## 01 | 연습문제 EXERCISE

1. 다음과 같은 수열을 피보나츠(Fibonach) 수열이라고 한다.

$$1,\ 1,\ 2,\ 3,\ 5,\ 8, \cdots,\ \text{단}\ a_n = a_{n-1} + a_{n-2}\ (n \geq 3)$$

모든 $k$에 대해서 $a_{5k}$는 5의 배수임을 증명하여라.

2. 다음과 같이 수학적 귀납법으로 증명했다. 어디가 틀렸는가?
"모든 소의 색깔은 같다"의 증명
$p(n)$을 "$n$마리의 소 색깔은 같다"라고 한다.
   (1) 1마리의 소는 자신은 자신의 색깔과 같으므로 따라서 $P(1)$은 참이다.
   (2) $P(m)$은 참이라고 가정하자. $S$를 $m+1$마리의 소 집합이라고 하면 $S=\{r_1,\ r_2,\ \cdots,\ r_{m+1}\}$로 나타낼 수 있다. $\{r_1,\ r_2,\ \cdots,\ r_m\}$은 $m$마리의 소 집합이므로 같은 색깔이다. 또 $\{r_2,\ r_3,\ \cdots,\ r_{m+1}\}$도 $m$마리의 소 집합이므로 역시 같은 색깔이다. 그런데 $r_2$는 공통으로 있으므로 따라서 $S$ 집합의 소 색깔은 모두 같다. 즉, $P(m+1)$이 성립한다. 수학적 귀납법에 의해서 임의의 $n$마리의 소의 색깔은 같다.

3. $c$는 자연수이다. 다음 정리를 증명하여라.
   (1) $P(c)$는 참이다.
   (2) 모든 자연수 $m > c$에 대해서 $c \leq k < m$인 임의의 자연수 $k$에 대해서 $P(k)$가 참이면 $P(m)$도 참이다.
   그러면 $c \leq n$인 모든 자연수 $n$에 대해서 $P(n)$은 참이다.

4. 모든 정수 $n \geq 1$에 대해서 $n^3 - n$은 3의 배수임을 증명하여라.

5. $f : X \to Y,\ A \subset X,\ B \subset Y$이다. $f(A) = \{f(x) \mid x \in A\}$, $f^{-1}(B) = \{x \in X \mid f(x) \in B\}$라고 하면 다음을 증명하여라.
   (1) $f^{-1}(f(A)) \supset A$,
   (2) $f(f^{-1}(B)) = B \cap f(X)$

6. 다음을 증명하여라. (제2형식의 수학적 귀납법)
$P(n)$은 자연수 $n$에 관한 성질이다.
(1) $P(1)$은 참이다.
(2) 임의의 자연수 $m$에 대해서 $k < m$인 모든 자연수 $k$에 대해서 $P(k)$가 참이면 $P(m)$도 역시 참이다.
(1), (2)가 성립하면 모든 자연수 $n$에 대해서 $P(n)$은 참이다.

7. $f : A \to B$, $g : B \to C$이다. $f$, $g$가 각각 역함수를 가지면 $g \circ f : A \to C$도 역함수를 가지고 $(g \circ f)^{-1} = f^{-1} \circ g^{-1}$가 됨을 증명하여라.

8. 다음 중 어디에서 잘못이 있는지 찾아라.
"집합 $S$의 동치관계 $\sim$에서 반사율은 필요없다. 왜냐하면 임의의 $a \in S$에 대해서 대칭률로부터 $a \sim b$이면 $b \sim a$이고 따라서 추이율에 의해서 $a \sim a$이기 때문이다."

9. $f : R \to R$, $f\left(\frac{1}{2}x^3 + 1\right) = 5x - 4$의 역함수를 구하여라.

10. $X = \{0, 1, 2, 3\}$이다.
(1) $R = \{(0, 0), (1, 1), (2, 2), (3, 3), (0, 2), (1, 3), (2, 0), (3, 1)\}$은 $X$에서 동치관계임을 보여라.
(2) $R$의 동치류를 구하여라.

11. $A$가 무한집합이면 $A$의 동치관계도 무한개가 있음을 보여라. 또 그 역도 성립함을 보여라.

12. $f : X \to Y$가 단사일 필요충분조건은 임의의 $g$, $h : A \to X$, $f \circ h = f \circ g$에 대해서 $h = g$임을 보여라.

13. $f : X \to Y$가 전사일 필요충분조건은 임의의 집합 $A$와 임의의 두 함수 $g$, $h : Y \to$가 $g \circ f = h \circ f$가 성립하면 $g = h$임을 보여라.

**14.** 다음 중 연산인 것을 고르고 만일 연산이 되면 가환인지, 결합적인지도 조사하여라.

(1) $\mathbb{Z}$ 에서 $x \circ y = \begin{cases} x & x\text{가 짝수일 경우} \\ x+1 & x\text{가 홀수일 경우} \end{cases}$

(2) $\mathbb{Q}^+$에서 $x \circ y = \dfrac{1}{x+y}$

(3) $\mathbb{Q}^+$에서 $a * b = \dfrac{a+b}{ab}$

(4) $2 \times 2$행렬에서 $\begin{pmatrix} a_1 & a_2 \\ a_3 & a_4 \end{pmatrix} * \begin{pmatrix} b_1 & b_2 \\ b_3 & b_4 \end{pmatrix} = \begin{pmatrix} a_1+b_1 & a_2+b_2 \\ a_3+b_3 & a_4+b_4 \end{pmatrix}$, 단, $a_i$, $b_i \in \mathbb{R}$

(5) $\mathbb{Q}^+$에서 $\dfrac{b}{a} * \dfrac{d}{c} = \dfrac{b+d}{a+c}$, 단 $a$, $b$, $c$, $d \in \mathbb{Z}^+$

**15.** $*$는 $\mathbb{R}$ 에서 다음과 같은 연산이다. 다음을 증명하여라.

$$a * b = a + b + ab$$

(1) 모든 $a$, $b$, $c \in \mathbb{R}$ 에 대해서 $(a*b)*c = a*(b*c)$이다.

(2) 모든 $a$, $b \in \mathbb{R}$ 에 대해서 $a*b = b*a$이다.

(3) $a \neq -1$이면 $a*b = a*c$일 필요충분조건은 $b = c$이다.

**16.** 다음 연산은 결합법칙이 성립하는가?

| $*$ | 1 | 2 | 3 | 4 |
|---|---|---|---|---|
| 1 | 1 | 2 | 3 | 4 |
| 2 | 2 | 4 | 2 | 4 |
| 3 | 3 | 2 | 1 | 4 |
| 4 | 4 | 4 | 4 | 4 |

**17.** 다음 연산표에서 결합법칙이 성립하는지 확인하라.

(1)

| $*$ | $a$ | $b$ | $c$ | $d$ |
|---|---|---|---|---|
| $a$ | $a$ | $c$ | $b$ | $d$ |
| $b$ | $c$ | $a$ | $c$ | $b$ |
| $c$ | $b$ | $d$ | $a$ | $c$ |
| $d$ | $d$ | $b$ | $a$ | $c$ |

(2)

| $*$ | $a$ | $b$ | $c$ |
|---|---|---|---|
| $a$ | $a$ | $c$ | $c$ |
| $b$ | $a$ | $b$ | $c$ |
| $c$ | $a$ | $c$ | $c$ |

# CHAPTER 02 군의 정의와 기본적인 성질

## Definitions and Elementary Properties of Groups

어떤 식을 풀 때는 항상 그 식을 포함하는 집합과 연산의 성질을 잘 이해해야 한다. 즉 수집합이냐 행렬이냐 또는 함수집합이냐에 따라서, 또 연산이 어떤 것이냐에 따라서 그 풀이방법도 틀리다. 그러나 이와 같은 여러 가지 집합에서도 어떤 공통된 성질이 있을 수 있고 이 공통된 성질을 잘 알면 풀이방법도 비슷하게 응용하여 이용할 수 있다. 먼저 연산에 대한 원소의 특수한 성질에 대해서 생각해보자.

**정의 2.1** $A$는 집합이고 $*$는 $A$에서 연산이다.

(1) $A$의 모든 원소 $a$에 대해서

$$a * e = e * a = a$$

를 만족시키는 원소 $e$가 $A$에 존재할 때 이 원소 $e$를 연산 $*$에 대한 $A$의 항등원(identity)이라고 부른다.

(2) $e$가 연산 $*$에 대한 $A$의 항등원일 때 $A$의 원소 $a$에 대해서

$$a * x = x * a = e$$

를 만족시키는 $x$가 $A$에 존재할 때 이 $x$를 연산 $*$에 대한 $a$의 **역원**(inverse)이라고 부른다.

참고 (1)의 항등원은 집합의 모든 원소에 대해서 식이 성립해야 하지만 (2)의 $a$의 역원 $x$는 한 원소 $a$에 대해서만 성립하면 된다.

**예제 1** 정수집합 $\mathbb{Z}$에서 $+$에 대한 항등원은 0이고 곱하기에 대한 항등원은 1이다. 또 $+$에 대한 3의 역원은 $-3$이다.

**문제 1** 정수집합 $\mathbb{Z}$에서

$$a * b = a + b + 1$$

이다. $*$에 대한 항등원이 존재하는지 조사하고 또 2의 역원을 구하라.

참고 역원을 구할 때는 먼저 항등원을 구해야 한다. 항등원이 존재하지 않으면 역원도 존재하지 않는다.

**풀이** 먼저 $*$는 가환이 됨을 알 수 있다. 따라서 한쪽, 즉 모든 $a \in \mathbb{Z}$에 대해서 $a * e = a$가 되는 $e$만 찾으면 된다.

(1) $a * e = a$에서 $a + e + 1 = a$. 따라서 $e = -1$이다.

(2) $2 * x = e$에서 $2 + x + 1 = -1$. 따라서 $x = -4$ ■

**문제 2** 정수집합 $\mathbb{Z}$에서

$$x * y = 2xy + x + y$$

이다. 항등원, 역원을 조사하라.

**풀이** 우선 $x, y \in \mathbb{Z}$면 $2xy + x + y \in \mathbb{Z}$이므로 $*$는 연산이 됨을 알 수 있다.

(1) $a * e = a$에서

$$2ae + a + e = a$$
$$e(2a + 1) = 0$$

위의 식이 임의의 정수 $a$에 대해서 성립해야 하므로

$$e = 0$$

이 항등원이다.

(2) $a * x = e$에서

$$2ax + a + x = 0$$

에서 $x = \dfrac{-a}{2a+1}$이고 이 값은 $a \neq -1$, $a \neq 0$이면 $x \notin \mathbb{Z}$이므로 $-1, 0$만 역원이 존재한다. 실제로 $-1$의 역원은 $-1$, 0의 역원은 0이다. ■

> **정의 2.2** $G$는 집합이고 $*$는 $G$에서의 연산이다. $*$가 다음 (1), (2), (3)을 만족시킬 때 $G$를 군(Group)이라 부르고 $(G, *)$로 표시한다.
> (1) 모든 $a, b, c \in G$에 대해서 $a*(b*c)=(a*b)*c$이다.
> (2) 모든 $a \in G$에 대해서 $a*e=e*a=a$인 원소 $e \in G$가 존재한다.
> (3) 임의의 $a \in G$에 대해서 $a*x=x*a=e$인 원소 $x \in G$가 존재한다.

정의에서 $(G, *)$가 군이 될 필요충분조건은 연산 $*$가 결합적이고 항등원이 존재하며 모든 원소가 역원을 가질 때이다.

군의 모든 성질은 위의 세 가지 성질로부터 나온다고 볼 수 있다.

**예제 2** $(\mathbb{Z}, +)$는 군이다. 항등원은 $0$이고 $a$의 역원은 $-a$이다. 물론 $+$는 $\mathbb{Z}$에서 결합적인 연산임은 당연하다. 마찬가지로 $(\mathbb{Q}, +)$, $(\mathbb{R}, +)$도 군이다.

**예제 3** $(\mathbb{Z}, \times)$는 군이 되지 않는다. 역원의 존재성을 만족시키지 않는다.

**예제 4** $\mathbb{R}^n = \{(a_1, a_2, \cdots, a_n) \mid a_i \in \mathbb{R}\}$이라고 하고 $\mathbb{R}^n$에서의 연산 $*$를

$$(a_1, a_2, \cdots, a_n)*(b_1, b_2, \cdots, b_n)=(a_1+b_1, a_2+b_2, \cdots, a_n+b_n)$$

라고 하면 $(\mathbb{R}^n, *)$는 군이 된다. 항등원은 $(0, 0, \cdots, 0)$이고 $(a_1, a_2, \cdots, a_n)$의 역원은 $(-a_1, -a_2, \cdots, -a_n)$이다. 또 $*$의 결합법칙은 실수에서의 $+$의 결합법칙에서 쉽게 유도할 수 있다.

**예제 5** $\mathbb{R}$에서 $a*b=2(a+b)$라고 하면 $(\mathbb{R}, *)$는 군이 되지 않는다. 그 이유는 첫째 결합법칙이 성립하지 않고 둘째 항등원도 없다.

**예제 6** $\mathbb{R}^* = \mathbb{R}-\{0\}$에서 $a \circ b = 2ab$라고 하면 $(\mathbb{R}^*, \circ)$는 군이 된다. 우선 $\circ$는 결합적이고 임의의 $a \in \mathbb{R}^*$에 대해서

$$a \circ \frac{1}{2} = 2a\left(\frac{1}{2}\right) = a, \quad \frac{1}{2} \circ a = 2\left(\frac{1}{2}\right)a = a$$

이므로 항등원 $\frac{1}{2}$이 존재한다. 또 $a$의 역원을 구해보면

$$a \circ x = \frac{1}{2} = x \circ a \text{로부터}$$

$$2ax = \frac{1}{2} = 2xa$$

따라서 $x = \frac{1}{4a}$이 $a$의 역원이 됨을 알 수 있다.

**정의 2.3** $(G, *)$가 군이고 모든 $a, b \in G$에 대해서 $a * b = b * a$일 때 $(G, *)$를 **아벨군**(abelian group)이라고 부른다.

군 $(G, *)$가 아벨군이 될 필요충분조건은 군 $G$의 연산 $*$가 가환일 경우임은 자명하다. 앞에서 예로 든 많은 군은 모두 아벨군이다. 그러나 아벨군이 아닌 군도 많이 있다. 다음 예제를 살펴보자.

**예제 7** $S_A = \{f \mid f\text{는 } A\text{에서 } A\text{로의 전단사함수}\}$라고 하면 임의의 $f, g \in S_A$에 대해서 $f, g$의 합성 $f \circ g$도 $A$에서 $A$로의 전단사함수이다. 따라서 $f \circ g \in S_A$이고 함수의 성질에서 결합법칙이 성립한다. 또 $A$의 항등함수 $1_A$는 $S_A$의 항등원이 된다. 또 $f \in S_A$의 역함수 $f^{-1}$는 $f$의 역원이 됨을 알 수 있다. 따라서 $(S_A, \circ)$는 군이 된다. 그러나 함수에서는 일반적으로 $f \circ g \neq g \circ f$이므로 가환이 되지 않는다. 따라서 $(S_A, \circ)$는 아벨군이 아니다(non-abelian group).

**예제 8** $GL(2, \mathbb{R}) = \{A \mid A\text{는 성분이 실수인 } 2 \times 2 - \text{정칙행렬}\}$라고하면 $GL(2, \mathbb{R})$은 행렬의 곱에 대하여 군이 된다. 그러나 일반적으로 행렬에서는 $AB = BA$가 성립하지 않으므로 이 군은 비아벨군이다. 이 군을 보통 $\mathbb{R}$ **상에서의 2차 일반선형군**(general linear group of degree 2 over $\mathbb{R}$)이라고 부른다.

$n$을 임의의 정수라 하자. 집합 $\mathbb{Z}_n = \{\bar{i} \mid 0 \le i \le n-1\}$은 $\mathbb{Z}$의 분할이 된다. 이때 집합 $\bar{i}$를 **$n$을 법으로 하는 $i$의 합동류**(congruence classes of $i$ modulo $n$)라고 하고 합동류들의 집합 $\mathbb{Z}_n$을 **$n$을 법으로 하는 합동류의 집합**(set of congruence classes modulo $n$)이라고 부른다.

**정리 2.1** $\mathbb{Z}_n = \{\overline{0}, \overline{1}, \overline{2}, \cdots, \overline{n-1}\}$는 $n$을 법으로 하는 모든 합동류들의 집합이다. 임의의 $\overline{a}$, $\overline{b} \in \mathbb{Z}_n$에 대해서 $\overline{a} \oplus \overline{b} = \overline{a+b}$라고 하면 $(\mathbb{Z}_n, \oplus)$는 아벨군이다.

**증명** 먼저 $\oplus$가 $\mathbb{Z}_n$에서 연산이 됨을 보여야 한다. 임의의 $\overline{a}$, $\overline{b} \in \mathbb{Z}_n$에 대해서 $a+b$를 $n$으로 나눈 나머지를 $r$라고 하면 $\overline{a+b} = \overline{r}$이고 $\overline{a+b} = \overline{a} \oplus \overline{b}$이므로

$$\overline{a} \oplus \overline{b} = \overline{r}, \ 0 \le r \le n-1$$

이므로 $\overline{a} \oplus \overline{b} \in \mathbb{Z}_n$이다. 또 만일 $\overline{a} = \overline{b}$, $\overline{c} = \overline{d}$면 $\overline{a} \oplus \overline{c} = \overline{b} \oplus \overline{d}$가 됨을 보여야 한다. 물론 $a$, $b$, $c$, $d$는 모두 정수이고 서로 다를 수도 있다. $\overline{a} = \overline{b}$이므로 $a-b=nk$, $\overline{c} = \overline{d}$이므로 $c-d=nt$로 표시할 수 있다($k$, $t$는 정수). $\oplus$의 정의에서

$$\overline{a} \oplus \overline{c} = \overline{a+c}, \quad \overline{b} \oplus \overline{d} = \overline{b+d}$$

이므로 $\overline{a+c} = \overline{b+d}$임을 보이자.

$$\begin{aligned}(a+c)-(b+d) &= (a-b)+(c-d) \\ &= nk+nt = n(k+t)\end{aligned}$$

따라서 $\overline{a} \oplus \overline{c} = \overline{a+c} = \overline{b+d} = \overline{b} \oplus \overline{d}$가 되어 연산한 값은 단 한 개 정해 진다. 위의 사실에서 $\oplus$는 $\mathbb{Z}_n \times \mathbb{Z}_n$에서 $\mathbb{Z}_n$으로의 잘 정의된(well-defined) 함수가 됨을 알 수 있다.

(1) 임의의 $\overline{a}$, $\overline{b}$, $\overline{c} \in \mathbb{Z}_n$에 대해서

$$\begin{aligned}\overline{a} \oplus (\overline{b} \oplus \overline{c}) &= \overline{a} \oplus (\overline{b+c}) = \overline{a+(b+c)} \\ &= \overline{(a+b)+c} = \overline{a+b} \oplus \overline{c} = (\overline{a} \oplus \overline{b}) \oplus \overline{c}\end{aligned}$$

가 되어 결합법칙이 성립한다.

(2) 임의의 $\overline{a} \in \mathbb{Z}_n$에 대해서

$$\overline{a} \oplus \overline{0} = \overline{a+0} = \overline{a} = \overline{0+a} = \overline{0} \oplus \overline{a}$$

따라서 항등원 $\overline{0}$가 존재한다.

(3) $\overline{a} \in \mathbb{Z}_n$라고 하면

$$\begin{aligned}\overline{a} \oplus \overline{n-a} &= \overline{a+(n-a)} = \overline{n} = \overline{0} \\ \overline{n-a} \oplus \overline{a} &= \overline{(n-a)+a} = \overline{n} = \overline{0}\end{aligned}$$

이므로 $\overline{a}$의 역원 $\overline{n-a}$가 존재한다(물론 $\overline{n} = \overline{0}$이다).

(4) 임의의 $\bar{a}, \bar{b} \in \mathbb{Z}_n$에 대해서

$$\bar{a} \oplus \bar{b} = \overline{a+b} = \overline{b+a} = \bar{b} \oplus \bar{a}$$

따라서 $\oplus$는 가환이다.

위의 사실에 의해서 $(\mathbb{Z}_n, \oplus)$는 아벨군이 됨을 알 수 있다. □

**정의 2.4** $n$은 양의 정수이고 $\mathbb{Z}_n = \{\bar{0}, \bar{1}, \bar{2}, \cdots, \overline{n-1}\}$이다. 임의의 $\bar{a}, \bar{b} \in \mathbb{Z}_n$에 대해서 $\bar{a} \oplus \bar{b} = \overline{a+b}$라 정의했을 때 군 $(\mathbb{Z}_n, \oplus)$를 **$n$을 법으로 하는 정수군**(group of integers modulo $n$)이라고 부른다.

**예제 9** $\mathbb{Z}_7 = \{\bar{0}, \bar{1}, \bar{2}, \cdots, \bar{6}\}$에서 $\bar{3} \oplus \bar{2} = \bar{5}$, $\bar{3} \oplus \bar{4} = \bar{7} = \bar{0}$, $\bar{6} \oplus \bar{3} = \bar{9} = \bar{2}$이다. $\bar{3}$의 역원은 $\bar{4}$가 된다. $\bar{1}$의 역원은 $\bar{6}$이다. 물론 $\bar{0}$의 역원은 $\bar{0}$이다.

**정리 2.2** $(G, *)$는 군, $a$는 $G$의 임의의 원소이다.
(1) 항등원은 단 한 개이다.
(2) $a$는 단 한 개의 역원을 가진다.

**증명** (1) $e$와 $f$를 $G$의 항등원이라고 하자. 모든 $a \in G$에 대해서

$$a * e = e * a = a, \quad a * f = f * a = a$$

이므로 윗 식의 왼편 식에서 $a = f$로 두면

$$f * e = e * f = f$$

이다. 또 오른편 식에서 $a = e$로 두면

$$e * f = f * e = e$$

따라서

$$f = f * e = e$$

(2) $x, y \in G$를 $a$의 역원이라고 하자. 역원의 정의에 의해서

$$a * x = x * a = e, \quad a * y = y * a = e$$

가 된다.

$$a * x = a * y$$

의 왼편에 $x$를 곱하면

$$x * (a * x) = x * (a * y)$$

를 얻게 되고 결합법칙을 써서

$$(x * a) * x = (x * a) * y$$
$$e * x = e * y$$

따라서 $x = y$가 되어 증명되었다. □

연산 $*$을 쓰지 않더라도 아무런 불편이 없으면 $a * b$에서 $*$를 생략하고 그냥 $ab$로 표시한다. 물론 군 $(G, *)$도 그냥 $G$로 나타낸다. 그러나 만일 연산을 생략해서 혼동이 생길 경우에는 연산을 나타내 주어야 한다.

예를 들어 $\mathbb{R}^*$에서 $a * b = \dfrac{ab}{2}$인 연산 $*$일 경우와 $a \circ b = |a|b$일 경우는 다 같이 군이 된다. 이럴 경우 그냥 $\mathbb{R}^*$만 쓰면 어느 경우인지 알 수 없으므로 이럴 때는 구체적으로 $(\mathbb{R}^*, *)$ 또는 $(\mathbb{R}^*, \circ)$와 같이 연산도 표시해준다.

일반적으로 군의 항등원은 $e$로 표시하고 $a$의 역원은 $a^{-1}$로 표시한다. 그러나 특별한 경우에는 다르게 표시할 수도 있다. 만일 군 $G$의 연산을 $+$로 나타낼 경우에는 항등원은 0, $a$의 역원은 $-a$로 나타내는 것이 보통이다.

특히 전통적으로 $G$가 아벨군일 때는 연산을 $+$로 표시한다.

**정리 2.3** (좌우소거법칙) $G$는 군, $a, b, c \in G$이다.

(1) $ab = ac$면 $b = c$이다(좌소거법칙).

(2) $ba = ca$면 $b = c$이다(우소거법칙).

**증명** (1) $ab = ac$의 왼편에 $a^{-1}$를 곱하면

$$a^{-1}(ab) = a^{-1}(ac)$$

이고 결합법칙에 의해서

$$(a^{-1}a)b = (a^{-1}a)c$$

이다. 따라서

$$eb = ec$$

이고 $b = c$이다.

(2)도 마찬가지이다. □

군 $G$의 원소 $a$, $b$, $c$에서 $ab=ca$일 때 $a$를 소거시켜서 $b=c$라고 하면 안된다. 그 이유는 아벨군이 아닐 때는 $b\neq c$이나 $ab=ca$일 경우도 있다.

**예제 10** $$\begin{pmatrix}1 & 2\\0 & 1\end{pmatrix}\begin{pmatrix}2 & 3\\1 & -1\end{pmatrix}=\begin{pmatrix}4 & -7\\1 & -3\end{pmatrix}\begin{pmatrix}1 & 2\\0 & 1\end{pmatrix}=\begin{pmatrix}4 & 1\\1 & -1\end{pmatrix}$$

이나

$$\begin{pmatrix}2 & 3\\1 & -1\end{pmatrix}\neq\begin{pmatrix}4 & -7\\1 & -3\end{pmatrix}$$

이다.

**따름정리 2.4** $G$는 군, $a$, $b\in G$이다. 만일 $ab=e$이면 $a=b^{-1}$, $a^{-1}=b$이다.

위의 따름정리 2.4는 군에서 두 원소의 곱이 $e$이면 이것들은 서로 역이라는 것을 보여준다. 즉 정의에서 $ax=xa=e$이라야 $x$는 $a$의 역원이지만 실제로 군에서는 $ax=e$ 한 개만 성립해도 된다.

**정리 2.5** $G$는 군, $a$, $b\in G$이면 다음이 성립한다.

(1) $(ab)^{-1}=b^{-1}a^{-1}$ (2) $(a^{-1})^{-1}=a$

**증명** (1) $(ab)(b^{-1}a^{-1})=aea^{-1}=aa^{-1}=e$

따름정리 2.4에 의해서

$$(ab)^{-1}=b^{-1}a^{-1}$$

가 된다.

(2) $(a^{-1})^{-1}(a^{-1})=e=aa^{-1}$ 이므로 소거법칙에 의해서

$$(a^{-1})^{-1}=a$$

□

성질 $(ab)^{-1}=b^{-1}a^{-1}$를 반복적으로 사용하면 우리는 다음과 같은 따름정리를 얻을 수 있다.

**따름정리 2.6** $G$는 군, $a_1$, $a_2$, $\cdots$, $a_n \in G$이면 다음이 성립한다.

$$(a_1 a_2 \cdots a_n)^{-1} = a_n^{-1} \cdots a_2^{-1} a_1^{-1}$$

**주 의** 흔히 이런 실수를 하는 경우가 많은데 군 $G$의 원소 $a$, $b$에서 $G$가 아벨군이 아니면

$$(ab)^{-1} = a^{-1}b^{-1}$$

라고 하면 안된다.

**예제 11** $A = \begin{pmatrix} 1 & 2 \\ 0 & 1 \end{pmatrix}$, $B = \begin{pmatrix} 2 & -1 \\ 2 & 0 \end{pmatrix}$라고 하면 $AB = \begin{pmatrix} 6 & -1 \\ 2 & 0 \end{pmatrix}$이므로

$$(AB)^{-1} = \begin{pmatrix} 0 & \frac{1}{2} \\ -1 & 3 \end{pmatrix}$$

$$A^{-1}B^{-1} = \begin{pmatrix} 1 & -2 \\ 0 & 1 \end{pmatrix}\begin{pmatrix} 0 & \frac{1}{2} \\ -1 & 1 \end{pmatrix} = \begin{pmatrix} 2 & -\frac{3}{2} \\ -1 & 1 \end{pmatrix}$$

이므로 $(AB)^{-1} \neq A^{-1}B^{-1}$이다.

**예제 12** $G = (\mathbb{Z},\ +)$이면 모든 정수 $n$에 대해서

$$-(-n) = n \text{이고 } -(a+b) = -a-b$$

이다.

일반적으로 군 $G$에서 $ab^{-1}$로 표시된 원소는 만일 연산이 $+$일 경우는 $a+(-b)$로 표시되는데 이 식은 간단히 $a-b$로 적는다.

앞으로 뺄셈은 덧셈의 역원, 나눗셈은 곱셈의 역원으로 생각한다.

**정리 2.7** $G$는 군이고 $a$, $b \in G$이다. $G$에서 식 $ax = b$는 단 하나의 해를 가진다.

**증 명** $x = a^{-1}b$를 위 식에 대입하면

$$a(a^{-1}b) = (aa^{-1})b = eb = b$$

가 성립하므로 $x = a^{-1}b$는 일차식 $ax = b$의 해가 된다.

이번에는 $x_1$, $x_2 \in G$가 $ax = b$의 해라고 가정하면

$$ax_1 = b, \quad ax_2 = b$$

가 되고 소거법칙에 의해서 $x_1 = x_2$가 된다. 따라서 $ax = b$의 해는 단 한 개 존재한다. □

**예제 13** $G = (GL(2, \mathbb{R}), \cdot)$를 $\mathbb{R}$ 상에서의 2차 일반선형군이라고 하자.

$A = \begin{pmatrix} 1 & 2 \\ 0 & 1 \end{pmatrix}$, $B = \begin{pmatrix} 4 & 1 \\ 1 & -1 \end{pmatrix}$, $C = \begin{pmatrix} 2 & 3 \\ 1 & -1 \end{pmatrix}$, $D = \begin{pmatrix} 4 & -7 \\ 1 & -3 \end{pmatrix}$이라고 하면 $AC = B$, $DA = B$가 됨을 알 수 있다. 따라서 $C$는 $AX = B$의 해이고 $D$는 $XA = B$의 해이다. 즉 $C = A^{-1}B$, $D = BA^{-1}$이다. 그러나 $C \neq D$이다.

**문제 3** $G$는 군이고 $b, x \in G$이다. $x^2 = b$, $x^5 = e$를 동시에 만족시키는 $x$를 구하라.

**풀이** $x^2 = b$에서 양변을 제곱해서 $x^4 = b^2$를 얻을 수 있다.

$$x^5 = xb^2$$

이다. 또 $x^5 = e$이므로 결국 $xb^2 = e$이다. 따라서

$$x = (b^2)^{-1}$$

를 얻는다. ■

우리는 앞에서 유한집합의 연산을 표로 표시할 수가 있었다. 마찬가지로 군 $G$가 유한집합일 경우 $G$의 연산 $*$를 표로 만들어보면 쉽게 알 수 있다. 이렇게 군의 연산을 표로 만든 것을 **군표**(group table)라고 부른다. 군표에서는 다음과 같은 재미있는 성질이 있다.

**정리 2.8** 유한군표에서는 어떠한 행(열)에 대해서도 군의 동일한 원소가 두 번 나타날 수 없다.

**증명** $G = \{a_1, a_2, \cdots, a_n\}$이라고 하자. 만일 어떤 행 $a_k$에 $G$의 원소 $x$가 두 번 나타났다고 하면

| $*$ | $a_1 \cdots$ | $a_i$ | $\cdots$ | $a_j$ | $\cdots$ |
|---|---|---|---|---|---|
| $\vdots$ | $\vdots$ | $\vdots$ | $\vdots$ | $\vdots$ | $\vdots$ |
| $a_k$ | $\cdots$ | $x$ | $\cdots$ | $x$ | $\cdots$ |

[표 2.1]

위의 표와 같이 $a_k * a_i = x$, $a_k * a_j = x$가 될 것이다. 군의 소거법칙에 의해서 $a_i = a_j$가 되어 모순이다. 따라서 $G$의 어떤 원소로 임의의 행에 두 번 나타날 수가 없다. □

원소가 $n$개인 군의 군표에서 임의의 행에 들어갈 수 있는 값은 $G$의 원소이므로 $n$개가 있다. 또 임의의 행의 성분(entry)도 $n$개다. 즉 $n$개의 원소를 $n$개의 칸에 채우는데 위의 정리 2.8로부터 중복해서 들어갈 수가 없으므로 각 원소는 1번만 사용해야 한다. 결국 $G$의 모든 원소가 칸에 들어가게 된다. 따라서 군표에서는 어떠한 행에 대해서도 $G$의 원소가 빠짐없이 골고루 나타나게 된다. 물론 열에 대해서도 마찬가지이다.

**정의 2.5** 군 $G$의 원소가 유한개일 때 $G$를 **유한군**(finite group)이라고 하고 또 $G$의 원소가 무한개일 때 $G$를 **무한군**(infinite group)이라고 한다. $G$의 원소의 개수를 $G$의 **위수**(order)라고 한다. 보통 $G$의 위수는 $|G|$로 표시한다. $G$가 무한군일 때 $G$는 **무한위수**(infinite order)를 가진다고 한다.

**예제 14** $(\mathbb{Z}, +)$의 위수는 무한이고 $(\mathbb{Z}_n, \oplus)$의 위수는 $n$이다.

임의의 양의 정수 $n$에 대해서 $\mathbb{Z}_n = \{\overline{0}, \overline{1}, \overline{2}, \cdots, \overline{n-1}\}$의 위수는 $n$이므로 우리는 다음과 같은 정리를 만들 수 있다.

**정리 2.9** 임의의 양의 정수 $n$에 대해서 위수가 $n$인 군은 항상 존재한다.

위수가 $n$인 군은 모두 몇 개일까? $n$이 비교적 작은 수일 때는 군의 종류가 알려져 있다. 예를 들어 위수가 16인 군은 모두 14개의 서로 다른 군이 있고 위수가 32인 서로 다른 군은 51가지가 있다.

여기서 다른 군이란 연산이 다른 경우를 말한다. 즉 원소의 개수가 같고 대응하는 원소끼리의 연산값이 같으면 같은군(정확하게는 동형)으로 생각한다. 그러나 일반적으로 위수가 $n$인 군이 몇 개인지는 아직까지 알려져 있지 않다.

위의 정리 2.8을 이용하여 원소의 개수가 비교적 작은 군의 성질을 알아보자. 여기서 $e$는 항등원을 나타낸다.

(1) 원소가 1개인 군은 $G=\{e\}$, $ee=e$이므로 한 가지뿐이다.

(2) 원소가 2개인 군은 $G=\{e, a\}$라고 하고 연산표를 만들어 보면

| | $e$ | $a$ |
|---|---|---|
| $e$ | $e$ | $a$ |
| $a$ | $a$ | $e$ |

[표 2.2]

이다. 여기서 $aa=a$가 될 수 없으므로 $aa=e$이다.

따라서 이때도 연산은 한 가지 밖에 없으므로 원소가 2개인 군은 한 종류 밖에 없다.

(3) 원소가 3개인 군은 $G=\{e, a, b\}$라고 하면 연산표는

| | $e$ | $a$ | $b$ |
|---|---|---|---|
| $e$ | $e$ | $a$ | $b$ |
| $a$ | $a$ | $b$ | $e$ |
| $b$ | $b$ | $e$ | $a$ |

[표 2.3]

이다. 만일 $aa=e$이면 $ba=b$가 되는데 마지막 열에 $b$가 두 번 $(be=b)$ 나오므로 될 수 없다.

따라서 $aa=b$이고 결국 나머지는 자동으로 결정된다. 즉 연산표는 한 가지이므로 원소가 3개인 군도 역시 한 종류이다.

(4) 원소가 4개인 군은 $G=\{e, a, b, c\}$라고 하면 연산표는 아래와 같이

| $*$ | $e$ | $a$ | $b$ | $c$ |
|---|---|---|---|---|
| $e$ | $e$ | $a$ | $b$ | $c$ |
| $a$ | $a$ | $e$ | $c$ | $b$ |
| $b$ | $b$ | $c$ | | |
| $c$ | $c$ | $b$ | | |

(a)

| $*$ | $e$ | $a$ | $b$ | $c$ |
|---|---|---|---|---|
| $e$ | $e$ | $a$ | $b$ | $c$ |
| $a$ | $a$ | $b$ | $c$ | $e$ |
| $b$ | $b$ | $c$ | $e$ | $a$ |
| $c$ | $c$ | $e$ | $a$ | $b$ |

(b)

| $*$ | $e$ | $a$ | $b$ | $c$ |
|---|---|---|---|---|
| $e$ | $e$ | $a$ | $b$ | $c$ |
| $a$ | $a$ | $c$ | $e$ | $b$ |
| $b$ | $b$ | $e$ | $c$ | $a$ |
| $c$ | $c$ | $b$ | $a$ | $e$ |

(c)

[표 2.4]

여러 개 있다. 여기서 $aa=e$ 또는 $b$ 또는 $c$이고 (a)의 경우 다시

| * | e | a | b | c |
|---|---|---|---|---|
| e | e | a | b | c |
| a | a | e | c | b |
| b | b | c | a | e |
| c | c | b | e | a |

(d)

와

| * | e | a | b | c |
|---|---|---|---|---|
| e | e | a | b | c |
| a | a | e | c | b |
| b | b | c | e | a |
| c | c | b | a | e |

(e)

[표 2.5]

로 나누어진다. 얼핏보면 4가지일 것 같으나

군표 (b)에서 $e=\overline{0}$, $a=\overline{1}$, $b=\overline{2}$, $c=\overline{3}$으로 생각하고

(c)에서 $e=\overline{0}$, $a=\overline{1}$, $b=\overline{3}$, $c=\overline{2}$로 바꾸면

(b)와 (c)는 모두 $(\mathbb{Z}_4, \oplus)$의 연산과 같은 표가 된다. 즉, 군표 (b), (c)의 연산은 같게 된다. 마찬가지로 (d)도 (b), (c)와 같다.

이와 같이 보기는 다른 것 같으나 원소의 이름을 바꾸고 행과 열을 재배치하면 같은 모양이 될 때 이 두 군은 동형이라고 부른다. 즉 (b)와 (c)는 모두 $(\mathbb{Z}_4, \oplus)$와 동형이 된다. 동형인 군은 연산이 같으므로 원소가 4개인 군은 연산이 2종류라고 생각할 수 있다. 특히 군표 (e)와 같은 연산을 가지는 군을 Klein 4-군이라고 한다. 이 군은 모든 원소가 자신이 자신의 역원이 된다($x=x^{-1}$).

(5) 원소가 5개인 군 $G=\{e, a, b, c, d\}$로 군표를 만들면 결국 모든 연산이 같게 되어 한 종류밖에 없다. 즉 모두 $(\mathbb{Z}_5, \oplus)$와 동형이 된다. 다시 말하면 원소를 적당히 $\mathbb{Z}_5$의 원소로 대치시키면 $(\mathbb{Z}_5, \oplus)$와 동일한 연산이 된다. 물론 항등원 $e$는 $\overline{0}$와 대치되는 것은 당연하다.

위수가 5 이하인 군은 군표가 모두 대각선에 대칭이므로 가환이 됨을 알 수 있다.

위에서 살펴본 바와 같이 군에서는 원소의 이름은 중요하지 않다.

원소는 다르더라도(즉, 집합으로는 다르다 해도) 연산한 값이 동일한 경우는 같은 군으로 생각해도 좋다.

## 02 | 연습문제 EXERCISE

1. 실수 집합 $\mathbb{R}$ 에서 다음 연산이 결합적인지, 가환인지 조사하고 또 항등원과 역원도 존재하면 구하여라.
   (1) $x * y = x + 2y + 4$
   (2) $x * y = |x + y|$
   (3) $x * y = xy + 1$

2. 다음 집합은 $*$ 연산에 의해서 군이 되느냐?
   (1) $\mathbb{R}$ 에서 $x * y = x + y + 5$
   (2) $\mathbb{R} - \{-1\}$ 에서 $x * y = x + y + xy$

3. $\mathbb{R}^* \times \mathbb{R}$ 에서 $(a, b) * (c, d) = (ac, bc + d)$ 이다. 군이 됨을 보여라.

4. $\mathbb{R}^*$ 에서 $a * b = \begin{cases} ab & a > 0\text{일 경우} \\ \dfrac{a}{b} & a < 0\text{일 경우} \end{cases}$

   이다. 군이 됨을 보여라.

5. $G = \{ f \mid f : \mathbb{R} \to \mathbb{R},$ 모든 $x \in \mathbb{R}$ 에 대해서 $f(x) \neq 0 \}$ 이다. $(f * g)(x) = f(x)g(x)$ 라고 하면 $(G, *)$ 는 군이 되는가?

6. $S = \{a, b, c\}$, 연산 $*$ 는 다음과 같다.

| $*$ | $a$ | $b$ | $c$ |
|---|---|---|---|
| $a$ | $a$ | $b$ | $c$ |
| $b$ | $b$ | $b$ | $c$ |
| $c$ | $c$ | $c$ | $c$ |

   $(S, *)$ 는 군이 되는가?

7. $G = \{z \in \mathbb{C} \mid z^n = 1\}$ 라면 $(G, \times)$ 는 군이 됨을 보여라.

8. $G = \mathbb{R} - \{1\}$, $a * b = a + b - ab$이다.
   (1) $(G, *)$는 군이 됨을 보여라.
   (2) 항등원을 구하여라.
   (3) $2 * x * 3 = -1$을 만족시키는 $x$를 구하여라.

9. 군 $G$의 모든 원소 $x$가 $x^2 = e$를 만족시키면 $G$는 아벨군임을 보여라.

10. 군에서
    (1) $x^2 = b$, $x^5 = e$이다. $x$를 구하여라.
    (2) $x^2 a = bxc^{-1}$, $acx = xac$이다. $x$를 $a$, $b$, $c$로 표시하여라.
    (3) $(xax)^3 = bx$, $x^2 a = (xa)^{-1}$이다. $x$를 구하여라.

11. 군 $(G, *)$에서 모든 $a, b \in G$에 대해서 $(a * b)^2 = a^2 * b^2$이면 $(G, *)$는 아벨군임을 증명하여라.

12. $(G, *)$는 군이다. $g \in G$일 때 $g * G = \{g * x \mid x \in G\}$라고 하면 $G = g * G$임을 보여라.

13. $(G, *)$는 군이고 $x, y \in G$이다. 만일 $x * y = e$이면 $y * x = e$임을 보여라.

14. $G$는 유한군이다.
    $S_1 = \{x \in G \mid x \neq x^{-1}\}$, $S_2 = \{x \in G \mid x = x^{-1}\}$일 때 다음이 성립함을 보여라.
    (1) $|S_1|$은 짝수이다.
    (2) $|G|$가 짝수면 $|S_2|$도 짝수이고 $|G|$가 홀수이면 $|S_2|$도 홀수이다.
    (3) $|G|$가 짝수면 $|S_2| \geq 2$이다.

15. $G = \{e, a_1, \cdots, a_n\}$은 유한아벨군이다. $S_1$, $S_2$를 10번과 같은 집합이라고 하면 다음이 성립함을 보여라.
    (1) $(a_1 a_2 \cdots a_n)^2 = e$
    (2) $|S_2| = 1$이면 $a_1 a_2 \cdots a_n = e$
    (3) $S_2 = \{e, x\}$이면 $a_1 a_2 \cdots a_n = x$

16. 군 $G$에서 $|G| = 2n$이면 $a^2 = e$, $a \neq e$인 원소가 존재함을 보여라(일반적으로 $|G| = pn$, $p$는 소수이면 $a^p = e$, $a \neq e$인 원소가 존재한다(코시정리)).

17. $G$는 유한군이다. 모든 $x \in G$에 대해서 $x^n = e$가 되는 정수 $n$이 존재함을 보여라.

18. $G$는 유한집합, $\cdot$ 는 연산이다.
(1) $G$는 연산 $\cdot$ 에 대해서 닫혀있고 결합법칙이 성립한다.
(2) 좌우소거법칙이 성립한다.
(1), (2)가 성립하면 $(G, \ \cdot\ )$가 군이 됨을 보여라.

19. $G$가 무한집합일 때는 18번의 (1), (2)가 성립하더라도 $(G, \ \cdot\ )$가 군이 되지 않음을 보여라.

20. 18번 문제에서 (2)를 우소거법칙이 성립한다로 고치면 $(G, \ \cdot\ )$는 군이 되는가?

21. 군 $G$의 모든 원소에 대해서 자신이 자신의 역원이면 아벨군이 됨을 보여라.

22. $\mathbb{Z}_p^* = Z_p - \{\overline{0}\}$, $\overline{i} \cdot \overline{j} = \overline{ij}$ $(\overline{i}, \overline{j} \in \mathbb{Z}_p^*)$이다. (1) $p$가 소수이면 $(\mathbb{Z}_p^*, \ \cdot\ )$는 군이 됨을 보여라. (2) $p$가 소수가 아니면 $(\mathbb{Z}_p^*, \ \cdot\ )$는 군이 되지 않음을 보여라.

23. 군 $G$의 모든 원소 $a$, $b$에 대해서 연속된 세 정수 $i$가 존재하여 $(ab)^i = a^i b^i$가 성립한다. $G$는 아벨군이 됨을 보여라.

24. 군 $G$의 모든 $a$, $b$에 대해서 $(ab)^2 = (ba)^2$이 성립한다. $G$는 아벨군인가? 되면 증명하고 안되면 안되는 예를 보여라.

# CHAPTER 03 부분군과 원소의 위수
## Subgroups and Order of Element

두 군 사이에 집합으로서 한 군이 다른 군의 부분집합이 될 경우가 있다. 예를 들어 $(\mathbb{Z},\ +)$와 $(\mathbb{Q},\ +)$는 모두 군이 되면서 $\mathbb{Z}$는 $\mathbb{Q}$의 부분집합이다. 또 $(\mathbb{Q},\ +)$는 $(\mathbb{R},\ +)$의 부분집합이다.

**정의 3.1** $(G,\ *)$는 군이다. $H \subset G$이고 $H$ 자신이 연산 $*$에 대해서 군이 될 때 $H$를 $G$의 **부분군**(subgroup)이라고 부른다.

**예제 1** 군 $(\mathbb{Z},\ +)$에서

$$\begin{aligned} 3\mathbb{Z} &= \{x \in \mathbb{Z} \mid x\text{는 } 3\text{의 배수}\} \\ &= \{\cdots, -6,\ -3,\ 0,\ 3,\ 6,\ 9,\ 12, \cdots\} \end{aligned}$$

라고 하면 $3\mathbb{Z} \subset \mathbb{Z}$이다. 또 $(3\mathbb{Z},\ +)$는 군이 되므로 정의에서 $(3\mathbb{Z},\ +)$는 $(\mathbb{Z},\ +)$의 부분군이다.

또 $H$가 $G$의 부분군이고 $K$가 $H$의 부분군이면 $K$는 $G$의 부분군이 됨은 너무나 당연하다.

여기서 한 가지 짚고 넘어가야 할 것이 있다. $H$가 $G$의 부분군이면 $H$의 연산은 반드시 $G$의 연산과 같아야 한다. 다시 말하면 $a,\ b \in H$이면 $H$에서의 연산 $ab$는 $G$에서

의 연산 $ab$와 같아야 한다. 그래서 정의에서도 연산표시를 해 놓았다. 예를 들어 $(\mathbb{Q}^*, \times)$는 $(\mathbb{R}, +)$의 부분군이 아니다. 집합으로는 $\mathbb{Q}^* \subset \mathbb{R}$ 이지만 이 두 군에서의 연산이 다르기 때문이다.

**예제 2** $(\mathbb{Q}^*, \times)$, $(\mathbb{Q}, +)$는 모두 군이고 $\mathbb{Q}^* \subset \mathbb{Q}$ 이다. 그러나 연산이 다르므로 $(\mathbb{Q}^*, \times)$는 $(\mathbb{Q}, +)$의 부분군이 아니다. 그러나 $(\mathbb{Z}, +)$는 $(\mathbb{Q}, +)$의 부분군이다.

$H$가 $G$의 부분군이면 $H$는 항등원을 가지므로 $H$는 공집합이 아니다. 또 $H$의 항등원은 $G$의 항등원과 동일하다. 만일 $G$의 항등원을 $e$, $H$의 항등원을 $f$라고 하면 $ff = f$이고 또 $e$, $f$는 모두 $G$의 원소이므로 $ef = f$이다. 따라서 소거법칙에서 $e = f$가 된다.

**주 의** $(\mathbb{Z}_3, \oplus)$는 $(\mathbb{Z}_6, \oplus)$의 부분군이 아니다. 사실 집합으로 표시하면 $\mathbb{Z}_3 = \{\bar{0}, \bar{1}, \bar{2}\}$, $\mathbb{Z}_6 = \{\bar{0}, \bar{1}, \bar{2}, \bar{3}, \bar{4}, \bar{5}\}$가 되어서 $\mathbb{Z}_3 \subset \mathbb{Z}_6$이 되는 것같이 착각하기 쉽다. 그러나 표시는 같은 모양으로 되어 있지만 실제로는 아무런 관련이 없다. $\mathbb{Z}_3$의 $\bar{0}$는 동치류 집합 $\{\cdots, -3, 0, 3, 6, \cdots\}$이고 $\mathbb{Z}_6$의 $\bar{0}$는 동치류로 $\{\cdots, -6, 0, 6, 12, \cdots\}$을 나타낸다. 또 연산도 $\mathbb{Z}_3$에서는 $\bar{1} \oplus \bar{2} = \bar{0}$이지만 $\mathbb{Z}_6$에서 $\bar{1} \oplus \bar{2} = \bar{3}$이다. 즉 $\mathbb{Z}_3$에서 $\bar{1}$의 역원은 $\bar{2}$이지만 $\mathbb{Z}_6$에서는 $\bar{1}$의 역원은 $\bar{5}$이다. 두 군은 완전히 별개의 군이다.

군 $G$의 부분집합 $H$가 $G$의 부분군임을 보이기 위해서는 $H$가 $G$의 연산에 대해서 군의 정의를 모두 만족시켜야 한다.

실제로 군의 부분집합이 부분군이 됨을 보이는데 결합법칙이 성립하는지를 확인할 필요는 없다. 결합법칙은 군의 모든 원소에서 성립하므로 부분집합의 원소에서도 당연히 성립한다.

다음 정리는 부분군이 됨을 보일 때 자주 쓰이는 정리이므로 꼭 기억해야 한다.

**정리 3.1** 군 $G$의 공집합이 아닌 부분집합 $H$가 다음 두 조건을 만족시키면 $H$는 $G$의 부분군이다.

(1) 임의의 $a, b \in H$에 대해서 $ab \in H$이다.

(2) $a \in H$면 $a^{-1} \in H$이다.

**증 명** 위의 조건 (1)은 $H$가 연산에 대해서 닫혀있고 (2)는 역원에 대해서 닫혀있다는 뜻이다. 그러므로 $H$에서 결합법칙과 항등원의 존재성만 보이면 된다. 임의의 $a$, $b$, $c \in H$에 대해서 $H \subset G$이므로 $G$에서는 결합법칙이 성립하므로 $(ab)c = a(bc)$가 된다. 즉 $H$의 원소 $a$, $b$, $c$를 $G$의 원소로 생각하면 결합법칙은 자동으로 성립한다.

마지막으로 $e \in H$를 증명하자. $H \neq \varnothing$이므로 적어도 한 원소 $x$가 $H$에 존재한다. 따라서 조건 (2)에 의해서 $x^{-1} \in H$이고 다시 조건 (1)에 의해서 $xx^{-1} = e \in H$이다. 따라서 $H$는 군의 모든 조건을 만족시키므로 $H$는 $G$의 부분군이다. □

**예제 3** $G = GL(2, \mathbb{R})$, $H = \left\{ A \,\middle|\, A = \begin{pmatrix} 1 & a \\ 0 & 1 \end{pmatrix},\ a \in \mathbb{R} \text{ 꼴의 행렬} \right\}$이라고 하자. 임의의 $A \in H$에 대해서 $A$의 행렬식 $|A| = 1$이므로 $A \subset G$이고 $H \neq \varnothing$이다. 임의의 $A$, $B \in H$에 대해서 $A = \begin{pmatrix} 1 & a \\ 0 & 1 \end{pmatrix}$, $B = \begin{pmatrix} 1 & b \\ 0 & 1 \end{pmatrix}$이라고 하면

$$AB = \begin{pmatrix} 1 & a \\ 0 & 1 \end{pmatrix} \begin{pmatrix} 1 & b \\ 0 & 1 \end{pmatrix} = \begin{pmatrix} 1 & a+b \\ 0 & 1 \end{pmatrix} \in H$$

이다. 또

$$A^{-1} = \begin{pmatrix} 1 & a \\ 0 & 1 \end{pmatrix} = \begin{pmatrix} 1 & -a \\ 0 & 1 \end{pmatrix} \in H$$

이므로 $H$는 $G$의 부분군이다.

**예제 4** $G = \{ f : \mathbb{R} \to \mathbb{R} \mid f\text{는 전단사함수} \}$라고 하면 함수합성 $(f \circ g)(x) = f(g(x))$에 대해서 $(G, \circ)$는 군이다. 한 점 $a \in \mathbb{R}$에 대해서 $a$를 고정시키는 함수들의 집합, 즉 $H(a) = \{ f \in G \mid f(a) = a \}$라고 하면 임의의 $f$, $g \in H(a)$에 대해서

$$(f \circ g)(a) = a, \quad f^{-1}(a) = a$$

이므로 $H(a)$는 $G$의 부분군이 된다.

다음 정리도 부분군을 보이는데 많이 이용된다.

**정리 3.2** $H \neq \varnothing$, $H \subset G$이다. $H$의 임의의 원소 $a$, $b$에 대해서 $ab^{-1} \in H$면 $H$는 $G$의 부분군이다.

**증명** $H \neq \varnothing$이므로 $x$를 $H$의 한 원소라 하자. $a = b = x$로 생각하면

$$xx^{-1} \in H$$

이므로 $e \in H$이다. 또 $x^{-1} = ex^{-1}$이므로 역시 $x^{-1} \in H$이다. 마지막으로 $a, b \in H$라고 하면 $b^{-1} \in H$이므로 $ab = a(b^{-1})^{-1} \in H$가 되어 $H$는 연산에 대해서 닫혀있다. 따라서 $H$는 $G$의 부분군이다. □

**예제 5** 임의의 정수 $n \in \mathbb{Z}$에 대해서 집합

$$n\mathbb{Z} = \{\cdots, -n, 0, n, 2n, \cdots\}$$

는 $n$의 배수들의 집합이다. 군 $(\mathbb{Z}, +)$에서 $n\mathbb{Z}$는 $\mathbb{Z}$의 부분집합이고 임의의 $a, b \in n\mathbb{Z}$에 대해서 $a = nt$, $b = nk$꼴이므로

$$a - b = nt - nk = n(t-k) \in n\mathbb{Z}$$

따라서 $n\mathbb{Z}$는 $\mathbb{Z}$의 부분군이다.

$n = 0$이면 $n\mathbb{Z} = \{0\}$이 되고 $n = 1$이면 $n\mathbb{Z} = \mathbb{Z}$가 된다. 즉 항등원 $\{0\}$과 $\mathbb{Z}$ 자신도 $\mathbb{Z}$의 부분군이 된다.

모든 군은 최소한 2개의 부분군 $\{e\}$와 자기 자신을 가진다. 그 외의 부분군을 **진부분군**(proper subgroups)이라고 부른다. 즉 군 $G$에서 $\{e\}$와 $G$ 이외의 $G$의 부분군이 진부분군이다.

**정리 3.3** $H$는 군 $G$의 공집합이 아닌 유한부분집합이다. 만일 $H$가 $G$의 연산에 대해서 닫혀 있으면 $H$는 $G$의 부분군이다.

**증명** 앞 정리에 의해서 $a \in H$면 $a^{-1} \in H$만 보이면 된다. $H$의 원소가 $n$개라고 하자. $a \in H$라고 하면 집합 $S = \{a, a^2, a^3, \cdots, a^{n+1}\}$는 $H$가 연산에 대해서 닫혀 있으므로

$$S \subset H$$

이다. 그런데 $H$는 원소가 $n$개 뿐이므로 $S$의 원소가 모두 다를 수는 없다. 이 중 어느 두 개는 같을 것이므로

$$a^i = a^j \quad (1 \le i < j \le n+1)$$

라고 하자. 소거법칙을 사용하면

$$a^{j-i} = e \quad (j - i > 0)$$

가 된다. 만일 $j - i = 1$이면 $a = e$가 되어 $a^{-1} = e \in H$이다. 또 만일 $j - i > 1$이면

$j-i-1>0$이고

$$e=a^{j-i}=a^{j-i-1}a$$

이므로 $a^{-1}=a^{j-i-1}\in H$가 된다. □

**예제 6** $G=(\mathbb{Z}_6, \oplus)$, $H=\{\overline{0}, \overline{3}\}$라고 하면 $H$는 $\oplus$에 대해서 닫혀 있다. 따라서 $H$는 $G$의 부분군이다. 마찬가지로 $K=\{\overline{0}, \overline{2}, \overline{4}\}$라고 하면 $K$도 역시 $G$의 부분군이다.

**정리 3.4** $G$는 군이고 $H$, $K$가 $G$의 부분군이면 $H\cap K$도 $G$의 부분군이다.

**증명** $a, b\in H\cap K$라고 하면 $ab\in H\cap K$이므로 연산에 대해서 닫혀있다.
또 $a^{-1}\in H\cap K$이다. 따라서 $H\cap K$는 $G$의 부분군이다. □

**예제 7** $3\mathbb{Z}$, $2\mathbb{Z}$는 모두 $(\mathbb{Z}, +)$의 부분군이다. $x\in 3\mathbb{Z}\cap 2\mathbb{Z}$라고 하면 $x$는 3과 2의 공배수이므로 $x$는 6의 배수이다. 따라서 $x\in 6\mathbb{Z}$이다. 역으로 $x$가 6의 배수면 당연히 $x\in 3\mathbb{Z}$, $x\in 2\mathbb{Z}$이다. 따라서 $3\mathbb{Z}\cap 2\mathbb{Z}=6\mathbb{Z}$도 $(\mathbb{Z}, +)$의 부분군이다.

**예제 8** $G=\{f : \mathbb{R}\to\mathbb{R} \mid f$는 전단사함수$\}$, $H(a)=\{f\in G \mid f(a)=a\}$

라고 하면 $H(a)$는 $G$의 부분군이다.

**주의** $H$, $K$가 $G$의 부분군이면 $H\cap K$는 $G$의 부분군이다. 그러나 $H\cup K$는 일반적으로 $G$의 부분군이 되지 않는다.

$H$가 군 $G$의 부분군일 때 그림으로 $G$ 아래에 $H$를 적고 선으로 이어서

$$\begin{array}{c} G \\ | \\ H \end{array}$$

[표 3.1]

와 같이 표시한다.

**예제 9** $G=(\mathbb{Z}_8, \oplus)$라고 하면 $H=\{\bar{0}, \bar{4}\}$, $K=\{\bar{0}, \bar{2}, \bar{4}, \bar{6}\}$는 모두 $G$의 부분군이다. 또 $H \subset K$이므로 그림으로

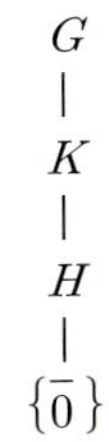


[표 3.2]

와 같이 나타낼 수 있다.

**예제 10** $G=(\mathbb{Z}_{12}, \oplus)$, $H=\{\bar{0}, \bar{3}, \bar{6}, \bar{9}\}$, $K=\{\bar{0}, \bar{2}, \bar{4}, \bar{6}, \bar{8}, \overline{10}\}$라고 하면

$$H \cap K=\{\bar{0}, \bar{6}\},\ J=\{\bar{0}, \bar{4}, \bar{8}\}$$

는 모두 $G$의 부분군이다. 따라서

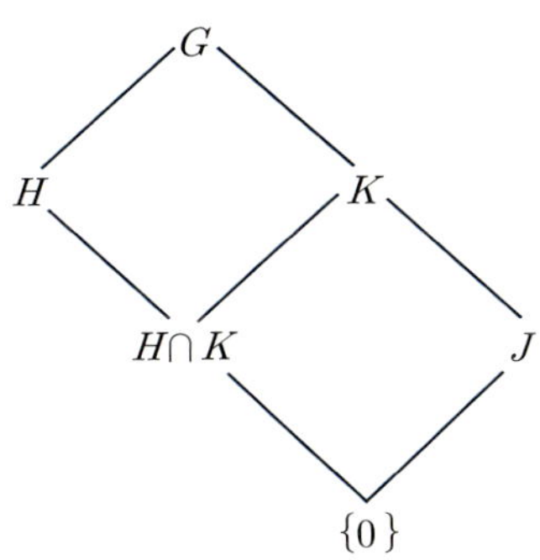


[표 3.3]

와 같이 표시할 수 있다.

**정의 3.2** 군 $G$에서 집합

$$Z(G)=\{a \in G \mid \text{모든 } g \in G\text{에 대해서 } ag=ga\}$$

를 $G$의 중심(center)이라고 한다.

다시 말하면 중심이란 $G$의 모든 원소와 가환인 원소들의 집합이다. 책에 따라서는 $C(G)$ 또는 그냥 $C$, $Z$로 적기도 한다.

$G$가 아벨군이면 당연히 $Z(G)=G$이다. 또 그 역도 성립한다. 따라서 $G$가 아벨군이 아니면 당연히 $Z(G)\neq G$이다.

**예제 11** $G=GL(2,\ \mathbb{R})$이라고 하면 $G$는 행렬의 곱에 대하여 군이고 $G$는 아벨군이 아니다(2장 예제 8 참조). $Z(G)$를 구해보자. $A=\begin{pmatrix} a & b \\ c & d \end{pmatrix}\in Z(G)$라고 하면 모든 $B\in G$에 대해서 $AB=BA$이며 특히

$$\begin{pmatrix} a & b \\ c & d \end{pmatrix}\begin{pmatrix} 0 & 1 \\ 1 & 0 \end{pmatrix}=\begin{pmatrix} 0 & 1 \\ 1 & 0 \end{pmatrix}\begin{pmatrix} a & b \\ c & d \end{pmatrix}$$

이다. 따라서

$$\begin{pmatrix} b & a \\ d & c \end{pmatrix}=\begin{pmatrix} c & d \\ a & b \end{pmatrix}$$

로부터 $a=d$, $b=c$가 된다. 즉 $A=\begin{pmatrix} a & b \\ b & a \end{pmatrix}$꼴이다.

또한 $\begin{pmatrix} a & b \\ b & a \end{pmatrix}\begin{pmatrix} 1 & 1 \\ 0 & 1 \end{pmatrix}=\begin{pmatrix} 1 & 1 \\ 0 & 1 \end{pmatrix}\begin{pmatrix} a & b \\ b & a \end{pmatrix}$로부터 $b=0$을 얻을 수 있다. 따라서 $A=\begin{pmatrix} a & 0 \\ 0 & a \end{pmatrix}$꼴이 된다(단, $a\neq 0$). 이런 모양의 행렬은 모든 $B\in G$에 대해서 $AB=BA$가 되므로 따라서 $Z(G)=\left\{\begin{pmatrix} a & 0 \\ 0 & a \end{pmatrix}\middle|\, a\neq 0\right\}$가 된다.

**정리 3.5** 임의의 군 $G$에서 중심 $Z(G)$는 $G$의 부분군이다.

**증명** $a,\ b\in Z(G)$라고 하자. 임의의 $g\in G$에 대해서

$$(ab)g=a(bg)=a(gb)=(ag)b=g(ab)$$

따라서 $ab\in Z(G)$이다. $ag=ga$이므로 이 식의 왼편과 오른편에 $a^{-1}$를 각각 곱하면

$$a^{-1}(ag)a^{-1}=a^{-1}(ga)a^{-1}$$

따라서 $ga^{-1}=a^{-1}g$이므로 $a^{-1}\in Z(G)$이다. 정리 3.1에 의해서 $Z(G)$는 $G$의 부분군이다. □

**문제 1** $x^2a = bxc^{-1}$, $acx = xac$이다. 이 식에서 $x$를 구하라.

**풀이** 우선 $x$는 $ac$와 가환이므로

$$x^2ac = (bxc^{-1})c = bx$$

꼴로 만든다. $x$를 한쪽으로 모으기 위해서

$$x^2ac = x(xac) = x(acx) = (xac)x = acx^2$$

따라서 $acx^2 = bx$로부터

$$acx = b$$

즉

$$x = (ac)^{-1}b$$

이다. ■

**문제 2** $x^2ax = a^{-1}$면 $ax = xa$임을 보여라.

**풀이** $x^2ax = a^{-1}$이므로 $xax = x^{-1}a^{-1}$이다. 따라서

$$xa = xae = xa(xx^{-1}) = (xax)x^{-1} = (x^{-1}a^{-1}x^{-1}) = (xax)^{-1} = (x^{-1}a^{-1})^{-1} = ax$$ ■

> **정의 3.3** $X$를 군 $G$의 부분집합이라고 할 때 $X$를 포함하는 $G$의 최소의 부분군을 $X$에 의해서 생성되는 $G$의 부분군(subgroup of $G$ generated by $X$)이라고 하고 $\langle X \rangle$로 표시한다.

또 이 때 $X$의 원소를 부분군 $\langle X \rangle$의 생성원(generators)라고 부른다. 물론 $X \neq Y$이면서 $\langle X \rangle = \langle Y \rangle$가 될 수도 있다. 만일 $X$가 유한집합이면 $H = \langle X \rangle$를 유한생성(finitely generated)라고 부른다.

$S(X) = \{ H_i | H_i$는 $X$를 포함하는 $G$의 부분군$\}$이라고 하면 $G \in S(X)$이므로 $S(X) \neq \varnothing$이고 $\langle X \rangle = \cap H_i$가 됨을 쉽게 알 수 있다.

> **정리 3.6** $G$는 군, $X \subset G$이다. $X^{-1} = \{a^{-1} \mid a \in X\}$라고 하면
>
> $$\langle X \rangle = \{a_1 a_2 \cdots a_n \mid a_i \in X \cup X^{-1},\ n \in \mathbb{Z}\}$$
>
> 이다.

**증 명** $H$를 $X \cup X^{-1}$의 원소의 유한개의 곱, 즉 위의 오른편 집합을 $H$라고 하면 $H \in S(X)$가 됨을 쉽게 알 수 있다. 따라서 $H = \langle X \rangle$가 된다.

특히 $G = \langle X \rangle$, $X$는 유한집합일 때 $G$는 **유한생성군**(finitely generated group)이라고 부른다. 예를 들어 임의의 $a \in G$에 대해서 $H = \{a^n \mid n \in \mathbb{Z}\}$는 한 개의 원소 $a$에 의해서 생성되는 $G$의 유한생성 부분군이다. $\langle \varnothing \rangle = \{e\}$임은 정의에서 당연하다.

**예제 12** $G = \mathbb{Z}_{12} = \langle \bar{1} \rangle = \langle \bar{5} \rangle = \langle \bar{2}, \bar{3} \rangle$이므로 생성원은 여러 개일 수 있다.

**예제 13** $G = \mathbb{Z} \times \mathbb{Z}$는 $G = \langle (1, 0), (0, 1) \rangle$이 되어 유한생성이다. 물론 $G = \langle (1, 0), (1, 1) \rangle$도 된다.

**정리 3.7** $X \subset G$이면 $X$에 의해서 생성되는 $G$의 부분군 $\langle X \rangle$는 $\langle X \rangle = \left\{ a_1^{m_1} a_2^{m_2} \cdots a_n^{m_n} \mid a_i \in X,\ m_i \in \mathbb{Z} \right\}$이다.

**증 명**

$$H = \left\{ a_1^{m_1} a_2^{m_2} \cdots a_n^{m_n} \mid a_i \in X,\ m_i \in \mathbb{Z} \right\}$$

라고 하면 $H$는 $G$의 부분군이 됨을 쉽게 알 수 있다. 또 $X \subset H$이므로 정의에 의해서 $\langle X \rangle \subset H$이다. 한편 $a_i \in X \subset \langle X \rangle$이므로 $a_i^{m_i} \in \langle X \rangle$이고 따라서 $H \subset \langle X \rangle$가 된다. 따라서 $\langle X \rangle = H$이다. □

**예제 14** $G = \mathbb{Z} \times \mathbb{Z} = \langle (1, 0), (0, 1) \rangle$이므로 $G$의 모든 원소는 $m_1(1, 0) + m_2(0, 1)$ 꼴로 나타낼 수 있다.

위의 예제 12와 같이 군이 이 군의 유한부분집합 $X$에 의해서 생성되면 군의 모든 원소가 생성원의 연산으로 표시되어 군의 원소를 쉽게 나타낼 수 있다.

이번에는 임의의 집합 $X$가 있을 때 이 집합 $X$로 군을 만들어 보자. 우선 다음 예제를 잘 공부하자.

**예제 15** 두 개의 테이블 $A$, $B$ 위에 동전이 한 개씩 있다. $A$의 동전을 뒤집는 동작을 $a$, $B$의 동전을 뒤집는 동작을 $b$, 두 동전의 위치를 바꾸는 동작을 $c$라고 하자. 위의 세 가지 동작을 연속해서 유한 번 시행한 것을 집합 $X=\{a, b, c\}$의 **유한수열**(finite sequence) 또는 **단어**(word)라고 하자. 예를 들어 $b^2ca$는 차례로 $B$의 동전을 두 번 뒤집고(사실은 원래대로임) 위치를 바꾼 후 다시 $A$의 동전을 뒤집는 동작을 말한다.

$X$의 단어 중 더 간단한 단어로 나타낼 수 있는 것도 있고 없는 것도 있다. 예를 들면 $b^2ca$는 $ca$와 같다. 특히 더 이상 간단히 할 수 없는 단어를 **축약단어**(reduced word)라고 부른다. 모든 단어는 줄여서 축약단어로 만들 수 있다. $a$, $b$, $c$ 세 동작을 유한 번 시행한 후 나타나는 모든 경우의 수는 축약단어의 집합과 같음을 알 수 있다.

$$\begin{aligned} W(X) &= \{ w \mid w\text{는 } X\text{의 단어} \} \\ F(X) &= \{ x \mid x\text{는 유한 번 시행한 모든 결과} \} \\ &= \{ w \mid w\text{는 } X\text{의 축약단어} \} \end{aligned}$$

라고 하자. $W(X)$는 당연히 무한집합이다. $w_1, w_2 \in W(X)$이면 $w_1w_2 \in W(X)$이다. 그러나 일반적으로 $w_1, w_2 \in F(X)$라도 $w_1w_2 \not\in F(X)$이다. 따라서 집합 $F(X)$에 연산 $*$를 임의의 $w_1, w_2 \in F(X)$에 대해서 $w_1 * w_2$는 $w_1w_2$의 축약단어라고 정의하자. $G=(F(X), *)$는 원소가 8인 군이 된다. 그 이유를 살펴보면 우선 $a^2=b^2=c^2=e$ (단 $e$는 무시행)이다.

처음 $A$의 동전의 앞면을 1, 뒷면을 2, $B$의 동전의 앞면을 3, 뒷면을 4라고 하자. $a$, $b$, $c$를 유한 번 시행하여 나타나는 모든 경우의 수를 알아보자. 편의상 네 개의 칸 □□□□이 있다 치고 첫째 칸은 $A$테이블 동전의 앞면, 둘째 칸을 $A$테이블의 동전의 뒷면, 셋째 칸은 $B$테이블 동전의 앞면, 마지막 칸을 $B$테이블의 동전의 뒷면을 나타낸다고 하면 유한번 시행한 모든 가짓수는 첫째 칸은 1, 2, 3, 4모두 나타낼 수 있고 둘째 칸은 고정, 셋째 칸은 2가지, 넷째 칸은 고정이다. 따라서 모두 $4\times 2=8$가지이다. 따라서 $|F(X)|=8$이다. 구체적으로 나타내면

$$1234,\ 1243,\ 2134,\ 2143,\ 3412,\ 3421,\ 4312,\ 4321$$

이다. 단어로 나타내면 차례로

$$e,\ b,\ a,\ ab,\ c,\ cb,\ ca,\ cab$$

이다. 단 $e$는 그냥 두는 것을 나타낸다.

$G$를 치환으로 표시하면 $a$는 $(1\ 2)$, $b$는 $(3\ 4)$, $c$는 $(1\ 3)(2\ 4)$인 $S_4$의 원소로 생각

할 수 있다 따라서 $G$는 $a,\ b,\ c$에 의해서 생성되는 $S_4$의 부분군이다. $|a| = |b| = |c| = 2$이고 $ca = (1\ 4\ 2\ 3)$이므로 $|ca| = 4$이다. 따라서 $ca = g$라 두면

$$g^2 = (ca)(ca) = (12)(34) = ab,\ g^3 = g(ab) = (ca)(ab) = cb$$

이고

$$gb = cab,\ g^2b = (ab)b = a,\ g^3b = (cb)b = c$$
$$F(X) = \{e,\ g,\ g^2,\ g^3, b,\ gb,\ g^2b,\ g^3b\},\ |g| = 4,\ |b| = 2,\ bg = g^3b$$

이므로 $F(X) \cong D_4$이다.

$X \neq \varnothing$일 때 $X^{-1} = \{a^{-1} | a \in X\}$라고 하자. 여기서 $a^{-1}$는 $a$의 역원이 아니라 그냥 $X$의 원소 $a$에 대응하는 $X$ 바깥의 한 원소이다. 집합 $X \cup X^{-1}$의 원소의 유한수열 $a_1,\ a_2,\ \cdots,\ a_n$을 간단히 $a_1 a_2 \cdots a_n$으로 적기로 하고 $W(X) = \{a_1 a_2 \cdots a_n | a_i \in X \cup X^{-1}\}$라고 하자.

> **정의 3.4** $X \neq \varnothing$, $W(X) = \{a_1 a_2 \cdots a_n | a_i \in X \cup X^{-1}\}$일 때 $W(X)$의 원소를 $X$의 단어(word on $X$)라고 부른다. 특히 $X$의 단어 중 $a$와 $a^{-1}$가 이웃하지 않는 단어를 축약된 단어(reduced word)라고 부른다.

**예제 16** $X = \{a_1,\ a_2,\ a_3\}$일 때

$$w_1 = a_2 a_2 a_1^{-1} a_1^{-1} a_1 a_3 a_3^{-1}, \qquad w_2 = a_1 a_3^{-1} a_3^{-1} a_2 a_2 a_3$$
$$w_3 = a_2 a_2^{-1} a_2^{-1} a_3 a_1 a_1 a_1^{-1} a_1^{-1} a_1^{-1}, \quad w_4 = a_3 a_3 a_3$$

는 모두 $X$의 단어이고 이 중 축약된 단어는 $w_2,\ w_4$이다.

> **정리 3.8** $X \neq \varnothing$, $e \notin X \cup X^{-1}$, $F(X) = \{w | w$는 $X$의 축약된 단어$\} \cup \{e\}$이다. $F(X)$에 연산 $*$를 다음과 같이 정의하면 $(F(X),\ *)$는 군이 된다;
>
> 임의의 $a,\ b \in X \cup X^{-1}$에 대해서
>
> $$a * b = ab,\ aa^{-1} = a^{-1}a = e,\ ae = ea = a,\ ee = e.$$

**증 명** $X$의 단어 $w_1$, $w_2$에 대해서 $w_1 w_2$도 역시 $X$의 단어가 됨은 분명하고 또 $w_1 * w_2$는 축약된 단어이므로 역시 $F(X)$의 원소이고 따라서 $*$는 잘 정의된다. 또 결합법칙도 성립한다. $e$가 $F(X)$의 항등원, $w \subset F(X)$의 역원은 $w$의 각 문자(letters)에 대해서 거꾸로 $a_i$는 $a_i^{-1}$로, $a_j^{-1}$는 $a_j$로 바꾼 단어 $w^{-1}$가 역원이 된다. □

**정의 3.5** 위의 정리 3.8에서 정의한 군 $(F(X),\ *)$를 집합 $X$에 의해서 생성된 자유군(free group generated by $X$)라고 부른다.

**참고** 1. $X \subset F(X)$이고 정리 3.8에서 $F(X) = \langle X \rangle$임은 분명하다.
2. 여기서 자유란 뜻은 원래 집합 $X$에 아무런 조건이 없이 군을 만들었다는 뜻이다. (자세한 내용은 [21] p.67 참조)
3. 임의의 $w \neq e \in F(X)$의 위수는 무한이다. 따라서 $F(X)$는 무한집합이다.

**예제 17** $X = \{a,\ b\}$일 때 $F(X)$의 두 원소의 곱

$$(aab^{-1}ab) * (b^{-1}a^{-1}ba^{-1}aab)$$

는 $aab^{-1}aea^{-1}ba^{-1}aab = aaab$이고 $w = aaab$의 역원 $w^{-1}$는 $b^{-1}a^{-1}a^{-1}a^{-1}$이다.

군 $G$의 한 원소를 반복해서 연산할 때는 지수표시(exponential notation)를 사용하면 편하다.

**정의 3.6** $(G,\ *)$는 군이고 $a \in G$, $n \in \mathbb{Z}$, $n \geq 0$이다.

$$a^n = \underbrace{a * a * \cdots * a}_{n\text{개}}$$

$$a^{-n} = \underbrace{a^{-1} * a^{-1} * \cdots * a^{-1}}_{n\text{개}}$$

$$a^0 = e$$

**주 의** $a$를 거듭제곱 $a^n$으로 표시한 것은 사실 $a$의 연산을 곱(multiplication)으로 생각해서 한 것이다. 만일 $G$가 $(\mathbb{R},\ +)$나 $(\mathbb{Z},\ +)$와 같이 $G$의 연산이 합(addition)으로 표시되어 있을 때는

조금 혼동이 생긴다. 즉 $(\mathbb{R}, +)$에서 지수표시법을 쓰면 $3^2 = 3 * 3 = 3 + 3$이 된다. 실제로 $(\mathbb{R}, +)$에서 $3^5$은 3을 5번 연산한 것이므로 15가 된다.

앞에서 우리는 군의 연산을 덧셈으로 쓸 때는 항등원은 $e$ 대신 0으로, $a$의 역원은 $a^{-1}$ 대신 $-a$로 쓰기로 하였다. 따라서 이때는 즉 군 $(G, +)$에서는 $a^n$의 정의가 사실 $a$를 $n$번 연산한 것이므로 $a+a+\cdots+a$가 된다. 이러한 혼동을 피하기 위해서 이때는 $a^n = a\cdots a$ 대신에 $na = a+\cdots+a$와 같이 표시한다. 마찬가지로 $a^{-n}$은 $(-n)a$로 표시한다. 즉, $+$연산에서는 $a^n$ 대신 $na$를 사용한다.

다음 정리는 지수의 정의 3.6에서 쉽게 증명할 수 있다.

> **정리 3.9** (지수법칙) $G$는 군, $a \in G$, $m$, $n \in \mathbb{Z}$ 이다.
>
> (1) $a^m a^n = a^{m+n}$ (2) $(a^m)^n = a^{mn}$
>
> (3) $a^{-n} = (a^{-1})^n = (a^n)^{-1}$

위의 지수법칙도 연산이 $+$이면

$$ma + na = (m+n)a$$
$$n(ma) = (nm)a$$
$$(-n)a = n(-a) = -(na)$$

와 같이 바뀌어 진다.

$\mathbb{Z}_{15}$에서 $(\overline{2})^3 = \overline{8}$라고 하기 쉬운데 이런 혼동을 피하기 위해서 $(\overline{2})^3$은 $3(\overline{2})$로 표시한다. 즉 $\oplus$도 $+$연산과 같이 생각하면 된다. 앞으로는 이와 같이 표시한다. 따라서

$$(\overline{2})^3 \oplus (\overline{3})^3 = (\overline{2} \oplus \overline{2} \oplus \overline{2}) \oplus (\overline{3} \oplus \overline{3} \oplus \overline{3}) = \overline{6} \oplus \overline{9} = \overline{0}$$

가 된다. 일반적으로 $(\mathbb{Z}_n, \oplus)$에서 $t(\overline{a}) = \overline{ta}$가 됨을 알 수 있다.

**정의 3.7** $G$는 군, $a \in G$이다.

(1) $a^n = e$가 되는 양의 정수 $n$이 존재할 때 $a$는 **유한위수**(finite order)라고 한다. 이 경우 $a^n = e$가 되는 최소의 양의 정수를 $a$의 **위수**(order)라고 한다.

(2) 어떠한 양수 $n$에 대해서도 $a^n \neq e$일 때 $a$는 **무한위수**(infinite order)라고 한다. $a$의 위수는 $|a|$ 또는 $\mathrm{ord}(a)$로 표시한다.

**예제 18** (1) $(\mathbb{Z}_{12}, \oplus)$에서 $\overline{8} \oplus \overline{8} = \overline{4}$, $\overline{8} \oplus \overline{8} \oplus \overline{8} = \overline{0}$으로 $\overline{8}$의 위수는 3이다.

(2) $(\mathbb{Z}_6, \oplus)$에서 $|\overline{2}| = 3$, $|\overline{3}| = 2$, $|\overline{4}| = 3$, $|\overline{5}| = 6$이다.

**예제 19** $(\mathbb{Z}, +)$, $(\mathbb{Q}^*, \times)$에서는 항등원 외에 모든 원소의 위수는 무한이다.

**예제 20** $G = GL(2, \mathbb{R})$이면 $\begin{pmatrix} -1 & 0 \\ 0 & -1 \end{pmatrix}^2 = \begin{pmatrix} 1 & 0 \\ 0 & 1 \end{pmatrix}$이므로 $\begin{pmatrix} -1 & 0 \\ 0 & -1 \end{pmatrix}$의 위수는 2이다.

**정리 3.10** $G$는 군, $a \in G$이다. $a$가 유한위수일 필요충분조건은 $r \neq s$, $a^r = a^s$인 정수 $r$, $s$가 존재한다.

**증명** $(\Rightarrow)$ $|a| = n$이라고 하면 $a^n = e$이다. $n \neq 0$. 따라서 $a^{n+1} = a$, $n+1 \neq 1$이다.

$(\Leftarrow)$ 편의상 $r < s$라 하자. $a^r = a^s$의 양변에 $(a^r)^{-1}$를 곱하면 $a^{s-r} = e$, $s - r > 0$이다. 따라서 $a$는 유한위수이다. □

**따름정리 3.11** $G$가 유한군이면 $G$의 모든 원소는 유한위수이다.

**증명** $|G| = n$이라 하자. 임의의 $a \in G$에 대해서 $S = \{a, a^2, a^3, \cdots, a^{n+1}\}$라고 하면 $S \subset G$이고 $|G| = n$이므로 $S$의 원소 중 겹치는 것이 반드시 존재한다. $r \neq s$, $a^r = a^s$인 정수 $r$, $s$가 존재하므로 정리 3.10에 의해서 $a$는 유한위수이다. □

다음 정리는 많이 이용되므로 꼭 기억하여야 한다.

**정리 3.12** $G$는 군, $a \in G$, $|a| = n$이라고 하면

(1) $|a^{-1}| = n$이다.

(2) $a^m = e$일 필요충분조건은 $m$은 $n$의 배수이다.

(3) $|a^m| = \dfrac{n}{d}$이다. 단, $d = \gcd(m, n)$

**증명** (2) 만일 $m$이 $n$의 배수가 아니면 $m$을 $n$으로 나눈 몫을 $q$, 나머지를 $r$라고 하면 $m = nq + r(0 < r < n,\ r \neq 0)$으로 쓸 수 있다.

$$e = a^m = a^{nq+r} = a^{nq}a^r = (a^n)^q a^r = e^q a^r = ea^r = a^r$$

그런데 $r < n$, $a^r = e$이므로 $a$의 위수가 $n$이라는 사실에 모순이다. 따라서 $m$은 $n$의 배수가 된다. 역은 당연하다.

(3) $\gcd(m, n) = d$이므로 $dx = m$, $dy = n$인 정수 $x$, $y$가 존재한다. 또 $x$, $y$는 서로소, 즉 공약수가 1 밖에 없다. $y = \dfrac{n}{d}$이 $a^m$의 위수가 됨을 보이자. 먼저

$$(a^m)^y = a^{my} = a^{(dx)y} = a^{(dy)x} = a^{nx} = (a^n)^x = e^x = e$$

이다. 만일 $(a^m)^t = e$라고 하면 $mt$는 (2)에서 $n$의 배수가 되므로 $mt = ni$로 둘 수 있다.

$$dxt = dyi$$

가 되므로 $xt = yi$이다. 따라서 $y$는 $xt$의 약수가 된다. 그런데 $x$, $y$는 서로소이므로 $y$는 $t$의 약수가 된다. 결국 $y \leq t$가 되어 $\dfrac{n}{d}$은 $a^m$의 위수가 된다. □

**따름정리 3.13** $G$는 군, $a \in G$, $|a| = n$이다.

(1) $n = xy\ (x > 0)$이면 $|a^x| = y$이다.

(2) $a^i = a^j$일 필요충분조건은 $i - j$가 $n$의 배수이다.

**증명** (1) $|a^x| = \dfrac{n}{\gcd(x, n)} = \dfrac{n}{\gcd(x, xd)} = \dfrac{n}{x} = y$

(2) $a^i = a^j$면 $a^{i-j} = e$이고 따라서 $i - j$는 $n$의 배수이다. 역으로 $i - j$가 $n$의 배수이면 $i - j = nt$로 둘 수 있으므로

$$a^{i-j} = a^{nt} = (a^n)^t = e^t = e$$

따라서 $a^i = a^j$가 성립한다. □

**예제 21** $G=(\mathbb{Z}_{120},\ \oplus)$이면 $|\overline{1}|=120$이다. 따라서

$$|\overline{45}|=\frac{120}{\gcd(45,\ 120)}=\frac{120}{15}=8$$

혹은 $|\overline{5}|=24$, $\overline{45}=9(\overline{5})$이므로 $a=\overline{5}$로 생각해서

$$|\overline{45}|=\frac{24}{\gcd(9,\ 24)}=\frac{24}{3}=8$$

등으로 해도 된다. 그러나 $(\mathbb{Z}_n,\ \oplus)$에서 $|\overline{1}|$는 항상 $n$이고 $\overline{a}=a(\overline{1})$이므로 처음 것이 편하다.

**문제 3** 임의의 $a,\ b\in G$에서 $|aba^{-1}|=|b|$ 임을 보여라.

**풀이** $|aba^{-1}|=m$, $|b|=n$라고 하면 $(aba^{-1})^m=e$, $b^n=e$이다. 그런데

$$\begin{aligned}(aba^{-1})^m&=(aba^{-1})(aba^{-1})\cdots(aba^{-1})\\&=ab^ma^{-1}\end{aligned}$$

이므로 $b^m=e$가 된다. $|b|=n$이므로 따라서 $n\le m$이다. 또 $b^n=e$이므로

$$(aba^{-1})^n=ab^na^{-1}=aa^{-1}=e$$

이고 $|aba^{-1}|=m$이므로 $m\le n$이 된다. 따라서 $m=n$. ■

군에서 일반적으로 $a$, $b$는 유한위수이나 $ab$는 무한위수가 되는 경우가 있다. 물론 아벨군에서는 이런 일이 일어나지 않는다.

**예제 22** $G=GL(2,\mathbb{R})$, $A=\begin{pmatrix}0&1\\-1&-1\end{pmatrix}$, $B=\begin{pmatrix}0&-1\\1&0\end{pmatrix}$라고 하면 $|A|=3$, $|B|=4$이고 $AB=\begin{pmatrix}1&0\\-1&1\end{pmatrix}$이다. 그런데 $\begin{pmatrix}1&0\\-n&1\end{pmatrix}\begin{pmatrix}1&0\\-1&1\end{pmatrix}=\begin{pmatrix}1&0\\-n-1&1\end{pmatrix}$ 이므로 $n\neq 0$이면 $(AB)^n\neq\begin{pmatrix}1&0\\0&1\end{pmatrix}$이다. 따라서 $AB$의 위수는 무한이다.

## 03 | 연습문제 EXERCISE

1. $H$는 $G$의 부분군이 되는가?

   (1) $G=(\mathbb{Z},\ +)$, $H=\mathbb{Z}^+$

   (2) $G=(\mathbb{Q}-\{0\},\ \times)$, $H=\mathbb{Q}^+$

   (3) $G=\mathbb{Z}_8$, $H=\{\bar{0},\ \bar{2},\ \bar{4}\}$

2. $m\mathbb{Z}$, $n\mathbb{Z}$는 $(\mathbb{Z},\ +)$의 부분군이다.

   (1) $m\mathbb{Z} \subset n\mathbb{Z}$일 동치조건을 구하여라.

   (2) $m\mathbb{Z} \cup n\mathbb{Z}$가 $(\mathbb{Z},\ +)$의 부분군이 될 동치조건을 구하라.

3. 군 $G$의 부분집합으로서 연산에 관해서 닫혀 있으나 부분군이 안되는 예를 찾아라.

4. $n>2$이다. 위수가 $2n$인 아벨이 아닌 군을 만들어라.

5. (1) 군은 결코 두 진부분군의 합집합으로 표시할 수 없음을 증명하라.

   (2) 3개의 진부분군의 합집합으로 표시되는 아벨군과 아벨이 아닌 군의 예를 각각 들어라.

6. $a \in G$이다.

   (1) $Z(a)=\{x \in G \mid xa=ax\}$는 $G$의 부분군이 됨을 보여라.

   (2) $x^2ax=a^{-1}$면 $x \in Z(a)$임을 보여라.

7. $H=\{x \in G \mid$ 모든 $g \in G$에 대해서 $g^2x=xg^2\}$는 $G$의 부분군임을 보여라.

8. $H$, $K$가 $G$의 부분군이면 $H \cup K$는 역원에 관해서 닫혀 있음을 보여라.

9. $H$는 군 $G$의 유한부분집합이다. $H$가 역원에 관해서 닫혀 있으면 $G$의 부분군이 되는가? 되면 증명하고 안되면 그 예를 보여라.

10. $H$는 $G$의 부분군이다. $a \in G$일 때 $aH = \{ax | x \in H\}$, $Ha = \{xa | x \in H\}$이다. $N(H) = \{g \in G \mid gH = Hg\}$는 $H$를 포함하는 $G$의 부분군이 됨을 보여라.

11. $H$는 $G$의 부분군이다. $Ha \neq Hb$이면 $aH \neq bH$이다. 모든 $g \in G$에 대해서 $gHg^{-1} \subset H$임을 보여라.

12. $G$는 아벨군이다. 다음을 증명하라.
   (1) $n \in \mathbb{Z}$, $H = \{a \in G \mid a^n = e\}$는 $G$의 부분군이다.
   (2) $H = \{a \in G \mid a = g^2$꼴, $g \in G\}$는 $G$의 부분군이다.
   (3) $K$는 $G$의 부분군이다. $H = \{a \in G \mid a^2 \in K\}$는 $G$의 부분군이다.
   (4) $K$는 $G$의 부분군이다. $H = \{a \in G \mid a^n \in K$, $n$은 양의 정수$\}$는 $G$의 부분군이다.
   (5) $H$, $K$는 $G$의 부분군이다. $M = \{ab | a \in H, b \in K\}$는 $G$의 부분군이다.
   (6) $H = \{a \in G \mid$모든 $g \in G$에 대해서 $(ag)^2 = (ga)^2\}$은 $G$의 부분군이다.

13. $G$는 군, $f : G \to G$이다. $H(f) = \{a \in G |$모든 $g \in G$에 대해서 $f(g) = f(ag)\}$는 $G$의 부분군임을 보여라.

14. $G = \left\{ \begin{pmatrix} a & b \\ c & d \end{pmatrix} \middle| a, b, c, d \in \mathbb{R}, ad - bc \neq 0 \right\}$이다. $G$에서의 연산은 행렬의 곱이다.
   (1) $H = \left\{ \begin{pmatrix} a & b \\ 0 & d \end{pmatrix} \in G \mid ad \neq 0 \right\}$는 $G$의 부분군이 됨을 보여라.
   (2) $N(H) = \{g \in G \mid gH = Hg\}$를 구하여라.
   (3) $H$는 아벨군인가?

15. $ab = ba$이다. $|a|$, $|b|$가 서로소이면 $|ab| = |a||b|$임을 보여라.

16. $|a| = 5$, $b \neq e$, $aba^{-1} = b^2$이다. $|b|$를 구하여라.

17. $b^6 = e$, $ab = b^4 a$이다. $b^3 = e$, $ab = ba$임을 보여라.

18. $|a| = 2$, $aba^{-1} = b^2$이다. $|b|$를 구하여라.

19. $\mathbb{Z}_{24}$에서 위수가 6인 원소는 모두 몇 개인가?

20. $\mathbb{Z}_{42}$에서 $|\overline{30}|$, $|\overline{12}|$, $|\overline{8}|$를 각각 구하여라.

21. $\mathbb{Z}_{30}$에서 위수가 6인 원소를 모두 구하여라.

22. $|a| = n$이면 $|a^t|$는 $n$의 약수임을 보여라.

23. $|a| = mn$이면 $|a^m| = n$임을 보여라.

24. $|a| = n$이고 $n$은 홀수이면 $|a^2| = n$임을 보여라.

25. 위수가 $n$인 원소는 $a$뿐이다. $a \in Z(G)$임을 보여라.

26. $|a| = mk$, $a^{nk} = e$이면 $n$은 $m$의 배수임을 보여라.

27. $|a| = n$이다. $\gcd(m, n) = 1$일 필요충분조건은 $|a^m| = n$임을 보여라.

28. $|a| = n$, $\operatorname{lcm}(m, n) = l$, $k = \dfrac{l}{m}$이면 $(a^m)^k = e$임을 보여라.

29. $|a| = 12$. $b^3 = a$이면 $|b| = 36$임을 보여라.

30. $|a| = 6$. $a = b^4$일 때 $|b|$를 구하여라.

31. $a^k = e$. $k$는 홀수이면 $|a|$는 홀수임을 보여라.

32. $|ab| = |ba|$임을 보여라.

33. $|abc| = |cab| = |bca|$임을 보여라.

34. $|a| = m$. $|b| = n$, $ab = ba$이다. $|x| = \operatorname{lcm}(m, n)$인 $x$를 구하여라.

35. $|a| = 12$이다.

(1) $a^{8k} = e$가 되는 최소의 양의 정수 $k$를 구하여라.

(2) $|a^n| = 12$가 되는 모든 $n$을 찾아라.

36. $|a| = m$이다. $|a^k| = m$인 모든 $k$를 찾아라.

37. $G$는 유한군이다. $G$의 모든 원소는 유한위수임을 보여라.

38. 모든 원소의 위수가 유한한 무한군의 예를 들어라.

39. $G$는 아벨군, $x$, $y$는 유한위수이다. $|xy|$는 $|x||y|$의 약수임을 보여라.

40. $G$는 아벨군이고 $|a| = m$, $|b| = n$이다. $ab$의 위수는 $\text{lcm}(m, n)$의 약수임을 보여라.

41. $G$는 아벨군이다. 집합 $H = \{g \in G \mid |g| \leq 2\}$는 $G$의 부분군임을 보여라.

42. $G$는 아벨군이다. 집합 $H = \{g \in G \mid |g| = 3\} \cup \{e\}$는 $G$의 부분군이 되는가?

43. 문제 41번에서 $G$가 아벨군이 아니면 $H$는 부분군이 될 수 없음을 예로 들어라.

44. $x = a_1 a_2 \cdots a_n$, $y = a_k a_{k+1} \cdots a_n a_1 \cdots a_{k-1}$이면 $|x| = |y|$임을 보여라.

45. $a^p = e$, $a \neq e$, $p$는 소수이면 $|a| = p$임을 보여라.

46. $G$는 유한군, $p$는 소수이다. $X = \{a \in G \mid |a| = p\}$라고 하면 $|X|$는 $p-1$의 배수가 됨을 보여라.

CHAPTER 04

# 순환군과 군의 직적

## Cyclic Groups and Direct Product of Groups

정수군($\mathbb{Z}$, $+$)는 1을 계속 연산함으로써 모든 원소를 만들 수 있다. 이와 같이 한 원소로 군의 모든 원소를 표시할 수 있을 때 이러한 군을 순환군이라고 한다.

**정리 4.1** $G$는 군, $a \in G$이다. 집합

$$H = \{\cdots, a^{-3}, a^{-2}, a^{-1}, a^0, a^1, a^2, \cdots\} = \{a^n \mid n \in \mathbb{Z}\}$$

는 $G$의 부분군이다. 또 $H$는 $a$를 포함하는 $G$의 부분군 중 가장 작은 부분군이다.

**증명** $H$의 임의의 원소 $x = a^i$, $y = a^j$에 대해서 $xy = a^i a^j = a^{i+j} \in H$이다. 또 $a^k$의 역원 $(a^k)^{-1} = a^{-k} \in H$이므로 $H$는 $G$의 부분군이다. 또 $K$를 $a$를 포함하는 $G$의 임의의 부분군이라고 하면 임의의 $n \in \mathbb{Z}$에 대해서 $a^n \in K$이므로 당연히 $H \subset K$이다. 따라서 $H$는 $a$를 포함하는 $G$의 최소의 부분군이다. □

**정의 4.1** $G$는 군, $a \in G$이다. 집합 $H = \{a^n \mid n \in \mathbb{Z}\}$를 $a$에 의해서 생성되는 $G$의 **순환부분군**(cyclic subgroup generated by $a$)이라고 부르고 $H = \langle a \rangle$로 표시한다. 만일 $G$의 어떤 원소 $a$가 있어서 $G = \langle a \rangle$가 될 때 $G$를 **순환군**(cyclic group)이라고 한다. 이때 $a$를 $G$의 생성원(generator)이라고 부른다.

$G$가 순환군이면 당연히 아벨군이다. 그러나 그 역은 성립하지 않는다.

참고 1) 순환군에서 생성원은 여러 개일 수도 있다.
2) 만일 군 $G$의 연산이 $+$이면 $\langle a \rangle$는 $\{na | n \in \mathbb{Z}\}$꼴이 된다.

**예제 1** 군 $(\mathbb{Z}, +)$에서 $3 \in \mathbb{Z}$로 생성되는 순환부분군은

$$\langle 3 \rangle = \{\cdots, -6, -3, 0, 3, 6, 9, \cdots\} = 3\mathbb{Z}$$

가 된다. 또 $\langle 1 \rangle = \{\cdots, -2, -1, 0, 1, 2, \cdots\}$이므로 $(\mathbb{Z}, +)$는 1에 의해서 생성되는 순환군이다.

**예제 2** $G = (\mathbb{R} - \{1\}, *)$, $a * b = a + b - ab$에서

$$\langle 4 \rangle = \left\{\cdots, \frac{8}{9}, \frac{4}{3}, 0, 4, -8, 28, \cdots\right\}$$이다.

**예제 3** $(\mathbb{Q}, +)$는 순환군이 아니다. 그 이유는 만일 순환군이라면 $\mathbb{Q} = \langle a \rangle$인 유리수 $a$가 존재할 것이다. 물론 $a \neq 0$이다. 그러나 어떠한 정수 $n \in \mathbb{Z}$에 대해서도 $na = \frac{a}{2}$가 될 수 없다.

**정리 4.2** $G$는 군, $a \in G$이다.
(1) $a$의 위수가 무한이면 $\langle a \rangle$의 원소의 개수는 무한이다.
(2) $a$의 위수가 $n$이면 $\langle a \rangle$의 원소의 개수도 $n$이고 $\langle a \rangle = \{e = a^0, a^1, a^2, \cdots, a^{n-1}\}$이다.

**증명** (1) $\langle a \rangle = \{a^k | k \in \mathbb{Z}\}$의 임의의 두 원소에서 $i \neq j$면 $a^i$와 $a^j$는 서로 다르다. 따라서 $\langle a \rangle$의 개수는 무한이다.
(2) 임의의 $a^m \in \langle a \rangle$에 대해서 $m = nq + r$ $(0 \leq r < n)$라고 하면

$$a^m = a^{nq+r} = (a^n)^q a^r = ea^r = a^r$$

이고 $0 \leq r < n$이므로 $a^m \in \{a^0, a^1, a^2, \cdots, a^{n-1}\}$이다. 또 만일 $a^i = a^j$ $0 \leq i < j < n$라고 하면 $a^{j-i} = e$이고 $0 < j - i < n$가 되어 $a$의 위수가 $n$이라는 사실에 모순이다. 따라서 $\langle a \rangle = \{e, a, a^2, \cdots, a^{n-1}\}$은 개수가 $n$개다. □

위의 정리로부터 다음 사실을 알 수 있다.

**정리 4.3** $G$는 군, $a \in G$이다. $H = \langle a \rangle$라고 하면 $|H| = |a|$ 즉, $|\langle a \rangle| = |a|$이다.

군 $G$의 임의의 원소 $a$에 대해서 우리는 $a$에 의해서 생성되는 순환부분군 $\langle a \rangle$를 생각할 수 있다. 한 군에서도 순환부분군도 있고 그냥 부분군도 있다. 그러나 순환군의 모든 부분군은 항상 순환부분군이다.

**정리 4.4** 순환군의 모든 부분군은 역시 순환군이다.

**증명** $G = \langle a \rangle$라고 하고 $H$를 $G$의 부분군이라고 하자. 만일 $H = \{e\}$이면 $H$는 $e$에 의해서 생성되는 순환부분군이다. 만일 $H \neq \{e\}$라면 항등원이 아닌 어떤 $a^i$, $i \neq 0$가 $H$에 있다. $a^i \in H$인 정수 $i$중 최소의 양의 정수를 $n$이라고 하자. 우선 $a^n \in H$이므로

$$\langle a^n \rangle = \{\cdots, (a^n)^{-1}, (a^n)^0, (a^n), (a^n)^2, \cdots\} \subset H$$

임의의 $h \in H$에 대해서 $h \in G$이므로 $h = a^m$꼴이다.

$$m = nq + r \quad (0 \leq r < n)$$

라고 하면 $r = m - nq$이므로

$$a^r = a^{m-nq} = a^m a^{-nq} = a^m (a^n)^{-q}$$

이다. 그런데 $a^m = h \in H$, $a^n \in H$이므로 $a^r \in H$이다. $r < n$이고 $n$은 $a^n \in H$인 최소의 양의 정수이므로 $r$은 양수가 될 수 없다. 따라서 $r = 0$이고 결국 $m = nq$가 되어

$$h = a^m = a^{nq} = (a^n)^q \in \langle a^n \rangle$$

이고 결론은 $H = \langle a^n \rangle$이다. □

**정리 4.5** $G$는 군, $a \in G$, $a$의 위수는 $n$이다. 임의의 $m \in \mathbb{Z}$에 대해서 $\gcd(m, n) = d$라고 하면 $\langle a^m \rangle = \langle a^d \rangle$이다.

**증명** 임의의 $(a^m)^k \in \langle a^m \rangle$에 대해서 $mk$는 $d$의 배수이다. 따라서

$$\langle a^m \rangle \subset \langle a^d \rangle$$

가 된다. 그런데

$$|\langle a^m \rangle| = |a^m| = \frac{n}{d}, \quad |\langle a^d \rangle| = |a^d| = \frac{n}{\gcd(d, n)} = \frac{n}{d}$$

이다. $\langle a^m \rangle$은 $\langle a^d \rangle$의 부분집합인데 위수가 같으므로 결국 $\langle a^m \rangle = \langle a^d \rangle$이다. □

**따름정리 4.6** $G$는 군, $a \in G$, $a$의 위수는 $n$이다. $\langle a^i \rangle = \langle a^j \rangle$일 필요충분조건은 $\gcd(i, n) = \gcd(j, n)$이다.

**증명** ($\Leftarrow$) $\gcd(i, n) = \gcd(j, n) = d$라고 하면 $\langle a^i \rangle = \langle a^d \rangle = \langle a^j \rangle$이다.

($\Rightarrow$) $|a^j| = |\langle a^i \rangle| = |\langle a^j \rangle| = |a^j|$이므로 정리 3.4의 (3)에서 바로 구할 수 있다. □

**따름정리 4.7** $G$는 군, $a \in G$이다. $\langle a \rangle = H$, $H$의 위수가 $n$이면 $a^m$이 $H$의 생성원이 될 필요충분조건은 $\gcd(m, n) = 1$이다.

**증명** ($\Rightarrow$) $a^m$이 $H$의 생성원이면 $\langle a^m \rangle = H$이다. 따라서 $\langle a^m \rangle = \langle a \rangle$에서 따름정리 4.6을 이용하면 $\gcd(m, n) = \gcd(1, n) = 1$이다.

($\Leftarrow$) $\gcd(m, n) = 1$이면 $\langle a^m \rangle = \langle a^1 \rangle = H$. □

**예제 4** $G = (\mathbb{Z}_{24}, \oplus)$이다. $H = \langle \overline{15} \rangle$라고 했을 때 $H$의 생성원을 구해보자.

$H = \langle \overline{i} \rangle$라고 하면 $\langle \overline{i} \rangle = \langle \overline{15} \rangle$일 필요충분조건은

$$\gcd(i, 24) = \gcd(15, 24) = 3$$

따라서 $i = 3, 9, 15, 21$이 된다. 또 $G$의 생성원을 구해보면 $G = \langle \overline{1} \rangle$로 생각하면 $G = \langle \overline{i} \rangle$일 필요충분조건은 $\gcd(i, 24) = 1$인 $i$를 구하면 되므로

$$i = 1, 5, 7, 11, 13, 17, 19, 23$$

이다.

군 $(\mathbb{Z}_n, \oplus)$는 $\overline{1}$에 의해서 생성되는 순환군이다. 따라서 $\overline{a}$가 $\mathbb{Z}_n$의 생성원이 될 필요충분조건은 $\overline{a} = a\overline{1}$이므로 $\gcd(a, n) = 1$이 됨을 알 수 있다.

**정리 4.8** 군 $(\mathbb{Z}_n, \oplus)$의 생성원의 집합을 $A$라고 하면

$$A = \{\overline{x} \in \mathbb{Z}_n \mid \langle \overline{x} \rangle = \mathbb{Z}_n\} = \{x \in \mathbb{Z} \mid 1 \le x \le n, \gcd(x, n) = 1\}$$

이다.

특히 위의 집합 $A$의 개수를 $\varphi(n)$이라고 적고 $n$의 **오일러수**(Euler number)라고 한다.

**정리 4.9** $G$는 위수가 $n$인 순환군이다.
(1) $H$가 $G$의 부분군이면 $H$의 위수는 $n$의 약수이다.
(2) $m$이 $n$의 약수면 $G$는 위수 $m$인 부분군을 단 하나만 가진다.

**증명** (1) $G=\langle a\rangle$라 하자. 순환군의 부분군은 순환군이므로 $H=\langle a^t\rangle$로 둘 수 있다. $|H|=|a^t|$이고 앞 정리 3.12에서

$$|a^t|=\frac{n}{\gcd(t,\ n)}$$

이므로 $n=|H|\times\gcd(t,\ n)$이다. 따라서 $H$의 위수는 $n$의 약수이다.

(2) $n=mq$, $H=\langle a^q\rangle$이라고 하면 $H$는 $G$의 부분군이다.

$$|H|=|a^q|=\frac{n}{\gcd(q,\ n)}=\frac{n}{\gcd(q,\ mq)}=\frac{n}{q}=m$$

따라서 $G$는 위수가 $m$인 부분군을 가진다. 이번에는 위수가 $m$인 부분군은 단 1개뿐임을 보이자.

$$|H_1|=|H_2|=m,\ H_1=\langle a^i\rangle,\ H_2=\langle a^j\rangle$$

이라고 하자. $|H_1|=|H_2|$이므로 $\dfrac{n}{\gcd(i,\ n)}=\dfrac{n}{\gcd(j,\ n)}$에서

$$\gcd(i,\ n)=\gcd(j,\ n)$$

이다. 이 값을 $d$라고 두면 앞 정리 4.5에서 $\langle a^i\rangle=\langle a^d\rangle$이고 $\langle a^j\rangle=\langle a^d\rangle$가 된다. 따라서 $H_1=H_2$가 되어 위수가 같은 부분군은 단 1개 뿐이다. □

순환군 $G$에서는 $m$이 $|G|$의 약수면 반드시 위수가 $m$인 부분군이 존재했지만 일반적인 군에서는 그렇지 못하다. 또 임의의 유한군 $G$의 원소 $a$에 대해서 $a$를 $G$의 위수만큼 곱하면 항상 항등원이 된다. 일반적인 증명은 매우 어렵다. 그러나 순환군에서는 이 증명은 간단히 할 수 있다.

**정리 4.10** $G$는 순환군, $|G|=n$이면 임의의 $g\in G$에 대해서 $g^n=e$이다.

**증명** $G=\langle a\rangle$라 두면 우선 $|a|=n$이므로 $a^n=e$이다. $g\in G$이므로 $g=a^t$로 쓸 수 있다. 따라서

$$g^n=(a^t)^n=a^{tn}=(a^n)^t=e^t=e$$

□

**예제 5** $G=(\mathbb{Z}_{12}, \oplus)$의 부분군을 모두 구해보자. $H_i$를 위수가 $i$인 $G$의 부분군이라고 하면 $H_1=\{\bar{0}\}$, $\cdots$, $H_4$는 위수가 4인 $\mathbb{Z}_{12}$의 부분군, $\cdots$으로 되어 부분군은 $H_1$, $\cdots$, $H_{12}$까지 이다. 위의 정리에 따라 각각의 $H_i$를 구해보면 $\dfrac{12}{i}=k$라고 하면 $H_i$의 생성원은 $\bar{k}$이다.

여기서 실제로 모든 $\bar{i}\in\mathbb{Z}_{12}$에 대해서 $\langle\bar{i}\rangle$를 구해보면 $\langle\bar{0}\rangle=H_1$, $\langle\bar{5}\rangle=\langle\bar{7}\rangle=\langle\overline{11}\rangle=\langle\bar{1}\rangle=\mathbb{Z}_{12}$이다. $\langle\bar{9}\rangle=H_4$, $\langle\overline{10}\rangle=H_6$이 된다.

그림으로 표시하면

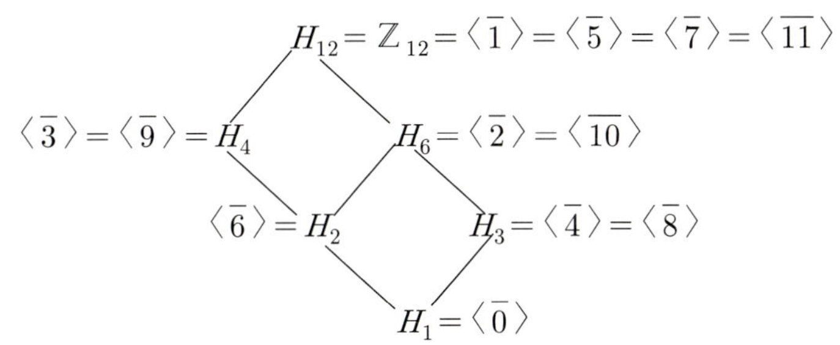


[그림 4.1]

**문제 1** $(\mathbb{Z}_{24}, \oplus)$의 모든 부분군을 구하고 분류하라.

**풀이** 24의 약수는 1, 2, 3, 4, 6, 8, 12, 24이므로 진부분군은 6개이다. 앞의 예제와 같이 $H_i$를 위수 $i$인 부분군이라고 하면

$$
\begin{aligned}
H_1 &=\langle\bar{0}\rangle = \{\bar{0}\}\\
H_2 &=\langle\overline{12}\rangle = \{\bar{0}, \overline{12}\}\\
H_3 &=\langle\bar{8}\rangle = \{\bar{0}, \bar{8}, \overline{16}\}\\
H_4 &=\langle\bar{6}\rangle = \{\bar{0}, \bar{6}, \overline{12}, \overline{18}\}\\
H_6 &=\langle\bar{4}\rangle = \{\bar{0}, \bar{4}, \bar{8}, \overline{12}, \overline{16}, \overline{20}\}\\
H_8 &=\langle\bar{3}\rangle = \{\bar{0}, \bar{3}, \bar{6}, \bar{9}, \overline{12}, \overline{15}, \overline{18}, \overline{21}\}\\
H_{12} &=\langle\bar{2}\rangle = \{\bar{0}, \bar{2}, \bar{4}, \cdots, \overline{20}, \overline{22}\}\\
H_{24} &=\langle\bar{1}\rangle = \{\bar{0}, \bar{1}, \bar{2}, \cdots, \overline{23}\}
\end{aligned}
$$

이다. 이것들을 그림으로 표시하면 다음과 같다.

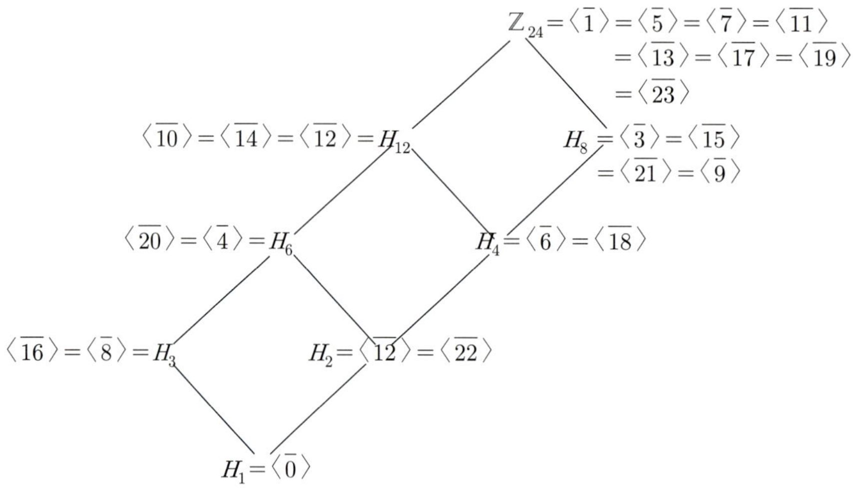


[그림 4.2] ■

몇 개의 군이 있을 때 이 군들을 카르테시안 곱한 집합을 이용하여 새로운 군을 만들 수 있다. 이와 같은 방법은 군에서 뿐만 아니라 대수에서 다루는 거의 모든 대상에 대해서도 적용할 수 있다.

**정리 4.11** $G$, $H$는 군이다. $G$와 $H$의 카르테시안곱, 즉

$$G\times H=\{(a,\ b)\,|\,a\in G,\ b\in H\}$$

에 다음과 같은 연산을 도입한다. 임의의 $(a,\ b)$, $(c,\ d)\in G\times H$에 대해서

$$(a,\ b)\cdot(c,\ d)=(ac,\ bd)$$

단, 여기서 $ac$는 $G$에서 연산한 것이고 $bd$는 $H$에서 연산한 것이다. 이 연산에 의해서 $(G\times H,\ \cdot\ )$는 군이 된다.

**증명** 우선 이 연산은 $G\times H$에서 잘 정의됨을 알 수 있다. 각 $G$, $H$는 군이므로 $G\times H$에서도 결합법칙이 잘 성립한다.

$G$와 $H$의 항등원을 각각 $e$, $f$라고 하면 $(e,\ f)\in G\times H$가 항등원이 됨은 쉽게 알 수 있다. 또 $(a,\ b)$의 역원은 $(a^{-1},\ b^{-1})$가 된다. □

**예제 6** $\mathbb{Z}_2\times\mathbb{Z}_3$에서 $(\overline{1},\ \overline{0})\cdot(\overline{1},\ \overline{2})=(\overline{1}\oplus\overline{1},\ \overline{0}\oplus\overline{2})=(\overline{0},\ \overline{2})$이다.

**정의 4.2** $G$, $H$가 군일 때 위의 정리 4.11과 같이 $G\times H=\{(a, b) \mid a\in G, b\in H\}$에 연산은 $(a, b)\cdot(c, d)=(ac, bd)$와 같이 하여 만든 군 $(G\times H, \cdot)$를 $G$와 $H$의 직적(direct product)이라고 부른다.

**예제 7** $(\mathbb{R}^*, \times)$와 $(\mathbb{Z}, +)$의 직적에서 $(2, 2)\cdot(5, 3)$의 값은 $(2\times 5, 2+3)=(10, 6)$이다.

두 개의 군의 직적과 마찬가지로 생각해서 $n$개의 군 $G_1, G_2, \cdots, G_n$이 있을 때

$$G_1\times G_2\times \cdots \times G_n=(G_1\times G_2\times \cdots \times G_{n-1})\times G_n$$

과 같이 차례대로 생각하면 $n$개의 군의 직적도 생각할 수 있다. 이때 이 직적을 구성하는 $G_i$를 $G$의 **인자**(factor)라고 부른다. 특히 이렇게 만든 직적을 **외직적**(external direct product)이라고 부른다.

직적의 성질은 각 인자의 성질과 인자의 위수에 따라서 달라진다. $\mathbb{Z}_2\times\mathbb{Z}_2$의 원소는 모두 4개이고 각각의 위수는 1 또는 2이다. 따라서 순환군이 될 수 없다. 그러나 군 $G=\mathbb{Z}_2\times\mathbb{Z}_3$에 대해서 생각해보면 우선 $|G|=6$이다.

$$|(\bar{1}, \bar{1})|=|(\bar{1}, \bar{2})|=6$$

이다. 따라서 $G=\langle(\bar{1}, \bar{1})\rangle$가 되어 순환군이다.

유한군이 순환군이 되기 위해서는 $|G|=|a|$인 원소 $a\in G$가 존재하면 된다.

**정리 4.12** $G=G_1\times G_2\times \cdots \times G_n$, 모든 $1\le i\le n$에 대해서 $a_i\in G_i$가 모두 유한위수면

$$|(a_1, a_2, \cdots, a_n)|=\mathrm{lcm}(|a_1|, |a_2|, \cdots, |a_n|)$$

이다.

**증명** $|(a_1, a_2, \cdots, a_n)|=t$, $\mathrm{lcm}(|a_1|, |a_2|, \cdots, |a_n|)=k$라고 하자. 우선

$$(a_1, a_2, \cdots, a_n)^t=(a_1^t, a_2^t, \cdots, a_n^t)=(e_1, e_2, \cdots, e_n)$$

는 $G$의 항등원이므로 $a_i^t=e_i(1\le i\le n)$에서 $t$는 모든 $i$에 대해서 $|a_i|$의 배수이다. 즉

$t$는 모든 $|a_1|, \cdots, |a_n|$의 공배수이다. 따라서 $t \geq k$이다. 한편 $k$는 모든 $|a_i|$의 배수이므로

$$(a_i)^k = e_i \quad (1 \leq i \leq n)$$

이다. 따라서 $(a_1, a_2, \cdots, a_n)^k = (e_1, e_2, \cdots, e_n)$이 되어 $t \leq k$이다. 따라서 $t = k$이다. □

**예제 8** $\mathbb{Z}_{12} \times \mathbb{Z}_{18}$에서 $(\overline{8}, \overline{15})$의 위수는

$$|(\overline{8}, \overline{15})| = \text{lcm}\left(\frac{12}{\gcd(8, 12)}, \frac{18}{\gcd(15, 18)}\right) = \text{lcm}(3, 6) = 6$$

이다.

**정리 4.13** $G = G_1 \times G_2 \times \cdots \times G_n$가 순환군이면 모든 $1 \leq i \leq n$에 대해서 각 인자 $G_i$는 모두 순환군이다.

**증명** $G = \langle (a_1, a_2, \cdots, a_n) \rangle$으로 둘 수 있다. 여기서 $G_i = \langle a_i \rangle$가 됨을 보이자. $a_i \in G_i$이므로 $\langle a_i \rangle \subset G_i$는 당연하다. 임의의 $g_i \in G_i$에 대해서 $(e_1, e_2, \cdots g_i, \cdots, e_n) \in G$이므로

$$(a_1, a_2, \cdots, a_n)^t = (e_1, e_2, \cdots g_i, \cdots, e_n)$$

가 되는 정수 $t$가 존재할 것이다. 따라서 $a_i^t = g_i$가 되어 $G_i \subset \langle a_i \rangle$이다. 따라서 $G_i = \langle a_i \rangle$이므로 $G_i$는 순환군이다. □

위의 정리의 대우를 취하면 군의 직적에서 어느 한 인자라도 순환군이 아니면 $G$는 순환군이 못된다. 또 $G_1 \times G_2 \times \cdots \times G_n$이 $a = (a_1, a_2, \cdots, a_n)$에 의해서 생성되는 순환군이면 $a$의 각 성분 $a_i$는 각 인자 $G_i$의 생성원이 됨을 알 수 있다.

두 정수 $a, b$가 $\gcd(a, b) = 1$일 필요충분조건은 $\text{1cm}(a, b) = ab$임을 명심하자.

**정리 4.14** 모든 $G_i (1 \leq i \leq n)$는 유한순환군이고 $G = G_1 \times G_2 \times \cdots \times G_n$이다. 임의의 $i \neq j$에 대해서 $|G_i|$와 $|G_j|$가 서로소이면 $G$는 순환군이다.

**증명** $G_i = \langle a_i \rangle$라고 하면

$$G = G_1 \times G_2 \times \cdots \times G_n = \langle (a_1, a_2, \cdots, a_n) \rangle$$

임을 보이자. 가정에 의해서

$$\operatorname{lcm}(|G_1|, |G_2|, \cdots, |G_n|) = |G_1||G_2| \cdots |G_n| = |G|$$

가 된다. 각 $G_i$는 순환군이므로 $G_i = \langle a_i \rangle$라고 하면 $|G_i| = |a_i|$이다. 따라서 $\operatorname{lcm}(|a_1|, |a_2|, \cdots, |a_n|) = |G|$이고 앞 정리 4.12에서

$$|(a_1, a_2, \cdots, a_n)| = \operatorname{lcm}(|a_1|, |a_2|, \cdots, |a_n|)$$

이므로 $|G| = |(a_1, a_2, \cdots, a_n)|$이다. 유한집합 $A$, $B$에서 $A \subset B$, $|A| = |B|$이면 $A = B$이므로 결국 $G = \langle (a_1, a_2, \cdots, a_n) \rangle$이 되어 $G$는 순환군이 됨을 알 수 있다. □

사실 위의 정리 4.14의 역도 성립한다. 만일 $G = \langle (a_1, a_2, \cdots, a_n) \rangle$이면 정리 4.13에서 $G_i = \langle a_i \rangle$이고

$$|G| = \operatorname{lcm}(|G_1|, |G_2|, \cdots, |G_n|)$$

이므로 결국 $i \neq j$면 $|G_i|$, $|G_j|$는 서로소가 됨을 알 수 있다. 따라서 정리 4.14의 역도 성립하고 또 다음과 같은 따름정리를 얻을 수 있다.

**따름정리 4.15** $G = G_1 \times G_2 \times \cdots \times G_n$이 순환군이면 각 $G_i$도 순환군이고 $a_i$를 $G_i$의 생성원이라고 하면 $(a_1, a_2, \cdots, a_n)$이 $G$의 생성원이 된다.

**따름정리 4.16** $\mathbb{Z}_{m_1} \times \mathbb{Z}_{m_2} \times \cdots \times \mathbb{Z}_{m_t}$가 순환군이 될 필요충분조건은 임의의 $i \neq j$에 대해서 $m_i$, $m_j$가 서로소이다.

**예제 9** (1) $G = \mathbb{Z}_{12} \times \mathbb{Z}_8$은 순환군이 아니다.

(2) $G = \mathbb{Z}_9 \times \mathbb{Z}_{17} \times \mathbb{Z}_{10}$은 순환군이다.

(3) $G = \mathbb{Z}_9 \times \mathbb{Z}_{16} \times \mathbb{Z}_{21}$은 순환군이 아니다.

또 모든 $\mathbb{Z}_n$은 생성원이 $\bar{1}$이므로 $\mathbb{Z}_n \times \mathbb{Z}_m$이 순환군이면 $(\bar{1},\ \bar{1})$가 생성원이 됨은 당연하다.

일반적으로 두 군 $G$, $H$에서 $A$가 $G$의 부분군이고, $B$가 $H$의 부분군이면 $A \times B$는 $G \times H$의 부분군이 됨을 쉽게 증명할 수 있다. 그러면 두 군의 직적 $G \times H$의 모든 부분군은 항상 $G$의 부분군과 $H$의 부분군의 직적으로 표시될까? 이것은 그렇지 않다.

**문제 2** $\mathbb{Z}_3 \times \mathbb{Z}_4$의 모든 부분군을 구하라.

**풀이** $\mathbb{Z}_3 \times \mathbb{Z}_4$는 위수가 12인 순환군이다. 따라서 부분군은 12의 약수만큼 있다. 또 $\mathbb{Z}_3$, $\mathbb{Z}_4$의 부분군은 각각 2개, 3개이므로 결국 각 부분군의 직적은 6개이므로 위수가 $i$인 부분군을 $H_i$라고 하면

$$H_1 = \{(\bar{0},\ \bar{0})\}$$
$$H_2 = \{\bar{0}\} \times \{\bar{0},\ \bar{2}\} = \{(\bar{0},\ \bar{0}),\ (\bar{0},\ \bar{2})\}$$
$$H_3 = \mathbb{Z}_3 \times \{\bar{0}\}$$
$$H_4 = \{\bar{0}\} \times \mathbb{Z}_4$$
$$H_6 = \mathbb{Z}_3 \times \{\bar{0},\ \bar{2}\}$$
$$H_{12} = \mathbb{Z}_3 \times \mathbb{Z}_4$$

이다. ■

그러나 $\mathbb{Z}_2 \times \mathbb{Z}_4$의 부분군은 위와 같이 구하면 안된다. 두 순환군 $G$, $H$의 직적 $G \times H$의 모든 부분군이 $G$의 부분군 $A$와 $H$의 부분군 $B$의 직적 $A \times B$로 표시되면 $G \times H$는 순환군이다. 물론 역도 성립한다. 즉 $G \times H$가 순환군이면 $G \times H$의 모든 부분군은 $G$의 부분군 $A$와 $H$의 부분군 $B$의 직적 $A \times B$로 표시된다.

## 04 | 연습문제 EXERCISE

1. $(\mathbb{Q}^+, \times)$는 순환군이 아님을 증명하여라.

2. $\mathbb{Z}_7^* = \{\overline{1}, \overline{2}, \overline{3}, \overline{4}, \overline{5}, \overline{6}\}$, $\overline{a} * \overline{b} = \overline{ab}$이다.
   (1) $(\mathbb{Z}_7^*, *)$는 군이 됨을 보여라.
   (2) $(\mathbb{Z}_7^*, *)$는 순환군인가?

3. $(\mathbb{Z}, *)$는 순환군인가? 단, $a * b = a + b - 1$이다.

4. $G$는 아벨군, $|G| = mn$, $\gcd(m, n) = 1$이다. $|a| = m$, $|b| = n$인 $a$, $b$가 존재하면 $G$는 순환군임을 보여라.

5. $G = \langle a \rangle$, $G$는 무한집합이다. $G$의 생성원은 $a$, $a^{-1}$뿐임을 보여라.

6. $G$는 유한아벨군이다. "$G$가 순환군이면 임의의 양의 정수 $n$에 대해서 $x^n = e$를 만족시키는 $G$의 원소는 $n$개 이하"임을 증명하여라.

7. $G = \mathbb{Z}_{30}$, $H = \langle \overline{25} \rangle$이다. $H$의 위수를 구하여라.

8. 모든 진부분군은 순환군이지만 자신은 순환군이 아닌 예를 들어라.

9. $p$, $q$가 소수일 때 $\mathbb{Z}_{pq}$의 생성원의 개수를 구하여라.

10. $p$는 소수, $r \geq 1$인 정수이다. $\mathbb{Z}_{p^r}$의 생성원의 개수를 구하여라.

11. $G$는 아벨군이고 $H$, $K$는 $|H| = r$, $|K| = s$인 $G$의 유한순환부분군이다.
    (1) $r$, $s$가 서로소이면 위수가 $rs$인 순환부분군이 존재함을 보여라.
    (2) 일반적으로 $\{r, s\}$의 최소공배수를 위수로 가지는 순환부분군이 존재함을 보여라.

12. 생성원이 한 개뿐인 순환군의 위수는 2임을 보여라.

13. $G$는 부분군이 $e$와 $G$ 자신뿐인 유한군이다.
그러면 $G=\{e\}$이거나 또는 $G$는 위수가 소수인 순환군임을 보여라.

14. $G=\langle a\rangle$, $|a|=n$이다. $r$, $s$가 정수일 때 $\langle a^r\rangle \subset \langle a^s\rangle$일 필요충분조건을 구하여라.

15. $G$는 위수 $n$인 순환군이다. "$m|n$일 필요충분조건은 위수가 $m$인 원소가 $G$에 존재"할 때임을 보여라.

16. 부분군이 유한개인 군은 유한군임을 보여라.

17. $G$는 위수가 $n$인 순환군이다. $\gcd(m, n)=1$, $x^m=y^m$이면 $x=y$임을 보여라.

18. 위수가 6인 군의 진부분군은 순환군임을 보여라.

19. $H$는 $G$의 부분군이고 $g\in G$이다.
(1) $S=\{ghg^{-1}|h\in H\}$는 $G$의 부분군임을 보여라.
(2) $K$가 $H$와 $S$를 모두 포함하는 $G$의 유한순환부분군이면 $H=S$임을 보여라.

20. $G$는 위수 $n$인 순환군이다. $m|n$일 때 $x^m=e$를 만족시키는 $G$의 원소는 꼭 $m$개 있음을 보여라.

21. $\mathbb{Z}\times\mathbb{Z}$는 순환군인가?

22. 항등원이 아닌 모든 원소의 위수가 3이고 위수가 81인 군을 만들어라.

23. $G$, $H$는 유한군이다. 만일 $G\times H$가 순환군이면
(1) $G$와 $H$는 각각 순환군임을 보여라.
(2) $G\times H$의 모든 부분군은 $G$의 부분군 $A$와 $H$의 부분군 $B$의 직적 $A\times B$로 표시됨을 보여라.

24. $Z(G_1\times\cdots\times G_n)=Z(G_1)\times\cdots\times Z(G_n)$임을 보여라.

25. (Chinese remained theorem)
$m_1,\ \cdots,\ m_n$은 양의 정수로서 $i \neq j$면 $\gcd(m_i,\ m_j)=1$이다. 임의의 정수 $k_1,\ \cdots,\ k_n$에 대해서 $m_i | x-k_i\ (1 \le i \le n)$이 되는 정수 $x$가 존재함을 증명하여라.

26. $\mathbb{Z}_2 \times \mathbb{Z}_4$에서 위수가 4인 원소를 모두 구하여라.

27. $\mathbb{Z}_6 \times \mathbb{Z}_8$에서 원소의 위수가 가장 큰 것은 얼마인가?

28. $\mathbb{Z}_{12} \times \mathbb{Z}_{15}$의 순환부분군 중 위수가 최대인 것을 구하여라.

29. $\mathbb{Z}_2 \times \mathbb{Z} \times \mathbb{Z}_4$의 원소 중 유한 위수인 것은 몇 개인가?

30. 5로 나누면 3이 남고 8로 나누면 나머지가 7인 수를 구하여라.

31. 정수 $x$는 다음과 같은 성질이 있다. $2x$를 8로 나누면 나머지가 4, $3x$를 5로 나누면 나머지는 1이다. 이러한 정수 $x$는 존재하는가?

CHAPTER 05

# 잉여류 및 유한군

Cosets and Finite Groups

본 장에서는 일반적인 유한군의 성질과 그 원소들의 성질을 보다 자세히 살펴본다. 특히 군의 한 부분군을 가지고 군에 동치관계를 만들고 이 동치관계를 이용한 여러 정리들을 살펴보자.

**정리 5.1** $G$는 군이다. $G$의 임의의 부분군 $H$에 대해서 $G$에 다음과 같은 관계 $\equiv_H$를 정의한다.

$$a \equiv_H b \text{일 필요충분조건은 } ab^{-1} \in H \text{이다.}$$

이와 같이 $\equiv_H$를 정의하면 관계 $\equiv_H$는 $G$에서 동치관계가 된다.

$a \equiv_H b$일 때 $a$는 $b$와 법 $H$로 합동($a$ is congruent to $b$ modulo $H$)이라고 한다.

**정의 5.1** $H$는 군 $G$의 부분군이다. 임의의 $a \in G$에 대해서 $G$의 부분집합

$$Ha = \{xa \mid x \in H\}$$

를 $G$에서 $H$의 우잉여류(right coset of $H$ in $G$)라고 부른다.

**주 의** (1) $a = ea$이므로 당연히 $a \in Ha$이다.

(2) $G$의 연산이 $+$이면 이때는 우잉여류의 정의는

$$H+a=\{x+a|x\in H\}$$

가 된다. 마찬가지로 위의 정리 5.1의 관계 $\equiv_H$에서도

$$ab^{-1}\in H\text{는 } a+(-b)=a-b\in H$$

가 된다.

(3) 일반적으로 우잉여류 $Ha$는 $G$의 부분군이 되지 않는다.

(4) $a=e$면 $Ha=He=H$이다.

**예제 1** 군 $(\mathbb{R}, +)$에서 $\mathbb{Z}$는 $\mathbb{R}$의 부분군이다. 우잉여류

$$\mathbb{Z}+\frac{1}{2}=\left\{n+\frac{1}{2}\,|\,n\in\mathbb{Z}\right\}$$

을 보면 이 집합은 수직선에서 모든 정수의 중점들의 집합이 된다.

**예제 2** 군 $(\mathbb{Z}, +)$에서 $5\mathbb{Z}$는 $\mathbb{Z}$의 부분군이다. 우잉여류

$$5\mathbb{Z}+1=\{5n+1|n\in\mathbb{Z}\}$$

는 5로 나누어 나머지가 1이 되는 집합이다.

**정리 5.2** $G$는 군, $H$는 $G$의 부분군이다. 임의의 $a\in G$에 대해서 $\bar{a}$를 동치관계 $\equiv_H$에 대한 $a$의 동치류라고 하면

$$\bar{a}=Ha$$

이다.

**증명** $x\in\bar{a}$라면 $x\equiv_H a$이고 따라서 $xa^{-1}\in H$이다. $xa^{-1}=h$라 두면 $h\in H$이고

$$x=ha\in Ha$$

이다. 반대로 $x\in Ha$라고 하면 $x=ha$, $h\in H$로 쓸 수 있다. 따라서 $xa^{-1}=h\in H$이므로 $x\equiv_H a$가 되어 $x\in\bar{a}$이다. □

**예제 3** 군 $(\mathbb{Z}, +)$에서 $6\mathbb{Z}$는 $\mathbb{Z}$의 부분군이다. $6\mathbb{Z}$의 우잉여류들은

$$\begin{gathered}6\mathbb{Z}+0=6\mathbb{Z}=\{\cdots, -12, -6, 0, 6, 12, \cdots\}\\ 6\mathbb{Z}+1=\{\cdots, -11, -5, 1, 7, 13, \cdots\}\\ 6\mathbb{Z}+2=\{\cdots, -10, -4, 2, 8, 14, \cdots\}\\ \vdots\\ 6\mathbb{Z}+5=\{\cdots, -7, -1, 5, 11, 17, \cdots\}\end{gathered}$$

여기서 $\bar{a}$를 동치관계 $\equiv_H$에 대한 동치류라고 하면 $\bar{a}=6\mathbb{Z}+a$이므로

$$\bar{0}=\bar{6}=\overline{-6},\ \bar{1}=\bar{7}=\overline{-5},\ \bar{2}=\bar{8}=\overline{-4},\ \cdots\ \bar{5}=\overline{11}=\overline{-1}$$

가 됨을 알 수 있다. 따라서 모든 동치류의 집합은 $\{\bar{0}, \bar{1}, \bar{2}, \bar{3}, \bar{4}, \bar{5}\}$이다. 이것을 다시 우잉여류로 적으면

$$\{6\mathbb{Z}, 6\mathbb{Z}+1, \cdots, 6\mathbb{Z}+5\}$$

이다.

동치관계 $\equiv_H$에 의한 동치류들의 집합을 $G/\equiv_H$로 표시하는데, 즉

$$G/\equiv_H=\{\bar{a}\,|\,a\in G\}$$

인데 이 경우 $\equiv_H$는 $H$에 의해서 만들어지므로 우리는 $G/\equiv_H$를 그냥 $G/H$로 적는다. 따라서 위의 정리 5.2에 의해서

$$G/H=\{Ha\,|\,a\in G\}$$

로 적을 수 있다.

**정의 5.2** $H$가 $G$의 부분군일 때 $H$의 서로 다른 우잉여류의 개수를 $G$에서 $H$의 **지수**(index of $H$ in $G$)라고 하고 $[G:H]$로 표시한다. 또 우잉여류들의 집합

$$G/\equiv_H=\{Ha\,|\,a\in G\}$$

를 간단히 $G/H$로 적는다.

우잉여류에 관한 몇 가지 사실을 더 조사해 보자. 다음 정리는 뒤에 나오는 환에서 많이 쓰인다.

**정리 5.3** $H$는 군 $G$의 부분군이다. 임의의 $a$, $b\in G$에 대해서 다음은 동치이다.

(1) $Ha=Hb$ (2) $Hab^{-1}=H$

(3) $ab^{-1}\in H$ (4) $a\in Hb$

특히 위의 정리에서 $b=e$라 두면 다음 정리를 얻을 수 있다.

**따름정리 5.4** $G$는 군, $H$는 $G$의 부분군이다. $Ha=H$일 필요충분조건은 $a\in H$이다.

**예제 4** 군 $\mathbb{Z}_4\times\mathbb{Z}$에서 $H=\{\bar{0},\ \bar{2}\}\times 5\mathbb{Z}$는 $\mathbb{Z}_4\times\mathbb{Z}$의 부분군이다. 따라서 우잉여류를 구해 보면

$$H+(\bar{0},\ 0)=(\{\bar{0},\ \bar{2}\}\times 5\mathbb{Z})+(\bar{0},\ 0)=\{\bar{0},\ \bar{2}\}\times 5\mathbb{Z}$$
$$H+(\bar{1},\ 2)=(\{\bar{0},\ \bar{2}\}\times 5\mathbb{Z})+(\bar{1},\ 2)=\{\bar{1},\ \bar{3}\}\times(5\mathbb{Z}+2)$$
$$\vdots$$

**예제 5** $\mathbb{Z}_3\times\mathbb{Z}_2$에서 $H=\{(\bar{0},\ \bar{0}),\ (\bar{0},\ \bar{1})\}$은 부분군이다. 우잉여류는

$$H=H+(\bar{0},\ \bar{0})=\{(\bar{0},\ \bar{0}),\ (\bar{0},\ \bar{1})\}=H+(\bar{0},\ \bar{1})$$
$$H+(\bar{1},\ \bar{0})=\{(\bar{1},\ \bar{0}),\ (\bar{1},\ \bar{1})\}=H+(\bar{1},\ \bar{1})$$
$$H+(\bar{2},\ \bar{0})=\{(\bar{2},\ \bar{0}),\ (\bar{2},\ \bar{1})\}=H+(\bar{2},\ \bar{1})$$

$$(\mathbb{Z}_3\times\mathbb{Z}_2)/H=\{H,\ H+(\bar{1},\ \bar{0}),\ H+(\bar{2},\ \bar{0})\}=\{\overline{(\bar{0},\ \bar{0})},\ \overline{(\bar{1},\ \bar{0})},\ \overline{(\bar{2},\ \bar{0})}\}$$

이다.

위의 예제에서 본 바와 같이 군 $(\mathbb{Z},\ +)$에서 부분군 $n\mathbb{Z}$를 생각해보면 $a\equiv_H b$일 필요충분조건은 $a-b\in n\mathbb{Z}$, 즉 $a-b$가 $n$의 배수인 경우이다. 또 $a$의 동치류 $\bar{a}$는

$$\bar{a}=H+a=n\mathbb{Z}+a=\{\cdots,\ -n+a,\ a,\ n+a,\ 2n+a,\ \cdots\}$$

즉 $n$으로 나누면 나머지가 $a$인 정수들이다. 따라서

$$\begin{aligned}\mathbb{Z}/n\mathbb{Z} &= \{\bar{a} \mid a \in \mathbb{Z}\} = \{\bar{0}, \bar{1}, \bar{2}, \cdots, \overline{n-1}\} \\ &= \{n\mathbb{Z}, n\mathbb{Z}+1, \cdots, n\mathbb{Z}+(n-1)\}\end{aligned}$$

이고 이것은 앞에서 정의한 $\mathbb{Z}_n$과 같다. 즉 $\mathbb{Z}_n = \mathbb{Z}/n\mathbb{Z}$ 이고 $|\mathbb{Z}_n| = [\mathbb{Z} : n\mathbb{Z}] = n$ 이다.

$H$가 $G$의 부분군일 때 우잉여류와 마찬가지로 좌잉여류도 정의할 수 있다. 즉 $a \in G$에 대해서

$$aH = \{ax \mid x \in H\}$$

꼴의 집합을 $H$의 **좌잉여류**(left coset)라고 부른다. 좌잉여류의 성질은 우잉여류와 마찬가지로 생각할 수 있다. $G$가 아벨군이 아닌 경우에는 일반적으로 좌잉여류와 우잉여류는 같지 않다.

다음 정리는 개수를 비교할 때 많이 쓰이므로 꼭 기억하자.

**정리 5.5** $X$는 군 $G$의 $\varnothing$가 아닌 부분집합이다. 임의의 $a, b \in G$에 대해서

$$Xa = \{xa \mid x \in X\},\ aX = \{ax \mid x \in X\},\ aXb = \{axb \mid x \in X\}$$

라고 하면,

$$|X| = |Xa| = |aX| = |aXb|$$

이다.

**증명**

$$f : X \to Xa,\ f(x) = xa$$

라고 하면 $f$는 잘 정의된다. 만일 $f(x_1) = f(x_2)$라고 하면 $x_1 a = x_2 a$이므로 $x_1 = x_2$이다. 따라서 $f$는 단사이다. 또 임의의 $y \in Xa$에 대해서 $y = ta$, $t \in X$ 꼴이므로

$$f(t) = ta = y$$

따라서 $f$는 전사이다. $X$에서 $Xa$로의 전단사 함수가 존재하므로 $|X| = |Xa|$이다. 마찬가지로 하여 $|X| = |aX|$도 쉽게 증명할 수 있다. 또

$$|aXb| = |(aX)b| = |Xb| = |X|$$

도 금방 알 수 있다. □

**정리 5.6** $H$가 군 $G$의 부분군이면 임의의 $a, b \in G$에 대해서 $|Ha| = |Hb|$이다.

다음 정리는 군에 나오는 정리 중 가장 중요하고 많이 쓰이는 정리이다. 이 정리는 군뿐만 아니라 환, 체 등 대수 전반에 걸쳐서 가장 기본적인 정리이다.

**정리 5.7** (Lagrange) $H$가 유한군 $G$의 부분군이면 $H$의 위수는 $G$의 위수의 약수이다.

**증명** 우선 두 집합 $A$, $B$에서 $A \cap B = \varnothing$ 이면 $|A \cup B| = |A| + |B|$ 이다. 또 동치관계에서 동치류는

$$\cup \{\bar{a} \mid a \in G\} = G \text{ 이고 만일 } \bar{a} \neq \bar{b} \text{ 면 } \bar{a} \cap \bar{b} = \varnothing$$

이다. 이 정도만 보면 벌써 눈치 빠른 사람은 이 정리의 결론을 알아 차렸을 것이다. 즉 동치관계는 분할을 만들고 각 동치류는 분할의 조각이 된다는 사실을 잘 알고 있을 것이다. $H$로 만든 동치관계 $\equiv_H$에 의해서 $G$는 동치류로 분할되고 또 이 동치류는 우잉여류이므로 $H$의 모든 서로 다른 우잉여류들을 $Hc_1$, $Hc_2$, $\cdots$, $Hc_n$이라고 하면

$$Hc_i \neq Hc_j \quad (i \neq j) \text{ 이고 } G = \bigcup_{i=1}^{n} Hc_i$$

이다. 따라서

$$|G| = |Hc_1| + |Hc_2| + \cdots + |Hc_n|$$

이다. 그런데 $|Hc_i| = |H|$ (모든 $i = 1, \cdots, n$)이므로 결국

$$|G| = n \times |H|$$

이 되어 $H$의 위수는 $G$의 위수의 약수이다. 물론 여기서 $n = [G : H]$이다. □

앞의 정리 5.7에 의해서 $|G| = |H|\,[G : H]$이다. 그런데 $[G : H] = |G/H|$ 이므로 결국

$$|G/H| = \frac{|G|}{|H|} = [G : H]$$

이다.

우리는 지금까지 우잉여류만 가지고 생각했는데 좌잉여류도 우잉여류와 꼭 같이 생각할 수 있다.

**정리 5.8** $H$는 $G$의 부분군이다.

$$G/_H \equiv \; = \{aH \mid a \in G\}, \quad G/H = \{Ha \mid a \in G\}$$

라고 하면 $|G/H| = |G/_H \equiv| = [G : H]$이다.

**증명** 함수 $f$를

$$f : G/H \to G/_H \equiv, \ f(Ha) = a^{-1}H$$

라고 하면 $f$는 잘 정의되고 $f$는 전단사 함수가 됨을 쉽게 보일 수 있다. 따라서 $|G/H| = |G/_H \equiv|$이다. □

라그랑즈의 정리를 이용하면 많은 중요한 결과를 얻을 수 있다. 많이 쓰이는 몇 가지 사실을 적어보면

**정리 5.9** $G$의 위수가 $n$이면

(1) $G$의 임의의 원소의 위수는 $n$의 약수이다.

(2) 임의의 $a \in G$에 대해서 $a^n = e$이다.

**증명** (1) $G$의 임의의 원소 $a$의 위수를 $k$라고 하면 $G$의 순환부분군 $H = \langle a \rangle$의 위수도 $k$이고 따라서 $k$는 $n$의 약수가 된다.

(2) (1)에 의해서 $n$은 $|a|$의 배수이므로 $n = |a|t$로 쓸 수 있다. 따라서

$$a^n = a^{|a|t} = (a^{|a|})^t = e^t = e$$ □

**정리 5.10** 위수가 소수인 군은 순환군이다.

**증명** 군 $G$의 위수가 소수 $p$라고 하자. $a \neq e$인 원소 $a$를 택하면 순환부분군 $H = \langle a \rangle$의 위수는 1보다 크다. $\langle a \rangle$의 위수는 소수 $p$의 약수이므로 결국 $\langle a \rangle$의 위수는 $p$가 되어 $\langle a \rangle = G$가 될 수밖에 없다. □

**정의 5.3** $G$는 군, $a, b \in G$이다.

$$b = gag^{-1}, \ g \in G$$

꼴로 표시될 때 $b$는 $a$와 켤레(conjugate)라고 부른다.

**정리 5.11** 군 $G$에서 관계 $\sim$를 "$a \sim b$일 필요충분조건은 $a$는 $b$와 켤레"라고 하면 $\sim$는 $G$에서 동치관계이다.

위의 동치관계에 의해서 만들어지는 동치류, 즉 $a$와 켤레인 모든 원소들의 집합을 특히 켤레류라고 부른다. 즉

**정의 5.4** $G$는 군, $a \in G$이다. $\sim$가 켤레동치관계일 때 $a$의 동치류

$$\begin{aligned}\overline{a} &= \{x \mid x \sim a\} \\ &= \{x \mid x = gag^{-1},\ g \in G\}\end{aligned}$$

를 $a$의 **켤레류**(conjugate class)라고 부른다.

동치관계의 성질에서 두 켤레류 $\overline{a}$, $\overline{b}$는 $\overline{a} = \overline{b}$ 또는 $\overline{a} \cap \overline{b} = \varnothing$ 이다. 또 $G = \cup\{\overline{a} \mid a \in G\}$가 됨도 당연하다. 켤레류의 정의에서 실제로

$$\overline{a} = \{gag^{-1} \mid g \in G\}$$

가 됨을 알 수 있다. 만일 $G$가 아벨군이면 모든 $g \in G$에 대해서 $gag^{-1} = a$이므로 결국 켤레류는 자신 하나의 원소만으로 구성된다. 즉

$$G/\sim\ = \{\overline{a} \mid a \in G\} = \{a \mid a \in G\} = G$$

이다. 다음 정리는 증명할 필요조차 없으므로 그냥 사실만 적겠다.

**정리 5.12** $G$는 군, $a \in G$이고 $\overline{a}$는 $a$의 켤레류이다.

(1) $\overline{a} = \{a\}$일 필요충분조건은 $a \in Z(G)$이다.

(2) $e \in \overline{a}$면 $a = e$이다.

**정의 5.5** $G$는 군이고 $a \in G$이다.

$$C(a) = \{x \in G \mid xa = ax\}$$

인 집합을 $a$의 **중심화군**(centralizer)이라고 부른다.

$C(a)$는 때로는 $Z(a)$ 또는 $N(a)$로도 적는다. $\langle a \rangle \subset C(a)$가 됨은 당연하다. 또 만

일 $G$가 아벨군이면 임의의 $a \in G$에 대해서 $C(a) = G$가 됨을 쉽게 알 수 있다.

**정리 5.13** $G$는 군, $a \in G$면 $C(a)$는 $G$의 부분군이다.

**정리 5.14** $G$는 군, $a \in G$이면 다음은 동치이다. 여기서 $\bar{a}$는 $a$의 켤레류이다.

(1) $\bar{a} = \{a\}$ (2) $a \in Z(G)$

(3) $G = C(a)$ (4) $[G : C(a)] = 1$

위 정리 5.14에서

$$|\bar{a}| = 1 = [G : C(a)]$$

가 되었는데 이것은 위수가 1이 아니라도 성립한다.

**정리 5.15** $G$는 군, $a \in G$이다. $\bar{a}$가 $a$의 켤레류이면

$$|\bar{a}| = [G : C(a)]$$

이다.

**증명** 특히 $|\bar{a}| = 1$인 경우는 위의 정리 5.14와 같이 간단히 알 수 있다. 일반적으로 증명해 보자. 우선

$$[G : C(a)] = |G/C(a)|, \ \bar{a} = \{xax^{-1} | x \in G\}$$

이다. 여기서 $G/C(a) = \{C(a)g | g \in G\}$는 $C(a)$의 우잉여류의 집합임을 잘 기억해야 한다. $\bar{a}$에서 $G/C(a)$로의 함수 $\pi$를

$$\pi : \bar{a} \to G/C(a), \ \pi(xax^{-1}) = C(a)x^{-1}$$

라 정의하자. 만일 $xax^{-1} = yay^{-1}$이면

$$x^{-1}(xax^{-1})y = x^{-1}(ya)y^{-1}y$$

가 되어 $a(x^{-1}y) = (x^{-1}y)a$이다. 따라서 $x^{-1}y \in C(a)$이므로 $x^{-1}(y^{-1})^{-1} \in C(a)$이고 앞 정리 5.3에서 $C(a)x^{-1} = C(a)y^{-1}$가 되어 $\pi$는 함수가 된다.

다시 $\pi$가 단사임을 보이자. 만일 $C(a)x^{-1} = C(a)y^{-1}$이면

$$x^{-1}y = x^{-1}(y^{-1})^{-1} \in C(a)$$

따라서 $(x^{-1}y)a = a(x^{-1}y)$이다.

$$x(x^{-1}y)ay^{-1} = xa(x^{-1}y)y^{-1}$$

가 되어 $yay^{-1} = xax^{-1}$가 된다. 마지막으로 임의의 $C(a)g \in G/C(a)$에 대해서

$$(g^{-1})a(g^{-1})^{-1} \in \bar{a}$$

이므로

$$\pi(g^{-1}a(g^{-1})^{-1}) = C(a)(g^{-1})^{-1} = C(a)g$$

따라서 $\pi$는 전사이다. $\pi$는 $\bar{a}$에서 $G/C(a)$로의 전단사함수이므로

$$|\bar{a}| = |G/C(a)| = [G : C(a)]$$

이다. □

앞의 정리 5.15에 의해서 $G$에서 임의의 켤레류 $\bar{a}$의 위수는 $|G|$의 약수가 됨을 알 수 있다. $G$를 유한군이라고 하고 $\overline{a_1}, \overline{a_2}, \cdots, \overline{a_n}$를 $G$의 서로 다른 켤레류라고 하면 동치관계의 성질에서 이것들은 $G$를 분할하므로 $G = \bigcup_{i=1}^{n} \overline{a_i}$이고 이 켤레류들은 모두 서로 소이다. 따라서

$$|G| = |\overline{a_1}| + |\overline{a_2}| + \cdots + |\overline{a_n}|$$

이다. 한편, 앞 정리 5.15에서 $|\overline{a_i}| = [G : C(a_i)]$이므로

$$|G| = [G : C(a_1)] + [G : C(a_2)] + \cdots + [G : C(a_n)]$$

이 된다. 이 식을 **류 방정식**(class equation)이라고 부르는데 이 식을 조금 변경하면 다음과 같이 쓸 수 있다.

**정리 5.16** (류 방정식) $G$가 유한군이면

$$|G| = |Z(G)| + [G : C(a_1)] + [G : C(a_2)] + \cdots + [G : C(a_m)]$$

이다. 단, 여기서 $a_i \notin Z(G)$이고 따라서 $\overline{a_1}, \cdots, \overline{a_m}$는 $[G : C(a_i)] \geq 2$인 $G$의 서로 다른 켤레류이다.

**증명** 앞 정리 5.14에서 $a \in Z(G)$일 필요충분조건은 $\bar{a} = \{a\}$이다. 따라서 $Z(G)$의 원소는 그 원소 하나하나가 켤레류가 된다. 즉

$$Z(G)=\{a \mid \bar{a}=\{a\}\}=\{a \mid |\bar{a}|=1\}$$

로 쓸 수 있으므로 켤레류를 원소가 1개 뿐인 것과 2개 이상인 것으로 분리하여 생각하면

$$\begin{aligned} G &= \overline{a_1} \cup \overline{a_2} + \cdots \cup \overline{a_n} \\ &= \{\bar{a} \mid |\bar{a}|=1\} \cup \{\bar{a} \mid |\bar{a}| \geq 2\} \end{aligned}$$

이다. 따라서 $G=Z(G) \cup \{\bar{a} \mid |\bar{a}| \geq 2\}$이고 또 서로소이므로 결국

$$\begin{aligned} |G| &= |Z(G)| + \sum_{|\bar{a}| \geq 2} |\bar{a}| \\ &= |Z(G)| + \sum [G : C(a)] \ (\text{단 } [G : C(a)] \geq 2) \end{aligned}$$

□

**문제 1** $|G|=p^n$이면 $|Z(G)|$는 $p$의 배수임을 보여라.

**풀이** 류방정식에서

$$|G|=|Z(G)|+\sum[G : C(a)] \quad (\text{단, } [G : C(a)] \geq 2)$$

이다. 그런데 $[G : C(a)]$는 $|G|=p^n$의 약수이고 2 이상이므로 결국 $p$의 배수이다. 따라서

$$|G|=|Z(G)|+k_1p+k_2p+\cdots+k_mp=|Z(G)|+pk$$

이 되므로 $|Z(G)|$는 $p$의 배수이다. ■

**정리 5.17** $|G|=p^2$, $p$는 소수이면 $G$는 아벨군이다.

**증명** $|Z(G)|$는 라그랑즈 정리에서 $p^2$의 약수이므로 1, $p$ 또는 $p^2$이다. 또 앞 문제 1에서 $p$의 배수이므로 결국 $|Z(G)|=p$ 또는 $p^2$이다. 만일 $|Z(G)|=p$이면 $a \in G-Z(G)$인 원소가 존재할 것이다. 또

$$Z(G) \subset C(a), \ a \in C(a)$$

이므로 결국 $|C(a)|=p^2$이 될 수 밖에 없다. 그러면 $C(a)=G$가 되는데 이것은 또 정리 5.14에 의해서 $a \in Z(G)$가 되어 모순이다. 이래저래 모순이므로 결국은 $|Z(G)| \neq p$이 되어 $|Z(G)|=p^2$, 즉 $G=Z(G)$이다. □

## 05 | 연습문제 EXERCISE

1. $G=(\mathbb{Z}_{48},\ \oplus)$에서 $H=\langle\overline{32}\rangle$일 때 $[G:H]$를 구하여라.

2. $|G|=8$이고 $G$는 순환군이 아니다. 모든 $g\in G$에 대해서 $g^4=e$임을 보여라.

3. $|G|=p^2$, $p$는 소수이다. $G$는 위수 $p$인 부분군을 가짐을 보여라.

4. $|G|=2(2n+1)$, $G$는 아벨군이다. 위수가 2인 원소는 단 한 개 있음을 보여라.

5. $|G|=pq$, $p>q$, $p$, $q$는 소수이다. 위수가 $p$인 부분군은 기껏해야 한 개임을 보여라.

6. $H$는 $G$의 부분군이다. $Ha\neq H$이면 $Ha$는 $G$의 부분군이 아님을 증명하여라.

7. 위수가 6인 군은 두 종류밖에 없음을 증명하여라.

8. $G$는 위수가 홀수인 아벨군이다. $G$의 모든 원소의 곱은 $e$임을 보여라.

9. 군 $G$에서 $Z(G)=C(g)$인 원소 $g$가 존재하면 $G$는 아벨군임을 보여라.
   단 $C(g)=\{x\in G\,|\,xg=gx\}$이다.

10. $G$는 유한군이다. $[G:Z(G)]$는 소수가 아님을 증명하여라.

11. (Wilson 정리) $p$가 소수이면 $(p-1)!\equiv -1 \pmod{p}$임을 보여라.

12. $\varphi$는 Euler 함수이다. $n=\sum_{d\,|\,n}\varphi(d)$을 증명하여라.

13. $G$가 진부분군이 없다면 $G$는 위수가 소수인 유한군임을 보여라.

14. $|G|=n$이고 $n$은 3의 배수가 아니다. 모든 $a$, $b\in G$에 대해서 $(ab)^3=a^3b^3$이면

$G$는 아벨군임을 증명하여라.

15. $a \in G$, $|a|$는 $p$의 배수, $p$는 소수이다. $G$는 위수 $p$인 원소를 가짐을 보여라.

16. $[G : H]$는 유한이다. $aHa^{-1}$꼴의 부분군은 유한개만 존재함을 보여라.

17. $G$는 아벨군, $H$, $K$는 $G$의 부분군으로 $|H| = m$, $|K| = n$이다. 위수가 $\mathrm{lcm}(m, n)$인 부분군을 찾아라.

CHAPTER 06

# 치환

Permutations

보통 대부분의 군은 아벨군이다. 그러나 집합 $A$에서 $A$로의 전단사함수들의 집합은 함수합성에 대하여 비아벨군이 되므로 지금부터 이 군에 대해서 중점적으로 공부하도록 한다.

우리는 앞으로 전단사함수를 치환이라고 부른다. 본 절에서는 치환의 여러 성질과 치환을 이용한 다양한 군을 공부하도록 한다.

**정리 6.1** $A$는 $\varnothing$가 아닌 집합이다.

$$S_A = \{ f : A \to A \mid f\text{는 전단사함수} \}$$

라고 하면 $S_A$는 함수의 합성 $\circ$ 에 의해서 군이 된다.

**정의 6.1** $A \neq \varnothing$, $S_A = \{ f : A \to A \mid f\text{는 전단사함수} \}$일 때 군 $(S_A, \circ)$를 $A$에서의 **대칭군**(symmetric group)이라고 한다. 또 $S_A$의 원소, 즉 집합 $A$에서 $A$로의 전단사함수를 $A$의 **치환**(permutation)이라고 부른다. 또 $S_A$의 부분군을 **치환군**이라고 부른다. 즉 치환군은 원소가 치환들인 군을 말한다.

**정의 6.2** $n$이 양의 정수일 때 집합 $A = \{1, 2, \cdots, n\}$에서의 대칭군을 특히 $n$-차의 **대칭군**(symmetric group of degree $n$)이라고 부르고 $S_n$으로 표시한다.

$f$가 $S_n$의 원소일 때 $f$를 다음과 같이 정의역을 순서대로 차례로 적고 그 바로 밑에 함수값을 적어서 표시한다.

$$f=\begin{pmatrix} 1 & 2 & 3 & \cdots & n \\ f(1) & f(2) & f(3) & \cdots & f(n) \end{pmatrix}$$

예를 들어 $A=\{1, 2, 3, 4, 5\}$, $f: A \to A$, $f(1)=3$, $f(2)=2$, $f(3)=1$, $f(4)=5$, $f(5)=4$이면 $f$는 $\begin{pmatrix} 1 & 2 & 3 & 4 & 5 \\ 3 & 2 & 1 & 5 & 4 \end{pmatrix}$과 같이 표시한다.

**예제 1** $e=\begin{pmatrix} 1 & 2 & 3 & \cdots & n \\ 1 & 2 & 3 & \cdots & n \end{pmatrix}$은 $S_n$의 항등원이다.

$f=\begin{pmatrix} 1 & 2 & 3 & 4 & 5 \\ 4 & 5 & 2 & 3 & 1 \end{pmatrix}$, $g=\begin{pmatrix} 1 & 2 & 3 & 4 & 5 \\ 4 & 1 & 5 & 3 & 2 \end{pmatrix} \in S_5$일 때 $f$와 $g$의 합성 $f \circ g$는

$$f \circ g=\begin{pmatrix} 1 & 2 & 3 & 4 & 5 \\ & & & \downarrow & \\ 4 & 5 & 2 & 3 & 1 \end{pmatrix} \circ \begin{pmatrix} 1 & 2 & 3 & 4 & 5 \\ \downarrow & & & & \\ 4 & 1 & 5 & 3 & 2 \end{pmatrix} = \begin{pmatrix} 1 & 2 & 3 & 4 & 5 \\ 3 & 4 & 1 & 2 & 5 \end{pmatrix}$$

이다.

대칭군은 기하학적 도형을 대칭시킬 때 자주 나타나기 때문에 이름을 대칭군이라고 하였다.

우리는 정수의 성질을 조사할 때 소인수분해하면 보다 쉽게 그 성질을 알 수 있다. 치환에서도 이와 같은 방법을 사용하는데 순환이라고 부르는 가장 기초적인 치환을 이용하여 모든 치환을 간단하게 재구성할 수 있다. 물론 여기서 말하는 순환은 순환군과는 아무 연관이 없다. 먼저 예를 들어보자. $f$를 $\begin{pmatrix} 1 & 2 & 3 & 4 & 5 & 6 & 7 & 8 & 9 \\ 3 & 1 & 6 & 9 & 8 & 2 & 4 & 5 & 7 \end{pmatrix}$이라는 치환이라고 하면 이 치환은 다음과 같이 3개의 성분으로 구성된 루프의 합성으로 생각할 수 있다.

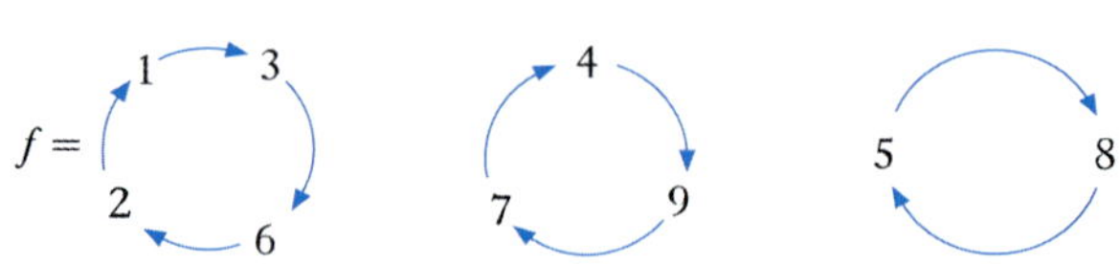


[그림 6.1]

$f$를 구성하는 이 루프들을 순환이라고 부른다. 모든 치환은 이와 같이 서로 분리된 순환들로 분해할 수 있다.

**정의 6.3** $\{a_1, a_2, \cdots, a_k\} \subset \{1, 2, \cdots, n\}$, $f$는 $S_n$의 치환인데

$$f(a_1) = a_2,\ f(a_2) = a_3,\ \cdots,\ f(a_{k-1}) = a_k,\ f(a_k) = a_1$$

이고 $\{1, 2, \cdots, n\}$의 나머지 원소는 자기 자신으로 보내는 치환이라고 할 때 이 치환 $f$를 길이가 $k$인 **순환**(cycle of length $k$) 또는 $k$-**순환**($k$-cycle)이라고 부르고

$$f = (a_1\ a_2\ \cdots\ a_k)$$

로 표시한다.

**예제 2** $f \in S_4$, $f = (1\ 4\ 3)$이라고 하면 $f$는 치환으로 $\begin{pmatrix} 1 & 2 & 3 & 4 \\ 4 & 2 & 1 & 3 \end{pmatrix}$으로 표시할 수도 있다. 또

$$f = (1\,4\,3) = (4\,3\,1) = (3\,1\,4)$$

이다. 임의의 $k \in \{1, 2, \cdots, n\}$에 대해서 1-순환 $(k)$는 항등함수이다.

위의 순환의 정의를 보다 자세하게 나타내면 $S_n$의 순환 $(a_1\ a_2\ \cdots\ a_k)$는 $\{1, 2, \cdots, n\}$에서 $\{1, 2, \cdots, n\}$으로의 함수로서

$$(a_1\ a_2\ \cdots\ a_k)(x) = \begin{cases} a_{i+1} & x = a_i\text{일 경우 } (1 \le i < k \le n) \\ a_1 & x = a_k\text{일 경우} \\ x & \text{기타일 경우} \end{cases}$$

로 표시할 수 있다.

길이가 $k$인 순환의 위수는 $k$가 됨은 정의에서 자명하다. 또 순환 $(a_1\ a_2\ \cdots\ a_k)$의 역원은 $(a_k\ a_{k-1}\ \cdots\ a_2\ a_1)$이 됨도 쉽게 알 수 있다.

순환을 나타낼 때는 원래의 대칭군을 말하지 않으면 애매한 경우가 있다. 따라서 순환을 말할 때는 어디에서의 순환인지 명확히 하여야 한다. 앞으로 순환의 합성은 함수의 합성기호 $\circ$ 는 생략하고 그냥 곱으로 표시한다.

순환의 곱은 함수의 합성을 생략한 것이므로 항상 오른편부터 먼저 실행한다.

**예제 3** $S_7$에서 다음을 구해보자.

$$(1\ 4\ 5\ 6)(2\ 1\ 5)=\begin{pmatrix}1&2&3&4&5&6&7\\6&4&3&5&2&1&7\end{pmatrix},\quad (2\ 1\ 5)(1\ 4\ 5\ 6)=\begin{pmatrix}1&2&3&4&5&6&7\\4&1&3&2&6&5&7\end{pmatrix}$$

$$(1\ 5\ 4\ 2)(3\ 7)=\begin{pmatrix}1&2&3&4&5&6&7\\5&1&7&2&4&6&3\end{pmatrix},\quad (3\ 7)(1\ 5\ 4\ 2)=\begin{pmatrix}1&2&3&4&5&6&7\\5&1&7&2&4&6&3\end{pmatrix}$$

위의 예제 3에서 두 순환 $(1\ 5\ 4\ 2)$와 $(3\ 7)$은 순서를 바꾸어도 같은 치환이 되었다. 이와 같이 두 순환에 공통부분이 없으면 합성을 쉽게 계산할 수 있다.

**정의 6.4** $S_n$의 두 순환 $(a_1 \cdots a_k)$와 $(b_1 \cdots b_t)$가 서로 공통되는 원소가 없을 때, 즉

$$\{a_1, \cdots, a_k\} \cap \{b_1, \cdots, b_t\} = \varnothing$$

일 때 두 순환은 **서로소**(disjoint)라고 부른다.

위의 예제 3에서도 나왔지만 순환의 곱에서는 일반적으로 순서를 바꿀 수 없다. 즉 교환법칙이 성립하지 않는다. 그러나 서로소인 순환은 합성에 대해서 교환법칙이 성립한다.

**정리 6.2** $f, g$가 $S_n$에서 서로소인 순환이면 $fg = gf$이다.

**증명** $f=(a_1\ a_2 \cdots a_k)$, $g=(b_1\ b_2 \cdots b_t)$라고 하자. 임의의 $x \in \{1, 2, \cdots, n\}$에 대해서 $x \in \{a_1, \cdots, a_k\}$ 또는 $x \in \{b_1, \cdots, b_t\}$ 또는 $x \notin \{a_1, \cdots, a_k, b_1, \cdots, b_t\}$이다. 만일 $x \in \{a_1, \cdots, a_k\}$이면

$$g(x) = x,\ f(x) \in \{a_1, \cdots, a_k\}$$

이므로

$$[fg](x) = f(g(x)) = f(x),\ [gf](x) = g(f(x)) = f(x)$$

이다. 만일 $x \in \{b_1, \cdots, b_t\}$이면

$$f(x)=x,\ g(x)\in\{b_1,\ \cdots,\ b_t\}$$

이므로 역시 $[fg](x)=[gf](x)$. 또 마지막으로

$$x\notin\{a_1,\ \cdots,\ a_k,\ b_1,\ \cdots,\ b_t\}$$

이면 $f(x)=g(x)=x$이므로 역시 $[fg](x)=[gf](x)$이다. 따라서 $f$와 $g$는 가환이다. □

$S_n$의 순환들의 집합 $\{f_1,\ f_2,\ \cdots,\ f_k\}$의 어느 두 순환도 서로소일 때 이 집합을 **서로소인 순환집합**(set of disjoint cycles)이라고 말한다. 모든 치환은 서로소인 순환들의 곱으로 표시할 수 있다.

**정리 6.3** 모든 치환은 서로소인 순환들의 곱으로 표시할 수 있다.

**증명** 만일 치환 $f\in S_n$가 항등함수이면 $f=(1)$로 쓸 수 있으므로 할 것도 없다. $f(a_1)\neq a_1$인 $a_1\in\{1,\ 2,\ \cdots,\ n\}$을 잡자. $f(a_1)=a_2,\ f(a_2)=a_3,\ \cdots$ 이와 같이 하여 집합 $\{a_1,\ a_2,\ a_3,\ \cdots\}$를 만들어나가면 이 집합은 $\{1,\ 2,\ \cdots,\ n\}$의 부분집합이므로 $a_k=a_i\,(i<k)$인 원소 $a_i,\ a_k$가 존재할 것이다. 즉 $f(a_{k-1})=a_i$이다.

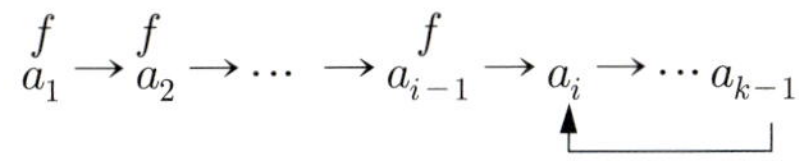

$a_i=a_1$이 됨을 보이자. 만일 $a_i\neq a_1$이면 $i>1$이므로

$$f(a_{i-1})=a_i=f(a_{k-1})$$

가 되어 $f$가 단사라는 사실에 모순이다. 따라서 $f(a_{k-1})=a_1$되므로 길이가 $k-1$인 순환 $f_1=(a_1\ a_2\ \cdots\ a_{k-1})$을 얻었다. 편의상 집합 $\{a_1,\ a_2,\ \cdots\ ,\ a_{k-1}\}=A_1$이라고 하면 순환 $f_1$은

$$x\in A_1\text{이면 } f_1(x)=f(x)\in A_1\text{이고}$$
$$x\notin A_1\text{이면 } f_1(x)=x\text{이다.}$$

이다. $A_1=\{1,\ 2,\ \cdots,\ n\}$이면 $f=f_1$이므로 증명이 끝난다. 만일 $A_1\neq\{1,\ 2,\ \cdots,\ n\}$이면 $b_1\notin A_1$인 원소가 있을 것이다. 위의 방법으로 $f_2=(b_1\ b_2\ \cdots\ b_{t-1})$인 순환을 얻게 된다. 다시 $A_2=\{b_1,\ b_2,\ \cdots,\ b_{t-1}\}$라고 하자. $A_1\cup A_2\neq\{1,\ 2,\ \cdots,\ n\}$이면 다시 $c_1\notin A_1\cup A_2$를 잡고 $f_3=(c_1\ c_2\ \cdots\ c_{s-1})$인 순환을 얻게 된다. 이와 같은 방법을 계속해서 순환 $f_1,\ f_2,\ \cdots,\ f_m$을 얻게 되고 $\bigcup_{i=1}^{m}A_i=\{1,\ 2,\ \cdots,\ n\}$이 된다.

다음으로 $f=f_1 f_2 \cdots f_m$이고 $\{f_1, f_2, \cdots, f_m\}$은 서로소인 순환집합임을 보이자. 임의의 두 순환 $f_i$, $f_j (i<j)$에 대해서

$$f_i=(x_1\ x_2\ \cdots\ x_{l-1}),\quad A_i=\{x_1, x_2, \cdots, x_{l-1}\}$$
$$f_j=(y_1\ y_2\ \cdots\ y_{r-1}),\quad A_j=\{y_1, y_2, \cdots, y_{r-1}\}$$

라고 하면 $y_1 \not\in A_i$이다. 만일 $A_i \cap A_j \neq \varnothing$이면 어떤 $x \in A_i \cap A_j$이 존재할 것이다. $x \in A_j$이므로 $x$에 적당한 $f$의 값을 취해주면 $[f \cdots](x)=y_1$이 될 것이다. 그런데 한편 $x \in A_i$이므로 순환의 성질에 의해서

$$y_1=[f \cdots](x) \in A_i$$

가 되어 모순이다. 따라서 $\{f_1, f_2, \cdots, f_m\}$은 서로소인 순환집합이다. 임의의 $x \in \{1, 2, \cdots, n\}$에 대해서 $\bigcup_{i=1}^{m} A_i=\{1, 2, \cdots, n\}$이므로 $x \in A_h$, $1 \leq h \leq m$이 될 것이다. 물론 $\{f_1, f_2, \cdots, f_m\}$은 서로소이므로 $A_h$ 이외에는 $x$가 나타나지 않는다. 따라서

$$(f_1 \cdots f_m)(x)=f_h(x)=f(x)$$

이므로 $f=f_1 f_2 \cdots f_m$이다. □

**예제 4** $f=\begin{pmatrix}1 & 2 & 3 & 4 & 5 & 6\\ 3 & 4 & 5 & 2 & 1 & 6\end{pmatrix} \in S_6$이라고 하면 1부터 시작하면

$$1 \to 3 \to 5 \to 1$$

따라서 $f_1=(1\ 3\ 5)$인 순환을 얻는다. 다시 $\{1, 3, 5\}$ 이외의 원소 2에 대해서 생각하면

$$2 \to 4 \to 2$$

이므로 $f_2=(2\ 4)$이고

$$\{1, 3, 5\} \cup \{2, 4\}=\{1, 2, 3, 4, 5\}$$

이므로 6부터 시작하면

$$6 \to 6$$

이므로 $f_3=(6)$인데 사실 $f_3$는 항등함수이므로 $f=f_1 f_2 f_3=f_1 f_2$가 된다.

**예제 5** $f=\begin{pmatrix}1 & 2 & 3 & 4 & 5 & 6 & 7 & 8 & 9\\ 5 & 4 & 1 & 2 & 7 & 8 & 3 & 9 & 6\end{pmatrix} \in S_9$에서 $f_1=(1\ 5\ 7\ 3)$을 얻고

$$2 \not\in \{1, 5, 7, 3\}$$

이므로 $f_2=(2\ 4)$이다. 다시

$$6 \not\in \{1, 5, 7, 3\} \cup \{2, 4\}$$

이므로 $f_3=(6\ 8\ 9)$이고 모든 수가 다 나왔으므로 이 치환은 $f_1 f_2 f_3$로 쓸 수 있다. 물론 이 $f_1$, $f_2$, $f_3$는 서로소인 순환이므로 순서를 바꾸어 $f_2 f_1 f_3$, $f_3 f_2 f_1$ 등으로 적어도 된다.

임의의 $f \in S_n$에 대해서 $f$의 위수를 구해보자. 정수의 성질을 알기 위해서 정수를 소인수분해 하듯이 치환도 서로소인 순환의 곱으로 표시하는 것이 여러 가지로 편리하다.

**정리 6.4** $f \in S_n$이다. $f$를 서로소인 순환으로 분해하여 $f=f_1 f_2 \cdots f_k$, $\{f_1, f_2, \cdots, f_k\}$은 서로소인 순환이 되었다.

(1) $f^m = e$이면 $(f_1)^m = (f_2)^m = \cdots = (f_k)^m = e$이다.

(2) $|f| = \mathrm{lcm}(|f_1|, |f_2|, \cdots, |f_k|)$이다.

**증명** (1) 여기서 $e$는 항등함수를 뜻한다. 임의의 $x \in \{1, 2, \cdots n\}$에 대해서

우선 $x$가 $f_i$에 있으면 나머지 순환 $f_j$ $(i \neq j)$와는 서로소이므로 $(f_j)^m(x)=x$이다. 따라서

$$x=f^m(x)=(f_1^m f_2^m \cdots f_k^m)(x)=(f_i)^m(x)$$

$x$가 $f_i$에 없으면 당연히 $(f_i)^m(x)=x$이다. 따라서 $(f_i)^m$은 항등함수이다.

(2)
$$\mathrm{lcm}(|f_1|, |f_2|, \cdots, |f_k|)=l$$

이라고 하자. $l$은 모든 $1 \le i \le k$에 대해서 $|f_i|$의 배수이므로 $(f_i)^l=e$이다. 따라서

$$f^l=(f_1 \cdots f_k)^l=e$$

이므로 $|f| \le l$이다. 한편 (1)에서 모든 $1 \le i \le k$에 대해서 $|f|$는 모든 $|f_i|$의 배수이므로 $l \le |f|$이 되어 결국 $|f|=l$이 된다. □

**예제 6** 앞 예제 5의 $f \in S_9$에서 $|f_1|=4$, $|f_2|=2$, $|f_3|=3$이므로 결국 $|f|=\mathrm{lcm}(4, 2, 3)=12$, 즉 $f$를 12번 합성하면 항등함수가 된다.

**정의 6.5** 길이가 2인 순환을 **호환**(transposition)이라고 한다.

정의에 따라 $f \in S_n$가 호환이면 $f = (a\ b)$꼴로 쓸 수 있다. 호환의 위수는 2이므로

$$(a\ b)(a\ b) = e$$

는 항등함수이다. 따라서 $(a\ b)^{-1} = (a\ b)$가 되어 자신이 자신의 역원이 된다.

**정리 6.5** 모든 순환은 호환의 곱으로 표시할 수 있다.

**증명** $f = (a_1\ a_2\ \cdots\ a_k) \in S_n$을 순환이라고 하면 $f = (a_1\ a_k)(a_1\ a_{k-1}) \cdots (a_1\ a_3)(a_1\ a_2)$로 표시할 수 있다. □

**예제 7** $(1\ 2\ 3\ 4\ 5) = (1\ 5)(1\ 4)(1\ 3)(1\ 2)$

모든 치환은 순환의 곱으로 표시되고 또 순환은 호환의 곱으로 표시되므로 우리는 다음과 같은 정리를 얻을 수 있다.

**정리 6.6** 모든 치환은 순환의 곱으로 표시할 수 있다.

**예제 8** $f = \begin{pmatrix} 1 & 2 & 3 & 4 & 5 & 6 & 7 & 8 & 9 \\ 5 & 4 & 1 & 2 & 7 & 8 & 3 & 9 & 6 \end{pmatrix} \in S_9$를 호환의 곱으로 표시해보자.

$$f = (1\ 5\ 7\ 3)(2\ 4)(6\ 8\ 9)$$

이고 이 각각을 호환으로 표시하면 결국

$$f = (1\ 3)(1\ 7)(1\ 5)(2\ 4)(6\ 9)(6\ 8)$$

이 된다. 물론 $f$는 다른 방법으로도 표시할 수 있다.

**문제 1** 치환 $f = (1\ 2\ 7\ 6)(3\ 2\ 4\ 1)(7\ 8\ 1\ 2) \in S_8$의 위수를 구하라.

**풀이** $f=(1\ 4\ 2\ 6)(3\ 7\ 8)(5)$이다. 따라서 $|f|=\text{lcm}(4, 3)=12$이다. ■

**예제 9** $S_n$의 항등원 $e$는 $e=(1)$ 또는 $e=(1\ 2)(1\ 2), \cdots$ 등 여러 가지로 표시할 수 있다. 그러나 항상 짝수 개이다.

호환들은 서로소가 아니므로 곱하는 순서를 바꾸면 다른 순환이 되므로 순서를 바꾸면 안된다. 그러나 순환을 호환의 곱으로 표시했을 때 어떻게 표시되던 곱해지는 호환의 개수는 항상 짝수이거나 아니면 항상 홀수이다.

> **정리 6.7** $S_n$의 항등치환 $e$는 호환의 곱으로 어떻게 표시하던 항상 짝수개의 호환의 곱으로 표시된다.

**증명** $e$를 $S_n$의 항등원이라고 하고 $e=t_1 t_2 \cdots t_m$으로 $m$개 호환의 곱으로 표시되었다고 하자. $m$이 짝수임을 보이자. $t_m=(x\ a)$인 호환이라고 하고 숫자 $a$에 대해서 앞의 호환 $t_{m-1}$의 모든 경우를 생각하면

(1) $t_{m-1}=(x\ a)$, (2) $t_{m-1}=(y\ a)$, (3) $t_{m-1}=(x\ b)$, (4) $t_{m-1}=(y\ b)$

의 모두 4가지 경우로 생각할 수 있다. 우선

(1)의 경우 $t_{m-1}t_m=(x\ a)(x\ a)=e$
(2)의 경우 $t_{m-1}t_m=(y\ a)(x\ a)=(x\ a)(x\ y)$
(3)의 경우 $t_{m-1}t_m=(x\ b)(x\ a)=(b\ a)(x\ b)$
(4)의 경우 $t_{m-1}t_m=(y\ b)(x\ a)=(x\ a)(y\ b)$

이다. (1)의 경우는 2개의 호환이 없어지고 나머지 (2), (3), (4)의 경우는 $a$가 앞 호환으로 한 칸 나아가고 뒤에 있던 호환에서는 $a$가 없어졌다. 물론 호환은 다른 호환으로 바뀌었다. 지금은 단지 $a$의 위치만 생각한 것이다. 따라서 (1)의 경우는

$$e=t_1 t_2 \cdots t_{m-2}$$

꼴로 쓸 수 있고 나머지 경우는

$$e=t_1 t_2 \cdots t_{m-2}(z\ a)(b\ c)$$

꼴로 쓸 수 있다. 다시 (2), (3), (4)의 경우 $(z\ a)$에 대해서 다시 그 앞의 호환 $t_{m-2}(z\ a)$를 가지고 위와 같이 생각하면 이들은 항등원이 되어 없어지거나 아니면 $a$가 다시 앞으로 한 칸 이동하게 된다. 계속해서 이 방법을 반복하면 언젠가는 (1)의 경우가 되어 $a$가 포

함된 호환은 그 앞의 호환과 같아져서 두 개의 호환은 사라져야 한다. 왜냐하면 끝까지 (1)의 경우가 나타나지 않으면 $a$는 계속 앞으로 나아가서 결국

$$e=(a\ k)s_2s_3\cdots s_m$$

이고 뒤의 호환 $s_2, s_3, \cdots, s_m$에는 $a$가 나타나지 않는다. 그러면 $e(a)=a$인데

$$[(a\ k)s_2s_3\cdots s_m](a)=k$$

가 되어 $e$가 항등원이라는 사실에 모순이다. 물론 여기서 항등원은 항등함수를 뜻한다. 결국 $e=t_1t_2\cdots t_m$에서 언젠가는 두개의 호환은 사라져서 $e=s_1s_2\cdots s_{m-2}$꼴이 된다. 만일 여기서 $m$이 홀수라면 이 과정을 반복하여 수행하면 두 개씩 계속해서 없어져서 마지막에는 $e=(i,\ j),\ 1\le i\ne j\le n$꼴이 되는데 항등원이 이런 호환이 될 수 없다. 따라서 $m$은 짝수이다. □

**정리 6.8** 만일 $f$가 $S_n$의 치환이면 $f$는 홀수개의 호환의 곱으로 표시되거나 또는 짝수개의 호환의 곱으로 표시되거나 둘 중 하나이다. 즉, 어떤 때는 홀수개로 또 어떤 때는 짝수개로 표시되는 일은 절대로 없다.

**증명** 만일 $f=t_1t_2\cdots t_m=s_1s_2\cdots s_k$, $m$은 짝수, $k$는 홀수와 같이 $f$가 짝수개의 호환 $t_i$의 곱으로 표시되고 또 동시에 홀수개의 호환 $s_j$의 곱으로 표시되었다고 하자.

$$\begin{aligned}e&=ff^{-1}\\&=(t_1t_2\cdots t_m)(s_1s_2\cdots s_k)^{-1}\end{aligned}$$

로 쓸 수 있고 $s_j$는 호환이므로 $s_j^{-1}=s_j$이다. 따라서

$$\begin{aligned}e&=(t_1t_2\cdots t_m)(s_k^{-1}s_{k-1}^{-1}\cdots s_2^{-1}s_1^{-1})\\&=(t_1t_2\cdots t_m)(s_ks_{k-1}\cdots s_2s_1)\end{aligned}$$

의 꼴이 되는데 오른쪽은 호환이 $m+k$=홀수개가 되어 위의 정리 6.7에 모순이다. 따라서 이런 일은 있을 수 없고 결국 임의의 치환은 동시에 짝수와 홀수개의 호환의 곱으로 표시할 수 없다. □

**정의 6.6** $S_n$의 치환 $f$가 짝수개의 호환의 곱으로 표시될 때 **우치환**(even permutation)이라고 하고 홀수개의 호환의 곱으로 표시될 때 **기치환**(odd permutation)이라고 한다.

**문제 2** $f=\begin{pmatrix}1&2&3&4&5&6&7&8\\3&1&4&2&8&7&6&5\end{pmatrix}$는 기치환인가 우치환인가?

**풀이** $f$를 서로소인 순환의 곱으로 일단 고치면

$$f=(1\,3\,4\,2)(5\,8)(6\,7)$$

이고 다시 호환의 곱으로 고치면

$$f=(1\,2)(1\,4)(1\,3)(5\,8)(6\,7)$$

이다. 따라서 $f$는 기치환이다. ■

**정리 6.9** $A_n=\{f\in S_n\,|\,f$는 우치환$\}$이라고 하면 $A_n$은 $S_n$의 부분군이고 $|A_n|=\frac{1}{2}|S_n|$이다.

**증명** 우선 $|S_n|=n!$이므로 유한이다. 따라서 $A_n$은 연산에 닫혀 있으면 부분군이 된다. 임의의 $f,\,g\in A_n$에 대해서 $f$가 $s$개의 호환의 곱, $g$가 $t$개의 호환의 곱이라고 하면 $s,\,t$는 모두 짝수이다. 따라서 $fg$는 $s+t$개의 호환의 곱이고 $s+t$는 짝수이므로 $fg\in A_n$이다. 다음으로 $A_n$의 위수는 $S_n$의 위수의 절반이 됨을 보이자. $B_n$을 $S_n$의 기치환의 집합이라고 하면

$$S_n=A_n\cup B_n,\quad A_n\cap B_n=\phi$$

이다. $A_n$과 $B_n$의 개수가 같음을 보이면 된다. $n\le 2$이면 할 것도 없으므로 $n\ge 2$라고 하자. $A_n$에서 $B_n$으로의 함수 $\pi$를

$$\pi:A_n\to B_n,\quad \pi(f)=f(1\;2)$$

라고 하면 $f$가 우치환이므로 $f(1\;2)$는 기치환이 되어 $\pi$는 잘 정의된다. 우리는 $\pi$가 전단사임을 쉽게 알 수 있다.

$$\pi[h(1\;2)]=[h(1\;2)](1\;2)=h$$

따라서 $|A_n|=|B_n|$이므로

$$|A_n|=\frac{1}{2}|S_n|=\frac{1}{2}n!$$

이다. □

**정의 6.7** $S_n$의 부분군 $A_n=\{f\in S_n\,|\,f$는 우치환$\}$을 $n$차의 **교대군**(alternating group of degree $n$)이라고 부른다.

나중에 체와 갈루아 정의를 이용하면 5차의 교대군은 일반 5차 방정식의 대수적 해가 존재하지 않음을 증명하는데 이용된다.

치환의 여러 성질을 이용하여 $S_3$의 모든 원소를 찾아보자. 우선 $|S_3| = 3! = 6$이므로 원소는 6개이다. 모두 적어보면

$$\begin{pmatrix}1 & 2 & 3\\ 1 & 2 & 3\end{pmatrix} = e, \quad \begin{pmatrix}1 & 2 & 3\\ 1 & 3 & 2\end{pmatrix} = (2\ 3), \quad \begin{pmatrix}1 & 2 & 3\\ 2 & 3 & 1\end{pmatrix} = (1\ 2\ 3)$$

$$\begin{pmatrix}1 & 2 & 3\\ 3 & 2 & 1\end{pmatrix} = (1\ 3), \quad \begin{pmatrix}1 & 2 & 3\\ 3 & 1 & 2\end{pmatrix} = (1\ 3\ 2), \quad \begin{pmatrix}1 & 2 & 3\\ 2 & 1 & 3\end{pmatrix} = (1\ 2)$$

이다. 여기서 기치환은 $\{(2\,3), (1\,3), (1\,2)\}$이고 나머지는 우치환이다. 즉

$$A_n = \{e,\ (1\ 2\ 3),\ (1\ 3\ 2)\}$$

이다. 여기서 $(1\,2\,3) = f$라고 두면 $|f| = 3$이고

$$f^2 = (1\,3\,2),\ f^3 = e$$

이므로

$$A_n = \langle f \rangle = \{e,\ f,\ f^2\}$$

이 됨을 알 수 있다. 또 $(2\,3) = g$라고 하면 $|g| = 2$이므로 $g^2 = e$이다. 따라서 $\langle g \rangle = \{e,\ g\}$이다.

$$fg = (1\ 2),\ f^2g = (1\ 3\ 2)$$

이므로 결국

$$S_3 = \{e,\ f,\ f^2,\ g,\ fg,\ f^2g\}$$

로 쓸 수 있다. 물론 여기서

$$f^3 = g^2 = e$$

이고

$$gf = f^2g,\ gf^2 = fg$$

이므로

$$gf^i = f^{2i}g \ \ (i = 1,\ 2)$$

로 나타낼 수 있다. 결국 $S_3$은 두 원소 $f$와 $g$로 모두 표시할 수 있다.

이와 같은 식으로

$$G = \{e,\ b,\ b^2,\ b^3,\ a,\ ab,\ ab^2,\ ab^3\},\ b^4 = a^2 = e, \quad b^ia = ab^{3i}\ (i = 1,\ 2,\ 3)$$

꼴의 군을 정이면체군(Dihedral group)이라고 부르고 $D_4$로 적는다. $D_4$는 물론 $S_4$의 부분군이다.

**정리 6.10** $\theta \in S_n$이고 $(a_1 \cdots a_k)$가 길이 $k$인 $S_n$의 순환이면

$$\theta(a_1 \cdots a_k)\theta^{-1} = (\theta(a_1) \cdots \theta(a_k))$$

이다.

**증명** 임의의 $\theta(a_i)$에 대해서 $(1 \leq i < k)$

$$[\theta(a_1 \cdots a_k)\theta^{-1}]\ \theta(a_i) = [\theta(a_1 \cdots a_k)](a_i) = \theta(a_{i+1})$$

$[\theta(a_1 \cdots a_k)\theta^{-1}]\theta(a_k) = \theta(a_1)$. 또 $x \neq \theta(a_i)$ $(1 \leq i \leq k)$이면 $\theta^{-1}(x) \neq a_i$이다.

$$[\theta(a_1 \cdots a_k)\theta^{-1}](x) = \theta[\theta^{-1}(x)] = x$$

이므로 결국 정의에 의해서

$$\theta(a_1 \cdots a_k)\theta^{-1} = (\theta(a_1) \cdots \theta(a_k))$$

가 됨을 알 수 있다. □

**예제 10** $\theta = (1\ 2\ 3)(4\ 7)$, $f = (5\ 6\ 7)(3\ 4\ 2)$라고 하면

$$\begin{aligned}\theta f \theta^{-1} &= \theta(5\ 6\ 7)(3\ 4\ 2)\theta^{-1} \\ &= [\theta(5\ 6\ 7)\theta^{-1}][\theta(3\ 4\ 2)\theta^{-1}] \\ &= (5\ 6\ 4)(1\ 7\ 3)\end{aligned}$$

이다.

임의의 $S_n$의 원소 $f$, $g$에 대해서 $f$를 서로소인 순환의 곱 $f_1 f_2 \cdots f_k$로 표시할 수 있다. 만일 $f$와 $g$가 켤레라고 하면

$$g = afa^{-1},\ a \in S_n$$

의 꼴로 표시될 것이고 따라서

$$g = af_1 f_2 \cdots f_k a^{-1} = (af_1 a^{-1})(af_2 a^{-1}) \cdots (af_k a^{-1})$$

가 된다. 그런데 $|af_ia^{-1}| = |f_i|$이고 앞 정리 6.10에서

$$a(a_1 \cdots a_k)a^{-1} = (a(a_1), \ \cdots \ a(a_k))$$

이므로 결국 $g$도 $f$와 같은 꼴의 순환의 곱으로 표시됨을 알 수 있다.

물론 $f_i$, $f_j$가 서로 소이므로 $af_ia^{-1}$와 $af_ja^{-1}$도 서로 소이다. 역으로 만일 두 순환 $f$, $g$에서

$$f = (a_1 a_2 \cdots a_m), \ g = (b_1 b_2 \cdots b_m)$$

이면 $\theta \in S_n$을

$$\begin{cases} \theta(a_i) = b_i, \\ \theta(x) = x, \quad x \neq a_i \ (1 \leq i \leq m) \end{cases}$$

인 치환을 생각하면

$$\theta f \theta^{-1} = g$$

가 됨을 알 수 있다. 따라서 우리는 다음과 같은 정리를 얻을 수 있다.

> **정리 6.11** 두 치환 $f$, $g \in S_n$에서 $f$, $g$가 서로 켤레인 원소가 될 필요충분조건은 $f$, $g$를 각각 서로 소인 순환의 곱으로 분해하면 길이가 같은 순환의 곱, 즉 같은 꼴로 분해될 경우이다.

**예제 11** $S_9$에서

$$f = \begin{pmatrix} 1\,2\,3\,4\,5\,6\,7\,8\,9 \\ 1\,3\,2\,5\,6\,4\,7\,9\,8 \end{pmatrix}, \quad g = \begin{pmatrix} 1\,2\,3\,4\,5\,6\,7\,8\,9 \\ 2\,1\,4\,5\,3\,7\,8\,6\,9 \end{pmatrix}, \quad h = \begin{pmatrix} 1\,2\,3\,4\,5\,6\,7\,8\,9 \\ 9\,2\,4\,3\,1\,8\,7\,6\,5 \end{pmatrix}$$

이라고 하면

$$f = (2\,3)(4\,5\,6)(8\,9), \ g = (1\,2)(3\,4\,5)(6\,7\,8), \ h = (1\,9\,5)(3\,4)(6\,8)$$

이다. $f$와 $h$는 길이 2, 3, 2인 순환의 곱으로 표시되어 같은 꼴이므로 $a$를

$$2 \to 3, \ 3 \to 4, \ 4 \to 1, \ 5 \to 9, \ 6 \to 5, \ 8 \to 6, \ 9 \to 8$$

인 함수로 생각하면

$$\begin{aligned} afa^{-1} &= a(2\ 3)(4\ 5\ 6)(8\ 9)a^{-1} \\ &= [a(2\ 3)a^{-1}][a(4\ 5\ 6)a^{-1}][a(8\ 9)a^{-1}] \\ &= (a(2)\ a(3))(a(4)\ a(5)\ a(6))(a(8)\ a(9)) \\ &= (3\ 4)(1\ 9\ 5)(6\ 8) \\ &= h \end{aligned}$$

가 되어 $f$와 $h$는 서로 켤레이다. 그러나 $f$와 $g$는 절대로 켤레가 될 수 없다.

**정리 6.12** $f \in S_n$, $\overline{f}$를 $f$의 켤레류라고 하면

$$\overline{f} = \{ g \in S_n \mid g\text{는 } f\text{와 같은 꼴로 서로 소인 순환의 곱으로 분해} \}$$

이다.

**따름정리 6.13** $S_n$의 켤레류의 개수는 정수 $n$을 분할하는 가짓수와 같다.

**예제 12** $S_4$의 켤레류의 개수는 합이 4가 되는 총가짓수

$$(4),\ (1,\ 3),\ (1,\ 1,\ 2),\ (2,\ 2),\ (1,\ 1,\ 1,\ 1)$$

로 분해되므로 모두 5개이다. 각 켤레류의 원소의 위수는 각각 4, 3, 2, 2, 1이다. 각각의 원소를 살펴보면

(1) 위수가 4인 것은 $(a\ b\ c\ d)$꼴인데 모두 $3! = 6$개이고 기치환

(2) 위수가 3인 것은 $(a\ b\ c)$꼴인데 ${}_4C_3 \times 2 = 8$개이고 우치환

(3) 위수가 2인 것은 $(a\ b)$꼴, ${}_4C_2 = 6$개. 기치환

$$(a\ b)(c\ d)\text{꼴},\quad \frac{{}_4C_2}{2!} = 3\text{개. 우치환}$$

(4) 위수가 1인 것은 항등원 1개이다. 물론 우치환이다.

$S_6$의 켤레류는 숫자 6의 분해방법과 같다. (6), (1, 5), (2, 4), (3, 3), (1, 1, 4), (1, 2, 3), (2, 2, 2), (1, 1, 1, 3), (1, 1, 2, 2), (1, 1, 1, 1, 2), (1, 1, 1, 1, 1, 1)로 모두 11가지이다.

이와 같이 $S_n$의 켤레류를 구해보면 $n=1$이면 1, $n=2$이면 2, $n=3$이면 3, $n=4$면 5, $n=5$면 7, $n=6$이면 11, $n=61$이면 1121505가지가 있다.

**예제 13** $S_5$의 원소를 살펴보면

(1) 위수가 1인 것은 항등원 1개

(2) $(a\ b)$꼴은 모두 ${}_5C_2 \times \frac{1}{2} = 10$개

(3) $(a\ b\ c)$꼴은 모두 ${}_5C_3 \times 2! = 20$개

(4) $(a\ b)(c\ d)$꼴은 모두 $({}_5C_2 \times {}_3C_2) \times \frac{1}{2!} = 15$개

(5) $(a\ b\ c)(d\ e)$꼴은 모두 ${}_5C_3 \times 2! = 20$개

(6) $(a\ b\ c\ d\ e)$꼴은 모두 $4! = 24$개

(7) $(a\ b\ c\ d)$꼴은 모두 ${}_5C_4 \times 3! = 30$개

이중 우치환은 (1), (3), (4), (6)이고 나머지는 기치환이다. 각각의 위수를 살펴보면 위수가 2인 것은 (2), (4), 위수가 3인 것은 (3), 위수가 4인 것은 (7), 위수가 5인 것은 (6), 위수가 6인 것은 (5)이다. 마찬가지로 해서 $A_5$를 살펴보면 5개의 켤레류를 가진다. 각 켤레류의 개수는 1, 20, 15, 12, 12개이다.

**정리 6.14** $f \in S_n$이면 $f$는 다음과 같이 표시할 수 있다.

(1) $f$는 $(1\ 2)$, $(1\ 3)$, $\cdots$, $(1\ n)$꼴의 곱으로 표시할 수 있다.

(2) $f$는 $(1\ 2)$, $(2\ 3)$, $(3\ 4)$, $\cdots$, $(n-1\ n)$꼴의 곱으로 표시할 수 있다.

(3) $\theta = (1\ 2\ 3\ \cdots\ n)$이라 두면 $f$는 $(1\ 2)$, $\theta$, $\theta^{-1}$의 곱으로 표시할 수 있다.

**증명** 임의의 치환은 호환의 곱으로 표시된다는 사실은 다 잘 알고 있을 것이다.

(1) $(a\ b)$를 호환이라고 하면 $(a\ b) = (1\ a)(1\ b)(1\ a)$로 나타낼 수 있다. 따라서 $f$는 $\{(1\ i) \mid 2 \le i \le n\}$의 원소의 곱으로 표시할 수 있다.

(2) $(1\ i)$꼴의 호환은 $(1\ i) = (1\ i-1)(i-1\ i)(1\ i-1)$꼴로 표시할 수 있다. 여기서 호환 $(1\ i-1)$은 다시 $(1\ i-2)(i-2\ i-1)(1\ i-2)$꼴로 표시되고 이와 같이 계속 반복하면 결국 $(1\ i)$는 $(j-1\ j)$꼴의 호환의 곱으로 표시할 수 있다. 따라서 (1)에 의해서 $f$는 $(k\ k+1)$꼴의 호환의 곱으로 표시할 수 있다.

(3) $\theta = (1\ 2\ 3\ \cdots\ n)$이므로 $\theta(i) = i+1$이다. 또

$$\theta(1\ 2)\theta^{-1} = (\theta(1)\ \ \theta(2)) = (2\ 3)$$
$$\theta(2\ 3)\theta^{-1} = (\theta(2)\ \ \theta(3)) = (3\ 4)$$
$$\vdots$$

이다. 따라서 (2)에 의해서 $f$는 $\{(1\ 2), \theta, \theta^{-1}\}$의 원소의 곱으로 표시할 수 있다. □

## 06 | 연습문제 EXERCISE

1. $f: \mathbb{R} \to \mathbb{R}$, $f_n(x) = x + n$이다. (단, $n$은 정수)

(1) $f_n \in S_{\mathbb{R}}$ 임을 보여라. (2) $f_n \circ f_m = f_{n+m}$, $f_n^{-1} = f_{-n}$ 임을 보여라.

2. 다음을 서로소인 순환의 곱으로 쓰라.

(1) $\begin{pmatrix} 1 & 2 & 3 & 4 & 5 & 6 \\ 3 & 6 & 1 & 4 & 2 & 5 \end{pmatrix} \circ \begin{pmatrix} 1 & 2 & 3 & 4 & 5 & 6 \\ 5 & 4 & 3 & 2 & 1 & 6 \end{pmatrix}$ (2) $\begin{pmatrix} 1 & 2 & 3 & 4 & 5 & 6 & 7 & 8 & 9 & 10 & 11 & 12 \\ 6 & 7 & 5 & 9 & 8 & 4 & 11 & 3 & 1 & 12 & 2 & 10 \end{pmatrix}$

3. $\theta$는 길이가 $t$인 순환이다.

(1) $t$가 홀수면 $\theta^2$은 순환이고 또 그 역도 성립함을 보여라.

(2) $t$가 홀수면 $\theta = \alpha^2$, $\alpha$는 길이가 $t$인 순환 $\alpha$를 찾아라.

(3) $t$가 짝수면 $\theta^2 = \alpha\beta$, $\alpha$, $\beta$는 길이가 $\frac{t}{2}$인 순환 $\alpha$, $\beta$를 찾아라.

(4) $t$가 소수면 $\theta^n$은 순환임을 보여라.

(5) $t = kl$면 $\theta^k$는 길이가 $l$인 $k$개의 순환의 곱으로 표시할 수 있음을 보여라.

4. $f \in S_8$이다. 다음은 우치환인가 기치환인가?

(1) $f = (1\ 2)(3\ 2\ 4\ 1)(7\ 8\ 1\ 2)(1\ 2\ 7\ 6)$ (2) $f = (1\ 2\ 3)(2\ 3\ 4\ 5)(1\ 3\ 5\ 7)$

5. $f$, $g$는 서로소인 순환이다. 다음을 증명하라.

(1) $fg = e$이면 $f = g = e$이다.

(2) $(fg)^n = e$이면 $f^n = g^n = e$이다.

(3) $fgh$가 순환인 호환 $h$가 존재한다.

6. $f = (a_1\ a_2\ \cdots\ a_t) \in S_n$이 순환이면 임의의 $g \in S_n$에 대해서 $gfg^{-1} = (g(a_1)\ g(a_2)\ \cdots\ g(a_t))$임을 보여라.

7. 다음 함수의 위수를 구하여라.

(1) $f = (1\ 2)(3\ 4\ 5) \in S_9$ (2) $f = (1\ 2\ 3\ 4)(5\ 6\ 7\ 8\ 9) \in S_9$

(3) $f = (4\ 5)(2\ 3\ 7) \in S_8$

8. (1) $f_1$, $f_2$, $\cdots$, $f_n$은 서로 다른 우치환이고 $g$는 기치환이다. $f_1g$, $f_2g$, $\cdots$, $f_ng$는 서로 다른 기치환임을 보여라.
   (2) $f_1$, $f_2$, $\cdots$, $f_n$은 서로 다른 기치환이면 $f_1f_1$, $f_1f_2$, $\cdots$, $f_1f_n$은 서로 다른 우치환임을 보여라.
   (3) (1), (2)를 써서 $S_n$에서 우치환의 개수와 기치환의 개수가 같음을 보여라.

9. $f_1$, $f_2$는 길이가 같은 순환이다. 또 $g_1$, $g_2$도 길이가 같은 순환이고 $f_1$, $g_1$은 서로소, $f_2$, $g_2$도 서로소이다. $f_1g_1 = hf_2g_2h^{-1}$인 치환 $h$를 찾아라.

10. $f$, $g$가 서로소인 순환이면 임의의 $h \in S_n$에 대해서 $hfh^{-1}$와 $hgh^{-1}$는 서로소인 순환임을 보여라.

11. $f$, $g$가 길이가 같은 순환이면 $f = hgh^{-1}$인 치환 $h$를 찾아라.

12. $f$, $g$는 길이가 홀수인 순환이고 $f^2 = g^2$이다. $f = g$임을 보여라.

13. $\theta = \begin{pmatrix} 1 & 2 & 3 & 4 & 5 & 6 & 7 & 8 & 9 \\ 3 & 7 & 8 & 9 & 4 & 5 & 2 & 1 & 6 \end{pmatrix}$이다. $|\theta^{100}|$을 구하여라. 또 $\theta^{2008}(9)$를 구하여라.

14. 다음 $\theta$의 위수를 구하여라.
   (1) $\theta = (1\ 2)(5\ 3\ 2\ 1\ 4)(2\ 3)$
   (2) $\theta = (1\ 2\ 3\ 4)(2\ 3\ 4\ 5)$

15. $f \in S_5$이다. $f(1\ 2\ 3)f^{-1} = (1\ 2)(3\ 4\ 5)$인 $f$가 존재하는가?

16. $n \geq 3$이면 $S_n$은 아벨군이 아님을 보여라.

17. (1) $x = (1\ 2)(3\ 4)$, $y = (5\ 6)(1\ 3)$이다. $a^{-1}xa = y$인 $a$를 구하여라.
   (2) $a^{-1}(1\ 2)a = (3\ 4)(1\ 2)$인 $a$는 존재하지 않음을 보여라.

18. $\theta$, $\psi \in S_n$는 서로소인 순환이다. $|\theta \circ \psi| = \text{lcm}(|\theta|, |\psi|)$임을 보여라.

19. $Z(S_3)$를 구하여라.

20. 아벨군 $G$에서는 $H=\{x\in G|x^n=e\}$은 $G$의 부분군이 됨을 알 수 있다. $H=\{x\in G|x^n=e\}$이 부분군이 되지 않는 군 $G$를 구하여라.

21. $f: A\to A$, $a\in A$이다. $f(a)\neq a$일 때 $f$는 $a$를 이동시킨다라고 부른다. 유한집합 $A$에서 길이 $n$인 순환에 의해서 이동되는 원소는 모두 몇 개인가?

22. $H$는 $S_n$의 부분군이다. $H$의 모든 원소는 최소한 절반이 우치환임을 보여라.

23. $S_n$의 임의의 치환은 $n-1$개 이하의 호환의 곱으로 표시할 수 있음을 증명하여라.

24. 순환이 아닌 $S_n$의 치환은 $n-2$개 이하의 호환의 곱으로 표시할 수 있음을 증명하여라.

25. $S_n$의 임의의 치환은 $2n+3$개 또는 $2n+8$개의 호환의 곱으로 표시할 수 있음을 증명하여라.

26. $\phi\in S_n$ $(n\geq 2)$은 주어진 기치환이다. 모든 $S_n$의 기치환은 $\phi$와 우치환의 곱(합성)으로 표시할 수 있음을 보여라.

27. $f$, $g$는 서로소인 호환이다. $f\circ g$를 길이 3인 두 개의 순환의 곱으로 표시하여라.

28. $f$, $g$는 서로소가 아닌 호환이다. $f\circ g$를 길이 3인 순환으로 표시하여라.

29. $n\geq 3$일 때 $S_n$의 모든 우치환은 길이 3인 순환의 곱으로 나타낼 수 있음을 보여라.

30. $x$, $y\in S_A$이다. 각각의 위수는 유한이나 $xy$의 위수는 무한이 되는 $x$, $y$를 구하여라.

31. $p$는 소수이다. $H$는 한 호환과 길이 $p$인 순환을 포함한 $S_p$의 부분군이다. $H=S_p$임을 보여라.

32. 임의의 $\theta \in S_n$은 $\{(k\ \ k+1) \mid 1 \le k \le n-1\}$의 곱으로 표시됨을 보여라.

33. $(1\ 2)$와 $(1\ 2\ \cdots\ n)$ 을 포함하는 $S_n$의 최소의 부분군을 구하여라.

34. $\theta \in S_p$, $p$는 소수이다. $|\theta| = p$이면 $\theta$는 순환임을 보여라.

35. $A = \mathbb{R} - \{0,\ 1,\ 2\}$, $f,\ g : A \to A$, $f(x) = 2 - x$, $g(x) = \dfrac{2}{x}$이다. $f$와 $g$를 포함하는 $S_A$의 최소의 부분군을 $G = \langle f,\ g \rangle \subset S_A$라고 할 때 $(G,\ \cdot\ )$을 구하라.

36. $A_4$는 위수 6인 부분군을 가지지 않음을 보여라.

37. 지수가 2인 $S_n$의 부분군은 $A_n$뿐임을 보여라.

38. $n \ge 3$이다.

$$D_n = \{e,\ a,\ a^2,\ \cdots,\ a^{n-1},\ b,\ ab,\ a^2b,\ \cdots,\ a^{n-1}b\}$$

단 $a^n = b^2 = e$, $aba = b$ 인 군을 **차수** $n$**의 정이면체군**(dihedral group of degree $n$)이라고 부른다.

(1) $H = \{e,\ a,\ a^2,\ \cdots,\ a^{n-1}\}$는 $D_n$의 정규부분군임을 보여라.

(2) $D_n/H \cong \mathbb{Z}_2$임을 보여라.

(3) $D_n$의 모든 진정규부분군을 구하라.

(4) $Z(D_n)$은 $n$이 홀수면 $\{e\}$, 짝수면 $\mathbb{Z}_2$와 동형임을 보여라.

(5) $S_n$에서 $\theta = (1\ 2\ 3\ \cdots\ n)$, $\psi = \begin{pmatrix} 1 & 2 & 3 & \cdots & n \\ 1 & n & n-1 & \cdots & 2 \end{pmatrix}$일때 $D_n$은 $\theta,\ \psi$를 포함하는 $S_n$의 최소의 부분군과 동형임을 보여라.

참고 정$n$각형에서 각 꼭지점을 1, 2,⋯, $n$라고 했을 때 $\theta$는 중심에서 $\dfrac{2\pi}{n}$만큼 시계방향으로 회전해서 $1 \to 2$, $2 \to 3$, ⋯, $n \to 1$과 같이 정$n$각형을 회전시킨 것이고 $\psi$는 1과 중심을 연결하는 선으로 이 다각형을 $2 \to n$, $3 \to n-1$, ⋯, $n \to 2$와 같이 대칭시킨 것으로 볼 수 있다. 따라서 $\theta$와 $\psi$에 의해서 생성되는 $S_n$의 부분군은 이 다각형을 회전시키고 대칭시켜서 생기는 모든 변환을 표시한다.

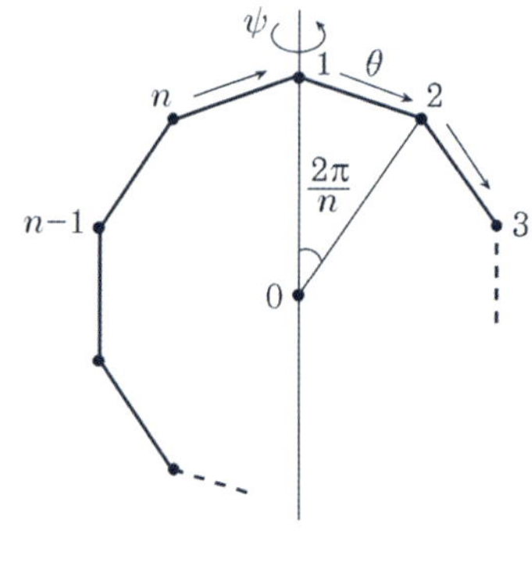

# CHAPTER 07 준동형사상과 정규부분군
## Homomorphism and Normal Subgroups

군은 집합보다는 훨씬 복잡한 대상이다. 여기 $(G, *)$와 $(H, \cdot)$가 군이라고 하자. $a, b \in G$, $f$가 $G$에서 $H$로의 함수이면 $f(a)$, $f(b)$, $f(a*b)$는 모두 $H$의 원소이다. $f(a*b)$는 $G$에서 연산 후의 함수값이고 $f(a) \cdot f(b)$는 각 함수값을 $H$에서 연산한 값이다. 이 두 값이 같을 때 우리는 함수 $f$는 연산을 보존(preserve)한다고 한다.

**정의 7.1** 군 $(G, *)$에서 군 $(H, \cdot)$로의 함수 $f$가 모든 $a, b \in G$에 대해서

$$f(a*b) = f(a) \cdot f(b)$$

를 만족할 때 $f$를 **준동형사상**(homomorphism)이라고 부른다.

앞으로 두 군 $(G, *)$와 $(H, \cdot)$에서 연산을 일일이 쓰지 않더라도 혼동이 없으면 우리는 연산을 무시하고 그냥 간단히 $G$, $H$로 나타낸다. 또 준동형사상도 그냥 $f(ab) = f(a)f(b)$로 연산을 생략하고 쓴다.

**예제 1** $f : \mathbb{Z} \to \mathbb{Z}_n$, $f(a) = \overline{a}$는

$$f(a+b) = \overline{a+b} = \overline{a} \oplus \overline{b}$$

이므로 준동형사상이다.

**예제 2** $f : \mathbb{Z}_6 \to \mathbb{Z}_{10}$, $f(\bar{a}) = \bar{a}$는 준동형사상이 아니다. 왜냐하면

$$f(\bar{4} \oplus \bar{2}) = f(\bar{0}) = \bar{0} \text{이다. 그러나 } f(\bar{4}) \oplus f(\bar{2}) = \bar{4} \oplus \bar{2} = \bar{6}$$

이다.

> **정의 7.2** 군 $G$에서 군 $H$로의 함수 $f$가 전단사인 준동형사상일 때 $f$를 **동형사상**(isomorphism)이라고 한다. 또 두 군 $G$와 $H$ 사이에 동형사상이 존재할 때 $G$와 $H$는 **동형**(isomorphic)이라고 하고 $G \cong H$로 적는다.

특히 군 $G$ 자신에서 자신으로의 동형사상을 **자기동형사상**(automorphism) 또는 **자동사상**이라고 부른다. 군 $G$의 자기동형사상의 집합을 $\mathrm{Aut}\, G$로 적는다. 당연히 $\mathrm{Aut}\, G$는 대칭군 $S_G$의 부분집합이다.

**예제 3** $a \in G$, $f : G \to G$, $f(x) = axa^{-1}$는 $G$의 자기동형사상이다.

두 군 $G$와 $H$가 동형이면 우선 $G$의 위수와 $H$의 위수는 같아야 한다. 따라서 두 군이 동형이냐 아니냐를 살필 때 첫째로 위수가 다르면 절대로 동형이 될 수 없다. 만일 위수가 같으면 다음으로 동형사상을 찾아본다. 결국 두 군 $G$와 $H$가 동형이면 $G$에서 $H$로의 동형사상 $f$가 존재할 것이고 $G$의 원소 $a$를 $f(a)$로 바꾸면 $G$는 $H$와 같은 군으로 생각할 수 있다. 즉 동형이면 원소의 이름이 다르고 연산의 형태가 다른 것뿐이다.

앞으로 동형인 군은 같은 군으로 생각해도 좋다. 그래서 군의 종류를 따질 때는 동형인 군은 같은 군으로 생각하고 동형이 아닌 군이 몇 개이냐를 조사한다.

**예제 4** $(\mathbb{Z}_5, \oplus)$와 $(\mathbb{Z}_4, \oplus)$는 위수가 각각 5, 4이므로 전단사함수가 존재할 수 없다. 따라서 동형이 아니다.

**예제 5** $(S_3, \circ)$과 $(\mathbb{Z}_6, \oplus)$는 동형이 아니다. 그 이유는 우선 위수는 같다. 그러나 $S_3$은 아벨군이 아니고 $\mathbb{Z}_6$은 아벨군이다. 아벨군의 동형은 항상 아벨군이다.

**예제 6** $(\mathbb{R}, +)$와 $(\mathbb{R}^+, \times)$는

$$f : (\mathbb{R}, +) \to (\mathbb{R}^+, \times),\ f(x) = 3^x$$

라 하면 $f$는 전단사이고 또 준동형사상이다. 따라서 $(\mathbb{R}, +) \cong (\mathbb{R}^+, \times)$이다.

**예제 7** $(\mathbb{Q}, +)$와 $(\mathbb{Q}^+, \times)$는 동형이 아니다. 왜냐하면 만일 $(\mathbb{Q}, +) \cong (\mathbb{Q}^+, \times)$이면 동형사상 $f : \mathbb{Q} \to \mathbb{Q}^+$가 존재할 것이다. $f$는 전사이므로 $f(x) = 3$인 $x \in \mathbb{Q}$가 있을 것이고 $\frac{x}{2} \in Q$이므로 $f\left(\frac{x}{2}\right) \in \mathbb{Q}^+$이다.

$$f\left(\frac{x}{2} + \frac{x}{2}\right) = f(x) = 3,\ f\left(\frac{x}{2} + \frac{x}{2}\right) = f\left(\frac{x}{2}\right) \times f\left(\frac{x}{2}\right)$$

이므로 $f\left(\frac{x}{2}\right) = \sqrt{3}$이다. 그러나 $\sqrt{3} \notin \mathbb{Q}^+$이므로 있을 수 없다.

**예제 8** 군 $\mathbb{Z}_4$와 $\mathbb{Z}_2 \times \mathbb{Z}_2$는 동형이 아니다. 둘 다 모두 위수는 4이지만 $\mathbb{Z}_4$는 순환군이다. 그러나 $\mathbb{Z}_2 \times \mathbb{Z}_2$는 순환군이 아니다.

**정리 7.1** $f : G \to H$, $g : H \to K$에서
(1) $f$, $g$가 각각 준동형(동형)사상이면 $g \circ f$도 준동형(동형)사상이다.
(2) $f$가 동형사상이면 $f^{-1} : H \to G$도 동형사상이다.

**정리 7.2** $G$, $H$는 군, $e$, $e'$는 각각 $G$와 $H$의 항등원이다. $a \in G$, $f : G \to H$가 준동형사상이면
(1) $f(e) = e'$이다.
(2) $f(a^{-1}) = (f(a))^{-1}$이다.
(3) 임의의 정수 $n$에 대해서 $f(a^n) = (f(a))^n$이다.
(4) $|f(a)|$는 $|a|$의 약수이다.
(5) $I$가 $G$의 부분군이면 $I$의 상(image)

$$f(I) = \{f(g) \mid g \in I\}$$

는 $H$의 부분군이다.
(6) $J$가 $H$의 부분군이면 $J$의 역상(inverse image), 또는 원상(preimage)

$$f^{-1}(J) = \{g \in G \mid f(g) \in J\}$$

는 $G$의 부분군이다.

**따름정리 7.3** $G$, $H$는 군, $f: G \to H$는 준동형사상, $e$는 $H$의 항등원이면

$$f^{-1}(e) = \{g \in G \mid f(g) = e\}$$

는 $G$의 부분군,

$$\mathrm{Im}\ f = f(G) = \{f(g) \mid g \in G\}$$

는 $H$의 부분군이다.

**따름정리 7.4** 두 군 $G$, $H$가 동형이고 $f: G \to H$가 동형사상이면 다음이 성립한다.

(1) 임의의 $a \in G$에 대해서 $|a| = |f(a)|$이다.

(2) $G$가 아벨군이면 $H$도 아벨군이다.

(3) $G$가 순환군이면 $H$도 순환군이다.

$f: G \to H$가 준동형사상이면 $H$의 항등원 $\{e\}$는 $H$의 부분군이고 따라서 $e$의 원상들의 집합 $f^{-1}(e) = \{x \in G \mid f(x) = e\}$는 $G$의 부분군이다. 특히 이 부분군은 자주 나오므로 특별한 이름이 있다.

**정의 7.3** $G$, $H$는 군, $f: G \to H$가 준동형사상, $e$는 $H$의 항등원이다. 이때 $G$의 부분군

$$f^{-1}(e) = \{g \in G \mid f(g) = e\}$$

를 $f$의 핵(kernel)이라고 하고 $\mathrm{Ker}\ f$로 표시한다.

**예제 9** $f: \mathbb{Z} \to (\mathbb{Z}_n, \oplus)$, $f(a) = \overline{a}$라고 하면

$$\mathrm{Ker}\ f = \{m \in \mathbb{Z} \mid \overline{m} = \overline{0}\} = n\mathbb{Z}$$

**정리 7.5** $f: G \to H$는 준동형사상이다.

(1) $f$가 단사일 필요충분조건은 $\mathrm{Ker}\ f = \{e\}$이다.

(2) $f$가 전사일 필요충분조건은 $\mathrm{Im}\ f = H$이다.

**증명** $e$와 $e'$은 각각 $G$와 $H$의 항등원이라고 하자.

(1) $f$가 단사라고 하자. $f(e) = e'$이므로 $e \in \mathrm{Ker}\ f$이다. 만일 $x \in \mathrm{Ker}\ f$라고 하면

$f(x) = e' = f(e)$이므로 $x = e$가 된다. 따라서 $\mathrm{Ker}\, f = \{e\}$이다.
역으로 $\mathrm{Ker}\, f = \{e\}$라고 하자. 만일 $f(a) = f(b)$이면

$$f(ab^{-1}) = f(a)f(b)^{-1} = e'.$$

따라서 $ab^{-1} \in \mathrm{Ker}\, f = \{e\}$이다. 결국 $a = b$가 되어 $f$는 단사이다.

(2) 당연하다. □

두 군이 동형인지 아닌지 조사할 때 우선 살펴볼 것은

(1) 두 군의 위수가 같은가
(2) 두 군이 모두 가환인가, 또는 순환하는가
(3) 두 군의 원소의 성질이 모두 같으냐

등을 비교하여 판단한다.

**예제 10** $(\mathbb{R}^*, \times)$와 $(\mathbb{R}, +)$를 비교해보면 둘 다 위수는 무한이고 둘 다 아벨군, 또 둘 다 순환군이 아니다. 이들은 동형이 절대로 될 수 없다. 그 이유는 $-1$의 $\mathbb{R}^*$에서의 위수는 2이다. 그러나 $\mathbb{R}$에서는 어떤 원소도 위수가 2가 될 수 없다.

다음은 동형사상을 이용해서 모든 순환군을 분류할 수 있다.

**정리 7.6** $G$는 순환군이다. $|G| = n$이면 $G$는 $(\mathbb{Z}_n, \oplus)$와 동형이고 $|G| = \infty$이면 $G$는 $(\mathbb{Z}, +)$와 동형이다.

**증명** $G = \langle a \rangle$가 위수 $n$인 순환군이라고 하면 $G = \{e, a, a^2, \cdots, a^{n-1}\}$, $a^n = e$이다.

$$f : G \to (\mathbb{Z}_n, \oplus), \quad f(a^i) = \bar{i}$$

라고 하면 $f$는 동형사상이 된다.
이번에는 $G = \langle a \rangle$가 무한위수인 순환군이라고 하면 함수

$$f : (\mathbb{Z}, +) \to G, \quad f(i) = a^i$$

는 동형사상이다. □

> **따름정리 7.7** $G$, $H$가 순환군이고 $|G| = |H|$면 $G \cong H$다.

결국 모든 순환군은 $\mathbb{Z}_n$ 또는 $\mathbb{Z}$와 동형이므로 순환군은 결국 두 종류뿐이다. 임의의 함수 $f: A \to B$에 대해서 비록 $f$는 전사가 아니더라도 공역을 조금 변화시켜서 $\text{Im } f = C$라고 두면 $f: A \to C$는 $f$와 동일한 함수가 되면서 전사가 된다. 이와 같은 방법으로 만일 $f: G \to H$가 단사인 준동형사상이면 $\overline{f}: G \to \text{Im } f$는 전단사인 준동형사상이므로 $G$는 $\text{Im } f$와 동형이다. 또 $\text{Im } f$는 $H$의 부분군이므로 결국 $G$는 $H$의 부분군과 동형이 됨을 알 수 있다.

> **정의 7.4** 두 군 $G$, $H$에서 $G$에서 $H$로의 단사인 준동형사상이 존재할 때 $G$는 $H$에 매입(embedding)된다고 한다.

**예제 11** $f: (\mathbb{Z}, +) \to (\mathbb{Q}, +)$, $f(n) = \dfrac{n}{1}$은 단사인 준동형사상이다. 따라서 $\mathbb{Z}$는 $\mathbb{Q}$에 매입된다. 마찬가지로 실수 $\mathbb{R}$에서 복소수 $\mathbb{C}$로의 함수 $f(a) = a + 0i$도 단사인 준동형사상이다.

> **정리 7.8** (Cayley) 모든 군은 치환군과 동형이다.

**증명** $G$를 군이라고 하자. 우리는 $S_G$의 적당한 부분군과 $G$가 동형이 됨을 밝히면 된다. 우선 임의의 $a \in G$에 대해서 함수

$$f_a: G \to G, \ f_a(x) = ax$$

는 전단사함수이다. 따라서 $f_a \in S_G$가 됨을 알 수 있다. 이번에는

$$h: G \to S_G, \ h(a) = f_a$$

인 함수 $h$를 정의하면 $h$는 단사인 준동형사상이 된다.

앞 따름정리 7.3에서 $h$의 상 $\text{Im } h$는 $S_G$의 부분군이 됨을 알고 있다. 실제로

$$\text{Im } h = \{h(a) \mid a \in G\} = \{f_a \mid a \in G\}$$

이다. 따라서 $G \cong \text{Im } h$가 되어 모든 군은 치환군과 동형이 된다. □

**따름정리 7.9** 만일 $G$가 위수 $n$인 군이면 $G$는 대칭군 $S_n$의 부분군과 동형이다.

앞에서 우리는 군 $G$의 부분군 $H$를 가지고 집합 $G$에 동치관계를 만들고 그 동치류가 우잉여류가 됨을 공부하였다. 이때 이 동치류들의 집합인 상집합 $G/H=\{Ha \mid a\in G\}$는 그냥 하나의 집합일 뿐이다. 그러나 이 상집합이 군이 될 때도 있다.

**정의 7.5** $G$는 군, $N$은 $G$의 부분군이다. 임의의 $n\in N$과 임의의 $g\in G$에 대해서

$$gng^{-1}\in N$$

일 때 $N$을 $G$의 **정규부분군**(normal subgroup)이라고 한다.

앞에서 $a$와 켤레인 원소는 $xax^{-1}$ 꼴이었다. 따라서 $G$의 부분군 $H$가 정규부분군일 필요충분조건은 $H$의 원소의 모든 켤레원소도 역시 $H$에 속하는 것이다.

**예제 12** 군 $S_3$에서 $A_3=\{f\in S_3 \mid f\text{는 우치환}\}$는 $S_3$의 부분군이다. 임의의 $f\in A_3$와 $\theta\in S_3$에 대해서 $\theta f\theta^{-1}$는 우치환이므로 $\theta f\theta^{-1}\in A_3$이다. 따라서 $A_3$는 $S_3$의 정규부분군이다.

**예제 13** 군 $S_3$에서 $H=\{e,\ (1\ 2)\}$는 $S_3$의 부분군이다. 그러나

$$(1\ 2\ 3)(1\ 2)(1\ 2\ 3)^{-1}=(1\ 2\ 3)(1\ 2)(3\ 2\ 1)=(2\ 3)\notin H$$

이므로 $H$는 $S_3$의 정규부분군이 아니다.

**예제 14** $G=\left\{\begin{pmatrix} a & b \\ 0 & d\end{pmatrix} \,\middle|\, a,\ b,\ d\in\mathbb{R},\ ad\neq 0\right\}$는 행렬의 곱에 대해서 군이다. $N=\left\{\begin{pmatrix} 1 & x \\ 0 & 1\end{pmatrix} \,\middle|\, x\in\mathbb{R}\right\}$이라고 하면 $N\subset G$이고 $\begin{pmatrix} 1 & x \\ 0 & 1\end{pmatrix}\begin{pmatrix} 1 & y \\ 0 & 1\end{pmatrix}=\begin{pmatrix} 1 & x+y \\ 0 & 1\end{pmatrix}\in N$이다. 또 $\begin{pmatrix} 1 & x \\ 0 & 1\end{pmatrix}^{-1}=\begin{pmatrix} 1 & -x \\ 0 & 1\end{pmatrix}\in N$이므로 $N$는 $G$의 부분군이다. 임의의 $\begin{pmatrix} a & b \\ 0 & d\end{pmatrix}\in G$, $\begin{pmatrix} 1 & x \\ 0 & 1\end{pmatrix}\in N$에 대해서

$$\begin{pmatrix} a & b \\ 0 & d \end{pmatrix}\begin{pmatrix} 1 & x \\ 0 & 1 \end{pmatrix}\begin{pmatrix} a & b \\ 0 & d \end{pmatrix}^{-1} = \begin{pmatrix} a & ax+b \\ 0 & d \end{pmatrix}\begin{pmatrix} d & -b \\ 0 & a \end{pmatrix}\frac{1}{ad}$$
$$= \begin{pmatrix} ad & a^2x \\ 0 & ad \end{pmatrix}\frac{1}{ad}$$
$$= \begin{pmatrix} 1 & \frac{ax}{d} \\ 0 & 1 \end{pmatrix} \in N$$

이다. 따라서 $N$은 $G$의 정규부분군이다.

**주 의** (1) $N$이 $G$의 정규부분군이면 임의의 $n \in N$, 임의의 $g \in G$에 대해서 $gng^{-1} \in N$이다. 여기서도 $gng^{-1} \in N$이라고 하여 반드시 $gng^{-1} = n$라는 말은 아니다. $gng^{-1}$가 그냥 $N$의 어떤 원소가 된다는 말이다.

(2) $G$의 부분군 $H$가 정규부분군이 아님을 보일 때는 예제 13과 같이 $gag^{-1} \notin H$인 어떤 원소 $g \in G$, $a \in H$가 존재함을 보이기만 하면 된다.

**정리 7.10** $f : G \to H$가 준동형사상이면 $\mathrm{Ker}\, f$는 $G$의 정규부분군이다.

**증 명** 앞에서 $\mathrm{Ker}\, f$는 $G$의 부분군이 됨을 증명하였다. $\mathrm{Ker}\, f$가 정규부분군임을 보이기 위해서 $g \in G$, $a \in \mathrm{Ker}\, f$라고 하자. $e'$를 $H$의 항등원이라고 하면 $f(a) = e'$이므로

$$f(gag^{-1}) = f(g)f(a)f(g^{-1}) = f(g)e'f(g)^{-1} = e'$$

이다. 따라서 $gag^{-1} \in \mathrm{Ker}\, f$가 된다. □

**정리 7.11** $G$는 군, $N$은 $G$의 부분군이다. 다음은 동치이다.

(1) $N$은 $G$의 정규부분군이다.

(2) 임의의 $g \in G$에 대해서

$$gNg^{-1} = \{gng^{-1} \mid n \in N\} \subset N$$

(3) 임의의 $g \in G$에 대해서

$$gNg^{-1} = N$$

(4) 임의의 $g \in G$에 대해서

$$gN = Ng$$

**정리 7.12** $N$은 $G$의 정규부분군이다. $Na=Nc$, $Nb=Nd$이면 $Nab=Ncd$이다. 물론 $Nab=abN$도 된다.

**증명** $Na=Nc$이므로 $ac^{-1}\in N$, $Nb=Nd$이므로 $bd^{-1}\in N$이다. 따라서

$$ac^{-1}=n,\ bd^{-1}=m,\ n,\ m\in N$$

으로 쓸 수 있다. 그런데 $n\in N$, $cmc^{-1}\in N$이므로 $n(cmc^{-1})\in N$이다. 따라서 $(ab)(cd)^{-1}\in N$이고 이것은 $Nab=Ncd$와 동치이다. □

$N$이 $G$의 정규부분군이면 상집합 $G/N=\{Na,\ Nb,\ \cdots\}$는 $N$의 우잉여류들의 집합인데 두 잉여류 $Na$와 $Nb$의 곱을 정의해 보자.

**정리 7.13** $N$은 $G$의 정규부분군이다. 상집합 $G/N$에 연산 $*$를

$$(Na)*(Nb)=Nab$$

라고 하면 $(G/N,\ *)$는 군이 된다.

**증명** 위의 정리 7.12에 의해서 $*$는 $G/N$에서 연산이 됨을 알 수 있다. $G/N$의 항등원은 $N=Ne$이다. 또 $Na\in G/N$에 대해서 $Na$의 역원은 $Na^{-1}$, 즉 $(Na)^{-1}=Na^{-1}$이다. 따라서 $(G/N,\ *)$는 군이다. □

위의 정리 7.13에서 $N$이 $G$의 정규부분군일 때 $G/N$에 연산을 정의했는데 $N$이 그냥 $G$의 부분군이면 연산이 성립되지 않는다. 예를 들어 $S_3$에서 $N=\{e,\ (1\ 2)\}$라고 하면

$$N(1\ 3\ 2)=N(1\ 3)=\{(1\ 3),\ (1\ 3\ 2)\}$$
$$N(2\ 3)=N(1\ 2\ 3)=\{(1\ 2\ 3),\ (2\ 3)\}$$

이다. 그러나

$$N(1\ 3\ 2)(2\ 3)=N(1\ 3)=\{(1\ 3),\ (1\ 3\ 2)\}$$
$$N(1\ 3)(1\ 2\ 3)=N(1\ 2)=\{(1\ 2),\ e\}$$

가 되어 $Na=Nc$, $Nb=Nd$이나 $Nab\neq Ncd$가 된다. 따라서 이런 경우는 $(Na)*(Nb)=N(ab)$로 정의하면 $*$는 연산이 되지 않는다.

**정의 7.6** $N$이 $G$의 정규부분군일 때 $G/N=\{Na|a\in G\}$에 연산 $*$를

$$(Na)*(Nb)=Nab$$

과 같이 하여 만든 군 $(G/N, *)$를 $N$에 의한 $G$의 **상군**(quotient group), **잉여군**(residue class group) 또는 **인자군**(factor group)이라고 부른다.

**예제 15** $6\mathbb{Z}$는 $(\mathbb{Z}, +)$의 정규부분군이다. 상군 $\mathbb{Z}/6\mathbb{Z}=\{6\mathbb{Z}+a|a\in\mathbb{Z}\}$에서 $6\mathbb{Z}+i=\bar{i}$라 하면 이것은 $\{\bar{0}, \bar{1}, \bar{2}, \bar{3}, \bar{4}, \bar{5}\}$이 되고 연산은 $\bar{i}*\bar{j}=\overline{i+j}$가 된다. 따라서 상군 $\mathbb{Z}/6\mathbb{Z}$에서 연산 $*$를 $\oplus$로 나타낸 것이 바로 $(\mathbb{Z}_6, \oplus)$이다.

**정리 7.14** 만일 $N$이 $G$의 정규부분군이면

$$\pi: G\to(G/N, *),\ \pi(a)=Na$$

는 전사인 준동형사상이고 $\operatorname{Ker}\pi=N$이다.

위의 함수 $\pi$를 $G$에서 $G/N$으로의 **전형적준동형사상**(canonical homomorphism) 또는 **자연준동형사상**(natural homomorphism)이라 한다.

**예제 16** $G=\mathbb{Z}_4\times\mathbb{Z}_6$, $N=\langle(\bar{0}, \bar{2})\rangle$라고 했을 때 $G/N$을 구해보자. $G$는 아벨군이므로 $N$은 $G$의 정규부분군이다.

$$N=\langle(\bar{0}, \bar{2})\rangle=\{(\bar{0}, \bar{2}), (\bar{0}, \bar{4}), (\bar{0}, \bar{0})\}$$

이므로 $|N|=3$이다. $|G|=24$이므로 우선 $G/N$의 위수는 $|G/N|=8$이다. $N=\{\bar{0}\}\times\langle\bar{2}\rangle$로 쓸 수 있으므로

$$\begin{aligned}(\mathbb{Z}_4\times\mathbb{Z}_6)/(\{\bar{0}\}\times\langle\bar{2}\rangle)&=\mathbb{Z}_4/\{\bar{0}\}\times\mathbb{Z}_6/\langle\bar{2}\rangle\\&\cong\mathbb{Z}_4\times\mathbb{Z}_2\end{aligned}$$

이다.

**정리 7.15** (1) $G$가 아벨군이면 $G$의 임의의 부분군 $N$은 $G$의 정규부분군이고 $G/N$도 아벨군이다.
(2) $Z(G)$는 $G$의 정규부분군이다.
(3) $G$가 순환군이면 임의의 부분군 $N$에 대해서 $G/N$도 순환군이다.

앞으로 특별한 경우가 아니면 $(G/N, \ *)$에서 연산 $*$는 생략하고 $G/N$로 적고 또한 $(Na)*(Nb)$는 $(Na)(Nb)$로 표시한다.

**문제 1** $H$는 $G$의 부분군이고 $|H|=n$이다. $H$ 이외에는 위수가 $n$인 $G$의 다른 부분군이 없으면 $H$는 $G$의 정규부분군임을 보여라.

**풀이** 먼저 임의의 $g \in G$에 대해서 $gHg^{-1}$는 $G$의 부분군이다. 또 $|gHg^{-1}|=|H|=n$이다. 가정에서 위수 $n$인 $G$의 부분군은 $H$뿐이므로 결국 $gHg^{-1}=H$가 되어 $H$는 $G$의 정규부분군이다. ■

원소일 때와 마찬가지로 $H$, $K$가 $G$가 부분군인데 $K=gHg^{-1}$ 꼴일 때 $K$는 $H$와 켤레(conjugate)라 부른다.

**정리 7.16** $f : G \to H$는 준동형사상이다. $a, b \in G$, $\mathrm{Ker}\, f = K$라고 하면 다음은 동치이다.
(1) $f(a)=f(b)$ (2) $Ka=Kb$ (3) $ab^{-1} \in K$ (4) $f(ab^{-1})=e$

앞에서 $f : G \to H$가 준동형사상이면 $G$의 부분군 $I$의 상 $f(I)$는 $H$의 부분군이 되고 $H$의 부분군 $J$의 원상 $f^{-1}(J)$는 $G$의 부분군이 되었다. 그러나 정규부분군이 이러한 성질을 반드시 만족하는 것은 아니다.

**정리 7.17** $f : G \to H$는 준동형사상이다.
(1) $I$가 $G$의 정규부분군이면 $f(I)$는 $f(G)$의 정규부분군이다.
(2) $J$가 $H$의 정규부분군이면 $f^{-1}(J)$는 $G$의 정규부분군이다.

**증명** (1) $f(I)$가 $G$의 부분군이 됨은 앞에서 증명하였다. $f(a)\in f(I)$, $f(g)\in f(G)$라고 하자. $a\in I$, $g\in G$이므로 $gag^{-1}\in I$이다. 따라서

$$f(g)f(a)(f(g))^{-1}=f(gag^{-1})\in f(I)$$

이다.

(2) $f^{-1}(J)$는 $G$의 부분군이므로 정규가 됨을 보이자. $a\in f^{-1}(J)$, $g\in G$라고 하면 $f(a)\in J$이다. $J$는 $H$의 정규부분군이므로

$$f(gag^{-1})=f(g)f(a)(f(g))^{-1}\in J$$

따라서 $gag^{-1}\in f^{-1}(J)$이다. □

**예제 17** $f:\mathbb{Z}_2\to S_3$, $f(\bar{0})=e$, $f(\bar{1})=(1\ 2)$라고 하면 $f$는 준동형사상이다. $\mathbb{Z}_2$는 $\mathbb{Z}_2$의 정규부분군이다. 그러나 $f(\mathbb{Z}_2)=\{e,\ (1\ 2)\}$는 $S_3$의 정규부분군이 되지 않는다.

**정의 7.7** $N$은 $G$의 부분군이다. $G/N=\{Na\mid a\in G\}$에서 $X\subset G$일 때 $G/N$의 부분집합 $\{Na\mid a\in X\}$를 $X/N$로 표시한다.

**정리 7.18** $G$는 군, $N$은 $G$의 정규부분군이다. $G/N$의 임의의 (정규)부분군은

$$H/N=\{Na\mid a\in H\},\ H\text{는 } N\text{을 포함하는 } G\text{의 (정규)부분군}$$

꼴이다.

$$\begin{array}{ccc} G & \xrightarrow{\ \pi\ } & G/N \\ | & & | \\ H & \longrightarrow & H/N \\ | & & | \\ N & & N/N=\{e\} \end{array}$$

[그림 7.1]

**증명**

$$\pi:G\to G/N,\ \pi(a)=Na$$

을 자연준동형사상이라고 하자. $J$를 $G/N$의 (정규)부분군이라고 하면 앞 정리 7.17에서 $\pi^{-1}(J)$는 $G$의 (정규)부분군이다. $\pi^{-1}(J)=H$라고 하면 $H$는 $G$의 (정규)부분군이고

$$\pi(H)=\pi(\pi^{-1}(J))=J$$

이므로

$$J=H/N$$

이다. 또 $N\subset H$이다. □

## 07 | 연습문제 EXERCISE

1. 다음 두 군은 동형인지 아닌지 조사하여라. 또 그 이유를 말하라.
   (1) $(\mathbb{R}-\{0\}, \times), (\mathbb{R}, +)$　　(2) $\mathbb{Z}_3 \times \mathbb{Z}_3, \mathbb{Z}_9$
   (3) $(\mathbb{R}-\{0\}, \times), (\mathbb{R}^+, \times)\times \mathbb{Z}_2$　　(4) $(\mathbb{Z}, +), (\mathbb{Z}, *)$ 단, $a*b=a+b-1$

2. (1) $\phi : \mathbb{Z}_{12} \to \mathbb{Z}_{16}$인 준동형사상은 몇 개인가?
   (2) $\phi : \mathbb{Z} \to \mathbb{Z}_8$인 준동형사상은 몇 개인가?

3. $g$를 $G$의 원소라 할 때 $G$에서 $G$로의 함수 $\phi_g$를 $\phi_g : G \to G$, $\phi_g(x)=gxg^{-1}$라 하면 $\phi_g$는 동형사상임을 보여라.
   (이 자동사상 $\phi_g$를 특히 내자동사상(inner automorphism)이라고 부른다)

4. $p$는 소수이다. 위수 $p$인 군 $G$에서 자동사상은 몇 개인가?

5. $A_3$의 자동사상을 모두 구하여라.

6. $G$는 위수 $n$인 순환군이고 $H$는 위수 $m$인 순환군이다. $m|n$이면 $G$에서 $H$로의 준동형사상이 존재함을 보여라. 또 이 준동형사상의 핵을 구하여라.

7. $Z(G)$는 $G$의 정규부분군임을 보여라.

8. $H$는 $G$의 부분군이다.
   $H$가 $G$의 정규부분군일 필요충분조건은 $ab \in H$면 $ba \in H$임을 증명하라.

9. $a \in Z(G)$면 $\langle a \rangle$는 $G$의 정규부분군임을 보여라.

10. $a \in G$. 임의의 $x \in G$에 대해서 $xa = a^n x$인 정수 $n$이 존재하면 $\langle a \rangle$는 $G$의 정규부분이고 그 역도 성립함을 보여라.

11. $G$는 유한군, $H$는 $G$의 부분군, $C(H)=\{a \in G | aHa^{-1} \subset H\}$이다. 다음을 증명

하라.

(1) $a \in C(H)$면 $aHa^{-1} = H$이다.

(2) $C(H)$는 $G$의 부분군이다.

(3) $H$는 $C(H)$의 정규부분군이다.

12. $A$, $B$는 $G$의 정규부분군, $A \cap B = \{e\}$이다. $a \in A$, $b \in B$이면 $ab = ba$임을 보여라.

13. $A \subset B \subset G$이다. $A$는 $B$의 정규부분군, $B$는 $G$의 정규부분군이나 $A$는 $G$의 정규부분군이 아닌 보기를 들어라.

14. $G = GL(2, \mathbb{R})$, $H = \left\{ \begin{pmatrix} a & b \\ 0 & d \end{pmatrix} \in G \;\middle|\; ad \neq 0 \right\}$이다. (예제 14 참조)

(1) $H$는 $G$의 정규부분군인가?

(2) $K = \left\{ \begin{pmatrix} a & b \\ 0 & d \end{pmatrix} \;\middle|\; ad = 1 \right\}$은 $G$의 정규부분군임을 보여라.

15. $H$는 $G$의 정규부분군, $|H| = 2$이다. $H$는 $Z(G)$의 부분군임을 보여라.

16. $|G| = pq$, $p$, $q$는 소수이다. $G$가 아벨군이 아니면 $Z(G) = \{e\}$임을 보여라.

17. $H$는 $G$의 정규부분군, $[G : H] = n$이다. 임의의 $x \in G$에 대해서 $x^n \in H$임을 보여라.

18. $G$는 유한군이다. $H$는 $G$의 정규부분군, $[G : H] = 20$이다. $x^7 = e$이면 $x \in H$임을 보여라.

19. $A_4$는 위수 6인 부분군을 가지지 않음을 증명하여라.

20. $N$은 $G$의 정규부분군, $[G : N] = p$, $p$는 소수이다. $a \notin N$이면 $p \mid |a|$임을 보여라.

21. $G/Z(G)$가 순환군이면 $G$는 아벨군임을 증명하여라.

22. $H$는 $G$의 부분군, $N(H)=\{g\in G \mid gHg^{-1}=H\}$이다. (이 $N(H)$를 $H$의 정규화 부분군(normalizer)이라고 부른다)

(1) $N(H)$는 $G$의 부분군임을 보여라.

(2) $H$는 $N(H)$의 정규부분군임을 보여라.

(3) $H$가 $K$의 정규부분군이면 $K\subset N(H)$임을 보여라.

(4) $H$가 $G$의 정규부분군이면 $G=N(H)$임을 보여라.

23. $H$는 $G$의 정규부분군, $Hg\in G/H$의 위수는 $n$이다. $n \mid |g|$를 증명하여라.

24. $H$는 $G$의 부분군이다. 위수가 $|H|$인 $G$의 모든 부분군들의 공통부분은 $G$의 정규부분군이 됨을 보여라.

25. $N$은 $G$의 정규부분군이다. $N$이 순환군이면 $N$의 모든 부분군은 $G$의 정규부분군이 됨을 보여라.

※ $A$는 $B$의 정규부분군, $B$는 $C$의 정규부분군이나 $A$는 $C$의 정규부분군이 되지 않는 경우도 있다. (연습문제 13번 참조)

26. $N$은 $G$의 정규부분군, $H$는 $N$의 정규부분군이다. 만일 $[N:H]=p$, $p$는 소수이면 $H$는 $G$의 정규부분군이 되느냐? 맞으면 증명하고 틀리면 예를 찾아라.

27. $T=\{g^2 \mid g\in G\}$, $H$를 $T$에 의해서 생성되는 부분군($T$를 포함하는 가장 작은 부분군)이라고 하면 $H$는 $G$의 정규부분군임을 보여라.

CHAPTER 08

# 여러 가지 동형사상

## More on Isomorphisms

앞 정리 7.16에서 우리는 $f: G \to H$가 준동형사상이면 $f$의 핵 $\text{Ker}\, f = K$의 두 잉여류 $Ka$, $Kb$가 같게 될 필요충분조건은 $f(a) = f(b)$임을 증명하였다. 이 사실을 이용하면 다음과 같은 중요한 정리를 얻을 수 있다.

**정리 8.1** (제1동형사상정리) $f: G \to H$는 전사인 준동형사상이다. $\text{Ker}\, f = K$이면 $G/K \cong H$이다.

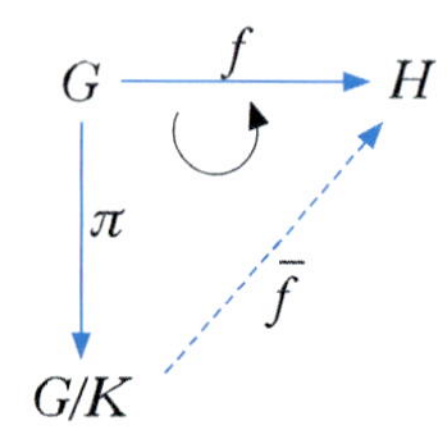


[그림 8.1]

**증명**

$$\bar{f}: G/K \to H,\ \bar{f}(Ka) = f(a)$$

라 정의하자. $Ka = Kb$이면 $f(a) = f(b)$이므로 $\bar{f}$는 잘 정의된다. 만일 $\bar{f}(Ka) = \bar{f}(Kb)$이면 $f(a) = f(b)$이고 앞 정리에서 $Ka = Kb$이다. 따라서 $\bar{f}$는 단사이다. 또 임의의 $y \in H$에 대해서 $f: G \to H$는 전사이므로 $f(x) = y$인 $x \in G$가 존재한다. $\bar{f}(Kx) = f(x)$이므로 $\bar{f}$는 전사이다. 마지막으로

$$\bar{f}(Ka * Kb) = \bar{f}(Kab) = f(ab) = f(a)f(b) = \bar{f}(Ka)\bar{f}(Kb)$$

이므로 $\bar{f}$는 $G/K$에서 $H$로의 동형사상이 된다. □

위의 정리는 중요한 의미를 가진다. 즉 군 $G$에서 군 $H$로의 전사인 준동형사상이 존재하면 $H$는 $f$의 핵에 의한 $G$의 상군과 동형이 된다는 뜻인데 이것은 뒤에 많이 이용된다. 그런데 만일 준동형사상 $f : G \to H$가 전사가 아니면 이때는 함수 $f$는 공역을 $\mathrm{Im}\, f$로 축소해서 생각하면 $f : G \to \mathrm{Im}\, f$는 전사인 준동형사상으로 생각할 수 있다. 물론 $\mathrm{Im}\, f$는 $H$의 부분군이므로 역시 군이다. 따라서 다음과 같은 따름정리를 얻을 수 있다.

**따름정리 8.2** $f : G \to H$는 준동형사상이다. $\mathrm{Ker}\, f = K$라고 하면 $G/K \cong \mathrm{Im}\, f$이다.

**정리 8.3** 모든 군은 어떤 적당한 자유군의 상군과 동형이다.

**증명** $G$를 임의의 군이라고 하고 $G$의 생성원의 집합을 $X$라고 하자. 또 $X$에 의해서 생성되는 자유군을 $(F(X), *)$라 하면 임의의 $w = a_1 a_2 \cdots a_n \in F(X)$에 대해서

$$f : F(X) \to G = \langle X \rangle,\ f(w) = a_1 a_2 \cdots a_n,\ f(e) = e' \quad (e'\text{는 }G\text{의 항등원})$$

이라고 하면 $f$는 전사인 준동형사상이 된다. 따라서 제1동형사상정리에 의해서

$$F(X)/\mathrm{Ker} f \cong G$$ □

**예제 1** $$D_4 = \{e,\ a,\ a^2,\ a^3,\ b,\ ab,\ a^2b,\ a^3b\},\ a^4 = b^2 = e,\ ba = a^3b$$

인 정이면체군이라고 하면 $D_4$는 생성원이 $\{a,\ b\}$이고 조건 $a^4 = e$, $b^2 = e$, $abab^{-1} = e$를 만족시킨다. 다시 $X = \{a,\ b\}$(꼭 $a,\ b$가 아니라도 됨), $F(X)$는 $X$에 의해서 생성되는 자유군이라고 하면 $F(X) \neq D_4$이다. 그러나

$$f : F(X) \to D_4,\ f(a) = a,\ f(b) = b$$

인 함수라고 하면 $f$는 전사준동형이다. 또

$$f(a^4) = f(b^2) = f(abab^{-1}) = e$$

이므로 $Y=\{a^4,\ b^2,\ abab^{-1}\}\subset F(X)$라고 하고 $N$를 $Y$에 의해서 생성되는 $F(X)$의 정규부분군이라고 하면 $N\subset \mathrm{Ker}\, f$이다. 임의의 $\overline{w}\in F(X)/N$에 대해서 $\overline{w}=Na^ib^j$, $0\le i\le 3,\ 0\le j\le 1$꼴이다. 따라서

$$8=|F(X)/N|\ \ge\ |F(X)/\mathrm{Ker}\, f\,|,\quad F(X)/\mathrm{Ker}\, f\cong D_4$$

에서 결국 $N=\mathrm{Ker}\, f$가 된다. 따라서

$$D_4\cong F(X)/N$$

이 되고 여기서 결국 $D_4$는 자유군 $F(\{a,\ b\})$에서 관계(relations) $a^4=b^2=e$, $ba=a^3b$을 만족시키는 군이다. 자유군은 이러한 관계에서 자유(relation-free)란 의미이다.

**예제 2** $X=\{a\}$이면 자유군 $F(X)=\langle a\rangle$는 무한순환군이고 따라서 $F(X)\cong\mathbb{Z}$이다. 만일 여기서 어떤 조건 $a^n=e$가 붙으면 $\langle a\rangle\cong F(X)/n\mathbb{Z}\cong\mathbb{Z}_n$가 된다.

$H,\ K$가 $G$의 부분군일 때 집합

$$HK=\{ab\,|\,a\in H,\ b\in K\}$$

는 $H$의 원소와 $K$의 원소들의 모든 곱이다.

**예제 3** 군 $S_3$에서 $H=\{e,\ (1\ 2)\}$, $K=\{e,\ (2\ 3)\}$이라고 하면 $H,\ K$는 모두 위수가 2인 $S_3$의 부분군이다. 그러나

$$\begin{aligned}HK&=\{e,\ (1\ 2),\ (2\ 3),\ (1\ 2)(2\ 3)\}\\&=\{e,\ (1\ 2),\ (2\ 3),\ (1\ 2\ 3)\}\end{aligned}$$

는 $S_3$의 부분군이 아니다(그 이유는?).

그러나 특별한 경우에는 $G$의 부분군 $H,\ K$의 곱 $HK$가 다시 $G$의 부분군이 될 경우도 있다.

**정리 8.4** $H$는 $G$의 부분군, $N$은 $G$의 정규부분군이면 $H\cap N$은 $H$의 정규부분군이다.

**증 명** $H\cap N\subset H$, $H\cap N$은 $G$의 부분군이므로 $H\cap N$은 $H$의 부분군이 됨은 당연하다. 임의의 $a\in H\cap N$, $h\in H$에 대해서 $a\in H$이므로 $hah^{-1}\in H$이다. 또 $a\in N$이므로 $hah^{-1}\in N$이다. 따라서 $hah^{-1}\in H\cap N$이 됨으로 $H\cap N$은 $H$의 정규부분군이다. □

**참고** 그러나 $H\cap N$은 $N$의 정규부분군도 아니고, $G$의 정규부분군도 아니다. 이 경우는 그냥 부분군만 된다.

**정리 8.5** $H$, $K$는 $G$의 부분군이다. $HK$가 $G$의 부분군이 될 필요충분조건은 $HK=KH$이다.

**증 명** $HK=KH$라고 하자. $HK$가 $G$의 부분군이 됨을 보이기 위해서 $HK$는 연산과 역원에 대해서 닫혀있음을 보여야 한다.

$$x=ab\in HK,\ y=cd\in HK,\ a,\ c\in H,\ b,\ d\in K$$

라고 하자. $xy=(ab)(cd)$인데 $bc\in KH=HK$이므로

$$bc=mn,\ m\in H,\ n\in K$$

로 쓸 수 있다. 따라서

$$xy=a(bc)d=a(mn)d=(am)(nd)\in HK$$

가 되어 $HK$는 닫혀있다. 마찬가지로

$$x^{-1}=(ab)^{-1}=b^{-1}a^{-1}\in KH=HK$$

가 되어 결국 $HK$는 $G$의 부분군이다. 역방향은 간단히 증명할 수 있으므로 생략한다. □

**따름정리 8.6** $G$가 아벨군이면 $G$의 임의의 두 부분군 $H$, $K$에 대해서 $HK$는 $G$의 부분군이다.

**따름정리 8.7** $N$이 $G$의 정규부분군이면 $G$의 임의의 부분군 $H$에 대해서 $NH$는 $G$는 부분군이다.

**증 명** $NH=HN$임을 보이면 된다. 임의의

$$x=ab\in NH,\ a\in N,\ b\in H$$

에 대해서 $a \in N$이므로

$$b^{-1}ab \in N$$

이다. 따라서

$$x = ab = b(b^{-1}ab) \in HN$$

이다. 또 만일

$$x = mn \in HN,\ m \in H,\ n \in N$$

이라고 하면

$$x = (mnm^{-1})m \in NH$$

이다. □

$G$의 임의의 두 부분군 $H$, $K$에 대해서

$$H = He \subset HK,\ \ K = eK \subset HK$$

이므로 $H$, $K$는 모두 $HK$에 포함된다. 따라서 $H \cup K \subset HK$이다.

**정리 8.8** $H$, $K$가 $G$의 부분군이면 $HK$는 $H \cup K$를 포함하는 임의의 부분군에 포함된다.

위의 정리 8.8에서 결국 $G$의 부분군 $H$, $K$의 곱 $HK$가 $G$의 부분군이 되면 $HK$는 $H$와 $K$를 포함하는 가장 작은 부분군이 됨을 알 수 있다.

**정리 8.9** (제2동형사상정리) $N$이 $G$의 정규부분군이면 $G$의 임의의 부분군 $H$에 대해서

$$H/(H \cap N) \cong HN/N$$

이다.

**증명** 우선 $HN$, $N$, $H$, $H \cap N$은 모두 $G$의 부분군이므로 자체가 군이 된다. $N$은 $G$의 정규부분군이고 $N \subset HN$이므로 $N$은 $HN$의 정규부분군이다. $H$에서 상군 $HN/N$으로의 함수 $f$를

$$f : H \to HN/N,\ \ f(a) = Na$$

라 하자. 다음 사실을 보이면 제1동형사상정리에 의해서 증명이 끝난다. $f$는 전사인 준동형사상이고 $\operatorname{Ker} f = H \cap N$이다. □

**예제 4** $G=(\mathbb{Z}, +)$, $H=4\mathbb{Z}$, $K=6\mathbb{Z}$ 라고 하면

$$4\mathbb{Z}\cap 6\mathbb{Z}=12\mathbb{Z},\ 4\mathbb{Z}+6\mathbb{Z}=2\mathbb{Z}$$

이므로

$$4\mathbb{Z}/(4\mathbb{Z}\cap 6\mathbb{Z})=4\mathbb{Z}/12\mathbb{Z}\cong\mathbb{Z}_3,\ (4\mathbb{Z}+6\mathbb{Z})/6\mathbb{Z}=2\mathbb{Z}/6\mathbb{Z}\cong\mathbb{Z}_3$$

이다.

또 준동형사상 $f: H\to HN/N$의 $\mathrm{Ker}\, f$는 항상 $H$의 정규부분군이므로 다음 사실을 알 수 있다. 이것은 정리 8.4와 같다.

**따름정리 8.10** $N$이 $G$의 정규부분군이면 $G$의 임의의 부분군 $H$에 대해서 $H\cap N$은 $H$의 정규부분군이다.

**따름정리 8.11** $G$는 유한군이고 $H$는 $G$의 부분군, $N$은 $G$의 정규부분군이면

$$|HN|=\frac{|H|\,|N|}{|H\cap N|}$$

이다.

**증명**

$$|H/H\cap N|=\frac{|H|}{|H\cap N|},\ |HN/N|=\frac{|HN|}{|N|}$$

이므로

$$\frac{|H|}{|H\cap N|}=\frac{|HN|}{|N|}$$

로부터 구할 수 있다. □

**예제 5** $|G|=15$, $|H|=3$, $N$은 $G$의 정규부분군이고 $|N|=5$이면 $|H\cap N|=1$이므로 따라서 $|HN|=\frac{3\cdot 5}{1}=15$가 되어 $G=HN$이다.

위의 따름정리 8.11은 유한군의 구조를 조사하는데 매우 편리하다. 또 $N$이 꼭 $G$의 정규부분군이 아니더라도 위의 공식 $|H||N|=|HN||H\cap N|$를 얻을 수 있다. 물론 이 경우는 $HN$은 $G$의 부분군이 되지 않는다. 단지 원소의 개수만 서로 같다는 뜻이다.

**정리 8.12** $N$, $K$가 유한군 $G$의 부분군이면

$$|NK| = \frac{|N||K|}{|N\cap K|}$$

이다.

**증명** $N\cap K=H$라고 하면 $H\subset K$이므로 $H$는 $K$의 부분군이다. $[K:H]=n$라 두면 $K$에서 $H$의 우잉여류의 개수는 $n$개이므로 $K/H$는 서로소인 $n$개의 잉여류들의 집합

$$K/H=\{Ha_1,\ Ha_2,\ \cdots,\ Ha_n\}$$

로 쓸 수 있다. 물론 $K=\cup Ha_i$이다.

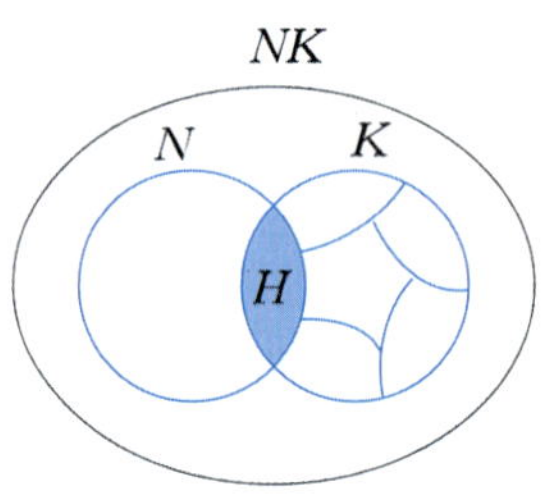


[그림 8.2]

$$NK=Na_1\cup Na_2\cup\cdots\cup Na_n$$

이고

$$Na_i\cap Na_j=\varnothing\quad(i\neq j)$$

임을 보이면

$$|NK|=n|Na_i|=n|N|$$

가 되어 $|NK|=\dfrac{|N||K|}{|N\cap K|}$이 성립한다. □

**정리 8.13** $N$은 군 $G$의 정규부분군이다. $K$가 $N$을 포함하는 $G$의 부분군이면 다음이 성립한다.

(1) $K/N$은 $G/N$의 부분군이다.

(2) $K/N$이 $G/N$의 정규부분군일 필요충분조건은 $K$가 $G$의 정규부분군이다.

(3) $T$가 $G/N$의 부분군이면

$$T=H/N,\ N\subset H$$

인 $G$의 부분군 $H$가 존재한다.

위의 정리 (1), (3)으로부터 $N$가 $G$의 정규부분군일 때 $K$가 $G$의 부분군이고 $N \subset K$일 필요충분조건은 $K/N$이 $G/N$의 부분군이다. 그러면 여기서 $N$이 $G$의 정규부분군일 때 $N$을 포함하는 $G$의 부분군의 수와 $G/N$의 부분군의 수는 같은지 틀리는지 살펴보자.

**정리 8.14** $f: G \to H$가 전사인 준동형사상이면 $\mathrm{Ker}\, f$를 포함하는 $G$의 (정규)부분군의 개수와 $H$의 (정규)부분군의 개수는 같다.

**증 명**

$$X = \{ J \mid J\text{는 } \mathrm{Ker}\, f\text{를 포함하는 } G\text{의 부분군} \}$$
$$Y = \{ K \mid K\text{는 } H\text{의 부분군} \}$$

이라고 하고 $Y$에서 $X$로의 함수 $\theta$를 다음과 같이 정의한다.

$$\theta: Y \to X,\ \theta(K) = f^{-1}(K)$$

앞 정리 7.2(6)에서 $f^{-1}(K)$는 $G$의 부분군이다. 또 $e \in K$이므로

$$\mathrm{Ker}\, f = f^{-1}(e) \subset f^{-1}(K)$$

이므로 $\theta(K) \in X$가 되어 $\theta$는 잘 정의된다. $\theta$가 전단사임을 보이면 된다. □

**따름정리 8.15** $N$이 $G$의 정규부분군이면 $N$을 포함하는 $G$의 (정규)부분군의 개수와 $G/N$의 (정규)부분군의 개수는 같다.

**증 명** $\pi: G \to G/N$, $\pi(a) = Na$는 전사인 준동형사상이고 $\mathrm{Ker}\, \pi = N$이다. 그러므로 정리 8.14로부터 쉽게 나온다. □

위의 정리 8.14에서 군 $G$에서 군 $H$로의 전사인 준동형사상이 존재하면 핵을 포함하는 $G$의 부분군의 개수와 $H$의 부분군의 개수는 같음을 알았다. 그러나 실제로는 $G$에는 핵을 포함하지 않은 부분군도 많이 있으므로 $G$의 부분군이 $H$의 부분군보다 훨씬 많다고 할 수 있다.

**예제 6** $G = \mathbb{Z}_6$, $N = \langle \bar{3} \rangle = \{\bar{0}, \bar{3}\}$라고 하면 $|G/N| = \dfrac{6}{2} = 3$이다. 따라서 $G/N$의 부분군은 자신과 자명한 군 2개뿐이다. 그러나 $\mathbb{Z}_6$에는 6의 약수 만큼의 부분군이

있으므로 4개의 부분군이 있다. 즉 $\{\bar{0}\}$, $\{\bar{0}, \bar{2}, \bar{4}\}$, $\{\bar{0}, \bar{3}\}$, $\mathbb{Z}_6$은 모두 $\mathbb{Z}_6$의 부분군이다. 이중 $N = \langle \bar{3} \rangle = \{\bar{0}, \bar{3}\}$를 포함하지 않는 부분군이 2개 있다.

**예제 7** $G = S_3$라고 하면 $|S_3/A_3| = 2$이므로 $S_3/A_3$의 부분군은 2개이다. 그러나 $S_3$의 부분군은 모두 6개 있다. 이 중 $A_3$를 포함하는 부분군은 $A_3$와 $S_3$ 자신 2개이다.

**정리 8.16** (제3동형사상정리) $K$, $N$은 $G$의 정규부분군이고 $N \subset K \subset G$이면 $K/N$은 $G/N$의 정규부분군이고

$$(G/N)/(K/N) \cong G/K$$

이다.

**증명** 제1동형사상정리를 이용하자.

$$f : G/N \to G/K,\ f(Na) = Ka$$

라고 하면 $f$는 잘 정의된다.
또 $f$는 준동형사상이고 $\operatorname{Ker} f = K/N$이 된다. 제1동형사상정리에 의해서

$$(G/N)/(K/N) \cong G/K$$

이다. □

앞에서 우리는 군에서의 준동형사상과 동형사상을 공부했는데 동형사상중 정의역과 공역이 같은 경우가 자주 나온다. 이러한 동형사상을 자기동형사상이라고 하는데 군의 성질을 조사하는데 여러 가지로 이용된다.

**정의 8.1** 군 $G$에서 자신에서 자신으로의 동형사상, 즉 $f : G \to G$가 동형사상일 때 $f$를 **자기동형사상**(automorphism) 또는 간단히 **자동사상**이라고 한다.

**예제 8** 임의의 군 $G$에서 $a \neq e \in G$라고 할 때

$$f : G \to G,\ f(x) = ax$$

인 함수 $f$는 전단사함수이다. 그러나

$$f(xy) = a(xy), \quad f(x)f(y) = (ax)(ay)$$

가 되어 자기동형사상이 되지 않는다. 그러나 $a = e$이면 이때는 $f$는 항등함수가 되어 자기동형사상이 된다.

정의에서 당연히 $G$의 자기동형사상 $f$는 $S_G$의 원소가 된다. 보통 $G$의 자기동형사상의 집합을 $\mathrm{Aut}\ G$로 표시한다.

**정리 8.17** $(\mathrm{Aut}\ G, \ \circ\ )$는 대칭군 $S_G$의 부분군이다.

**문제 1** $\mathbb{Z}_8$에서 $\mathbb{Z}_8$로의 준동형사상은 모두 몇 개인가? 또 동형사상은 몇 개인가?

**풀이** $\mathbb{Z}_8$은 $\overline{1}$에 의해서 생성되므로 준동형사상 $f$는 $f(\overline{1})$의 값만 정해주면 된다. 따라서 $f(\overline{1})$가 취할 수 있는 값은 8개이므로 준동형사상은 8개이다. 또 $f$가 동형사상이라고 하면 $f(\overline{1})$의 위수는 8이 되어야 한다. $\mathbb{Z}_8$에서 위수가 8인 원소는 $\overline{1}$, $\overline{3}$, $\overline{5}$, $\overline{7}$뿐이므로 동형사상은 4개다. ■

위와 같은 방법으로 생각하면 군 $\mathbb{Z}_n$에서 $\mathrm{Aut}\ \mathbb{Z}_n$의 개수는 $n$보다 작으면서 $n$과 서로 소인 정수의 개수와 같음을 알 수 있다. 따라서 $|\mathrm{Aut}\ \mathbb{Z}_n| = \varphi(n)$(Euler 함수)이 된다. 일반적으로 군 $G$에서 $\mathrm{Aut}\ G$의 개수는 그렇게 많지 않다. 특히 자동사상을 구할 때 내자동사상을 이용하는 수가 많다.

**정의 8.2** 군 $G$에서 임의의 $a \in G$에 대해서

$$T_a : G \to G, \ T_a(x) = axa^{-1}, \ x \in G$$

인 함수 $T_a$를 **내자기동형사상**(inner automorphism)이라고 한다.

만일 $G$가 아벨군이면 임의의 $a \in G$에 대해서

$$T_a(x) = axa^{-1} = aa^{-1}x = x$$

가 되므로 내자기동형사상은 항상 항등함수가 된다. 또 $axa^{-1}$와 $x$는 서로 켤레인 원소이다. 따라서 $x$와 $x$의 내자기동형사상의 상은 켤레가 되고 역으로 $x$와 $y$가 켤레이면 $y = gxg^{-1}$ 꼴이 되므로

$$T_g(x) = gxg^{-1} = y$$

가 되어 $y$는 $x$의 내자기동형사상의 상이 된다.

$Z(G)$를 $G$의 중심이라고 하자. $a \in Z(G)$면 임의의 $x \in G$에 대해서 $ax = xa$이므로 $axa^{-1} = x$이다. 따라서 $T_a(x) = x$가 되어 내자기동형 $T_a$는 항등함수가 됨을 알 수 있다. 역으로 만일 $T_a$가 항등함수이면 당연히 모든 $x \in G$에 대해서 $axa^{-1} = x$가 되어 $a \in Z(G)$이다. 따라서

$$Z(G) = \{a \in G \mid T_a = 1_G\}$$

로 쓸 수 있다. 이름에서 밝혀졌지만 내자기동형사상은 자기동형사상이 된다.

**정리 8.18** 군 $G$의 내자기동형사상은 자기동형사상이다.

위의 정리 8.18에 의해서 군 $G$의 내자기동형사상의 집합을 $\mathrm{Inn}(G)$라고 하면 $\mathrm{Inn}(G) \subset \mathrm{Aut}\ G$이다. $G$의 모든 원소에 대해서 내자기동형사상을 만들 수 있으므로 $G$의 개수와 $\mathrm{Inn}(G)$의 개수는 같을 것으로 생각되는데 아벨군의 예에서 본 바와 같이 실제로는 $G$의 개수보다 작아진다. 그 이유는 $a \neq b$이지만 $T_a = T_b$가 되는 수도 있기 때문이다.

**정리 8.19** $\mathrm{Inn}(G)$는 $\mathrm{Aut}\ G$의 부분군이다.

**정리 8.20** $\mathrm{Inn}(G) \cong G/Z(G)$이다.

**증명** $f : G \to \mathrm{Inn}(G)$, $f(a) = T_a$라고 하면

$$f(ab) = T_{ab} = T_a \cdot T_b = f(a) \cdot f(b)$$

이므로 $f$는 준동형사상이다. $f$는 전사가 됨은 당연하다. 또 $f$의 핵을 구해보면

$$\begin{aligned}\operatorname{Ker} f &= \{a \in G \mid f(a) = 1_{\operatorname{Inn}(G)}\} \\ &= \{a \in G \mid T_a = 1_{\operatorname{Inn}(G)}\} \\ &= \{a \in G \mid T_a(x) = 1_{v(G)}(x),\ \text{모든 } x \in G\} \\ &= \{a \in G \mid axa^{-1} = x,\ \text{모든 } x \in G\} \\ &= Z(G)\end{aligned}$$

이다. 따라서 제1동형사상정리에 의해서

$$G/Z(G) \cong \operatorname{Inn}(G)$$

가 됨을 알 수 있다. □

**정리 8.21** $A$, $B$는 $G$의 부분군이고 $A \cap B = \{e\}$이면 다음이 성립한다.

(1) $AB$의 원소는 유일한 형태로 표시된다.

(2) 만일 $A$, $B$가 $G$의 정규부분군이면 임의의 $a \in A$, $b \in B$에 대해서

$$ab = ba$$

**증명** (1) 만일 $x \in AB$가 $x = ab = cd$, $a$, $c \in A$, $b$, $d \in B$로 표시되었다면

$$a^{-1}(ab)d^{-1} = a^{-1}(cd)d^{-1}$$

따라서 $bd^{-1} = a^{-1}c$이다. 그런데 $a$, $c \in A$, $b$, $d \in B$이므로

$$bd^{-1} \in B,\ a^{-1}c \in A$$

가 되어

$$bd^{-1} = a^{-1}c \in A \cap B = \{e\}$$

이므로

$$bd^{-1} = e,\ a^{-1}c = e$$

로부터 $b = d$, $a = c$가 된다.

(2)
$$(ab)(ba)^{-1} = aba^{-1}b^{-1} = (aba^{-1})b^{-1}$$

이다. 그런데 $B$는 $G$의 정규부분군이고 $b \in B$이므로 $aba^{-1} \in B$가 되어

$$(aba^{-1})b^{-1} \in B$$

이다. 또 $a(ba^{-1}b^{-1})$로 쓰면 $a^{-1} \in A$이고 $A$는 $G$의 정규부분군이므로 $ba^{-1}b^{-1} \in A$이다. 따라서

$$(ab)(ba)^{-1} \in A \cap B = \{e\}$$

가 되어 $ab = ba$이다. □

**정리 8.22** $A$, $B$는 $G$의 정규부분군이고 $AB=G$, $A\cap B=\{e\}$이면 $G\cong A\times B$이다.

**증명**
$$f: A\times B\to G,\ f(a,\ b)=ab$$

라고 하면 $f$는 당연히 함수가 된다. 또 $f$는 동형사상이다. 따라서 $A\times B\cong G$이다. □

**예제 9** $V=\{e,\ a,\ b,\ c\}$, $a^2=b^2=c^2=e$이면 $V$는 아벨군이고

$$ab=ba=c,\ bc=cb=a,\ ac=ca=b$$

이다.

$$A=\{e,\ a\},\ B=\{e,\ b\}$$

라고 하면 $A$, $B$는 $V$의 정규부분군이다. 또

$$AB=\{e,\ a,\ b,\ ab=c\}$$

이므로 $AB=V$이고 $A\cap B=\{e\}$이다. 따라서 $V\cong A\times B$이다. 그런데 $A\cong\mathbb{Z}_2$, $B\cong\mathbb{Z}_2$이므로

$$V\cong\mathbb{Z}_2\times\mathbb{Z}_2$$

가 된다. 이 군은 순환군이 아닌 위수 4인 군이다.

**예제 10** 위수 4인 군을 모두 구해보자. $G=\{e,\ a,\ b,\ c\}$라고 하자. 위수가 4인 원소가 있으면 $G$는 순환군이다. 만일 위수 4인 원소가 하나도 없다면 모든 원소의 위수는 4의 약수이므로 $a^2=b^2=c^2=e$이다. 따라서 $G$는 위의 예제 9의 $V$가 된다. 결국 위수가 4인 군은 순환군 $\mathbb{Z}_4$와 $\mathbb{Z}_2\times\mathbb{Z}_2\cong V$(Klein 4-군)밖에 없다.

**정리 8.23** (Cayley 정리의 일반화) $K$를 $G$의 부분군, $X=\{Kg\,|\,g\in G\}$라고 하면 $G$에서 대칭군 $S_X$로의 준동형사상이 존재한다.

**증명** 우선 여기서 $|X|=|G/K|=[G:K]$이므로

$$|S_X|=|X|!=[G:K]!$$

가 되어 Cayley의 정리에서의 $|S_G|=|G|!$보다는 원소의 개수가 훨씬 적어진다. 임의의 $a\in G$에 대해서

$$f_a : X \to X,\ f_a(Kg) = K(ga)$$

라고 하면 $f_a$는 전단사가 된다. 그 이유는

(1) 만일 $f_a(Kb) = f_a(Kc)$라고 하면 $Kba = Kca$이다. 따라서 $ba(ca)^{-1} \in K$로부터 $bc^{-1} \in K$가 되어 $Kb = Kc$이다.

(2) 임의의 $Kg \in X$에 대해서

$$Kga^{-1} \in X,\ f_a(Kga^{-1}) = K(ga^{-1})a = Kg$$

이므로 $f_a$는 전사이다. 따라서 $f_a \in S_X$가 된다.

$$h : G \to S_X,\ h(a) = f_{a^{-1}}$$

라 하자. $h(a) = f_a$가 아닌 $f_{a^{-1}}$로 하는 이유는 $h$가 준동형사상이 되게 함수의 합성을 맞추기 위해서이다. 임의의 $a, b \in G$에 대해서

$$h(ab) = f_{(ab)^{-1}},\ h(a)h(b) = f_{a^{-1}} \cdot f_{b^{-1}}$$

이다. 임의의 $Kg \in X$에 대해서

$$f_{(ab)^{-1}}(Kg) = Kg(ab)^{-1} = Kgb^{-1}a^{-1} = f_{a^{-1}}(Kgb^{-1}) = f_{a^{-1}}[f_{b^{-1}}(Kg)] = (f_{a^{-1}} \cdot f_{b^{-1}})(Kg)$$

따라서 $h$는 준동형사상이다. □

**따름정리 8.24** $K$는 $G$의 부분군이고 $[G : K] = n$이면 $N \subset K$이고 $[G : N]$은 $n!$의 약수인 $G$의 정규부분군 $N$이 존재한다.

**증 명** 위의 정리 8.23에서

$$\text{Ker } h = \{a \in G \mid f_{a^{-1}} = 1_X\}$$

이다. 따라서 $a \in \text{Ker } h$일 필요충분조건은 임의의 $g \in G$에 대해서

$$f_{a^{-1}}(Kg) = 1_X(Kg),\ \text{즉}\ Kga^{-1} = Kg$$

이므로 $g(ga^{-1})^{-1} \in K$, 즉 $gag^{-1} \in K$이다. 여기서 특히 $g = e$라 하면 $a \in K$가 되어 $\text{Ker } h \subset K$이다. $\text{Ker } h$는 $G$의 정규부분군이므로

$$\text{Ker } h = N$$

이라 두면 $N \subset K$이고 제1동형사상정리에 의해서 $G/N$은 $S_X$의 부분군과 동형이다. 그런데

$$|G/K| = n,\ |S_X| = n!$$

이므로 라그랑즈정리에서 $[G : N]$은 $n!$의 약수이다. 또 $N \subset K$이므로 $|N|$는 $|K|$의 약수이다. □

만일 여기서 $K$가 처음부터 $G$의 정규부분군이면 $\operatorname{Ker} h = K$가 된다. 그 이유는 $a \in K$면 임의의 $g \in G$에 대해서 $gag^{-1} \in K$이므로 $a \in \operatorname{Ker} h$이기 때문이다. 또 위의 정리에서 $K = \{e\}$이면 바로 $X = G$, $N = \{e\}$가 되어 Cayley의 정리와 일치한다.

**예제 11** $|G| = 99$, $H$는 위수 11인 $G$의 부분군이라고 하면 $[G : H] = 9$이다.

위의 따름정리 8.24에서 $N \subset H$이고 $[G : N]$은 $9!$의 약수인 $G$의 정규부분군 $N$이 존재한다. 그런데 $|N|$은 11의 약수이므로 $|N| = 11$ 또는 $|N| = 1$이다. 만일 $|N| = 1$이면 $[G : N] = |G|$이므로 99가 $9!$의 약수가 되는데 이것은 불가능하다. 따라서 $|N| = 11$, 즉 $N = H$가 되어 $H$는 $G$의 정규부분군이 된다.

**예제 12** $|G| = 36$이고 $H$는 위수가 9인 $G$의 부분군이라고 하면 $[G : H] = 4$이다. $[G : N]$은 $4!$의 약수인 $G$의 정규부분군 $N$이 존재한다. 그런데 $N = \{e\}$이면 $36 | 4!$이 되어 모순이다. 따라서 $N \neq \{e\}$이다. $N \subset H$이므로 결국 위수가 3 또는 9인 $G$의 정규부분군이 반드시 존재한다.

**따름정리 8.25** $K$는 $G$의 부분군이고 $[G : K] = n$이다. 만일 $K$에 포함되는 $G$의 정규부분군이 $\{e\}$뿐이면 $G$는 $S_n$에 매입된다.

**증명** $N$은 $K$에 포함되는 $G$의 정규부분군이므로 결국 $N = \{e\}$가 되어 $G/N \cong G$는 $S_n$에 매입된다. □

만일 $G$가 단순군, 즉 $G$의 정규부분군이 $G$, $\{e\}$뿐(정의 9.4 참조)이면 따름정리 8.25에 의해서 $|G|$는 $n!$의 약수이다. 따라서 다음과 같은 따름정리를 얻을 수 있다.

**따름정리 8.26** $K$는 $G$의 부분군이고 $[G : K] = n > 1$이다. 만일 $|G|$가 $n!$의 약수가 아니면 $G$는 진정규부분군을 가진다.

위의 예제 11, 12는 위의 따름정리 8.26에 의해서 바로 결론을 얻을 수 있다.

## 08 | 연습문제 EXERCISE

1. 위수 8인 군의 종류는 5가지임을 보여라.

2. $G$는 유한아벨군이고, $\gcd(n, |G|) = 1$이다.
   (1) $f(x) = x^n$은 $G$의 자동사상임을 보여라.
   (2) 임의의 $x \in G$는 $x = y^n$을 만족시키는 $y \in G$가 존재함을 보여라.

3. $G = \mathbb{Z}_3$이다. $\mathrm{Aut}\, G = \{\phi : G \to G \mid \phi$는 동형사상$\}$는 $S_G$의 정규부분군이 아님을 보여라.

4. $p$는 소수이다. 위수 $p$인 순환군의 자동사상은 $p-1$개임을 보여라.

5. $\mathbb{R}$은 실수, $G = \{f \mid f : \mathbb{R} \to \mathbb{R}\}$, $f, g \in G$에 대해서 $(f+g)(x) = f(x) + g(x)$로 정의하면 $(G, +)$는 군이다. $H = \{f \in G \mid f(0) = 0\}$라고 하면 $H$는 $G$의 정규부분군임을 보여라.

6. $G$는 아벨군, $a \in G$, $|a| = pq$, $(p, q) = 1$이다. $a = bc$, $|b| = p$, $|c| = q$인 $b, c \in G$를 찾아라.

7. $\mathbb{Z}_n$에서 $\mathbb{Z}_m$으로의 전사인 준동형사상이 존재할 필요충분조건은 $m \mid n$임을 보여라.

8. $\mathbb{Z}$에서 $\mathbb{Z}_8$로의 준동형사상은 몇 개인가? 전사인 준동형사상은 몇 개인가?

9. $\mathbb{Z}_2 \times \mathbb{Z}_2$에서 $\mathbb{Z}_6$으로의 준동형사상은 몇 개인가?

10. $U = \{xyx^{-1}y^{-1} \mid x, y \in G\}$, $G'$는 $U$에 의해서 생성되는 부분군이다(가환자부분군(commutator subgroup)이라고 부름). 다음을 증명하여라.
    (1) $G'$는 $G$의 정규부분군이다.
    (2) $G/G'$는 아벨군이다.

(3) $N$이 $G$의 정규부분군, $G/N$이 아벨군이면 $G' \subset N$이다.

(4) $H$가 $G'$를 포함하는 $G$의 부분군이면 $H$는 $G$의 정규부분군이다.

(5) $G$가 아벨군일 필요충분조건은 $G' = \{e\}$이다.

11. $G = (\mathbb{Q}^+, \times)$, $H = \left\{ \frac{a}{b} > 0 \mid a, b\text{는 홀수} \right\}$이다. $G/H \cong (\mathbb{Z}, +)$를 증명하여라.

12. $K$는 $G$의 정규부분군, $H$는 $G$의 부분군이다.
$HK = G$, $H \cap K = \{e\}$이면 $G/K \cong H$를 증명하여라.

13. $G = S_4$, $K = \{e, (1\ 2)(3\ 4), (1\ 3)(2\ 4), (1\ 4)(2\ 3)\}$이다.

(1) $K$는 $G$의 정규부분군이 됨을 보여라.

(2) $G/K \cong S_3$임을 보여라.

14. $A$는 $G$의 정규부분군, $B$는 $H$의 정규부분군이다. $(G \times H)/(A \times B) \cong (G/A) \times (H/B)$가 되는가? 되면 증명하고, 안 되면 안 되는 예를 들어라.

15. $G$는 비아벨군, $H$는 아벨군, $f: G \to H$는 전사인 준동형사상이 되는 예를 들어라.

16. $\phi: G \to K$는 전사인 준동형사상이고 $J$는 $K$의 정규부분군이다. $G/H \cong K/J$인 $G$의 정규부분군 $H$가 존재함을 보여라.

17. $\phi: G \to K$는 전사인 준동형사상이다. $N$은 $G$의 정규부분군, $N \subset \operatorname{Ker} \phi$이다. $G/N$에서 $K$로의 전사인 준동형사상을 찾아라. 또 $G$는 아벨군은 아니면서 $H$는 $G$의 아벨정규부분군이고, $G/H$는 아벨군이 되는 군 $G$와 $H$를 찾아라.

18. $H$는 $G$의 부분군, $X = \{aH \mid a \in G\}$이다. $N \subset H$이고 $G/N$이 $S_X$에 매입되는 $G$의 정규부분군 $N$을 구하여라. ($\phi: G \to S_X$를 $(\phi(g))(aH) = (ga)H$로 정의한다.)

19. 문제 18번을 이용하여 $|G| = 10$이고 위수 2인 정규가 아닌 $G$의 부분군이 존재하면 $G \subset S_5$임을 증명하여라.

20. $G$는 군, $H$는 $G$의 부분군이고 $[G : H] = n$이다. $N \subset H$이고 $[G : N]$은 $n!$의 약수인 정규부분군 $N$이 존재함을 보여라. (연습문제 18번 참조)

21. $G$는 유한군, $p$는 $|G|$를 나누는 최소의 소수이다. $H$는 $G$의 부분군이고 $[G : H] = p$이면 $H$는 $G$의 정규부분군임을 증명하여라. (연습문제 20번 참조)

22. $\phi : \mathbb{Z}_{18} \to \mathbb{Z}_{12}$은 $\phi(\overline{1}) = \overline{10}$이다.

(1) $K = \mathrm{Ker}\,\phi$를 구하여라.

(2) $\mathbb{Z}_{18}/K$의 원소를 적어라.

(3) $\mathrm{Im}\,\phi$를 적어라.

(4) $\mathbb{Z}_{18}/K \cong \mathrm{Im}\,\phi$인 동형사상을 찾아라.

23. $G = \mathbb{Z}_{24}$, $H = \langle \overline{4} \rangle$, $N = \langle \overline{6} \rangle$이다.

(1) $HN$(이때는 $H \oplus N$)과 $H \cap N$을 구하여라.

(2) $HN/N$을 써라.

(3) $H/(H \cap N)$의 원소를 써라.

(4) $HN/N \cong H/(H \cap N)$인 동형사상을 찾아라.

24. $(\mathbb{Q}/\mathbb{Z}, +)$와 $(\mathbb{Q}, +)$는 동형이 될 수 있는가?

25. $S_3'$를 구하여라.(연습문제 10번 참조)

26. $G' \subset Z(G)$, $a \in G$이다. $\theta : G \to G$, $\theta(x) = xax^{-1}a^{-1}$는 준동형사상이 됨을 보여라. 또 $\mathrm{Ker}\,\theta$를 구하여라.

27. $G = S_n$, $a = (1\ 2)$, $H = \langle a \rangle$라면 $HA_n/A_n$는 위수 2인 순환군임을 보여라. (여기서 $A_n$은 교대군이다.)

28. $N$은 $G$의 정규부분군, $G/N$, $N$은 아벨군이다. $G$의 임의의 부분군 $H$에 대해서 $H/K$, $K$가 아벨군이 되는 $H$의 정규부분군 $K$가 존재함을 보여라.

29. $G$는 아벨군은 아니면서 $H$는 $G$의 아벨정규부분군이고, $G/H$는 아벨군이 되는 군

$G$와 $H$를 찾아라. 또 $H$가 핵이 되는 전사인 준동형사상을 구하라.

30. 다음 성질을 만족시키는 준동형사상은 모두 몇 개인가?

(1) $f : \mathbb{Z}_{12} \to \mathbb{Z}_5$는 전사

(2) $f : \mathbb{Z}_{12} \to \mathbb{Z}_6$

(3) $f : \mathbb{Z}_{12} \to \mathbb{Z}_6$는 전사

(4) $f : \mathbb{Z}_{12} \to \mathbb{Z}_{16}$

(5) $f : \mathbb{Z}_{12} \to \mathbb{Z}_{14}$

31. $G$는 유한군이고 $T$는 $G$의 자동사상이고 $T(x) = x$일 필요충분조건은 $x = e$이다.

(1) 임의의 $g \in G$는 $g = T(x)x^{-1}$꼴로 쓸 수 있음을 증명하여라.

(2) $T \circ T = 1_G$이면 $G$는 아벨군임을 보여라.

32. $G$는 유한군이고 $T$는 $G$의 자동사상으로 $G$의 원소의 3/4 이상$\left(> \frac{3}{4}|G|\right)$을 그 원소의 역원으로 보낸다. 모든 $x \in G$에 $T(x) = x^{-1}$이고 $G$는 아벨군임을 보여라.

33. 위의 문제 32에서 $G$의 원소의 오직 3/4만을 그 역원으로 보내면 $G$는 아벨군이 안 되는 경우도 있는가?

34. 위수가 3 이상인 원소가 존재하는 유한군은 2개 이상의 자동사상을 가짐을 보여라.

35. $G$는 유한군, $H$는 $G$의 부분군, $[G : H] = 2$, $H = \{x \in G \mid |x| \neq 2\}$이다. 다음을 증명하여라.

(1) $x \notin H$, $y \in H$면 $xy \notin H$이다.

(2) $x \notin H$, $y \notin H$면 $xy \in H$이다.

(3) $H$는 위수가 홀수이다.

(4) $H$는 $G$의 아벨부분군이다.

36. $\varphi$는 Euler함수이다. $n \mid \varphi(a^n - 1)$임을 증명하여라. (단, $a > 1$인 정수)

37. $T$는 $G$의 자동사상이다. $T(Z(G)) \subset Z(G)$를 증명하여라.

38. $a \in G$이고 $a$의 켤레인 원소는 단 2개이다. $N \neq \{e\}$인 정규부분군을 찾아라.

39. $N = \{\theta \in S_4 \mid \theta(4) = 4\}$이다. $N$은 $S_4$의 정규부분군이 되는가?

40. $S_n(n>2)$에서 $Z(S_n)=\{e\}$임을 보여라.

41. $N$은 $G$의 정규부분군. $[G:N]$은 유한, $H$는 $G$의 부분군, $|H|$는 유한, gcd $([G:N],\ |H|)=1$이다. $H$는 $N$의 부분군임을 보여라.

42. $\mathbb{Z}_6$에서 자동사상은 되나 내자동사상이 아닌 함수 $f$를 찾아라.

43. $|G|=pn,\ p>n,\ p$는 소수이다. $H$가 위수 $p$인 $G$의 부분군이면 $H$는 $G$의 정규부분군이 됨을 보여라.

44. $|G|=p^n$ ($p$는 소수), $N$은 $G$의 정규부분군이고 $|N|=p$이다. $N\subset Z(G)$를 보여라. (류방정식 이용)

45. 문제 44번을 이용하여 위수가 $p^2$ ($p$는 소수)인 군은 아벨군임을 보여라.

46. 위수가 $2p$($p$는 소수)인 군 $G$는 반드시 위수가 $p$인 부분군을 가짐을 보이고 또 이 부분군은 $G$의 정규부분군이 됨을 보여라.

47. $G$는 아벨군, $|G|=pq,\ p\neq q$는 소수이다. $G$는 순환군이 됨을 보여라.

48. $|G|=pq,\ p\neq q$는 소수이다. $|H|=p,\ |K|=q$인 $G$의 정규부분군 $H,\ K$가 존재하면 $G$는 순환군임을 보여라.

49. $|G|=p^2,\ H$는 $G$의 부분군, $|H|=p$($p$는 소수)이면 $H$는 $G$의 정규부분군임을 보여라.

50. $n\geq 5$이면 $S_n{}'=A_n$임을 보여라. (여기서 $S_n{}'$은 $S_n$의 가환자부분군이다.)

51. $p$는 소수이고 $|G|$의 약수면 $|a|=p$인 원소 $a\in G$가 존재함을 다음과 같이 증명하라.
$Z(G)$는 $G$의 중심, $C(a)$는 $G$의 중심화군, $[G:C(a_i)]=k_i$

$$|G| = |Z(G)| + k_1 + k_2 + \cdots + k_n, \quad ki \geq 2$$

은 $G$의 류방정식이다.

(1) $|G| = k$라고 하고 위수가 $k$보다 작은 군에서는 위의 정리가 성립한다고 가정한다.

(2) $p$가 어떤 $k_i$의 약수가 아니면 정리가 성립한다.

(3) $p$가 모든 $k_i(1 \leq i \leq n)$의 약수면 $p$는 $Z(G)$의 약수이다.

52. $|G| = p^k$이면 $|N| = p^m$, $1 \leq m \leq k$인 $G$의 정규부분군 $N$이 존재함을 다음과 같이 증명하라. $|G| = p^k$라 하고 위수가 $p^k$ 보다 작은 군에서는 위의 정리가 성립한다고 가정한다.

(1) $|a| = p$인 $a \in Z(G)$가 존재한다.

(2) $\langle a \rangle$는 $G$의 정규부분군이다.

(3) $G/\langle a \rangle$의 위수는 $p^{k-1}$이다.

(4) 따라서 $G$는 위수 $p^m$인 정규부분군을 가진다.

53. $G$는 유한아벨군이고 $|a|$는 모든 $x \in G$에 대해서 $|x|$의 배수이다. $H = \langle a \rangle$라고 하면 임의의 $x \in G$에 대해서 $y \in Hx$이고 $|y| = |Hx|$인 $y \in G$가 존재함을 보이고자 한다.

(1) $x \in G$, $|a| = t$, $|x| = s$, $|Hx| = r$라고 하면 $r$은 $x^r \in H$가 되는 최소의 양수임을 보여라.

(2) $r$은 $s$의 약수, $s$는 $t$의 약수임을 보여라. 따라서 $s = ru$, $t = sv$ 꼴이다.

(3) $x^r = a^m$라 두면 $a^{mu} = e$이고 $m$은 $rv$의 배수임을 보여라.

(4) $y = xa^{-\frac{m}{r}}$으로 두면 $Hx = Hy$, $|y| = r$임을 보여라.

(5) 임의의 잉여류 $Hx \in G/H$에 대해서 $Hx$의 위수와 같은 위수를 가지는 원소 $y \in Hx$가 존재함을 보여라.

CHAPTER 09

# 실로우의 정리와 그 응용

Sylow Theorems and It's Applications

라그랑즈의 정리에 의해서 유한군 $G$의 부분군의 위수는 항상 $|G|$의 약수가 된다. 그러면 라그랑즈의 정리의 역은 성립할까? 즉 $m$이 $|G|$의 약수면 위수가 $m$인 $G$의 부분군이 항상 존재할까?

물론 특별한 경우는 성립하는 경우도 있다. 일반적인 군에서는 그렇지 않다. 예를 들어 교대군 $A_4$의 위수는 12이다. 그러나 위수가 6인 $A_4$의 부분군은 존재하지 않는다. 따라서 양의 정수 $k$가 $|G|$의 약수면 $G$는 위수 $k$인 부분군을 가진다고 말할 수는 없다.

코시정리에 의해서 $k$가 소수인 경우, 즉 소수 $p$가 유한군 $G$의 위수의 약수면 $G$는 항상 위수가 $p$인 부분군을 가진다. 이 증명은 매우 어려운데 우선 유한아벨군일 경우를 살펴보자.

**정리 9.1** (아벨군의 코시정리) $G$는 유한아벨군이다. 소수 $p$가 $|G|$의 약수이면 $G$는 위수가 $p$인 원소를 가진다.

**증명** $G$의 위수에 관한 수학적 귀납법을 이용한다. $P(n)$을

"위수가 $n$인 유한아벨군에서 소수 $p$가 $n$의 약수면 $G$는 위수 $p$인 원소를 가진다."란 명제라고 하자.

(1) $n=1$이면 $G=\{e\}$이므로 할 것도 없다.
$n=2$이면 2를 나누는 소수는 $p=2$뿐이다. $G=\{e, a\}$로 두면 당연히 $a$의 위수는 2이므로 $P(2)$는 성립한다.

(2) $k<n$인 모든 $k$에 대해서 $P(k)$가 성립한다고 가정하고 $P(n)$에 대해서도 성립함을

보이자.

$|G|=n$이라 하고 $p$는 $n$을 나누는 소수라 한다.

만일 $G$가 진부분군이 없다면 임의의 $a\neq e\in G$에 대해서 $G=\langle a\rangle$가 되어 $G$는 순환군이다. 그런데 순환군에서는 $p$가 $n$의 약수면 항상 위수가 $p$인 원소가 존재한다. 따라서 $G$는 진부분군 $N$을 가진다고 가정하자.

만일 $p\,|\,|N|$이면 $|N|<n$이므로 가정에서 $N$은 위수 $p$인 원소 $a$를 가진다. $a\in N\subset G$이므로 이때도 성립한다. 따라서 다시 $p\nmid |N|$이라고 하자.

상군 $G/N$에 대해서 생각하면

$$|G/N|=\frac{|G|}{|N|}=\frac{n}{|N|} \text{ 이므로 } |G/N|\,|N|=n$$

이다. $p\nmid |N|$이므로 $|G/N|$은 $p$의 배수이다.

$$|G/N|<n$$

이므로 가정에서 다시 위수가 $p$인 $Na\in G/N$가 존재할 것이다. 따라서

$$(Na)^p=Na^p=N$$

에서 $a^p\in N$이다. 한편, 라그랑즈의 정리에 의해서

$$(a^p)^{|N|}=e$$

이다. 따라서 $a^{|N|}=b$라 두면 $b^p=e$이다. 물론 $b\neq e$이다. 왜냐하면 만일 $b=e$이면 $a^{|N|}=e$로부터

$$(Na)^{|N|}=N$$

가 되어 $Na$의 위수 $p$는 $|N|$의 약수가 되어 모순이다. 따라서 $b$의 위수는 $p$이다. □

이번에는 아벨군이 아닌 일반적인 군에서 코시의 정리를 증명하자.

**정리 9.2** (Cauchy) 소수 $p$가 $|G|$의 약수면 $G$는 위수가 $p$인 원소를 가진다.

**증명** 앞의 유한아벨군의 증명과 마찬가지로 수학적 귀납법을 이용한다. 위수가 $k<n$인 모든 군에서 이 정리가 성립한다고 가정하자. $|G|=n$, $p\,|\,|G|$이다. 만일 $G$가 위수가 $p$의 배수인 진부분군 $H$를 가진다면

$$|H|<n,\ p\,|\,|H|$$

이므로 가정에서 $|a|=p$인 $a\in H$가 존재하고 $H\subset G$이므로 다했다. 따라서 $G$의 어떠한 진부분군도 위수가 $p$의 배수가 아니라고 하자. 류방정식에서

$$|G| = |Z(G)| + [G : C(a_1)] + \cdots + [G : C(a_m)]$$

이다. 그런데 $C(a_i)$는 모두 $G$의 진부분군이다. 따라서 $|G| = [G : C(a_i)]|C(a_i)|$는 $p$의 배수이므로

$$[G : C(a_i)] = \frac{|G|}{|C(a_i)|}$$

는 $p$의 배수이다. 따라서

$$|Z(G)| = |G| - ([G : C(a_1)] + \cdots + [G : C(a_m)])$$

에서 $|Z(G)|$는 $p$의 배수이다. 그런데 $Z(G)$는 $G$의 부분군이므로 결국 $Z(G) = G$가 될 수밖에 없다. 따라서 $G$는 아벨군이다. $G$가 아벨군이면 앞 아벨군의 코시정리에서 위수 $p$인 원소가 존재한다. 따라서 증명은 끝났다. □

코시의 정리보다 더 일반화된 정리가 실로우의 정리이다. 따라서 실로우의 정리의 아주 특별한 경우로써 코시의 정리를 생각할 수 있다.

**정리 9.3** (제1-실로우정리) $G$는 유한군, $p$는 소수이다. $p^k$가 $|G|$의 약수면 $G$는 위수가 $p^k$인 부분군을 가진다.

**증 명** $P(n)$을 "위수가 $n$인 군 $G$에서 $p^k$가 $n$의 약수면 $G$는 위수가 $p^k$인 부분군을 가진다." 라는 명제라고 하자.

(1) $n = 1$이면 할 것이 없다.

$n = 2$이면 $p^k = 2$이므로 $G$ 자신이 위수 2인 $G$의 부분군이다.

(2) $i < n$인 모든 $i$에 대해서 $P(i)$가 성립한다고 가정하자.

$|G| = n$이고 $p^k$가 $n$의 약수라고 하면 류방정식을 다시 이용하면

$$|G| = |Z(G)| + [G : C(a_1)] + \cdots + [G : C(a_m)],\ [G : C(a_i)] \geq 2$$

이므로 $C(a_i)$는 모두 $G$의 진부분군이다. 또

$$|G| = |C(a_j)|[G : C(a_j)]$$

이므로 만일 $p$가 $[G : C(a_j)]$의 약수가 아니면 $p^k$가 $|G|$의 약수이므로 $p^k$는 $|C(a_j)|$를 나눈다. 따라서 가정에서 $C(a_j)$는 위수가 $p^k$인 부분군을 가지므로 $G$도 위수가 $p^k$인 부분군을 가진다.

만일 $p$가 모든 $1 \leq i \leq m$에 대해서 $[G : C(a_i)]$의 약수이면 $p$는 $|Z(G)|$의 약수가 된다. 코시정리에 의해서 위수가 $p$인 원소 $b \in Z(G)$가 존재한다. $B = \langle b \rangle$라고 하

면 $|B|=p$이고 $b\in Z(G)$이므로 $B$는 $G$의 정규부분군이다. 따라서 상군 $G/B$의 위수는 $\frac{n}{p}$이다.

$p^k$은 $n$의 약수이므로 $|G/B|$는 $p^{k-1}$의 배수이다. 가정에 의해서 $G/B$는 위수가 $p^{k-1}$인 부분군 $K$를 가진다. 그런데 $G/B$의 부분군 $K$는 항상

$$K=H/B,\ H\text{는 } B\text{를 포함하는 } G\text{의 부분군}$$

꼴이다.

$$|H|=|K||B|=p^k$$

이므로 $G$는 위수가 $p^k$인 부분군 $H$를 가지므로 $P(n)$은 성립한다. □

**예제 1** $G=S_6$이라고 하면 $|G|=6!=720=2^4\cdot 3^2\cdot 5$이다. 제1-실로우정리에 의해서 $S_6$은 위수가 2, 4, 8 16인 부분군을 가진다. 실제로 위수가 4인 $S_6$의 부분군은 60개가 넘는다. 마찬가지로 위수가 3, 9, 5인 부분군도 가진다.

위의 제1-실로우정리에서 $k=1$이면 $G$는 위수 $p$인 부분군을 가지는데 $p$는 소수이므로 이 부분군은 당연히 순환군이다. 이 순환군의 생성원을 $a$라고 하면 $a$의 위수는 $p$이므로 코시정리를 얻을 수 있다.

**정의 9.1** $G$는 유한군, $p$는 소수이다. $G$의 위수가 $p^n$으로는 나누어지나 $p^{n+1}$로는 나누어지지 않을 때 위수가 $p^n$인 $G$의 부분군을 **실로우 $p$-부분군**(Sylow $p$-subgroup)이라고 부른다.

제1-실로우정리에 의해서 실로우 $p$-부분군은 항상 존재한다.

**예제 2** 대칭군 $S_6$에서는 위수가 16, 9, 5인 부분군은 모두 실로우 2, 3, 5-부분군이다. 그러나 위수가 8 또는 3인 $S_6$의 부분군은 실로우 $p$-부분군이 되지 못한다.

**예제 3** 대칭군 $S_4$에서는 $|S_4|=4!=2^3\cdot 3$이므로 실로우 2-부분군의 위수는 8, 실로우 3-부분군의 위수는 3이다.

$G$의 위수를 소인수분해하여 $|G|=p^n m$, $\gcd(p, m)=1$이 되었다면 위수가 $p^n$인 $G$의 부분군이 실로우 $p$-부분군이 된다. 따라서 $H$가 $G$의 실로우 $p$-부분군이면 $|K|=|H|$인 $G$의 부분군 $K$도 역시 실로우 $p$-부분군이 된다.

**정의 9.2** $H$는 $G$의 부분군, $a\in G$이다. $aHa^{-1}=\{axa^{-1}|x\in H\}$를 $H$의 켤레(conjugate)라고 부른다.

**정리 9.4** $H$는 $G$의 부분군, $a\in G$이면 다음이 성립한다.

(1) $aHa^{-1}$는 $G$의 부분군이다.

(2) $H$와 $aHa^{-1}$는 동형이다.

(3) $H$가 $G$의 정규부분군일 필요충분조건은 임의의 $g\in G$에 대해서 $H=gHg^{-1}$이다.

**증명** (1) $b, c\in aHa^{-1}$라고 하면

$$b=axa^{-1},\ c=aya^{-1}$$

인 $x, y\in H$가 존재한다.

$$bc=(axa^{-1})(aya^{-1})=a(xy)a^{-1}\in aHa^{-1}$$

$$b^{-1}=(axa^{-1})^{-1}=ax^{-1}a^{-1}\in aHa^{-1}$$

따라서 $aHa^{-1}$는 $G$의 부분군이다.

(2) $|H|=|aH|=|aHa^{-1}|$이다.

$$f: H\to aHa^{-1},\ f(x)=axa^{-1}$$

라고 하면 임의의 $x, y\in H$에 대해서

$$f(xy)=a(xy)a^{-1}=(axa^{-1})(aya^{-1})=f(x)f(y)$$

이므로 $f$는 준동형사상이다. 또 $f(x)=f(y)$라면 $axa^{-1}=aya^{-1}$에서 $x=y$가 되어 $f$는 단사이다. 임의의 $axa^{-1}\in aHa^{-1}$에서

$$x\in H,\ f(x)=axa^{-1}$$

이므로 $f$는 전사이다. 따라서 $f$는 동형사상이 되므로 $H\cong aHa^{-1}$이다.

(3)은 정규부분군의 성질에서 바로 나온다. □

$H$, $K$가 $G$의 부분군이고 $K = aHa^{-1}$꼴이면 $K$는 $H$의 켤레부분군이 된다. 또 $K$가 $H$의 켤레부분군이면 $K = aHa^{-1}$꼴로 표시할 수 있다. $H$, $K$가 켤레이면 $|H| = |K|$이다. 켤레원소와 마찬가지로 $G$의 부분군 $H$에 대해서 $gHg^{-1}$꼴의 부분군은 모두 $H$와 켤레이므로 언뜻 생각하면 $H$의 켤레부분군은 $G$의 위수만큼 있을 것으로 생각된다. 그러나 실제로는 그렇지 못하다. $a \neq b$이나 $aHa^{-1} = bHb^{-1}$가 될 경우가 생기므로 켤레부분군의 개수는 실제로는 몇 개 되지 않는다.

특히 실로우 $p$-부분군의 켤레부분군의 개수는 쉽게 구할 수 있다.

> **정의 9.3** $p$는 소수이다. 군 $G$의 임의의 원소 $a$의 위수가 $p^k$($k$는 정수) 꼴일 때 $G$를 $p$-군이라고 부른다.

$G$는 $p$-군이 아니더라도 $G$의 부분군 $H$가 $p$-군이 될 수도 있다. 이때 $H$를 $G$의 $p$-부분군이라고 부른다. 물론 $G$가 $p$-군이면 $G$의 모든 부분군도 $p$-군이다.

**예제 4** $|G| = p^n$이면 임의의 $a \in G$에 대해서 $|a|$는 $p^n$의 약수이므로 $|a| = p^k$, $0 \leq k \leq n$이다. 따라서 $G$는 $p$-군이다.

**예제 5** $G = \mathbb{Z}_2 \times \mathbb{Z}_2 \times \cdots \times \mathbb{Z}_2$($n$개)라고 $|G| = 2^n$이므로 임의의 $a \in G$에 대해서 $a$의 위수는 $2^k$, $0 \leq k \leq n$이다. 따라서 $G$는 $p$-군이다. ($p = 2$)

**예제 6** $G = \mathbb{Z}_3 \times \mathbb{Z}_9$의 위수는 27이다. 따라서 $G$의 임의의 원소의 위수는 $3^k$, $0 \leq k \leq 3$이다. 따라서 $G$는 $p$-군이다. ($p = 3$)

**예제 7** $G = \mathbb{Z}_6$에서 $|\overline{4}| = 3$, $|\overline{3}| = 2$, $|\overline{5}| = 6$이므로 $G$는 $p$-군이 아니다.

**예제 8** $|G| = p^n q$, $p$는 소수, $\gcd(p, q) = 1$이라고 하면 위수가 $p^t$, $0 \leq t \leq n$인 $G$의 부분군은 모두 $p$-부분군이다. 또 위수가 $p^n$인 $G$의 부분군 $A$는 실로우 $p$-부분군이다.

**정리 9.5** $G$는 유한군이다. $G$가 $p$-군이 될 필요충분조건은 $|G|=p^n$일 때이다.

**증 명** $|G|=p^n$이면 당연히 $G$는 $p$-군이다. 역으로 $G$가 $p$-군이라고 하자. $|G|=m$을 소인수분해해서 $m=p_1p_2\cdots p_t$가 되었다고 하면 코시정리에서 임의의 $1\le i\le t$에 대해서 $|a_i|=p_i$인 원소 $a_i\in G$가 존재한다. 그런데 $G$는 $p$-군이므로 $p_i=p^k$이 되어야 한다. 따라서 모든 $p_i$가 $p$의 거듭제곱이므로 결국 $m=p^n$이 됨을 알 수 있다. □

**예제 9** $\mathbb{Z}_8$은 $p$-군이다($p=2$). 그러나 $\mathbb{Z}_{12}$는 $p$-군이 아니다.

결국 실로우 $p$-부분군은 $p$-군이 되는 $G$의 부분군중 위수가 가장 큰 부분군을 말한다. 다음의 제2, 제3-실로우정리의 증명은 뒤에 하기로 하고 우선 정리만 적는다.

**정리 9.6** (제2-실로우정리) $G$는 유한군, $p$는 소수이다.
(1) $G$의 모든 실로우 $p$-부분군은 서로 켤레이다.
(2) $K$가 $G$의 $p$-부분군이면 $K\subset H$인 실로우 $p$-부분군 $H$가 존재한다.

위의 정리 9.6의 (1)의 역도 성립함을 쉽게 알 수 있다. 즉 $H$가 $G$의 실로우 $p$-부분군이고 $K$가 $H$의 켤레부분군이면 $K$도 역시 $G$의 실로우 $p$-부분군이 된다.

**따름정리 9.7** $H$, $K$가 $G$의 실로우 $p$-부분군이면 $H$와 $K$는 동형이다.

**따름정리 9.8** $N$은 $G$의 실로우 $p$-부분군이다. $N$이 $G$의 정규부분군일 필요충분조건은 $N$ 이외에는 $G$의 실로우 $p$-부분군이 없을 때이다.
즉 $N$이 $G$의 유일한 실로우 $p$-부분군일 때이다.

**증 명** $N$이 $G$의 정규부분군이라고 하자. $K$가 $G$의 실로우 $p$-부분군이라고 하면 제2-실로우정리 (1)에 의해서

$$K=aNa^{-1},\ a\in G$$

꼴이 될 것이다. 그런데 $N$은 정규부분군이므로 $aNa^{-1}=N$이다. 따라서 $K=N$이 되어

실로우 $p$-부분군은 한 개 뿐이다. 역으로 임의의 $a \in G$에 대해서

$$|aNa^{-1}| = |N|$$

이므로 $aNa^{-1}$는 실로우 $p$-부분군이다. 따라서 $aNa^{-1} = N$이 되어 $N$은 $G$의 정규부분군이다. □

> **정리 9.9** (제3-실로우정리) $G$는 유한군, $p$는 소수이다.
>
> $$X = \{ H \mid H\text{는 } G\text{의 실로우 } p\text{-부분군} \}$$
>
> 이라고 하면 $|X|$는 $|G|$의 약수이고 $1+pk$, $k \in \mathbb{Z}$ 꼴이다.

실제로 $H$를 $G$의 임의의 실로우 $p$-부분군이라고 하면 $|X| = [G : N(H)]$이다. 이 사실로부터 거꾸로 $N(H)$의 위수도 구할 수 있다. 여기서 $N(H)$는 $H$의 정규화부분군이다.

우선 실로우 정리를 이용한 여러 가지 예제부터 살펴보자.

**예제 10** $|G| = 45 = 3^2 \cdot 5$라고 하면 실로우 3-부분군의 위수는 9이고 또 개수는 45의 약수이며 $1+3k$ 꼴이다. 45의 약수는 1, 3, 5, 9, 15, 45인데 이 중 $1+3k$꼴은 1뿐이다. 따라서 실로우 3-부분군은 단 1개 뿐이므로 따름정리 9.8에 의해서 이 부분군은 $G$의 정규부분군이 된다.

**예제 11** $|G| = 56 = 2^3 \cdot 7$라고 하자. 실로우 7-부분군의 개수는 $1+7k$ 꼴이고 56의 약수이므로 1 또는 8이다. 만일 실로우 7-부분군이 8개 있다면 각 부분군은 위수가 7인 원소를 6개씩 가지고 있다. 또 이 부분군들의 공통부분은 $\{e\}$뿐이다. 따라서 위수가 7인 원소는 모두 $6 \times 8 = 48$개이다. 또 실로우 2-부분군의 위수는 8이므로 이 부분군의 원소의 위수는 8의 약수이다. 따라서 위수 7인 원소의 나머지 원소는 8개 뿐이므로 이 원소들이 결국 실로우 2-부분군이 된다. 결국 위수 56인 군은 실로우 7-부분군이 1개이거나 아니면 실로우 2-부분군이 1개인 경우 밖에 없으므로 정규 진부분군이 항상 존재한다.

**정의 9.4** 군 $G$의 정규부분군이 $\{e\}$와 $G$뿐일 때 $G$를 **단순군**(simple group)이라고 부른다.

**예제 12** $|G|=p$, $p$는 소수이면 $G$는 진부분군이 없으므로 $G$는 단순군이다.

**예제 13** $|G|=12=2^2\cdot 3$이라고 하면 실로우 3-부분군 $H$가 존재한다. 실로우 3-부분군의 개수는 $1+3k$꼴이고 12의 약수이므로 1 또는 4이다. 만일 4개라고 하면 이들 군의 공통부분은 $\{e\}$뿐이므로 각 부분군은 위수가 3인 원소 2씩을 가지므로 모두 $2\times 4=8$개의 위수 3인 원소가 있다. 나머지 원소는 4개인데 이것들은 결국 실로우 2-부분군이 될 수밖에 없다. 따라서 이 경우는 실로우 2-부분군이 1개뿐이므로 정규부분군이 된다.

**예제 14** $|G|=30=2\cdot 3\cdot 5$이면 실로우 3-부분군의 개수는 1 또는 10개, 실로우 5-부분군의 개수는 1 또는 6개이다. 만일 실로우 3-부분군이 10개, 실로우 5-부분군이 6개라고 하면 그들의 공통부분은 5와 3의 약수는 1이므로 $\{e\}$뿐이다. 따라서 위수가 3인 원소가 $2\times 10=20$개, 위수가 5인 원소가 $4\times 6=24$개가 되어 이들의 합이 30보다 크게 되어 말이 안된다. 결국 실로우 3-부분군 또는 실로우 5-부분군은 1개만 있게 되므로 이것은 정규부분군이 되므로 $G$는 단순군이 아니다.

**예제 15** $|G|=28=2^2\cdot 7$이라고 하면 실로우 7-부분군의 개수는 28의 약수이고 $1+7k$ 꼴이므로 한 개 뿐이다. 따라서 실로우 7-부분군은 $G$의 정규부분군이 되어 $G$는 단순군이 아니다.

**정리 9.10** $|G|=pq$, $p$, $q$는 소수이고 $p<q$이다. 만일 $p$가 $q-1$의 약수가 아니면 $G$는 순환군이다.

**증명** $H$를 $G$의 실로우 $p$-부분군, $K$를 $G$의 실로우 $q$-부분군이라고 하자. 실로우 $p$-부분군의 개수는 $pq$의 약수이므로 1, $p$, $q$, $pq$ 중 한 개인데 $1+pk=q$이면 $p$가 $q-1$의 약수가 되므로 안된다. 따라서 실로우 $p$-부분군은 $H$뿐이므로 $H$는 $G$의 정규부분군이다. 또 실로우 $q$-부분군의 개수는 $1+qk$꼴이고 $p<q$이므로 역시 $K$ 한 개 뿐이다. 따라서 $K$도 $G$의 정규부분군이다.

$$H\cap K=\{e\},\ |HK|=\frac{|H||K|}{|H\cap K|}=\frac{pq}{1}=pq$$

따라서 $G=HK$가 되어 $G\cong H\times K$이다. 또 $|H|=p$, $|Q|=q$이므로 $H$, $K$는 각각 순환군이고 $\gcd(p,\ q)=1$이므로 $G$는 순환군이다. □

**예제 16** $|G|=35$면 $G$는 $\mathbb{Z}_{35}$와 동형이다. 또 위수가 33, 15인 군도 모두 순환군이다.

위의 여러 예제에서 살펴본 바와 같이 실로우의 정리는 군의 위수만으로 군의 구조를 조사하는데 아주 유용하게 이용된다. 특히 아벨군이 아닌 유한군의 성질을 조사하는데 가장 많이 사용하는 정리이다.

앞의 예제 10에서 위수가 45인 군은 단순군이 아님을 보였다. 그러면 이번에는 이 군의 성질을 조사해 보자.

**예제 17** $|G|=45=3^2\cdot 5$라고 하면 실로우 3-부분군 $H$는 $G$의 정규부분군이다. 마찬가지로 실로우 5-부분군의 개수는 $1+5k$ 꼴이고 45의 약수이므로 한 개 뿐이다. 따라서 $G$는 위수 5인 정규부분군 $K$를 가진다. $|H\cap K|$는 9와 5의 약수이므로 결국 $H\cap K=\{e\}$이다.

$$|HK|=\frac{|H||K|}{|H\cap K|}=\frac{45}{1}=45$$

따라서 $G\cong H\times K$이다. $|K|=5$이므로 $K\cong\mathbb{Z}_5$이다. 또 $|H|=3^2$이므로 $H$는 아벨군이다. 따라서 $H\cong\mathbb{Z}_9$ 또는 $H\cong\mathbb{Z}_3\times\mathbb{Z}_3$이다. 결국 $G$는 $G\cong\mathbb{Z}_9\times\mathbb{Z}_5\cong\mathbb{Z}_{45}$ 또는 $G\cong\mathbb{Z}_3\times\mathbb{Z}_3\times\mathbb{Z}_5$이다.

**예제 18** 위수 30인 군의 종류를 구해보자. $|G|=30=2\cdot 3\cdot 5$이므로 $H$를 2-실로부분군, $K$를 3-실로우 부분군, $I$를 5-실로우 부분군이라고 하자. 실로우 5-부분군의 개수는 $1+5k$ 꼴이고 30의 약수이므로 1 또는 6이다. 마찬가지로 실로우 3-부분군의 개수는 $1+3k$ 꼴이고 30의 약수이므로 1 또는 10이다. 만일 실로우 5-부분군이 6개, 실

로우 3-부분군이 10개라면 위수 5인 원소는 $4\times 6=24$개, 위수 3인 원소는 $2\times 10=20$개이므로 $20+24>30$이 되어 거짓말이다. 따라서 실로우 3-부분군이 한 개이거나 또는 실로우 5-부분군이 한 개라야 한다. 다시 말하면 $K$와 $I$ 중 한 개는 정규부분군이 된다. 따라서 $KI$는 $G$의 부분군이 되고 $|KI|=\dfrac{|K||I|}{|K\cap I|}=15$이다. $[G:KI]=2$이므로 또 $KI$는 $G$의 정규부분군이다. 또 $|KI|=15$이므로 앞 정리 9.10에서 $KI$는 순환군이다. $KI=\langle a\rangle$로 두자 $|H|=2$이므로 $H=\{e,\ b\}=\langle b\rangle$로 둘 수 있다. $(KI)\cap H=\{e\}$이므로 $|(KI)H|=30$이다. 따라서

$$G=(KI)H=\langle a\rangle\langle b\rangle=\{a^m b^n \mid 0\le m\le 14,\ 0\le n\le 1\}$$

로 둘 수 있다. 그런데 $\langle a\rangle$는 $G$의 정규부분군이므로 $bab^{-1}\in\langle a\rangle$가 되므로

$$bab^{-1}=a^t,\ (0\le t\le 15)$$

로 둘 수 있다. 여기서 $t$의 값에 따라서 $G$의 구조를 알 수 있다. 왜냐하면 $G$의 두 원소 $x=a^ib,\ y=a^jb\in G$에 대해서 $x,\ y$의 곱 $xy$는 $xy=a^iba^jb$ 꼴인데

$$ba^jb^{-1}=(bab^{-1})^j=a^{jt}$$

이므로 결국

$$xy=a^i(ba^j)b=a^ia^{jt}b^2$$

가 되어 $t$의 값만 정해지면 $xy$의 값이 정해지기 때문이다.

$$|a^t|=|bab^{-1}|=|a|=15$$

이고

$$|a^t|=\frac{|a|}{\gcd(t,\ |a|)}$$

이므로 $\gcd(t,\ 15)=1$이다. 따라서 $t=1,\ 2,\ 4,\ 7,\ 8,\ 11,\ 13,\ 14$가 가능성이 있다. 그러나

$$a=eae^{-1}=b(bab^{-1})b^{-1}=ba^tb^{-1}=(bab^{-1})^t=(a^t)^t$$

따라서

$$a^{t^2-1}=e$$

가 되어 15는 $t^2-1$의 약수가 되어야 한다. 결국 될 수 있는 $t$는 1, 4, 11, 14 총 4개뿐이므로 위수 30인 군도 4종류 이상은 있을 수 없다. 실제로 위수 30인 군은 $\mathbb{Z}_{30}$, $S_3\times\mathbb{Z}_5$, $\mathbb{Z}_3\times D_5$, $D_{15}$이다. 이 각 군의 중심화부분군은 각각 30, 5, 3, 1이다.

다음은 제2, 제3-실로우 정리의 증명이다. 이 정리를 증명하기 위해서는 사전에 몇 가지 기본적인 정리를 증명해야 한다. 좀 어렵고 복잡하므로 바쁜 사람은 생략하고 그냥 다음 장으로 바로 가도 괜찮다. 증명법을 꼭 기억할 필요는 없다. 또 실로우 정리의 증명법은 수십 가지가 넘는데 이것은 그중 비교적 쉽다고 생각해서 적어 놓은 것이므로 시간이 나면 그냥 한번 읽어보고 이해만 하면 된다. 이런 증명법도 있구나 하는 것만 알면 된다.

**정리 9.11** $H$는 $G$의 실로우 $p$-부분군이다. $K$가 $H$와 켤레이면 $K$도 $G$의 실로우 $p$-부분군이다.

**증명** $K=aHa^{-1}$로 적을 수 있다. 또 $|K|=|H|$이다.

$$|G|=p^n m,\ \gcd(p,\ m)=1$$

이라고 하면 $|H|=p^n$이므로 $|K|=p^n$이 되어 $K$도 실로우 $p$-부분군이다. □

위의 정리의 역도 성립한다. 즉 $G$의 두 부분군이 실로우 $p$-부분군이면 이들은 켤레이다(제2-실로우정리).

**정의 9.5** $H$는 $G$의 부분군이다. 집합 $N(H)=\{a\in G \mid aHa^{-1}=H\}$을 $H$의 정규화군(normalizer)이라 부른다.

만일 $G$가 아벨군이면 모든 $a\in G$에 대해서 $aHa^{-1}=H$이므로 $N(H)=G$가 됨을 알 수 있다. 또 $a\in Z(G)$이면 $a\in N(H)$이므로 $Z(G)\subset N(H)$가 된다. $H$가 $G$의 정규부분군이면 정의에서 $N(H)=G$가 됨도 쉽게 알 수 있다. 정의에서 $N(H)=\{a\in G \mid aH=Ha\}$이므로 중심화부분군 $C(a)$의 정의와 마찬가지로 $H$와 가환인 원소들의 집합이 $N(H)$가 됨을 알 수 있다.

**예제 19** 대칭군 $S_3$에서 부분군 $H=\{e,\ (1\ 2)\}$의 $N(H)$를 구해보자. 임의의 $\theta\in S_3$에 대해서 $\theta e\theta^{-1}=e$이다.

$$\theta(1\ 2)\theta^{-1} = (\theta(1)\ \theta(2))$$

이므로

$$(\theta(1)\ \theta(2)) = (1\ 2),\ (1\ 3),\ (2\ 3)$$

중 한 개가 될 것이다. 그런데 $\theta H \theta^{-1} = H$가 되기 위해서는 $(\theta(1)\ \theta(2)) = (1\ 2)$가 되어야 하므로 결국 $\theta = e$ 또는 $\theta = (1\ 2)$ 뿐이다. 따라서 $N(H) = H$이다.

**정리 9.12** $H$는 $G$의 부분군, $N(H)$는 $H$의 정규화군이면 다음이 성립한다.
(1) $N(H)$는 $G$의 부분군이다.
(2) $H \subset N(H)$이고 $H$는 $N(H)$의 정규부분군이다.
(3) $K$가 $G$의 부분군이고 $H \subset K$, $H$가 $K$의 정규부분군이면 $K \subset N(H)$이다.

위의 정리 9.11의 (2), (3)으로부터 $N(H) = G$이면 $H$는 $G$의 정규부분군이 된다. 또 $N(H)$는 $H$가 정규부분군이 되는 $G$의 부분군 중 가장 큰 것이다.

**증 명** (1) $a, b \in N(H)$라고 하면 $aHa^{-1} = H$, $bHb^{-1} = H$이다. 따라서

$$abH(ab)^{-1} = a(bHb^{-1})a^{-1} = aHa^{-1} = H$$

이므로 $ab \in N(H)$이다. 또 $aHa^{-1} = H$의 양쪽에 $a^{-1}$, $a$를 각각 곱하면

$$a^{-1}(aHa^{-1})a = a^{-1}Ha$$

따라서 $H = a^{-1}H(a^{-1})^{-1}$이므로 $a^{-1} \in N(H)$가 되어 $N(H)$는 $G$의 부분군이다.

(2) $x \in H$면

$$xHx^{-1} = (xH)x^{-1} = Hx^{-1} = H$$

따라서 $H \subset N(H)$이다. $a \in N(H)$, $g \in H$라고 하면

$$aga^{-1} \in aHa^{-1} = H$$

따라서 $H$는 $N(H)$의 정규부분군이다.

(3) $x \in K$라고 하자. $H$는 $K$의 정규부분군이므로

$$xHx^{-1} \subset H,\ x^{-1}Hx \subset H$$

이다. 한편

$$H = x(x^{-1}Hx)x^{-1} \subset xHx^{-1} \subset H$$

이므로 $xHx^{-1} = H$가 되어 $x \in N(H)$. 따라서 $K \subset N(H)$이다. □

**예제 20** $G=S_3$, $H=\langle(1\ 2\ 3)\rangle$이라고 하면 $H$는 $S_3$의 정규부분군이다. 따라서 임의의 $g\in G$에 대해서 $gHg^{-1}=H$이고 $N(H)=G$이다. 한편, $K=\langle(1\ 2)\rangle$라고 하면 $K$는 $G$의 정규부분군이 아니다. 따라서 $N(K)$는 $G$의 진부분군이므로 $|N(K)|=1,\ 2,\ 3$ 중 1개인데 $K\subset N(K)$이므로 결국 $|N(K)|=2$이고 따라서 $N(K)=K$이다.

$N(H)$의 정의에서 $\{a\in G\,|\,aHa^{-1}=H\}=\{a\in G\,|\,aH=Ha\}$이므로 모양이 중심화부분군과 매우 비슷하다. 따라서 우리는 중심화부분군 $C(a)=\{x\in G\,|\,xa=ax\}$와 비슷한 성질을 유도할 수 있다. 먼저 $a$의 켤레원소의 집합 $\overline{a}=\{gag^{-1}\,|\,g\in G\}$의 개수는 $[G:C(a)]$가 됨을 앞에서 증명하였다.

이와 마찬가지로 $H$와 켤레인 부분군의 개수를 구하기 위해서 위의 정리 5.15의 증명과 비슷하게 $G$에서 $H$와 켤레인 부분군의 집합 $X$에서 $[G:N(H)]$로의 함수 $f$를

$$f:X\to G/N(H),\ \ f(xHx^{-1})=N(H)x^{-1}$$

라 정의하면 이 함수 $f$는 잘 정의되고 전단사가 됨을 알 수 있다. 따라서 $|X|=[G:N(H)]$가 되는데 $G$의 부분군 $K$에서 더 일반화해서 다음 정리를 얻을 수 있다.

**정리 9.13** $K$, $H$가 군 $G$의 부분군이면

$$|\{aHa^{-1}\,|\,a\in K\}|=[K:K\cap N(H)]$$

이다.

**주의** 여기서 집합 $\{aHa^{-1}|a\in K\}$의 개수 $|\{aHa^{-1}|a\in K\}|$는 $|aHa^{-1}|=|H|$를 말하는 것이 아니다. $H$와 켤레인 $aHa^{-1}$가 한 개의 원소이다. 따라서 $\{aHa^{-1}|a\in K\}$는 $H$의 켤레 중 $a\in K$인 켤레의 개수를 말한다. 집합 $\{Ha|a\in K\}$의 개수는 $|Ha|$가 아니라 $K$에 있는 $H$의 우잉여류의 개수를 뜻하는 것과 같다. 즉

$$\{aHa^{-1}|a\in K\}=\{a_1Ha_1^{-1},\ a_2Ha_2^{-1},\ \cdots\,|a_i\in K\}$$

이므로 $a_iHa_i^{-1}$가 원소 한개이다.

**증명** $\{aHa^{-1}|a\in K\}$의 개수는 $|K|$보다는 작다. $a\neq b$, $a,\ b\in K$이나 $aHa^{-1}=bHb^{-1}$가 되는 경우도 있다. 실제로는 모든 $a\in K\cap N(H)$의 원소에 대해서는 $aHa^{-1}$는 같은 집합이 된다. 이 사실을 전단사 함수를 이용해서 증명해 보자. 편의상 집합

$$\{aHa^{-1}|a\in K\}=K(H)$$

이라고 하자. 앞 정리 5.15의 증명과 동일하게 $\overline{a}$를 $K(H)$로, $G/C(a)$를 $K/K\cap N(H)$로

생각하면 $K(H)$에서 $K$ 속의 $K\cap N(H)$의 우잉여류의 집합

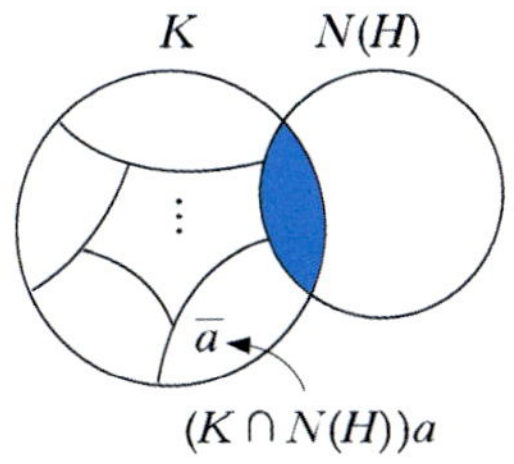


[그림 9.1]

$$K/(K\cap N(H))=\{(K\cap N(H))a \mid a\in K\}$$

으로의 함수 $f$를

$$f: K(H)\to K/(K\cap N(H)),\ f(aHa^{-1})=(K\cap N(H))a^{-1}$$

라 하자.

(1) 만일 $aHa^{-1}=bHb^{-1}$이면

$$H=a^{-1}bHb^{-1}a=a^{-1}bH(a^{-1}b)^{-1}$$

이므로 $a^{-1}b\in N(H)$이다. 또 $a,\ b\in K$이므로 $a^{-1}b\in K\cap N(H)$가 되어

$$(K\cap N(H))a^{-1}=(K\cap N(H))b^{-1}$$

따라서 $f$는 함수로 잘 정의 된다.

(2) $f(aHa^{-1})=f(bHb^{-1}),\ a,\ b\in K$라면

$$(K\cap N(H))a^{-1}=(K\cap N(H))b^{-1}$$

이고 따라서

$$(K\cap N(H))a^{-1}b=K\cap N(H)$$

이므로 $a^{-1}b\in K\cap N(H)$이다. $N(H)$의 정의에서

$$a^{-1}bH(a^{-1}b)^{-1}=H$$

이므로 $aHa^{-1}=bHb^{-1}$가 되어 $f$는 단사가 된다.

(3) 임의의 $(K\cap N(H))a,\ a\in K$에 대해서

$$f(a^{-1}Ha)=(K\cap N(H))a$$

이므로 $f$는 전사이다. 따라서

$$|K(H)|=|K/K\cap N(H)|$$

가 되어 증명되었다. □

**따름정리 9.14** $K$와 $H$가 $G$의 부분군이면 $|\{aHa^{-1} | a \in K\}|$는 $|K|$의 약수이다.

**따름정리 9.15** $H$가 $G$의 부분군이면 $H$와 켤레인 부분군의 개수는

$$|\{aHa^{-1} | a \in G\}| = [G : N(H)]$$

이다.

위 따름정리 9.15에 의해서 $G$의 부분군 $H$의 서로 다른 켤레부분군의 수는 $G$의 위수를 $H$의 정규화부분군의 위수로 나누면 된다.

**정리 9.16** $G$는 유한군, $p$는 소수이다. $K$가 $G$의 $p$-부분군이면

$$K \subset N(aHa^{-1}),\ a \in G$$

인 실로우 $p$-부분군 $H$가 존재한다.

**증명** $|K| = p^t$, $H$를 실로우 $p$-부분군이라 하고

$$X(H) = \{H = H_1,\ H_2,\ \cdots,\ H_m\}$$

을 $H$의 모든 켤레부분군의 집합이라고 하자. $[K : K \cap N(H_i)]$는 $|K|$의 약수이므로 $1,\ p,\ p^2,\ \cdots,\ p^t$ 중 한 개이다. $X(H)$에 관계 $\sim$를 $H_i \sim H_j$일 필요충분조건은

$$H_j = xH_ix^{-1},\ x \in K$$

라고 하면 $\sim$는 $X(H)$에서 동치관계가 됨을 쉽게 알 수 있다. 이 동치관계 $\sim$에 의해서 $H_i$의 동치류 $\overline{H_i}$의 개수는

$$[K : K \cap N(H_i)]$$

가 된다. 그 이유는 $H_j \in \overline{H_i}$일 필요충분조건은 $H_i \sim H_j$이다. 따라서

$$H_j = xH_ix^{-1},\ x \in K$$

이므로

$$\begin{aligned}\overline{H_i} &= \{H_j | H_j = xH_ix^{-1},\ x \in K\} \\ &= \{xH_ix^{-1} | x \in K\}\end{aligned}$$

이다. 앞 정리 9.13에서

$$|\overline{H_i}| = [K : K \cap N(H_i)]$$

를 증명하였다. 따름정리 9.14에 의해서

$$m = |X(H)| = |\overline{H_i}| + \cdots + |\overline{H_s}| = [G : N(H)]$$

이다. 즉 $m = [G : N(H)] = \sum [K : K \cap N(H_i)]$인데 이 식은 류방정식과 매우 비슷하다(단, 합은 서로 소인 동치류들의 합). 만일 모든 $[K : K \cap N(H_i)]$가 $p$의 배수이면 $m$이 $p$의 배수가 된다. 그러나 $m = [G : N(H)]$이므로 $[G : N(H)]$가 $p$의 배수가 되어

$$[G : N(H)][N(H) : H] = [G : H]$$

가 $p$의 배수인데 $|G| = p|H|$가 되어 이것은 $H$가 실로우 $p$-부분군이라는 사실에 모순이다. 결국 적당한 $1 \le j \le m$에 대해서

$$[K : K \cap N(H_j)] = 1$$

이 될 것이고 따라서 $K = K \cap N(H_j)$로부터 $K \subset N(H_j)$를 얻을 수 있다. □

**정리 9.17** $G$는 유한군, $p$는 소수이다. $K$는 $G$의 $p$-부분군, $H$는 실로우 $p$-부분군이다. 만일 $K \subset N(H)$면 $K \subset H$이다.

**증명** $|K| = p^t$, $|H| = p^n$라고 하자. 만일 $K \not\subset H$라면

$$K \cap H \subsetneq K, \quad |K \cap H| = p^i < p^t$$

이다. $H$는 $N(H)$의 정규부분군이고 $K \subset N(H)$이므로 따름정리 8.7에 의해서 $HK$는 $N(H)$의 부분군이 된다. 또

$$|HK| = \frac{|H||K|}{|H \cap K|} = \frac{p^n p^t}{p^i} = p^n p^{t-i} > p^n$$

인데 실제로 군 $G$는 위수가 $p^{n+t-i}$인 부분군을 가질 수는 없다. 따라서 $K \subset H$가 성립한다. □

**따름정리 9.18** $G$는 유한군, $p$는 소수이다. $H$, $K$가 $G$의 실로우 $p$-부분군이면 $H$와 $K$는 서로 켤레이다.

**증명** 위의 정리 9.16와 9.17에서 $K \subset aHa^{-1}$인 $a \in G$가 존재한다.

$$|K| \le |aHa^{-1}| = |H|$$

인데 $K$도 역시 실로우 $p$-부분군이므로 $|K|=|H|$이다. 따라서 $K=aHa^{-1}$가 되어 $H$, $K$는 서로 켤레이다. □

**따름정리 9.19** $H$가 $G$의 실로우 $p$-부분군이면 $G$의 모든 실로우 $p$-부분군의 개수는 $[G:N(H)]$이다.

**증명** $H_1, H_2, \cdots, H_m$을 $G$의 모든 실로우 $p$-부분군이라고 하면

$$H_i = aHa^{-1},\ a \in G$$

꼴이다. 또 임의의 $g \in G$에 대해서 $gHg^{-1}$는 실로우 $p$-부분군이다. 따라서

$$\{aHa^{-1} | a \in G\} = H_1 \cup \cdots \cup H_m$$

이다. 따라서

$$|\{aHa^{-1} | a \in G\}| = m$$

이므로 $m=[G:N(H)]$이다. □

물론 $G$의 모든 실로우 $p$-부분군의 개수는 $|G|$의 약수가 됨은 당연하다. 이 사실을 종합하면 우리는 제3-실로우정리를 얻을 수 있다.

**제3-실로우정리의 증명** $X=\{H_1, H_2, \cdots, H_m\}$을 $G$의 실로우 $p$-부분군의 집합이라고 하자. 앞 따름정리 9.19에서 임의의 $1 \le i \le m$에 대해서 $|X|=[G:N(H_i)]$가 됨은 증명하였다. $K=H_1$라 두면 앞 정리 9.16의 증명에서

$$|\overline{H_1}| + \cdots + |\overline{H_s}| = m,\ |\overline{H_i}| = [H_1 : H_1 \cap N(H_i)]$$

이 됨을 알 수 있다. 또 모든 $[H_1 : H_1 \cap N(H_i)]$는 $1, p, p^2, \cdots, p^n = |H|$ 중 한 개다. 그런데 $K=H_1$이므로

$$|\overline{H_1}| = [K : K \cap N(H_1)] = [H_1 : H_1 \cap N(H_1)] = [H_1 : H_1] = 1$$

이 된다. 그 밖의 $\overline{H_i}$, $i \ne 1$에 대해서는 $|\overline{H_i}| \ne 1$이다. 그 이유는 만일

$$[K : K \cap N(H_i)] = [H_1 : H_1 \cap N(H_i)] = 1$$

이면 $H_1 = H_1 \cap N(H_i)$에서 $H_1 \subset N(H_i)$가 되고 따라서 정리 9.16에 의해서 $H_1 \subset H_i$이다. 그런데 $|H_1| = |H_i|$이므로 $H_1 = H_i$가 되어 모순이다. 결국 $m-1$은 $p$의 배수가 되므로 $m=1+pk$ 꼴이 된다. □

**따름정리 9.20** $H$가 군 $G$의 실로우 $p$-부분군이면 $[G:N(H)]$, $[N(H):H]$, $[G:H]$는 모두 $p$의 배수가 아니다.

**증 명** $[G:H]=[G:N(H)][N(H):H]$이고 $H$는 $G$의 실로우 $p$-부분군이므로 $[G:H]$는 $p$의 배수가 아니다. □

**따름정리 9.21** $|G|=p^n m$, $H$는 $G$의 부분군이고 $|H|=p^i$, $0 \le i < n$이면 $|K|=p^{i+1}$이고 $H$가 $K$의 정규부분군이 되는 $G$의 부분군 $K$가 존재한다.

## 09 | 연습문제 EXERCISE

1. $|G| = p^n$, $0 \le k \le n$이면 $G$는 위수가 $p^k$인 정규부분군을 가짐을 보여라.

2. $S_3$, $S_4$, $S_5$의 실로우 3-부분군과 실로우 2-부분군을 각각 구하여라.

3. $p$가 소수일 때 위수가 $p^2$인 군은 항상 아벨군이 됨을 실로우정리를 써서 증명하여라.

4. $N$은 $G$의 정규부분군이고, $N$과 $G/N$은 모두 $p$-군이다. $G$는 $p$-군임을 보여라.

5. $G$는 유한 $p$-군이고 $H \ne \{e\}$는 $G$의 정규부분군이다. $H \cap Z(G) \ne \{e\}$임을 보여라.

6. $p > q$는 모두 소수이고 $|G| = p^n q$이다. $G$는 지수(index)가 $q$인 유일한 정규부분군을 가짐을 보여라.

7. 위수가 각각 12, 56, 200인 군은 단순군이 아님을 보여라. (정규 실로우 $p$-부분군을 가진다.)

8. $N$은 $G$의 정규부분군, $H$는 $G$의 부분군, $[G : H]$은 유한이다. 만일 $[G : H]$과 $|N|$가 서로소이면 $N \subset H$임을 보여라.

9. 위수가 45인 군은 위수가 9인 정규부분군을 가짐을 보여라.

10. 위수가 1225인 군은 아벨군임을 보여라.

11. 위수가 $(35)^3$인 군은 위수가 125인 정규부분군을 가짐을 보여라.

12. $K$는 $G$의 실로우 $p$-부분군이다. $a \in G$의 위수가 $p$의 거듭제곱이고 $aKa^{-1} = K$이면 $a \in K$임을 보여라.

13. $G$는 위수가 231인 군이다. $G$의 실로우 11-부분군은 $G$의 중심에 포함됨을 보여라.

14. $G$는 위수가 108인 군이다. 위수가 $3^k(k \geq 2)$인 $G$의 정규부분군이 존재함을 보여라.

15. $|G| = pq$이며 $p < q$인 소수이다.
(1) $p \mid q-1$이면 $G$는 순환군임을 보여라.
(2) $p \mid q-1$이면 위수가 $pq$인 비아벨군은 단 한 개뿐임을 보여라.

16. $G$는 위수 $p^2q(p,\ q$는 소수)인 군이다. $G$는 단순군이 아님을 보여라.

17. $G$는 유한군이고 $G$의 실로우 $p$-부분군 $A$는 $G$의 중심에 포함된다. $A \cap N = \{e\}$, $AN = G$인 $G$의 정규부분군 $N$이 존재함을 보여라.

18. $A$는 $G$의 실로우 $p$-부분군이고 $a,\ b \in Z(A)$이다. $a = xbx^{-1}$인 $x$가 존재하면 $a = yby^{-1}$인 $y$가 $N(A)$에 존재함을 보여라.

19. 위수가 168인 단순군에서 위수가 7인 원소는 모두 몇 개인가?

20. (1) 위수가 24인 군은 단순군이 아님을 보여라.
(2) 위수가 6인 군을 모두 구하여라.

21. $|G| = p^n$, $H$는 $G$의 부분이고 $|H| = p^m(1 \leq m \leq n)$이다. 임의의 $m \leq k \leq n$에 대해서 $|K| = p^k$, $H \subset K$인 $G$의 부분군 $K$가 존재함을 보여라.

22. 위수가 $p^3$($p$는 소수)인 아벨이 아닌 군을 구하여라. (연습문제 3번 참조)

23. $G$는 유한아벨군이다. 소수 $p$가 $p \mid |G|$이면 $G$의 실로우 $p$-부분군은 유일하게 존재함을 보여라.

24. $G$는 위수 36인 아벨군이다.

(1) 임의의 $g \in G$에 대해서 $g = ab$, $|a|$는 9의 약수, $|b|$는 4의 약수 꼴로 쓸 수 있음을 보여라.

(2) $G = AB$, $A \cap B = \{e\}$, $A$는 실로우 2-부분군, $B$는 실로우 3-부분군으로 나타내어라.

25. $K \subset H \subset G$, $K$는 $H$의 정규부분군, $H$는 $G$의 정규부분군이다. 만일 $K$가 $H$의 $p$-실로우 부분군이면 $K$는 $G$의 정규부분군이 됨을 보여라.

26. 원소가 10개인 군을 모두 구하라.

27. $f : G \to H$는 준동형사상이다. $G$는 유한군, $p$는 소수, $p^2 \nmid |G|$, $b \in f(G)$, $|b| = p$면, $|a| = p$인 $a \in G$가 존재함을 보여라.

CHAPTER 10

# 유한아벨군

## Finite Abelian Groups

**정의 10.1** $A$, $B$는 $G$의 정규부분군이고 $AB = G$, $A \cap B = \{e\}$일 때 $G$는 $A$, $B$의 내직적(internal direct product)이라고 하고 $G = A \otimes B$로 표시한다.

여기서 정의만 보면 내직적은 직적과는 아무 관련이 없다. 그런데 직적이란 용어를 사용해서 혼동이 생기는데 왜 이렇게 아무 관계도 없는 단어를 붙였는지 알아보자.

**정리 10.1** $G_1$, $G_2$는 군이다. $G = G_1 \times G_2$라고 하면 $A \cong G_1$, $B \cong G_2$인 $G$의 정규부분군 $A$, $B$가 존재해서 $G = A \otimes B$이 된다.

**증명** $G_1$, $G_2$의 항등원을 각각 $e_1$, $e_2$라고 하면 $G_1 \times G_2$의 항등원은 $(e_1, e_2)$이다.

$$A = G_1 \times \{e_2\} = \{(g_1, e_2) \mid g_1 \in G_1\},$$
$$B = \{e_1\} \times G_2 = \{(e_1, g_2) \mid g_2 \in G_2\}$$

라고 하면 $A$, $B$는 모두 $G_1 \times G_2$의 부분군이 됨을 쉽게 알 수 있다. 또 $G$는 $A$, $B$의 내직적이 된다.

$$f : A \to G_1,\ f(a, e_2) = a$$

는 동형사상이 됨을 쉽게 알 수 있다. 따라서 $A \cong G_1$, 마찬가지로 $B \cong G_2$이다. □

위의 정리 10.1에서 $G$가 두 군의 직적이면 $G$는 두 군과 동형인 적당한 $G$의 정규부분군 $A$, $B$의 내직적이고 또 다시 정리 8.22에 의해서 $G \cong A \times B$가 된다.

이외에도 $G$가 $A$, $B$의 내직적이면 앞 정리 8.21(1)에서 $G$의 임의의 원소 $x$는 $x = ab$, $a \in A$, $b \in B$로 단 한 가지 꼴로 표시됨을 알았다. 또 역도 성립함을 증명해 보자.

**정리 10.2** $A$, $B$는 $G$의 정규부분군이다. $G$가 $A$, $B$의 내직적일 필요충분조건은 임의의 $x \in G$가 $x = ab$, $a \in A$, $b \in B$꼴로 한 가지로만 표시된다.

**증명** ($\Leftarrow$) $G = AB$임은 당연하다. 만일 $x \in A \cap B$라고 하면 $x = xe \in AB$이고 동시에 $x = ex \in AB$이므로 가정에 의해서 $xe = ex$이므로 $x, e \in A$, $x, e \in B$이므로 $x = e$가 된다. 따라서 $G = A \otimes B$이다.

($\Rightarrow$) 정리 8.21 □

**따름정리 10.3** $G$, $G_1$, $G_2$는 군이다. 다음은 동치이다.

1) $G \cong G_1 \times G_2$

2) $G = A \otimes B$, $A \cong G_1$, $B \cong G_2$

3) $A$, $B$는 $G$의 정규부분군이고 임의의 $x \in G$는 $x = ab$, $a \in A$, $b \in B$로 단 한 가지방법으로 표시된다.

**정리 10.4** $G$, $G_1$, $G_2$, $\cdots$, $G_k$가 군이면 다음은 동치이다.

(1) $G \cong G_1 \times G_2 \times \cdots \times G_k$

(2) $G_i \cong N_i$인 $G$의 정규부분군 $N_i$가 존재하여($1 \le i \le k$)

  1) $G = N_1 N_2 \cdots N_k$이고

  2) 임의의 $1 \le i \le k$에 대해서 $N_i \cap (N_1 \cdots N_{i-1} N_{i+1} \cdots N_k) = \{e\}$이다.

(3) $N_i$는 $G$의 정규부분군이고 ($1 \le i \le k$) 임의의 $x \in G$는 $x = a_1 a_2 \cdots a_k$, $a_i \in N_i$로 단 한 가지 모양으로 표시된다.

위의 세 가지는 동치이므로 $G$가 위 정리 10.4와 같은 성질을 만족시킬 때 우리는 $G$는 $G$의 정규부분군 $N_1, N_2, \cdots, N_k$의 내직적이라고 부른다. 책에 따라서는 (3)번일 때 내직적이라고 부르기도 하는데 편의상 우리는 (2)번일 때 내직적이라고 정의한다.

**정의 10.2** $N_1, N_2, \cdots, N_k$는 $G$의 정규부분군이고

1) $G = N_1 N_2 \cdots N_k$,

2) $N_i \cap (N_1 \cdots N_{i-1} N_{i+1} \cdots N_k) = \{e\}$ $(1 \le i \le k)$일 때 $G$는 $N_1, N_2, \cdots, N_k$의 **내직적**(internal direct product)이라고 하고 $G = N_1 \otimes N_2 \otimes \cdots \otimes N_k$로 표시한다.

**정리 10.5** $G$가 정규부분군 $N_1, N_2, \cdots, N_k$의 내직적이면 임의의 $1 \le i \ne j \le k$에 대해서 $N_i \cap N_j = \{e\}$이고 따라서 임의의 $a \in N_i$, $b \in N_j$의 원소 $a, b$에 대해서 $ab = ba$이다.

**증명** $(\Rightarrow)$ $i \ne j$라고 하면

$$N_j = e_1 e_2 \cdots e_i \cdots\cdots N_j \cdots e_k \subset N_1 N_2 \cdots N_{i-1} e_i N_{i+1} \cdots N_j \cdots N_k$$

이므로 (단 $e_1 = e_2 = \cdots = e_i = \cdots = e_k = e$)

$$N_i \cap N_j \subset N_i \cap (N_1 N_2 \cdots N_{i-1} N_{i+1} \cdots N_k) = \{e\}$$

따라서 $i \ne j$면 $N_i \cap N_j = \{e\}$이다.

$a \in N_i$, $b \in N_j$라고 하면 $aba^{-1} \in N_j$이므로 $aba^{-1}b^{-1} \in N_j$이다. 마찬가지로 $a^{-1} \in N_i$이므로 $ba^{-1}b^{-1} \in N_i$. 따라서 $aba^{-1}b^{-1} \in N_i$이다. 결국 $aba^{-1}b^{-1} = e$로부터 $ab = ba$가 된다. □

결국 $G$의 정규부분군 $N_i$들의 직적 $N_1 \times N_2 \times \cdots \times N_t$는 $N_i$를 각각 독립된 군으로 생각해서 원소를 늘어놓은 것이고 내직적은 $N_i$를 $G$의 부분집합으로 생각해서 $G$의 안(internal)에서 생각한 것이다. 그런데 결론은 $N_1, N_2, \cdots, N_t$의 내직적은 $N_i$의 직적 $N_1 \times N_2 \times \cdots \times N_t$와 동형이 되고 또 $H = N_1 \times N_2 \times \cdots \times N_t$이면

$$N_i \cong N_i^* = \{(e_1, e_2, \cdots, x, \cdots, e_t) \mid x \in N_i\}$$

$$H = N_1 \times N_2 \times \cdots \times N_t \cong N_1^* \cdots N_t^*$$

이고 $H$는 $N_i^*$의 내직적이 된다. 내직적이면 직적이고 직적이면 내직적이므로 결국 직적과 내직적은 같은 것이 된다. 물론 엄밀하게는 동형이 된다. 결국 직적과 내직적은 서로가 동형이 된다.

$G$의 정규부분군 $A$, $B$의 내직적에서 $G=AB$와 $A\times B$를 잘 구별하여야 한다. 다음에 나오는 정리 10.6과 10.7은 유한아벨군을 분류하는데 아주 중요한 정리이다.

**정리 10.6** (유한아벨군의 기본정리) $G$가 유한아벨군이면 $G$는 위수가 $p^t$($p$는 소수)꼴인 순환군의 직적과 동형이다. 즉

$$G\cong\langle a_1\rangle\times\langle a_2\rangle\times\cdots\times\langle a_n\rangle,\ |a_i|=p_i^{t_i}\ (i=1,\ 2,\ \cdots,\ n)$$

$$G\cong\mathbb{Z}_{p_1^{t_1}}\times\mathbb{Z}_{p_2^{t_2}}\times\cdots\times\mathbb{Z}_{p_n^{t_n}}$$

이다. 단, 여기서 소수 $p_i$들은 반드시 다를 필요는 없다. 또 이러한 식으로 $G$는 단 한 가지로만 표시된다. $G$의 각 성분의 $\langle a_i\rangle$의 위수 $p_i^{t_i}$들을 $G$의 **기본약수**(elementary divisors)라고 부른다.

**예제 1** $G=\mathbb{Z}_{10}\times\mathbb{Z}_4\times\mathbb{Z}_2$라고 하면 $\mathbb{Z}_{10}\cong\mathbb{Z}_2\times\mathbb{Z}_5$이므로 $G\cong\mathbb{Z}_2\times\mathbb{Z}_2\times\mathbb{Z}_4\times\mathbb{Z}_5$이다. 따라서 2, 2, $2^2$, 5가 기본약수이다.

**정리 10.7** $G$가 유한아벨군이면

$$G\cong\mathbb{Z}_{m_1}\times\mathbb{Z}_{m_2}\times\cdots\times\mathbb{Z}_{m_t}$$

이다. 단, $m_1>1$, $m_1|m_2|\cdots|m_t$이고 이 $m_i$들은 단 한 가지로만 표시된다. 또 이 $m_i$들은 반드시 서로 다를 필요는 없다. 즉 같은 것이 있을 수도 있다. 위에 나타난 $m_i$들을 $G$의 **불변인수**(invariant factors)라고 부른다.

유한아벨군 $G$가 기본약수꼴로 표시되었을 때 이것을 불변인수꼴로 고쳐 쓸 수도 있다. 기본약수꼴일 때 수가 작은 순서로 표시하는 것이 보기 좋으므로

$$G\cong\mathbb{Z}_{p_1^{t_1}}\times\mathbb{Z}_{p_2^{t_2}}\times\cdots\times\mathbb{Z}_{p_n^{t_n}},\ p_1^{t_1}\le p_2^{t_2}\le\ \cdots\ \le p_n^{t_n}$$

으로 나타내자. 만일 $p_i = p_j$이면 $p_i^{t_i}$, $p_j^{t_j}$는 하나가 다른 것의 약수가 된다. 만일 $p_i^{t_i} \le p_j^{t_j}$이면 $m_i = p_i^{t_i}$, $m_j = p_j^{t_j}$라 두면 $m_i | m_j$이다. 또 만일 $p_i \ne p_j$이면 $p_i^{t_i}$와 $p_j^{t_j}$는 서로 소이므로 $\mathbb{Z}_{p_i^{t_i}} \times \mathbb{Z}_{p_j^{t_j}} \cong \mathbb{Z}_{p_i^{t_i} p_j^{t_j}}$가 된다. 이런 식으로 차례대로 하면

$$\mathbb{Z}_{p_1^{t_1}} \times \cdots \times \mathbb{Z}_{p_n^{t_n}} \cong \mathbb{Z}_{m_1} \times \mathbb{Z}_{m_2} \times \cdots \times \mathbb{Z}_{m_t},\ m_1 | m_2 | \cdots | m_t$$

꼴로 고쳐 적을 수 있다.

**예제 2** $G = \mathbb{Z}_2 \times \mathbb{Z}_2 \times \mathbb{Z}_4 \times \mathbb{Z}_5$는 $\mathbb{Z}_4 \times \mathbb{Z}_5 \cong \mathbb{Z}_{20}$이므로

$$G \cong \mathbb{Z}_2 \times \mathbb{Z}_2 \times \mathbb{Z}_{20}$$

으로 쓸 수 있다. 물론 2, 2, 20은 불변인수이다.

**예제 3** $G = \mathbb{Z}_2 \times \mathbb{Z}_2 \times \mathbb{Z}_4 \times \mathbb{Z}_3 \times \mathbb{Z}_9 \times \mathbb{Z}_5$는 순서대로 써서

$$\mathbb{Z}_2 \times \mathbb{Z}_2 \times \mathbb{Z}_3 \times \mathbb{Z}_4 \times \mathbb{Z}_5 \times \mathbb{Z}_9$$

이고

$$\mathbb{Z}_2 \times \mathbb{Z}_3 \cong \mathbb{Z}_6,\ \mathbb{Z}_4 \times \mathbb{Z}_5 \times \mathbb{Z}_9 \cong \mathbb{Z}_{180}$$

이므로 $G \cong \mathbb{Z}_2 \times \mathbb{Z}_6 \times \mathbb{Z}_{180}$이다. 불변인수는 2, 6, 180이다.

**예제 4** $G = \mathbb{Z}_{10} \times \mathbb{Z}_4 \times \mathbb{Z}_2$라고 하면 $\mathbb{Z}_{10} \cong \mathbb{Z}_2 \times \mathbb{Z}_5$이므로 $G \cong \mathbb{Z}_2 \times \mathbb{Z}_2 \times \mathbb{Z}_4 \times \mathbb{Z}_5$이고 또 $\mathbb{Z}_5 \times \mathbb{Z}_4 \cong \mathbb{Z}_{20}$이므로 $G \cong \mathbb{Z}_2 \times \mathbb{Z}_2 \times \mathbb{Z}_{20}$. 따라서 2, 2, 20이 불변인수이다.

$\gcd(m, n) = 1$이면 $\mathbb{Z}_{mn} \cong \mathbb{Z}_m \times \mathbb{Z}_n$이므로 만일 유한아벨군 $G$가 불변인수로 표시되어 있다면 $G = \mathbb{Z}_{m_1} \times \mathbb{Z}_{m_2} \times \cdots \times \mathbb{Z}_{m_s}$에서 각 $m_i$을 소인수분해하여 $m_i = p_1^{t_1} p_2^{t_2} \cdots p_k^{t_k}$라고 할 때

$$\mathbb{Z}_{m_i} \cong \mathbb{Z}_{p_1^{t_1}} \times \mathbb{Z}_{p_2^{t_2}} \times \cdots \times \mathbb{Z}_{p_k^{t_k}}$$

가 되어 $G$를 기본약수꼴로 쉽게 고쳐 쓸 수 있다.

**예제 5** $G=\mathbb{Z}_3\times\mathbb{Z}_{12}\times\mathbb{Z}_{36}$이면 $12=2^2 3$, $36=2^2 3^2$이므로 $\mathbb{Z}_{12}\cong\mathbb{Z}_{2^2}\times\mathbb{Z}_3$, $\mathbb{Z}_{36}\cong\mathbb{Z}_{2^2}\times\mathbb{Z}_{3^2}$이다. 따라서 $G\cong\mathbb{Z}_3\times\mathbb{Z}_{2^2}\times\mathbb{Z}_3\times\mathbb{Z}_{2^2}\times\mathbb{Z}_{3^2}$으로 쓸 수 있다.

**예제 6** 위수가 8인 아벨군은 몇 종류인지 구해보자. $|G|=8$인 아벨군이라고 하면 기본약수로 나타내면 $G\cong\mathbb{Z}_{p_1^{t_1}}\times\mathbb{Z}_{p_2^{t_2}}\times\cdots\times\mathbb{Z}_{p_n^{t_n}}$ 꼴로 표시되므로 $p_1^{t_1}p_2^{t_2}\cdots t_n^{t_n}=8$이다. 따라서 이와 같은 모든 $p_i^{t_i}$들을 구해보면

$$\{2,\ 2,\ 2\},\ \{2,\ 2^2\},\ \{2^3\}$$

세 가지 뿐이다. 따라서

$$\mathbb{Z}_2\times\mathbb{Z}_2\times\mathbb{Z}_2,\ \mathbb{Z}_2\times\mathbb{Z}_4,\ \mathbb{Z}_8$$

세 종류인데 이것들은 모두 동형이 아니므로 결국 위수가 8인 아벨군은 3종류이다.

**예제 7** 위수가 36인 모든 아벨군을 구해보자. $36=2^2\cdot 3^2$이므로 $2^2$의 경우는 $\{2,\ 2\}$와 $\{2^2\}$의 2가지, $3^2$의 경우는 $\{3,\ 3\}$과 $\{3^2\}$의 2가지로 표시할 수 있다. 따라서 모든 경우는 4가지이고 기본약수는 각각

$$\{2,\ 2,\ 3,\ 3\},\ \{2,\ 2,\ 9\},\ \{4,\ 3,\ 3\},\ \{4,\ 9\}$$

이다. 이것들은 모두 동형이 아니므로 결국 위수 36인 아벨군은 4가지이다.

**예제 8** 위수 40인 모든 아벨군은 $40=5\cdot 2^3$이므로 $p_1^{t_1}\cdots p_n^{t_n}=40$이 되는 모든 경우를 구해보면 5는 한 가지, $2^3$은 $\{2,\ 2,\ 2\}$와 $\{2,\ 2^2\}$와 $\{2^3\}$ 세 가지이므로 모든 경우는 $\{2, 2, 2, 5\}$, $\{2, 4, 5\}$, $\{8, 5\}$ 총 3가지이다. 따라서 서로 다른 것은

$$\mathbb{Z}_2\times\mathbb{Z}_2\times\mathbb{Z}_2\times\mathbb{Z}_5,\ \mathbb{Z}_2\times\mathbb{Z}_4\times\mathbb{Z}_5,\ \mathbb{Z}_8\times\mathbb{Z}_5$$

이다.

**문제 1** 위수 600인 모든 아벨군을 구하라.

**풀이** $600=2^3\cdot 3\cdot 5^2$이므로 $2^3$은 $\{2,\ 2,\ 2\}$와 $\{2,\ 4\}$와 $\{8\}$의 3가지, 3은 $\{3\}$ 한 가지, $5^2$은 $\{5,\ 5\}$와 $\{25\}$의 2가지, 따라서 총 $3\times 1\times 2=6$가지이다. 불변인수로 나타내보면 $\mathbb{Z}_2\times\mathbb{Z}_3\times\mathbb{Z}_5\cong\mathbb{Z}_{30}$이므로

$$\mathbb{Z}_2\times\mathbb{Z}_2\times(\mathbb{Z}_2\times\mathbb{Z}_3\times\mathbb{Z}_5)\times\mathbb{Z}_5\cong\mathbb{Z}_2\times(\mathbb{Z}_2\times\mathbb{Z}_5)\times\mathbb{Z}_{30}\cong\mathbb{Z}_2\times\mathbb{Z}_{10}\times\mathbb{Z}_{30}$$

이므로 2, 10, 30.

$$\mathbb{Z}_2\times\mathbb{Z}_2\times(\mathbb{Z}_2\times\mathbb{Z}_3\times\mathbb{Z}_{25})\cong\mathbb{Z}_2\times\mathbb{Z}_2\times\mathbb{Z}_{150}$$

이므로 2, 2, 150.

$$\mathbb{Z}_2\times(\mathbb{Z}_3\times\mathbb{Z}_4\times\mathbb{Z}_5)\times\mathbb{Z}_5\cong\mathbb{Z}_2\times\mathbb{Z}_{60}\times\mathbb{Z}_5\cong\mathbb{Z}_{10}\times\mathbb{Z}_{60}$$

이므로 10, 60.

$$\mathbb{Z}_2\times(\mathbb{Z}_3\times\mathbb{Z}_4\times\mathbb{Z}_{25})\cong\mathbb{Z}_2\times\mathbb{Z}_{300}$$

이므로 2, 300.

$$\mathbb{Z}_3\times\mathbb{Z}_5\times(\mathbb{Z}_5\times\mathbb{Z}_8)\cong\mathbb{Z}_3\times\mathbb{Z}_5\times\mathbb{Z}_{40}\cong\mathbb{Z}_5\times\mathbb{Z}_{120}$$

이므로 5, 120.

$$\mathbb{Z}_3\times\mathbb{Z}_8\times\mathbb{Z}_{25}\cong\mathbb{Z}_{600}$$

이므로 600이다. ■

**예제 9** $G=\mathbb{Z}_2\times\mathbb{Z}_2\times\mathbb{Z}_4\times\mathbb{Z}_8\times\mathbb{Z}_3\times\mathbb{Z}_3\times\mathbb{Z}_3\times\mathbb{Z}_5\times\mathbb{Z}_{25}$일 때 불변인수로 나타내보자. 서로 다른 소수를 행으로 크기 순서대로 나열하여

$$\begin{array}{cccc} 2 & 2 & 2^2 & 2^3 \\ & 3 & 3 & 3 \\ & & 5 & 5^2 \end{array}$$

과 같이 표시한다. 이렇게 표시한 각 순환군을 세로로 다시 재배열하여

$$G=\mathbb{Z}_2\times(\mathbb{Z}_2\times\mathbb{Z}_3)\times(\mathbb{Z}_{2^2}\times\mathbb{Z}_3\times\mathbb{Z}_5)\times(\mathbb{Z}_{2^3}\times\mathbb{Z}_3\times\mathbb{Z}_{5^2})$$

로 나타낼 수 있는데 각 괄호 속은 서로 다른 소수들의 곱으로 나타나 있다. 따라서

$$G\cong\mathbb{Z}_2\times\mathbb{Z}_6\times\mathbb{Z}_{60}\times\mathbb{Z}_{600}$$

이다. 즉 이것은 불변인수로 나타난 모양이다.

**예제 10** $\mathbb{Z}_2\times\mathbb{Z}_2\times\mathbb{Z}_4\times\mathbb{Z}_3\times\mathbb{Z}_9\times\mathbb{Z}_5$의 불변인수를 구해보자.

$$\begin{array}{ccc} 2 & 2 & 4 \\ & 3 & 9 \\ & & 5 \\ \hline 2 & 6 & 180 \end{array}$$

와 같이 각 행은 오른편이 왼편의 배수이고 각 열은 서로 소이므로 각 열을 곱하면 된다. 따라서 불변인수는 2, 6, 180이다. 즉 이 군은 $\mathbb{Z}_2 \times \mathbb{Z}_6 \times \mathbb{Z}_{180}$과 동형이다.

**예제 11** 위수가 1500인 모든 아벨군을 구해보면 $1500 = 2^2 \times 3 \times 5^3$이므로 총가짓수는 $2 \times 1 \times 3 = 6$가지가 됨을 알 수 있다. 기본약수는

$$\{2^2,\ 3,\ 5^3\},\ \{2,\ 2,\ 3,\ 5^3\},\ \{2^2,\ 3,\ 5,\ 5^2\},\ \{2,\ 2,\ 3,\ 5,\ 5^2\},\ \{2^2,\ 3,\ 5,\ 5,\ 5\},$$
$$\{2,\ 2,\ 3,\ 5,\ 5,\ 5\}$$

이다. 각각의 불변인수는 각각

$$\begin{array}{c} 2^2 \\ 3 \\ 5^3 \\ \hline 1500 \end{array} \qquad \begin{array}{cc} 2 & 2 \\ & 3 \\ & 5^3 \\ \hline 2 & 750 \end{array} \qquad \begin{array}{cc} & 2^2 \\ & 3 \\ 5 & 5^2 \\ \hline 5 & 300 \end{array} \qquad \begin{array}{cc} 2 & 2 \\ & 3 \\ 5 & 5^2 \\ \hline 10 & 150 \end{array} \qquad \begin{array}{ccc} & & 2^2 \\ & & 3 \\ 5 & 5 & 5 \\ \hline 5 & 5 & 60 \end{array} \qquad \begin{array}{ccc} & 2 & 2 \\ & & 3 \\ 5 & 5 & 5 \\ \hline 5 & 10 & 30 \end{array}$$

이다.

**예제 12** $|G| = 8$인 서로 다른 군은 5개뿐임을 보이자.

우선 $G$가 아벨군이면 앞 예제 6에서 $G \cong \mathbb{Z}_8,\ \mathbb{Z}_4 \times \mathbb{Z}_2,\ \mathbb{Z}_2 \times \mathbb{Z}_2 \times \mathbb{Z}_2$ 중 하나와 동형이다. $G$가 아벨군이 아니면 $G$에는 위수가 8인 원소는 없다. 만일 있으면 $G$는 순환군이 되고 따라서 $G$는 아벨군이다. 따라서 $G$에는 모든 원소의 위수가 1, 2, 4중 한 개인데 만일 $e$가 아닌 원소의 위수가 모두 2, 즉 임의의 $x \in G$에 대해서 $x^2 = e$이면 $G$는 아벨군이므로 결국 $G$에는 위수 4인 원소가 반드시 존재한다. $|a| = 4$라고 하면 $[G : \langle a \rangle] = 2$이므로 $\langle a \rangle$는 $G$의 정규부분군이다. $b \in G - \langle a \rangle$라고 하면 $\{b,\ ab,\ a^2b,\ a^3b\}$는 모두 다른 원소이고 또 $\langle a \rangle$에는 속하지 않으므로

$$G = \{e,\ a,\ a^2,\ a^3,\ b,\ ab,\ a^2b,\ a^3b\}$$

로 쓸 수 있다. $bab^{-1} \in \langle a \rangle$이고 $|bab^{-1}| = |a|$이므로 $bab^{-1} = a$ 또는 $a^3$인데 $bab^{-1} = a$이면 $G$는 아벨군이 되므로 $bab^{-1} = a^3$이다. 따라서 $ba = a^3b$이다.

$$(a^ib)(a^jb) = a^ia^{3j}b^2$$

이므로 $|b| = 2$이면 $(a^ib)(a^jb) = a^ia^{3j}$고 $G \cong D_4$이다. $|b| = 4$이면 $b^2 = a^2$이 되어 이때는

$$(a^i b)(a^j b) = a^i a^{3j} a^2$$

가 된다. 이때는 $G \cong Q_8$이다. 따라서 위수가 8인 군은 아벨군이 3종류, 비아벨군이 2종류로 모두 5가지뿐임을 알 수 있다.

다음 정리에서는 아벨군에서의 코시정리(라그랑즈정리의 역)를 쉽게 증명할 수 있다.

**정리 10.8** $G$는 위수 $n$인 아벨군이다. $m|n$이면 $G$는 위수 $m$인 부분군을 가진다.

**증명**

$$G = G_1 \times G_2 \times \cdots \times G_k$$

$G_i$는 위수 $p_i^{r_i}$인 순환군($p_i$는 소수)으로 쓸 수 있다.

$$n = p_1^{r_1} p_2^{r_2} \cdots p_k^{r_k}$$

이므로 $m|n$이면

$$m = p_1^{s_1} p_2^{s_2} \cdots p_k^{s_k},\ s_i \le r_i \ \ (i = 1,\ 2,\ \cdots,\ k)$$

이다. 각 $G_i$는 순환군이므로 $G_i$는 위수가 $p_i^{s_i}$인 부분군 $H_i$를 가진다. 따라서 $H = H_1 \times H_2 \times \cdots \times H_k$은 위수 $m$인 $G$의 부분군이 된다. □

**예제 13** $G = \mathbb{Z}_{12} \times \mathbb{Z}_{10} \times \mathbb{Z}_{25}$일 때, 위수가 100인 $G$의 부분군을 구해보면 우선 $G \cong (\mathbb{Z}_4 \times \mathbb{Z}_3) \times (\mathbb{Z}_2 \times \mathbb{Z}_5) \times \mathbb{Z}_{25}$로 표시할 수 있다. $100 = 2^2 \times 5^2$이므로 $2 \times 2 \times 5 \times 5$가 $(2^2 \times 3) \times (2 \times 5) \times 5^2$의 약수가 되는 모든 경우를 구해보면 $H = \langle \overline{3} \rangle \times \langle \overline{2} \rangle \times \langle \overline{5} \rangle$ 마찬가지로

$$(2^2 \times 1) \times (1 \times 1) \times 5^2 = H_1 \times H_2 \times H_3 = \langle \overline{3} \rangle \times \langle \overline{0} \rangle \times \mathbb{Z}_{25},$$

$$(2 \times 1) \times (2 \times 5) \times 5 = H_1 \times H_2 \times H_3 = \langle \overline{6} \rangle \times \mathbb{Z}_{10} \times \langle \overline{5} \rangle,$$

$$(2 \times 1) \times (2 \times 1) \times 5^2 = \langle \overline{6} \rangle \times \langle \overline{5} \rangle \times \mathbb{Z}_{25}$$

이다.

**정리 10.9** $G$는 아벨군, $p$는 소수이다. 집합

$$G(p)=\{a\in G \mid a\text{의 위수는 } p\text{의 거듭제곱}\}$$

는 $G$의 부분군이다.

**증명** $a, b\in G(p)$라고 하면 $|a|=p^n$, $|b|=p^m$으로 쓸 수 있다. 따라서

$$|ab|\le p^{n+m}\text{이므로 } ab\in G(p),\ |a^{-1}|=p^n\text{이므로 } a^{-1}\in G(p)$$

따라서 $G(p)$는 $G$의 부분군이다. □

$p$-군의 정의에서 $G(p)$는 $p$-군이 됨을 잘 알 수 있다.

**예제 14** $G=\mathbb{Z}_{12}$, $p=2$라고 하면 $G(p)$는 위수가 $2^0$, $2^1$, $2^2$인 원소이다. 따라서 $G(p)=\{\bar{0}, \bar{3}, \bar{6}, \bar{9}\}$이다. $p=3$이면 $G(p)=\{\bar{0}, \bar{4}, \bar{8}\}$이다.

**예제 15** $G=\mathbb{Z}_3\times\mathbb{Z}_3$이라고 하면 $G$의 $e$이외의 모든 원소의 위수는 3이므로 $G(3)=G$이다.

**정리 10.10** $G$는 아벨군이고 $|a|=p_1^{t_1}p_2^{t_2}\cdots p_k^{t_k}$, $p_i$는 서로 다른 소수이면 $a=a_1a_2\cdots a_k$, $a_i\in G(p_i)$ $(1\le i\le k)$인 $a_i\in G$가 존재한다.

**증명** $m=p_2^{t_2}\cdots p_k^{t_k}$, $n=p_1^{t_1}$이라고 하면 $|a|=mn$이고 $\gcd(m, n)=1$이다. $\gcd(m, n)=1$이므로 $mx+ny=1$이 되는 정수 $x, y$가 존재한다. 따라서

$$a=a^1=a^{mx+ny}=a^{mx}a^{ny}$$

그런데

$$(a^{mx})^{p_1^{t_1}}=(a^{mx})^n=a^{mnx}=e$$

이므로 $|a^{mx}|$는 $p_1^{t_1}$의 약수가 된다. 따라서 $p_1$의 거듭제곱이다. 따라서 $a^{mx}\in G(p_1)$이다. 마찬가지로 $(a^{ny})^m=e$이므로 $|a^{ny}|$는 $m$의 약수이다. 따라서 $|a^{ny}|=p_2^{r_2}\cdots p_k^{r_k}$, $r_i\le t_i$꼴이 된다. 즉

$$a=a^{mx}a^{ny},\ a^{mx}\in G(p_1),\ |a^{ny}|=p_2^{r_2}\cdots p_k^{r_k},\ r_i\le t_i$$

이다. $a^{mx}=a_1$이라 두고 다시 $a^{ny}$을 위와 같이 반복하면 결국 수학적 귀납법으로 $a=a_1 a_2 \cdots a_k$, $a_i \in G(p_i)$로 나타낼 수 있다. □

**정리 10.11** $G$가 유한아벨군이고 $|G|=p_1^{t_1} \cdots p_k^{t_k}$, $p_i$는 서로 다른 소수이면

$$G \cong G(p_1) \times G(p_2) \times \cdots G(p_k)$$

이다.

**증명** $a \in G$라고 하면 $|a|$는 $|G|$의 약수이다. 따라서 정리 10.10에 의해서 $a=a_1 a_2 \cdots a_k$, $a_i \in G(p_i)$ 꼴로 쓸 수 있다(여기서 $|a|$에 $p_j$가 없으면 $a_j=e$로 생각한다). 다음 이 $a$는 $G(p_i)$의 원소의 곱으로 단 한 가지로 표시됨을 보이자.

$$a=a_1 a_2 \cdots a_k = b_1 b_2 \cdots b_k,\ a_i,\ b_i \in G(p_i)$$

로 표시되었다고 하자.

$$a_1 b_1^{-1} = (a_2 \cdots a_k)^{-1}(b_2 \cdots b_k) = (a_2^{-1}b_2)\cdots(a_k^{-1}b_k),\ a_i^{-1}b_i \in G(p_i)$$

이다. 모든 $2 \le i \le k$에 대해서 $a_i^{-1}b_i \in G(p_i)$이므로 $|a_i^{-1}b_i| = p_i^{r_i}$로 쓸 수 있다. 따라서 $m=p_2^{r_2}p_3^{r_3} \cdots p_k^{r_k}$라 두면 $(a_i^{-1}b_i)^m = e \quad (2 \le i \le k)$이므로 $(a_1 b_1^{-1})^m = e$이다. 따라서 $a_1 b_1^{-1}$의 위수는 $m$의 약수이고 또 $p_1$의 거듭제곱이므로 $p_1^{s_1}$ 꼴이다. 결국 $p_1^{s_1} \mid p_2^{r_2}p_3^{r_3} \cdots p_k^{r_k}$. 그런데 모든 $p_i$는 서로 다른 소수이므로 $p_1^{s_1}=1$, 즉 $s_1=0$ 밖에 될 수가 없다. 따라서 $|a_1 b_1^{-1}|=1$에서 $a_1=b_1$이다. 마찬가지로 해서 $a_2=b_2$, $a_3=b_3$, $\cdots$, $a_k=b_k$를 얻을 수 있고 결국 $G$의 원소 $a$는 $G(p_i)$의 원소의 곱으로 단한가지로 표시되므로 $G$는 $G(p_i)$의 내직적이 된다. 앞 정리 10.4에 의해서

$$G \cong G(p_i) \times G(p_2) \times \cdots \times G(p_k)$$

를 얻는다. □

$p$-군 $G$의 원소 $a \in G$가 모든 $x \in G$에 대해서 $|a| \ge |x|$일 때 $a$를 **극대위수**(maximal order) 원소라 부른다. 만일 $G$가 유한 $p$-군이면 $|G|=p^n$꼴이다. 따라서 임의의 $x \in G$의 위수는 $p^k$, $0 \le k \le n$가 된다. 만일 이 군에서 위수가 $p^n$인 원소가 존재하면 극대위수 원소가 될 것이다. 또 유한군에는 항상 극대위수 원소가 존재함을 알 수 있다. 물론 극대위수인 원소의 위수가 항상 $p^n$인 것은 아니다.

> **정리 10.12** $G$는 유한아벨 $p$-군이다. $a$가 $G$의 극대위수원소이면 $G \cong \langle a \rangle \times K$가 되는 $G$의 부분군 $K$가 존재한다.

**증명**

$$X = \{ N | N \text{는 } G\text{의 부분군, } N \cap \langle a \rangle = \{e\} \}$$

라고 하면 $\{e\} \in X$이므로 $X \neq \varnothing$이다. $X$의 원소 중 최대인 원소를 $K$라고 하면 $K \cap \langle a \rangle = \{e\}$이다. $\langle a \rangle K = G$이면 $G$는 $K$와 $\langle a \rangle$의 내직적이 되므로 $G \cong \langle a \rangle \times K$가 되어 증명이 끝난다. $\langle a \rangle K \neq G$면 모순을 보이자. 만일 $G \neq \langle a \rangle K$라고 하면 $b \in G - \langle a \rangle K$인 원소가 존재할 것이다. 즉, $b \in G$이며 $b \notin \langle a \rangle K$이다. $G$는 $p$-군이므로 $|G| = p^n$ 꼴이다. 따라서 $|b| = p^i$ $(1 \leq i \leq n)$로 쓸 수 있다.

$p$의 거듭제곱의 집합 $\{p^1, p^2, \cdots\}$ 중 $p^i$는 $b^{p^i} = e \in \langle a \rangle K$이다. 이 집합 중 $b^{p^t} \in \langle a \rangle K$가 되는 가장 작은 $p^t$를 잡으면 $1 \leq t \leq i$가 됨을 알 수 있다.

$$c = b^{p^{t-1}} \notin \langle a \rangle K, \; c^p = b^{p^t} \in \langle a \rangle K$$

이다.

$$c^p = a^j k, \; a^j \in \langle a \rangle, \; k \in K$$

로 두자. $|a| = p^l$라고 하면 $l \leq n$이고 $a$는 $G$의 극대위수원소이므로 $c^{p^l} = e$이다.

$$(a^j)^{p^{l-1}} k^{p^{l-1}} = (a^j k)^{p^{l-1}} = (c^p)^{p^{l-1}} = c^{p^l} = e$$

따라서

$$(a^j)^{p^{l-1}} = k^{-p^{l-1}} \in \langle a \rangle \cap K = \{e\}$$

이므로 $p^l | jp^{l-1}$가 되어 $j$는 $p$의 배수이다.

$$c^p = a^j k = a^{pm} k, \; m \in \mathbb{Z}$$

로 쓸 수 있으므로

$$k = c^p (a^{pm})^{-1} = (ca^{-m})^p$$

이다. 여기서 편의상 $ca^{-m} = d$라고 두면

$$d^p = (ca^{-m})^p = k \in K, \; c = a^m d \notin \langle a \rangle K$$

이므로 $d \notin K$이다. $H = \langle d \rangle K$라 하면 $H$는 $G$의 부분군, 실제로는 $\langle d \rangle$와 $K$를 포함하는 최소의 부분군이다.

$$K \subset H, \; d \notin K, \; d \in H$$

이므로 $K \subsetneq H$이다. 그런데 $K$는 $X$의 최대원소이므로 결국 $H$는 $X$의 원소가 될 수 없다. 따라서 $\langle a \rangle \cap H \neq \{e\}$이다.

$$w \neq e, \; w \in \langle a \rangle \cap H$$

를 하나 잡으면 $w \in \langle a \rangle$이므로 $w = a^h$, $h \in \mathbb{Z}$, $w \in H = \langle d \rangle K$이므로

$$w = gd^s,\ g \in K,\ s \in \mathbb{Z}$$

로 둘 수 있다. 만일 $p|s$이면 $d^p \in K$이므로 $d^s \in K$이다. 따라서

$$w = a^h = gd^s \in \langle a \rangle \cap K$$

가 되어 $\langle a \rangle \cap K = \{e\}$인 사실에 모순이다. 따라서 $s$는 $p$의 배수가 될 수 없다. 이 말은 다시 말하면 $s$와 $p$는 서로 소라는 말이므로 $sx + py = 1$이 되는 정수 $x$, $y$가 존재한다. 따라서

$$\begin{aligned} c &= c^{sx} c^{py} \\ &= (a^m d)^{sx} (a^j k)^y \\ &= (a^{ms} d^s)^x (a^j k)^y \\ &= (a^{ms} a^h g^{-1})^x (a^j k)^y \\ &= a^{msx + hx + jy} (g^{-1})^x k^y \in \langle a \rangle K \end{aligned}$$

가 되어 $c \notin \langle a \rangle K$에 모순이다. 따라서

$$G = \langle a \rangle K,\ \langle a \rangle \cap K = \{e\}$$

인 부분군 $K$가 존재하여 $G$는 $\langle a \rangle$와 $K$의 내직적이 된다. □

**정리 10.13** $G$가 유한아벨 $p$-군이면 $G$는 위수가 $p^i$인 순환군의 직적과 동형이다.

**증명** $G$는 유한 $p$-군이므로

$$|G| = p^n,\ n \in \mathbb{Z}$$

로 둘 수 있다. 우선 $|G| = 2$이면 $G$는 당연히 $\mathbb{Z}_2$인 순환군이므로 정리가 성립한다. $a$를 $G$의 극대위수원소라고 하면 앞 정리 10.12에서 $G \cong \langle a \rangle \times K$가 되는 $G$의 부분군 $K$가 존재한다. 최소한 $a$의 위수는 $p$ 보다는 크므로 $|K| < p^n$이다. 또 $K$도 물론 유한아벨 $p$-군이다. 다시 $K$에서 극대위수원소 $b$를 취하면 $K \cong \langle b \rangle \times K_1$ 꼴로 쓸 수 있고 $|K_1| < |K|$이다. 이와 같이 반복하면 수학적 귀납법에 의해서

$$G \cong \langle a \rangle \times \langle b \rangle \times \cdots \times \langle z \rangle$$

로 쓸 수 있다. 물론 각 순환군의 위수는 $p^n$의 약수이므로 $p$의 거듭제곱이다. □

위의 정리 10.13과 정리 10.11을 이용하면 정리 10.6을 바로 얻을 수 있다.

**문제 2** $G$는 아벨군이고 $|G| = p^m q$, $\gcd(p, q) = 1$이다. $G(p)$의 위수는 $p^m$임을 보여라.

**풀이** $G \cong \mathbb{Z}_{p_1^{t_1}} \times \mathbb{Z}_{p_2^{t_2}} \times \cdots \times \mathbb{Z}_{p_n^{t_n}}$로 나타내었다 하자. 여기서 $p_i = p$인 순환군을 다 모아서

$$G \cong \mathbb{Z}_{p^{i_1}} \times \mathbb{Z}_{p^{i_2}} \times \cdots \times \mathbb{Z}_{p^{i_k}} \times (\text{나머지})$$

로 적을 수 있다. 또 $p^{i_1} p^{i_2} \cdots p^{i_k} = p^m$이 됨은 당연하다. 그런데 $H = \mathbb{Z}_{p^{i_1}} \times \mathbb{Z}_{p^{i_2}} \times \cdots \times \mathbb{Z}_{p^{i_k}}$의 임의의 원소 $a$에 대해서 $a^{p^m} = e$이므로 $a$의 위수는 $p$의 거듭제곱이다. 따라서 $H \subset G(p)$가 되어 $|G(p)| \geq p^m$이다. 그런데 $G(p)$는 $p$-군이므로 $G(p)$의 위수는 $p^j$꼴이고 $p^j | p^m q$이므로 $p^j \leq p^m$이다. 결국 $|G(p)| = p^m$이 된다. ■

모든 군은 자유군의 상군으로 표시되는 것과 마찬가지로 모든 아벨군은 자유아벨군의 상군으로 표시할 수 있다. 따라서 우리는 자유아벨군의 모양만 구하면 모든 아벨군은 그 상군으로 표시되므로 아벨군의 모양도 구할 수 있다.

**정의 10.3** $(A, +)$는 아벨군이고 $X \subset A$이다. 이때 $X$가 다음 두 조건을 만족시킬 때 $X$를 $A$의 **기저**(basis)라고 한다.

1) 임의의 $g \in A$에 대해서 $n_i \in \mathbb{Z}$, $x_i \in X$가 존재하여$(1 \leq i \leq k)$

$$g = n_1 x_1 + \cdots + n_k x_k$$

로 표시된다.

2) 만일 $n_i \in \mathbb{Z}$, $x_i \in X$로써 $x_i \neq x_j \ (i \neq j)$

$$n_1 x_1 + \cdots + n_k x_k = 0$$

이면 모든 $n_i = 0$이다.

$X$의 원소를 유한번 연산한

$$n_1 x_1 + \cdots + n_k x_k \ (n_i \in \mathbb{Z}, \ x_i \in X)$$

꼴의 원소를 $X$의 원소의 **일차결합**(linear combination)이라고 부른다.

$$\langle X \rangle = \{ x \in G | x\text{는 } X\text{의 원소의 일차결합} \}$$

임을 알 수 있다. 아벨군 $A$가 $A = \langle X \rangle$일 필요충분조건은 정의 10.3의 조건 1)이 성립할 때이다. 특히 $X$가 유한집합일 때 $A$는 **유한생성아벨군**(finitely generated abelian group)이다.

조건 2)를 $X$는 **일차독립**(linearly independent)이라고 부른다. 따라서 $X$가 아벨군 $A$의 기저라는 말은 $X$가 일차독립이면서 $A$를 생성한다는 뜻이다. 일반적으로 모든 아벨군은 생성원을 가진다. 간단히 $A = \langle A \rangle$이다. 그러나 일차독립인 생성원, 즉 기저가 없는 경우가 많다.

**정의 10.4** 기저를 가지는 아벨군을 **자유아벨군**(free abelian group)이라고 부른다.

**예제 16** $A = \mathbb{Z} \times \mathbb{Z}$는 자유아벨군이다. 그러나 $\mathbb{Z}_5$는 자유아벨군이 아니다. $\mathbb{Z}_5$의 어떠한 부분집합도 일차독립이 아니다.

**정리 10.14** 아벨군 $A$가 기저 $X$를 가지면 $A$의 임의의 항등원이 아닌 원소는 $X$ 원소의 일차결합으로서 유일한 형태로 표시되고 또 그 역도 성립한다.

**증명** ($\Rightarrow$) $X$는 $A$를 생성하므로 임의의 $a \in A$는 $X$의 원소의 일차결합으로 표시된다. 만일 $a \in A$가 두 가지 모양으로

$$n_1 x_1 + n_2 x_2 + \cdots + n_k x_k = m_1 y_1 + m_2 y_2 + \cdots + m_l y_l \quad (n_i,\ m_j \in \mathbb{Z},\ x_i,\ y_j \in X)$$

꼴로 표시되었다고 하자. 물론 $k \neq l$면 $x_k \neq x_l$, $y_k \neq y_l$이다. 좌변식과 우변식에서 공통되는 항이 없으면 그 항의 계수를 0으로 취급하여 모두 공통항이 있도록 하여

$$n_1 x_1 + n_2 x_2 + \cdots + n_k x_k = a_1 z_1 + a_2 z_2 + \cdots + a_r z_r$$
$$m_1 y_1 + m_2 y_2 + \cdots + m_l y_l = b_1 z_1 + b_2 z_2 + \cdots + b_r z_r$$
$$(\text{단 } \{x_1,\ \cdots,\ x_k\} \cup \{y_1,\ \cdots,\ y_l\} \subset \{z_1,\ \cdots,\ z_r\},\ a_i,\ b_i \in \mathbb{Z},\ 1 \le i \le r)$$

꼴로 쓸 수 있다. 따라서 위의 식으로부터

$$(a_1 - b_1) z_1 + (a_2 - b_2) z_2 + \cdots + (a_r - b_r) z_r = 0$$

가 되어서 $a_i = b_i\,(i = 1,\ \cdots,\ r)$이다. 그런데

$$\{n_1,\ \cdots,\ n_k\} \cup \{m_1,\ \cdots,\ m_l\} \subset \{a_1,\ \cdots,\ a_k\}$$

이므로 만일 $x_i = y_j$라면 $n_i = m_j$가 되어 $a$는 단 한 가지 모양으로 표시된다.

(⇐) 항등원 0은 $X$의 원소가 아님은 당연하다. $X$는 $A$를 생성하므로 일차독립이 되는지만 살펴보자. 만일

$$n_1x_1 + n_2x_2 + \cdots + n_kx_k = 0,\ x_i \neq x_j,\ 1 \leq i,\ j \leq k,\ n_1 \neq 0$$

이라면

$$x_1 = x_1 + (n_1x_1 + \cdots + n_kx_k) = (1+n_1)x_1 + \cdots + n_kx_k$$

이고 $1 \neq 1+n_1$이므로 $x_1$은 두 가지 방법으로 표시되어 모순이다. □

**정리 10.15** $G = \mathbb{Z} \times \mathbb{Z} \times \cdots \times \mathbb{Z}$ (유한개)이면 $G$는 자유아벨군이다.

위의 정리 10.15의 역도 성립한다.

**정리 10.16** 군 $G$가 기저의 원소가 $k$개인 자유아벨군이면 $G \cong \mathbb{Z} \times \mathbb{Z} \times \cdots \times \mathbb{Z}$ ($k$개)이다.

**증명** $X = \{a_1, a_2, \cdots, a_k\}$를 $G$의 기저라고 하자. $\mathbb{Z} \times \mathbb{Z} \times \cdots \times \mathbb{Z}$에서 $G$로의 함수 $\phi$를

$$\phi : \mathbb{Z} \times \mathbb{Z} \times \cdots \times \mathbb{Z} \to G,\ \phi(n_1, n_2, \cdots, n_k) = n_1a_1 + \cdots + n_ka_k$$

라고 하면 $\phi$는 준동형사상이다. 또 $\phi$는 전사이다.

$\operatorname{Ker}\phi = 0$이므로 $\phi$는 동형사상이 된다. 즉, 기저의 조건 1)에 의해서 $\phi$는 전사가 되고 2)에 의해서 $\phi$는 단사이다. 따라서

$$G \cong \mathbb{Z} \times \mathbb{Z} \times \cdots \times \mathbb{Z}$$

이다. □

위의 정리에 의해서 $G$가 기저의 원소가 $k$개인 자유아벨군일 필요충분조건은 $G$는 $\mathbb{Z}$를 $k$개 직적한 $\mathbb{Z} \times \mathbb{Z} \times \cdots \times \mathbb{Z}$와 동형임을 알 수 있다. 물론 무한기저를 가지는 자유아벨군도 많다.

일반적으로 자유아벨군은 여러 가지 모양의 기저를 가질 수 있다. 그러나 기저의 원소의 개수는 모두 같다.

**정리 10.17** 자유아벨군 $F$의 한 기저가 유한집합이면 임의의 두 유한기저의 원소의 개수는 같다.

**증 명** $X=\{a_1, a_2, \cdots, a_k\}$가 자유아벨군 $F$의 기저라고 하면 $|X|=k$이고 앞의 정리에서 $F \cong \mathbb{Z} \times \mathbb{Z} \times \cdots \times \mathbb{Z}$ ($k$개)로 둘 수 있다.

$$H=\{2x \mid x \in F\}=\{x+x \mid x \in F\}$$

라고 하면 임의의 $2x$, $2y \in H$에 대해서 $x$, $y \in F$이고

$$2x+2y=2(x+y) \in H, \quad -(2x)=2(-x) \in H$$

이므로 $H$는 $F$의 부분군이다. 앞 정리 10.16의 동형사상

$$\phi : \mathbb{Z} \times \mathbb{Z} \times \cdots \times \mathbb{Z} \to F$$

에서 $\phi^{-1}(H)$를 구해보면

$$(n_1, n_2, \cdots, n_k) \in \phi^{-1}(H)$$

일 필요충분조건은

$$n_1 a_1 + n_2 a_2 + \cdots + n_k a_k = 2x, \ x \in F$$

의 원소꼴이므로

$$n_1 a_1 + \cdots + n_k a_k = 2(m_1 a_1 + m_2 a_2 + \cdots + m_k a_k), \ m_i \in \mathbb{Z}$$

이고 결국 $n_i = 2m_i$, $m_i \in \mathbb{Z}$가 되어

$$\phi^{-1}(H) = 2\mathbb{Z} \times 2\mathbb{Z} \times \cdots \times 2\mathbb{Z}$$

가 된다. 따라서

$$\begin{aligned} F/H &\cong (\mathbb{Z} \times \cdots \times \mathbb{Z})/(2\mathbb{Z} \times \cdots \times 2\mathbb{Z}) \\ &\cong (\mathbb{Z}/2\mathbb{Z}) \times (\mathbb{Z}/2\mathbb{Z}) \times \cdots \times (\mathbb{Z}/2\mathbb{Z}) \\ &\cong \mathbb{Z}_2 \times \mathbb{Z}_2 \times \cdots \times \mathbb{Z}_2 \ (k\text{개}) \end{aligned}$$

이고 $|F/H|=2^k$이 된다. 또 다른 $F$의 기저를 $Y$라고 하고 $|Y|=s$라고 하면 마찬가지로 해서 $|F/H|=2^s$이므로 $2^k=2^s$, 즉 $|X|=|Y|$임을 알 수 있다. □

물론 이 정리는 기저의 개수가 무한일 경우에도 역시 성립한다. 위의 정리에 의해서 자유아벨군에서는 어떠한 기저를 잡더라도 그 기저의 원소의 개수는 불변이므로 다음과 같이 정의할 수 있다.

**정의 10.5** 자유아벨군 $F$의 기저의 원소의 개수를 $F$의 계수(rank)라고 부른다.

**예제 17** $X=\{(1,\ 0,\ 0),\ (0,\ 1,\ 0),\ (0,\ 0,\ 1)\}$은 $F=\mathbb{Z}\times\mathbb{Z}\times\mathbb{Z}$의 기저이므로 $F$의 계수는 3이다.

**정리 10.18** $X=\{a_1,\ \cdots,\ a_k\}$가 자유아벨군 $F$의 기저이면 임의의 $n\in\mathbb{Z}$, 임의의 $i,\ j\ (1\le i\ne j\le k)$에 대해서 $a_j$ 대신 $a_j+na_i$를 대입한

$$Y=\{a_1,\ \cdots,\ a_{j-1},\ a_j+na_i,\ a_{j+1},\ \cdots,\ a_k\}$$

도 역시 $F$의 기저이다.

**예제 18** $F=\mathbb{Z}\times\mathbb{Z}$, $K=\langle(0,\ 3),\ (1,\ 6)\rangle\subset F$라고 하면 정리 10.18의 증명에서 본 바와 같이

$$\{(0,\ 3),\ (1,\ 6)-2(0,\ 3)\}=\{(0,\ 3),\ (1,\ 0)\}$$

도 $K$를 생성한다. 따라서

$$\begin{aligned}K&=\{a(0,\ 3)+b(1,\ 0)\mid a,\ b\in\mathbb{Z}\}\\&=\{(b,\ 3a)\mid a,\ b\in\mathbb{Z}\}\\&=\mathbb{Z}\times 3\mathbb{Z}\end{aligned}$$

가 됨을 알 수 있다. 따라서 $F/K\cong\mathbb{Z}_3$이 된다.

**정리 10.19** 계수 $n$인 모든 자유아벨군은 순환군의 직적으로 분해된다.

**증명** $X=\{a_1,\ a_2,\ \cdots,\ a_n\}$을 자유아벨군 $F$의 기저라고 하자.

$$K=\{m_2a_2+m_3a_3+\ \cdots\ +m_na_n\mid m_i\in\mathbb{Z}\}$$

라고 하면 $K$는 $F$의 부분군이 됨을 알 수 있다. 또 $K$의 기저는 $\{a_2,\ a_3,\ \cdots,\ a_n\}$이 된다. 임의의 $g\in F$에 대해서 $X$는 기저이므로

$$g=m_1a_1+(m_2a_2+\ \cdots\ +m_na_n)$$

이므로 결국 $g \in \langle a_1 \rangle + K$이다. 한편 $\langle a_1 \rangle \cap K = \{0\}$도 쉽게 알 수 있다. 따라서 $F \cong \langle a_1 \rangle \times K$이고 이것을 반복하면 $F \cong \langle a_1 \rangle \times \langle a_2 \rangle \times \cdots \times \langle a_n \rangle$을 얻는다. □

**정리 10.20** 모든 유한 아벨군은 $p$-군의 직적으로 분해(decomposition)된다.

**증 명** $G$는 아벨군, $|G| = p^n m$, $\gcd(p, m) = 1$, $p$는 소수라고 하자.

$$H = \{x \in G \mid |x| \text{는 } p^n \text{의 약수}\},\ K = \{x \in G \mid |x| \text{는 } m \text{의 약수}\}$$

라고 하면 $|ab|$는 $\mathrm{lcm}(|a|, |b|)$의 약수이므로 $H$, $K$는 $G$의 부분군이 됨을 쉽게 알 수 있다. 임의의 $g \in G$와 $i \in \mathbb{Z}$에 대해서

$$((g^{p^n})^i)^m = g^{p^n mi} = g^{|G|i} = e$$

이므로 $|(g^{p^n})^i|$는 $m$의 약수이다. 따라서 $\{g^{p^n}, g^{2p^n}, g^{3p^n}, \cdots\} \subset K$이다. 이와 마찬가지로 $|(g^m)^i|$는 $p^n$의 약수이므로 $\{g^m, g^{2m}, g^{3m}, \cdots\} \subset H$가 된다. 한편 $p^n$과 $m$은 서로소이므로 $p^n k + mt = 1$인 정수 $k, t \in \mathbb{Z}$가 존재한다. 따라서 $g = g^{p^n k} g^{mt} \in KH$가 되어 결국 $G = KH$이다. 한편 $\gcd(p, m) = 1$이므로 $p^n$과 $m$의 공약수는 1뿐이므로 $H \cap K = \{e\}$이다. 이 사실로부터 $G$는 $H$과 $K$의 내직적이 됨을 알 수 있다. 즉 $G \cong H \times K$이고 $H$는 $p$-군이다. 또 $|H| = p^n$, $|K| = m$이 됨도 쉽게 알 수 있다. $|G|$를 소인수분해하여 $|G| = p_1^{n_1} p_2^{n_2} \cdots p_m^{n_m}$이 되었다면 위의 사실을 반복하면

$$G \cong G_1 \times G_2 \times \cdots \times G_m,\ G_i \text{는 } p_i\text{-군}$$

꼴의 내직적으로 나타낼 수 있다. □

**예제 19** $|G| = 72$인 아벨군이라고 하면 $|G| = 72 = 2^3 \times 3^2$이므로

$$G \cong G_1 \times G_2,\ |G_1| = 2^3,\ |G_2| = 3^2$$

꼴이다. 따라서 $G_1$은 위수가 8인 $p$-군이므로

$$\mathbb{Z}_8,\ \mathbb{Z}_4 \times \mathbb{Z}_2,\ \mathbb{Z}_2 \times \mathbb{Z}_2 \times \mathbb{Z}_2$$

중 한 개이고 $G_2$는 $\mathbb{Z}_9$, $\mathbb{Z}_3 \times \mathbb{Z}_3$ 중 한 개와 동형이다. 결국 위수 72인 아벨군은 6 종류가 있다.

**정리 10.21** 모든 아벨군은 자유아벨군의 상군으로 표시된다.

**증 명** $A$를 아벨군이라고 하고

$$F=\{f \mid f: A \to \mathbb{Z},\ f(a) \neq 0\text{인 } a\text{는 유한개}\}$$

라고 하자. $F$에 연산 $+$을

$$(f+g)(x)=f(x)+g(x)$$

과 같이 정의하면 $(F, +)$는 아벨군이 됨을 쉽게 알 수 있다. 이때 모든 원소를 0으로 보내는 함수가 항등원이 된다. 또 임의의 $x \in A$에 대해서 함수 $\theta_x$를

$$\theta_x : A \to \mathbb{Z},\ \theta_x(a)=\begin{cases} 1 & \text{만일 } x=a \\ 0 & \text{만일 } x \neq a \end{cases}$$

인 함수라고 하면

$$B=\{\theta_x \mid x \in A\} \subset F,\ |B|=|A|$$

이다. $B$가 $F$의 기저가 됨을 보이면 된다. 따라서 $F$는 계수가 $|B|=|A|$인 자유아벨군이 된다. 또 $F$의 임의의 원소 $u$는

$$u=m_1\theta_{x_1}+m_2\theta_{x_2}+\cdots+m_n\theta_{x_n} \quad (m_i \in \mathbb{Z},\ x_i \in A)$$

꼴로 단 한 가지 모양으로 표시되므로

$$h: F \to A,\ h(u)=m_1x_1+m_2x_2+\cdots+m_nx_n$$

라고 하면 $B$의 일차독립으로부터 $h$는 함수가 된다.

또 임의의 $x \in A$에 대해서 $h(\theta_x)=x$이므로 $h$는 전사인 준동형사상이 됨을 알 수 있다. 따라서 제1동형사상 정리에 의해서 $A \cong F/\text{Ker}\, h$이므로 $A$는 자유아벨군 $F$의 상군이 된다. □

**따름정리 10.22** $A$가 $n$개의 원소로 생성되는 유한생성아벨군이면 $A$의 모든 부분군은 $n$개 이하의 원소로 생성된다.

**증 명** $A$의 생성원을 $X$라고 하고 위의 정리에서 $A$ 대신 $X$를 대입하면 마찬가지로 하여 계수가 $|X|=n$인 자유아벨군 $F$를 얻을 수 있다. 또 위의 함수

$$h: F \to A,\ h(u)=m_1x_1+\cdots+m_nx_n\ (m_i \in \mathbb{Z},\ x_i \in X)$$

는 준동형사상이고 $X$가 $A$의 생성원이므로 전사가 됨을 알 수 있다. $H$를 $A$의 부분군이라 하면 $h^{-1}(H)$는 $F$의 부분군이므로 위의 정리 10.21에 의해서 $h^{-1}(H)$는 위수가 $n$ 이하인 기저 $T$를 가진다. $h$는 전사이므로

$$h(h^{-1}(H))=H$$

이고 또 $|T| \leq n$이므로 $|h(T)| \leq n$이다. $h(h^{-1}(H))$는 $h(T)$에 의해서 생성되므로 따라서 $H$는 $n$개 이하의 원소로 생성되어진다. □

**정리 10.23** 모든 유한생성아벨군 $A$는

$$A \cong \mathbb{Z}_{d_1} \oplus \cdots \oplus \mathbb{Z}_{d_t} \oplus (\mathbb{Z} \oplus \mathbb{Z} \oplus \cdots \oplus \mathbb{Z}) \ (d_1 > 1,\ d_1 | d_2 | \cdots | d_t)$$

꼴로 나타낼 수 있다. 단 여기서 $d_1 | d_2 | \cdots | d_t$의 뜻은 $d_1$은 $d_2$의 약수, $d_2$는 $d_3$의 약수 …란 의미이다.

**증명** $A$의 생성원을 $X$라고 하자. 만일 $|X| = 1$이면 $A = \langle a \rangle$인 순환군이 된다. 만일 $|A| = n$이면 $A = \langle a \rangle \cong \mathbb{Z}_n$, $n \geq 2$이고 만일 $|A| = \infty$이면 $A = \langle a \rangle \cong \mathbb{Z}$가 되어 정리가 성립한다. $S = \{X | X$는 $A$의 생성원$\}$이라고 하면 $A$는 유한생성이므로 유한집합 $X$가 $S$에 존재한다. $S$의 원소 중 원소의 개수가 최소인 $X$를 $A$의 **극소생성원**(mininal generator of $A$)라고 부른다. $X = \{y_1, y_2, \cdots, y_m\}$이 $A$의 극소생성원이라고 하면 $A$의 모든 생성원의 개수는 $m$개 이상이다. 만일 $A$의 극소생성원 $Y = \{a_1, a_2, \cdots, a_m\}$이 존재해서

$$n_1 a_1 + n_2 a_2 + \cdots + n_m a_m = 0$$

이면 모든 $a_i = 0$, $1 \leq i \leq m$이 된다고 하면 $Y$는 $A$의 기저가 되고 따라서 앞 정리 10.16에서 $A \cong \mathbb{Z}^m$이다. 따라서 정리가 성립한다.

이번에는 이러한 조건을 만족시키는 극소생성원이 존재하지 않는 경우를 생각해 보자. 즉 임의의 $A$의 극소생성원은 $A$의 기저가 될 수 없다고 하자. 당연히 $X = \{y_1, y_2, \cdots, y_m\}$은 $A$의 기저가 아니므로 $k_1 y_1 + k_2 y_2 + \cdots + k_m y_m = 0$이면서 어떤 $k_i \neq 0 \in \mathbb{Z}$가 존재할 것이다. 또 만일 $k_i = 1$이면 $\{y_1, \cdots, y_{i-1}, y_{i+1}, \cdots, y_m\}$이 $K$를 생성하게 되어 모순이다. 따라서 $k_i \neq 1$이 된다. 편의상

$$K = \{k_i \in \mathbb{Z} | k_1 x_1 + k_2 x_2 + \cdots + k_m x_m = 0,\ \{x_1, x_2, \cdots, x_m\}\text{은 } A\text{의 모든 극소생성원}\}$$

이라고 하면 $K$에는 1, 0이 아닌 원소가 반드시 존재한다. 따라서 $K - \{0, 1\} \neq \varnothing$이므로 $K - \{0, 1\}$의 최소의 원소를 $d_1$이라고 하고 그때의 $A$의 극소생성원을 $\{y_1, y_2, \cdots, y_m\}$이라 하자. 즉 $A = \langle y_1, y_2, \cdots, y_m \rangle$이고 $d_1 y_1 + d_2 y_2 + \cdots + d_m y_m = 0$이고 $d_1 \neq 0, 1$면서 $A$의 어떠한 극소생성원 $\{x_1, x_2, \cdots, x_m\}$의 일차결합 $k_1 x_1 + k_2 x_2 + \cdots + k_m x_m = 0$에 대해서도 $k_i \neq 0$면 $d_1 \leq k_i$이다. 나눗셈정리에 의해

$$d_i \div d_1 = q_i \cdots r_i \ (0 \leq r_i < d_1) \ (i = 2, \cdots, m)$$

라고 하면 $d_i = d_1 q_i + r_i$ $(i = 2, \cdots, m)$이므로

$$0 = d_1(y_1 + q_2 y_2 + \cdots + q_m y_m) + r_2 y_2 + \cdots + r_m y_m$$

이다. 그런데 정리 10.18에 의해서

$$\{y_1 + q_2 y_2 + \cdots + q_m y_m,\ y_2,\ \cdots,\ y_m\}$$

도 역시 $A$의 극소생성원이므로 집합 $K$의 성질과 $d_1$에 의해서 $r_2 = \cdots = r_m = 0$이 된

다. 따라서

$$0=d_1(y_1+q_2y_2+\cdots+q_my_m),\ d_1\geq 2$$

이다. 다시 $H_1$를 $\{y_2, \cdots, y_m\}$에 의해서 생성되는 아벨군, 즉

$$H_1=\langle y_2, y_3, \cdots, y_m\rangle=\{n_2y_2+n_3y_3+\cdots+n_my_m|n_i\in\mathbb{Z}\}$$

이라고 하자. 또 편의상

$$x_1=y_1+q_2y_2+\cdots+q_my_m$$

이라고 하고 $N_1=\langle x_1\rangle$라 하자. $|N_1|=|x_1|=d$라고 하면

$$0=dy_1+dq_2y_2+\cdots+dq_my_m,\ d\neq 0$$

에서 $d_1\leq d$이고 또 $d_1x_1=0$, $|x_1|=d$이므로 $d\leq d_1$이다. 따라서 $|x_1|=d_1$이다. 따라서 $N_1\cong\mathbb{Z}_{d_1}$이다.

한편 $\{x_1, y_2, \cdots, y_m\}$은 $A$의 극소생성원이므로 임의의 $a\in A$에 대해서

$$a=t_1x_1+t_2y_2+\cdots+t_my_m\in N_1+H_1$$

이므로 $A=N_1+H_1$이다. $x\in N_1\cap H_1$라고 하면

$$x=j_1x_1=j_2y_2+j_3y_3+\cdots+j_my_m$$

꼴이고 나눗셈정리에 의해서 $j_1=h_1d_1+r_1$, $0\leq r_1<d_1$로 쓸 수 있다. $d_1x_1=0$이므로 $j_1x_1=r_1x_1$이고 따라서 $r_1x_1-j_2y_2-\cdots-j_my_m=0$이다. $d_1$의 성질에 의해서 $r_1=0$이므로 $x=j_1x_1=0$이고 결국 $N_1\cap H_1=\{0\}$이다. 따라서 $A$는 $N_1$과 $H_1$의 내직적 $N_1\oplus H_1$가 된다. $H_1$에 대해서 위와 같은 방법을 반복하면 $H_1$의 극소생성원의 개수는 분명히 $m-1$개이고

$$H_1=\langle x_2\rangle\oplus H_2,\ d_2x_2=0,\ \{x_2, y_3, \cdots, y_m\}\text{은 } H_1\text{의 생성원},$$
$$\{y_3, \cdots, y_m\}\text{은 } H_2\text{의 생성원}$$

이 되는 $x_2\in A$가 존재한다. 따라서

$$A=\langle x_1\rangle\oplus H_1=\langle x_1\rangle\oplus(\langle x_2\rangle\oplus H_2)$$

꼴로 분해된다. 이번에는 $d_1|d_2$를 보이자. $\{x_1, x_2, y_3, \cdots, y_m\}$은 당연히 $A$의 생성원이다. $d_2$를 $d_1$으로 나누어 $d_2=d_1q+r_0$, $0\leq r_0<d_1$라고 하면 $\{x_1+qx_2, x_2, y_3, \cdots, y_m\}$은 $A$의 극소생성원이고

$$d_1(x_1+qx_2)+r_0x_2=d_1x_1+d_2x_2=0$$

이므로 $d_1$의 성질에 의해서 $r_0=0$, 즉 $d_1|d_2$이다. 귀납적으로 정리가 성립함을 알 수 있다. □

**따름정리 10.24** $F$는 계수 $n$인 자유아벨군이다. $K \neq \{0\}$인 $F$의 부분군이면 $F$의 적당한 기저 $\{x_1, x_2, \cdots, x_n\}$과 정수 $d_1, d_2, \cdots, d_t\,(t \le n)$가 존재하여 $d_1 > 1,\ d_1 | d_2 | \cdots | d_t$이면서 $\{d_1 x_1, \cdots, d_t x_t\}$가 $K$의 생성원이 된다.

**증명** $F/K$는 유한 생성아벨군이므로 결국

$$(\mathbb{Z} \times \mathbb{Z} \times \cdots \times \mathbb{Z})/K \cong \mathbb{Z}_{d_1} \oplus \mathbb{Z}_{d_2} \oplus \cdots \oplus \mathbb{Z}_{d_t} \oplus (\mathbb{Z} \oplus \cdots \oplus \mathbb{Z})$$

꼴이다. 그런데 $K$는 $F$의 부분군이므로 $K = m_1\mathbb{Z} \times m_2\mathbb{Z} \times \cdots \times m_n\mathbb{Z}$로 적을 수 있다. 따라서

$$\mathbb{Z}/m_i Z \cong Z_{d_i}\text{에서 } |\mathbb{Z}/m_i Z| = |Z_{d_i}| \text{ 또는 } |\mathbb{Z}/m_i Z| = |Z|$$

이므로 $m_i = d_i$ 또는 $m_i = 0$이 되어

$$K = d_1\mathbb{Z} \times d_2\mathbb{Z} \times \cdots \times d_t\mathbb{Z}$$

꼴이다. $F$의 기저 $\{x_1, x_2, \cdots, x_n\}$, $K$의 기저는 $\{d_1 x_1, d_2 x_2, \cdots, d_t x_t\}$로 하면 된다. $(t \le m)$ □

## 10 | 연습문제 EXERCISE

1. $G$는 유한아벨군, $x \in G$는 모든 $y \in G$에 대해서 $|x| \geq |y|$이다. 다음을 보여라. $\langle x \rangle \cap N = \{e\}$, $\langle x \rangle N = G$인 정규부분군 $N$이 존재한다. 따라서 $G \cong \langle x \rangle \times N$이다.

2. $G$는 위수 72인 아벨군이다.
   (1) 위수 8인 부분군은 몇 개인가?
   (2) 위수 4인 부분군은 몇 개인가?

3. 유한아벨군 $G$가 위수가 각각 $m$, $n$인 부분군을 가진다면 $G$는 위수가 $m$, $n$의 최소공배수인 부분군을 가짐을 보여라.

4. 유한아벨군이 순환군이 아닐 필요충분조건은 $\mathbb{Z}_p \times \mathbb{Z}_p$($p$는 소수) 꼴의 부분군을 가짐을 보여라.

5. $\mathbb{Q}/\mathbb{Z}$의 모든 유한부분군은 순환군임을 보여라.

6. $G$는 유한아벨군, $H$는 $G$의 부분군이다. $G/H$와 동형인 $G$의 부분군을 구하여라.

7. $\mathbb{Z}_{p^3} \times \mathbb{Z}_{p^2}$의 부분군 중 위수가 $p^2$인 것은 몇 개인가? (단, $p$는 소수)

8. $G$는 위수 $m$인 유한아벨군이다. $n|m$일 때 $x^n = e$를 만족시키는 $x$의 수는 $n$의 배수임을 보여라.

9. $G$는 아벨군이다. $p$는 소수, $H = \{x \in G \,|\, |x| = p^i,\ i \in \mathbb{Z}\}$인 $H$는 $G$의 부분군임을 보여라.

10. $G$는 유한아벨군이고 임의의 정수 $n$에 대해서 $x^n = e$를 만족시키는 $G$의 원소는 $n$개보다 적다. $G$는 순환군임을 보여라.

11. $p$는 소수, $G$는 위수 $p^3$인 비-아벨군이다. 중심 $Z(G)$의 위수는 $p$임을 보여라.

12. $p$는 소수, $G$는 위수 $p^3$인 비-아벨군이다. $H=\{a\in G\mid \bar{a}\in Z(G/Z(G))\}$라고 하면 $H=G$임을 보여라.

13. $G$는 아벨군, $H$는 $G$의 부분군으로 $G/H$는 무한순환군이다. $G=HK$, $H\cap K=\{e\}$인 부분군 $K$가 존재함을 보여라.

14. 자유아벨군에서 위수가 유한인 원소는 항등원뿐임을 증명하라.

15. $A$는 계수(rank)가 $n$인 자유아벨군이다. $A$의 진부분군이고 계수가 역시 $n$인 예를 찾아라.

16. $A$, $B$가 자유아벨군이면 $A\times B$도 자유아벨군임을 보여라.

17. 임의의 자연수 $n$에 대해서 계수가 $n$인 자유아벨군은 존재하는가?

18. $X$는 자유아벨군 $A$의 기저이다. $X\subset Y\subset A$이면 $Y$도 $A$의 기저가 되느냐?

19. 0이 아닌 자유아벨군은 무한개의 기저를 가짐을 보여라.

CHAPTER 11

# 군의 열과 군의 작용

## Series of Groups and Group Action

군의 구조를 조사하는 방법 중 하나로 군의 열이 많이 사용된다. 특히 단순군의 구조를 밝히는 데는 군의 열을 이용한 Jordon-Hölder의 정리가 매우 유용하다. 지금부터 군의 열에 대해서 간단히 공부해 보자.

**정의 11.1** 1) $\{e\}=H_0,\ H_1,\ \cdots,\ H_n=G$는 모두 $G$의 부분군이고 $H_i$는 $H_{i+1}$의 정규부분군일 때 $(i=0,\ 1,\ \cdots,\ n-1)$ 부분군의 열

$$H_0,\ H_1,\ \cdots,\ H_n$$

을 $G$의 **부분정규열**(subnormal series)이라고 부른다.

2) 부분정규열의 특별한 경우로서 $\{e\}=H_0,\ H_1,\ \cdots,\ H_n=G$는 모두 $G$의 정규부분군이고 $H_i$는 $H_{i+1}$의 정규부분군일 때 정규부분군의 열 $H_0,\ H_1,\ \cdots,\ H_n$을 $G$의 **정규열**(normal series)이라고 부른다.
이때 상군 $H_{i+1}/H_i$를 이 열의 **인수**(factors)라고 하고 또 이 열에 포함된 서로 다른 (정규)부분군의 개수를 이 열의 **길이**(length)라고 부른다.

**예제 1** $\{0\}$, $8\mathbb{Z}$, $4\mathbb{Z}$, $2\mathbb{Z}$, $\mathbb{Z}$는 $\mathbb{Z}$의 정규열이다. 이때 이 열의 인수는 각각

$$8\mathbb{Z},\ 4\mathbb{Z}/8\mathbb{Z} \cong 2\mathbb{Z}/4\mathbb{Z} \cong \mathbb{Z}/2\mathbb{Z} \cong \mathbb{Z}_2$$

이고 길이는 5이다.

**예제 2** $G$를 임의의 군이라고 하면 중심 $Z(G)$는 $G$의 정규부분군이다.

$C_1 = Z(G)$라 두고 $\pi : G \to G/C_1$을 전형적 준동형사상이라고 하면 $G/C_1$의 중심 $Z(G/C_1)$는 $G/C_1$의 정규부분군이므로 $C_2 = \pi^{-1}(Z(G/C_1))$는 $C_1$를 포함하는 $G$의 정규부분군이다. 이와 같은 방법으로 $C_3$, $C_4$, $\cdots$, 를 계속 만들어 가면 하나의 $G$의 정규열 $C_0$, $C_1$, $C_2$, $\cdots$, $C_n$을 얻을 수 있다.

**정의 11.2** $H_0$, $H_1$, $\cdots$, $H_n$은 $G$의 부분정규열이다. 이때 이 열에 $G$의 부분군을 몇 개 더 첨가하여 만든 $G$의 새로운 부분정규열을 원래 열 $H_0$, $H_1$, $\cdots$, $H_n$의 세분(refinement)이라고 부른다.

또 부분정규열 $H_0$, $H_1$, $\cdots$, $H_n$의 세분의 길이가 원래 부분정규열의 길이보다 더 길 때 이 세분을 $H_0$, $H_1$, $\cdots$, $H_n$의 **진세분**(proper refinement)이라고 부른다.

특히 $G$의 부분정규열 $H_0$, $H_1$, $\cdots$, $H_n$의 세분이 $H_0$, $H_1$, $\cdots$, $H_i$, $N$, $H_{i+1}$, $\cdots$, $H_n$과 같이 단 한 개의 부분군 $N$이 더 들어갔을 때 이 세분을 **일단계 세분**(one-step refinement)이라고 부른다.

$G$의 두 개의 부분정규열 $H_0$, $H_1$, $\cdots$, $H_n$과 $K_0$, $K_1$, $\cdots$, $K_m$에서 $\{H_0, H_1, \cdots, H_n\} \subset \{K_0, K_1, \cdots, K_m\}$일 때 $\{K_j\}$는 $\{H_i\}$의 세분이 됨을 잘 알 수 있다. 또 $\{H_0, H_1, \cdots, H_n\} \subsetneq \{K_0, K_1, \cdots, K_m\}$일 때 $\{K_j\}$는 $\{H_i\}$의 진세분의 된다.

**정의 11.3** 두 개의 (부분)정규열 $\{H_i\}$와 $\{K_j\}$가 서로 **동치**(또는 동형)라는 말은 두 열의 인수집합 $\{H_{i+1}/H_i\}$와 $\{K_{j+1}/K_j\}$ 사이에 일대일 대응이 존재하여 이 대응하는 인수들끼리는 서로 동형이 될 때를 말한다.

**예제 3** $\mathbb{Z}_{15}$의 두 개의 열 $0 \subset \langle \bar{5} \rangle \subset \mathbb{Z}_{15}$와 $0 \subset \langle \bar{3} \rangle \subset \mathbb{Z}_{15}$의 인수집합은 각각

$$\{\langle \bar{5} \rangle,\ \mathbb{Z}_{15}/\langle \bar{5} \rangle \cong \mathbb{Z}_5\}\text{와 } \{\langle \bar{3} \rangle,\ \mathbb{Z}_{15}/\langle \bar{3} \rangle \cong \mathbb{Z}_3\}$$

이 되어서 $\langle \bar{5} \rangle \cong \mathbb{Z}_3$, $\mathbb{Z}_5 \cong \langle \bar{3} \rangle$가 되어 결국 두 열은 서로 동치가 됨을 알 수 있다.

**정의 11.4** G의 부분정규열 $\{H_i\}$의 각 인수 $H_{i+1}/H_i$가 단순군일 때, 이 열을 특히 **합성열**(composition series)이라고 부른다. 또 각 인수 $H_{i+1}/H_i$가 아벨군일 때 이 열을 **가해열**(solvable series)라고 부른다.

군의 성질에 따라서 가해열을 가질 경우도 있고 가지지 않을 경우도 있다. 특히 가해열을 가지는 군을 **가해군**(solvable group)이라고 부른다.

모든 아벨군은 가해군이다. 또 군 $S_3$에서 합성열 $e \subset A_3 \subset S_3$를 보면, $A_3$, $S_3/A_3 \cong \mathbb{Z}_2$는 모두 아벨군이므로 가해열이 된다. 그러나 $S_5$에서 합성열 $e \subset A_5 \subset S_5$는 비아벨 인수 $A_5$를 가지므로 가해군이 되지 않는다.

이 사실은 5차방정식의 풀이와 밀접한 관계가 있다. 특히 합성열을 다룰 때는 다음과 같이 $N$이 $G$의 정규부분군일 때 상군 $G/N$의 임의의 정규부분군은 항상 $H/N(N \subset H \subset G)$꼴이 되므로 결국 $G \neq N$인 $G/N$이 단순군일 필요충분조건은 $N \subset H \subset G$, $H$는 $G$의 정규부분군 $N \neq H, H \neq G$인 $H$가 존재할 수 없을 때이다. (이때 이러한 성질을 만족시키는 $N$을 $G$의 **극대정규부분군**(maximal normal subgroup)이라고 부른다.)

**정리 11.1** $G$의 부분정규열 $\{H_i\}$가 합성열이 될 필요충분조건은 이 열이 진세분을 가질 수 없을 때이다.

**예제 4** 정수군 $\mathbb{Z}$는 합성열을 가질 수 없다. 왜냐하면 만일

$$\{0\} = H_0 \subset H_1 \subset \cdots \subset H_n = \mathbb{Z}$$

가 길이가 $n+1$인 $\mathbb{Z}$의 임의의 부분정규열이라고 하면 정수군의 성질로부터 $H_1 = r\mathbb{Z}$ $(r \neq 0)$꼴이 된다. 따라서 세분

$$0 \subset 2r\mathbb{Z} \subset H_1 \subset \cdots$$

는 $\{H_i\}$의 진세분이 되어 $\{H_i\}$는 합성열이 될 수 없다.

**예제 5** $$\{e\} \subset A_n \subset S_n \ (n \geq 5)$$

는 합성열이다. 왜냐하면 $n \geq 5$이면 $A_n/\{e\} \cong A_n$은 단순군이고 또

$$|S_n/A_n| = 2\text{가 되어 } S_n/A_n \cong \mathbb{Z}_2$$

가 되므로 역시 단순군이 되기 때문이다. 마찬가지로

$$0 \subset \langle \bar{5} \rangle \subset \mathbb{Z}_{15}$$

는 합성열이다.

> **정리 11.2** $\{H_i\}$가 $G$의 합성열이면 $\{H_i\}$의 어떠한 세분도 $\{H_i\}$와 동치가 된다.

> **정리 11.3** (Zassenhaus) $H$, $K$, $H^*$, $K^*$는 $G$의 부분군이고 $H^*$, $K^*$가 각각 $H$, $K$의 정규부분군이면 다음이 성립한다.
> (1) $H^*(H \cap K^*)$는 $H^*(H \cap K)$의 정규부분군이다.
> (2) $K^*(H^* \cap K)$는 $K^*(H \cap K)$의 정규부분군이다.
> (3) $$H^*(H \cap K)/H^*(H \cap K^*) \cong K^*(H \cap K)/K^*(H^* \cap K) \cong (H \cap K)/(H^* \cap K)(H \cap K^*)$$
> 이다.

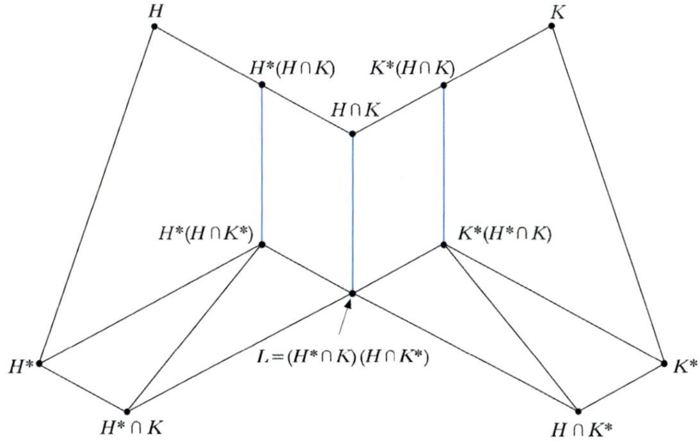


[그림 11.1]

**증명** 제1, 제2, 제3 동형사상 정리를 이용한다.

$$H \cap K^* = (H \cap K) \cap K^* \text{는 } H \cap K\text{의 정규부분군}$$

이 된다. 마찬가지로

$$H^* \cap K = (H \cap K) \cap H^* \text{도 } H \cap K\text{의 정규부분군}$$

이 되어서

$$L = (H \cap K^*)(H^* \cap K) \text{는 } H \cap K\text{의 정규부분군}$$

이 됨을 알 수 있다. 함수

$$\phi : H^*(H \cap K) \to H \cap K/L,\ \phi(ac) = Lc(\text{단, } a \in H^*,\ c \in H \cap K)$$

라고 하면 이 $\phi$는 잘 정의되며

$$\operatorname{Ker}\phi = H^*(H \cap K^*)$$

인 전사인 준동형사상이 됨을 알 수 있다. 따라서 $H^*(H \cap K^*)$는 $H^*(H \cap K)$의 정규부분군이 되고 제1 동형사상 정리에 의해서

$$H^*(H \cap K)/\operatorname{Ker}\phi \cong H \cap K/L$$

이므로

$$H^*(H \cap K)/H^*(H \cap K^*) \cong (H \cap K)/(H \cap K^*)(H^* \cap K)$$

가 된다. 즉 (1), (3)이 증명되었다. 마찬가지로 2)번도 증명할 수 있다. □

**정리 11.4** (Schreier) 임의의 두 (부분)정규열은 항상 동치인 세분을 가진다.

**증명**

$$\{e\} = H_0 \subset H_1 \subset H_2 \subset \cdots \subset H_n = G$$
$$\{e\} = K_0 \subset K_1 \subset K_2 \subset \cdots \subset K_m = G$$

를 $G$의 임의의 두 부분정규열이라고 하자.

$$H_i = H_i(H_{i+1} \cap K_0) \subset H_i(H_{i+1} \cap K_1) \subset \cdots \subset H_i(H_{i+1} \cap K_m) = H_i H_{i+1} = H_{i+1}$$

즉 $H_i$와 $H_{i+1}$ 사이에 $m-1$개의 항(서로 같을 수도 있다)을 첨가시킨다. 이와 같이 모든 $i = 0,\ 1,\ 2,\ \cdots,\ n-1$에 대해서 세분을 하면 결국 새로운 세분 $A$는 $(m-1)(n-1)$개의 부분군을 포함하게 된다. 마찬가지로 $K_j$에 대해서도 이와 같은 방법을 사용하면 길이가 $(m-1)(n-1)$개가 되는 세분 $B$를 만들 수 있다. 또 정리 11.3의 3)에 의해서 이

각각의 세분은

$$H_i(H_{i+1}\cap K_{j+1})/H_i(H_{i+1}\cap K_j)\cong K_j(K_{j+1}\cap H_{i+1})/K_j(K_{j+1}\cap H_i)$$
$$(0\le i\le n-1,\ 0\le j\le m-1)$$

이 되어 인수끼리 서로 동형이 된다. 즉 두 정규부분열 $\{H_i\}$, $\{K_j\}$는 동치인 세분 $A$, $B$를 각각 가진다. □

**정리 11.5** (Jordan－Hölder) 군 $G$의 임의의 두 합성열은 항상 서로 동치이다.

**증명** 증명 $\{H_i\}$, $\{K_j\}$를 G의 두 합성열이라고 하면 정리 11.4에 의해서 $\{H_i\}$, $\{K_j\}$는 동치인 세분을 가진다. 그런데 정리 11.2에 의해서 합성열의 세분은 항상 자신과 동치이므로 결국 $\{H_i\}$와 $\{K_j\}$는 동치가 된다. □

**따름정리 11.6** 합성열을 가지는 임의의 군은 단순군의 유일한 열로 표시할 수 있다.

단순군의 성질을 조사하는 데 이 정리가 많이 이용된다. 유한단순군의 구조를 완전히 밝히는 정리는 없으나 비교적 많은 종류의 단순군은 그 구조가 밝혀졌다. 예를 들면 위수가 200이하인 아벨이 아닌 단순군은 오직 $A_5$와 위수가 168인 $S_7$의 부분군 단 2 종류만 존재함이 알려져 있다. 또 위수가 60 이하인 아벨이 아닌 단순군은 존재하지 않는다. 마찬가지로 위수가 60인 단순군은 모두 $A_5$와 동형이다.

군의 작용은 유한군의 성질과 구조를 파악하는데 매우 유용하다. 또 Sylow정리도 군의 작용으로 쉽게 증명할 수 있다. 위상수학에서도 위상군에 많이 이용된다.

**정의 11.5** $X$는 공집합이 아닌 집합이고 $G$는 군이다. 이 때 $G\times X$에서 $X$로의 함수 $*$ 가 존재하여 다음 조건 1), 2)를 만족시킬 때 집합 $X$를 **$G$-집합**($G$-set), 또는 군 $G$는 $X$에 작용한다($G$ act on $X$)라고 한다; (단, $(g,\ x)\in G\times X$의 함수 값 $*(g,\ x)$는 간단히 $g*x$ 또는 $gx$로 표시한다.)
모든 $g_1,\ g_2\in G,\ x\in X$에 대해서

1) $e*x=x$ ($e$는 군 $G$의 항등원)  2) $(g_1g_2)*x=g_1*(g_2*x)$

참고 위의 정의에서 군 $G$를 $X$의 왼편에 곱했는데 마찬가지로 오른편에 곱해서 $*: X \times G \to X$인 함수도 생각할 수 있다. 이때는 $X$를 우 $G$-집합이라고 부른다. 위의 정의는 정확하게 $X$는 좌 $G$-집합(left $G$-set)이다. 결국은 같은 개념이므로 우리는 그냥 좌 $G$-집합에 대해서만 생각하기로 한다. $X$가 좌$G$-집합이면 $G$의 임의의 원소 $a \in G$에 대해서 $X$에서 $X$로의 전단사함수

$$f_a : X \to X,\ f_a(x) = ax$$

를 만들 수 있다. 또 그 역도 성립한다. 즉 $G$의 각 원소 $a$에 대해서 $X$에서 $X$로의 전단사함수가 존재하면 $X$는 $G$-집합이다.

**예제 6** $H$는 군 $G$의 부분군이다.

$$*: H \times G \to G,\quad *(h,\ g) = hg$$

라고 하면 $G$는 $H$-집합이 된다. 즉 $G$의 모든 부분군 $H$는 $G$에 작용한다.

**예제 7** $G$는 군, $X = \{K \mid K$는 $G$의 부분군$\}$라고 하고 임의의 $g \in G,\ K \in X$에 대해서

$$*: G \times X \to X,\quad *(g,\ K) = gKg^{-1}$$

라 하면

$$1)\ eKe^{-1} = K$$

$$2)\ (g_1 g_2)K(g_1 g_2)^{-1} = g_1(g_2 K g_2^{-1})g_1^{-1}$$

이므로 $(g_1 g_2) * K = g_1 * (g_2 * K)$ 되어 $X$는 $G$-집합이 된다. 이때 함수값 $g * K = gKg^{-1}$는 $K$의 **켤레부분군**(conjugate subgroup)이다. 또 이때의 함수 $*$는 **켤레작용함수**(conjugate action)이다.

**예제 8** $G$는 군, $X = G$라 두고 $g,\ x \in G$에서

$$*(g,\ x) = gxg^{-1}$$

라 두면 $G$는 $G$-집합이 된다. 이때 작용함수 $*$는 켤레작용함수이고 $g * x = gxg^{-1}$는 $x$의 켤레원소이다.

**정리 11.7** $X$는 $G$-집합이다.
(1) $X$에서 관계 $\sim$를
"$a \sim b$일 필요충분조건은 $b = ga$를 만족시키는 $g \in G$가 존재한다"
로 정의하면 $\sim$는 $X$에서 동치관계가 된다.
(2) 각 $x \in X$에 대해서

$$G_x = \{g \in G | gx = x\}$$

라고 하면 $G_x$는 $G$의 부분군이 된다.

앞의 정리 11.7에서의 동치관계 $\sim$에서 $x$의 동치류를 특히 $x$의 **궤도**(orbit)라고 부른다. 따라서 $x$의 궤도 $\overline{x}$는 $\overline{x} = \{gx | g \in G\}$이다. $\overline{x} = \{x\}$, 즉 $x$의 궤도가 한 개뿐이면 모든 $g \in G$에 대해서 $gx = x$이다. 이때 $x$를 **고정점**(fixed point)라고 한다. 또 $G_x$를 $x$를 고정시키는 부분군(subgroup fixing $x$) 또는 $x$의 **isotropy군** 또는 $x$의 **안정부분군**(stabilizer)이라고 부른다.

**예제 9** 예제 8과 같이 $X = G$, $*(g, x) = gxg^{-1}$라고 했을 때, $x$의 궤도 $\overline{x}$는

$$\overline{x} = \{gxg^{-1} | g \in G\}$$

이다. 즉, $x$의 켤레류가 된다. 또

$$G_x = \{g \in G | gxg^{-1} = x\} = \{g \in G | gx = xg\}$$

이 된다. 즉, $x$의 중심화 부분군 $C(x)$가 된다. 또, 위의 예제 2에서는

$$G_x = \{x \in G | xKx^{-1} = K\} = \{x \in G | xK = Kx\}$$

가 되는데, 이 부분군을 특히 $K$의 **정규화부분군**(normalizer)이라 부르고 $N(K)$로 표시한다.

$G$의 모든 부분군 $K$는 $N(K)$의 정규부분군이 되며, 또 $K$가 $G$의 정규부분군이 될 필요충분조건은 $N(K) = G$가 됨을 잘 알 수 있다.

**정리 11.8** $X$는 $G$-집합이다. $x \in X$일 때 $x$의 궤도 $\overline{x}$의 원소의 개수는 $[G : G_x]$와 같다.

**증명** $G_x$의 좌잉여류들의 집합에서 $x$의 궤도 $\overline{x}$로의 함수 $f$를

$$f : \{aG_x \mid a \in G\} \to \overline{x} = \{gx \mid g \in G\},\ f(hG_x) = hx$$

로 정의하면

$$hG_x = gG_x \Leftrightarrow h^{-1}g \in G_x \Leftrightarrow (h^{-1}g)x = x \Leftrightarrow hx = gx$$

이므로 $f$는 잘 정의되며 또 단사함수가 된다. 임의의 $gx \in \overline{x}$에 대해서 $gG_x \in G/G_x$이고 $f(gG_x) = gx$이므로 $f$는 전사이다. 따라서

$$[G : G_x] = |\overline{x}|$$

가 됨을 알 수 있다.

예제 9에서 $G_x = C(x)$이다. $\overline{a_1}$, $\overline{a_2}$, $\overline{a_3}$, $\cdots$, $\overline{a_n}$를 $G$의 서로 다른 모든 켤레류라고 하면 정리 11.8에서

$$\begin{aligned} |G| &= |\overline{a_1}| + |\overline{a_2}| + \cdots + |\overline{a_n}| \\ &= [G : C(a_1)] + [G : C(a_2)] + \cdots + [G : C(a_n)] \end{aligned}$$

이다. 또 $[G : C(a)] = 1 \Leftrightarrow G = C(a) \Leftrightarrow a \in Z(G)$이므로

$$|G| = |Z(G)| + \sum [G : C(a_i)] \ (\text{단, } [G : C(a_i)] > 1)$$

이 됨을 알 수 있다. □

---

**정리 11.9** $G$는 위수 $p^n$($p$는 소수)인 군이고 $X$는 유한집합이다. $X$는 $G$-집합이고

$$X_0 = \{ x \in X \mid \text{모든 } h \in G\text{에 대해서 } hx = x \}$$

라 하면 $|X| - |X_0|$는 $p$의 배수이다.

---

**증명** 임의의 $x \in X$에 대해서 $\overline{x} = \{hx \mid h \in G\}$이고 항상 $x \in \overline{x}$이므로 $|\overline{x}| = 1$일 필요충분조건은 $\overline{x} = \{x\}$, 즉 모든 $h \in G$에 대해서 $hx = x$이다. 따라서

$$x \in X_0 \text{일 필요충분조건은 } |\overline{x}| = 1$$

이므로 $X$는 서로소인 동치류 집합들의 합

$$X = X_0 \cup \overline{x_1} \cup \overline{x_2} \cup \cdots \cup \overline{x_n} \quad (\text{단, } |\overline{x_i}| > 1)$$

꼴로 쓸 수 있다(류방정식의 일반화). 따라서

$$|X| = |X_0| + |\overline{x_1}| + \cdots + |\overline{x_n}|$$

이다. 그런데 $|\overline{x}| > 1$이면 $|\overline{x}| = [G : G_x] \neq 1$이고 이 지수는 라그랑즈의 정리에 의해서

$|G| = p^n$의 약수이므로 $p$의 배수가 된다. 따라서

$$|X| - |X_0| = |\overline{x_1}| + \cdots + |\overline{x_n}|$$

는 $p$의 배수이다. □

위의 정리에서 $X_0$는 $X$의 고정점의 집합이 됨을 알 수 있다. 즉
$X_0 = \{x \in X \mid$ 모든 $h \in G$에 대해서 $hx = x\} = \{x \in X \mid x$는 $G$의 고정점$\}$이다.

**정리 11.10** $G$는 유한군, $H$는 $G$의 $p$-부분군이면 $[G : H] - [N(H) : H]$는 $p$의 배수이다.

**증명** $X = \{aH | x \in G\}$는 $G$의 좌잉여류의 집합이라 하고

$$* : H \times X \to X,\ h * (xH) = (hx)H$$

라 하면

$$e * (xH) = (ex)H = xH,$$
$$(g_1 g_2) * (xH) = ((g_1 g_2)x)H = g_1(g_2 xH) = g_1 * (g_2 * xH)$$

이므로 $X$는 $H$-집합이 된다.

$xH \in X_0$일 필요충분조건은 임의의 $h \in H$에 대해서 $h(xH) = xH$, 즉, 임의의 $h \in H$에 대해서 $x^{-1}hx \in H$이므로 결국 $xHx^{-1} \subset H$이다. $|H| = |xHx^{-1}|$이므로

$$X_0 = \{xH \in X \mid xHx^{-1} = H\} = \{xH \in X \mid x \in N(H)\} = N(H)/H$$

가 된다. 따라서

$$|X_0| = |N(H)/H| = [N(H) : H]$$

이다. 한편 $|X| = [G : H]$이므로 정리 11.9에 의해서

$$|X| - |X_0| = [G : H] - [N(H) : H]$$

는 $p$의 배수이다. □

**따름정리 11.11** $G$는 유한군, $H$는 $G$의 $p$-부분군이다. 만일 $[G : H]$가 $p$의 배수면 $N(H) \neq H$이다.

**증명** $[G : H] = pt$라 두자. 만일 $N(H) = H$면 $[(N(H) : H] = 1$이고 $pt - 1$이 $p$의 배수가 되어 모순이다. 따라서 $N(H) \neq H$이다. □

**예제 10** $G=S_3$, $H=\langle(1\ 2\ 3)\rangle$라면 $[G:H]=2$이므로 $H$는 $G$의 정규부분군이다. 따라서 모든 $g\in G$에 대해서 $gHg^{-1}=H$가 되어 $N(H)=G$이다. 또 만일 $H=\langle(1\ 2)\rangle$라고 하면 $H$는 $G$의 정규부분군이 아니다. 따라서 $N(H)\neq G$이므로 $|N(H)|=1, 2, 3$ 중 하나이다. 그런데 $|N(H)|$는 $|H|$의 배수이므로 결국 $|N(H)|=2$, 따라서 이때는 $N(H)=H$이다.

**정리 11.12** (제3-실로우의 정리) $G$의 실로우 $p$-부분군의 개수는 $|G|$의 약수이고 $pk+1$ 꼴이다.

**증명** 위의 예제 7과 같이

$$X=\{A\mid A\text{는 } G\text{의 부분군}\},\quad *:G\times X\to X,\ g*A=gAg^{-1}$$

즉 $*$를 켤레작용함수(conjugate action)이라고 하면 $X$는 $G$-집합이 된다.
$K$를 $G$의 한 실로우 $p$-부분군이라고 하면 $K$의 궤도 $\overline{K}$는 $\{gKg^{-1}\mid g\in G\}$이고

$$G_K=\{g\in G\mid gKg^{-1}=K\}=N(K)$$

가 된다. 정리 11.8에 의해서 $|\overline{K}|=[G:G_K]$이고 또 실로우 $p$-부분군의 개수는 $K$와 켤레인 부분군의 개수이다. $\overline{K}$는 $G$의 실로운 $p$-부분군의 집합이므로

$$|\{gKg^{-1}\mid g\in G\}|=\overline{K}=[G:G_K]=[G:N(K)]=\frac{|G|}{|N(K)|}$$

이다. 따라서 $G$의 실로우 $p$-부분군의 개수는 $|G|$의 약수이다. 이번에는 다시

$$X=\{H\mid H\text{는 } G\text{의 실로우 } p\text{-부분군}\},\quad *:K\times X\to X,\ *(k,H)=kHk^{-1}$$

라고 하면 앞 정리에 의해서 $kHk^{-1}\in X$이므로 $X$는 $K$-집합이 된다. 고정점 집합 $X_0$에 대해 $X_0=\{K\}$임을 보이자. 임의의 $k\in K$에 대해서 $Kk^{-1}=K$이므로 $K\in X_0$이다. 만일 $H\in X_0$라고 하면 임의의 $x\in K$에 대해서 $xHx^{-1}=H$, 즉 $K\subset N(H)$이다. 물론 $H\subset N(H)$이고 $H$는 $N(H)$의 정규부분군이므로 $KH=HK$가 되어 $KH$는 $G$의 부분군이 된다. 따라서 $|KH|=\dfrac{|H||K|}{|H\cap K|}$에서 만일 $H\cap K\neq K$이면 $|KH|\geq|H|p^i$, $i\geq 1$이 되어 모순이다. 따라서 $H\cap K=K$에서 $K\subset H$이고 둘다 실로우 $p$-부분군이므로 $K=H$가 되어 결국 $|X_0|=1$이다. 즉 $X_0=\{K\}$뿐이다. 따라서 $|X|-|X_0|=|X|-1$은 $p$의 배수이므로 실로우 $p$-부분군의 개수는 $pk+1$꼴이다. □

## 11 | 연습문제 EXERCISE

1. $S_3 \times Z_2$의 합성열을 모두 구하여라.

2. $S_4$의 합성열을 모두 구하여라.

3. $N$은 $G$의 단순 정규부분군이다. $G/N$이 합성열이 가지면 $G$도 합성열을 가짐을 보여라.

4. 합성열은 길이가 가장 긴 정규열이 됨을 보여라.

5. $H$는 $G$의 정규부분군이고 $G$는 합성열을 가진다. $G$는 $H$를 포함하는 합성열을 가짐을 보여라.

6. 위수가 60인 단순군은 $A_5$와 동형임을 보여라.

7. 두 정규열 $0 \subset 60\mathbb{Z} \subset 20\mathbb{Z} \subset \mathbb{Z}$와 $0 \subset 200\mathbb{Z} \subset 40\mathbb{Z} \subset \mathbb{Z}$에 동치인 세분을 구하여라.

8. $S_3 \times S_3$의 합성열을 구하여라.

9. $\{\overline{0}\} \subset \langle \overline{12} \rangle \subset \langle \overline{3} \rangle \subset \mathbb{Z}_{36}$과 $\{\overline{0}\} \subset \langle \overline{18} \rangle \subset \mathbb{Z}_{36}$에 동치인 세분을 구하여라.

10. $X$는 $G$-집합이다. $Y \subset X$, $G_Y = \{g \in G | 모든\ y \in Y에\ 대해서\ gy = y\}$라 하면 $G_Y$는 $G$의 부분군임을 보여라.

11. $G = (\mathbb{R}, +)$, $X = \mathbb{R} \times \mathbb{R}$, 임의의 $P \in X$, $\theta \in G$에 대해서 $\theta * P$는 $P$를 $\theta$만큼 시계반대방향으로 회전시킨 점이다.
    (1) $X$는 $G$-집합이 됨을 보여라.
    (2) $P \in X$에 대해서 $P$의 고정부분군 $G_P$를 구하라.
    (3) $P \in X$의 궤도 $\overline{P}$를 구하라.

12. $|G| = 55$, $|X| = 18$, $X$는 $G$-집합이다. $G$는 적어도 두 개의 고정점을 가짐을 보여라.

13. $X$는 $G$-집합이다. $gx = y$라고 하면 $G_y = gG_x g^{-1}$임을 보여라.

14. 다음을 증명하라.
(1) 군 $G$의 임의의 원소 $g$, $x \in G$에 대해서 $C(gxg^{-1}) = gC(x)g^{-1}$이다.
(2) 군 $G$의 임의의 부분군 $H$, $g \in G$에 대해서 $N(gHg^{-1}) = gN(H)g^{-1}$이다.

15. $G$는 유한 $p$-군이고 $X$는 $G$-집합이다. $|X|$가 $p$의 배수가 아니면 $X$는 적어도 한 개의 고정점을 가짐을 보여라.

16. $G$는 유한 $p$-군이다.
(1) $N$이 $G$의 정규부분군이면 $N \cap G \neq \{e\}$임을 보여라. 단, $N \neq \{e\}$이다.
(2) $|Z(G)| \geq 2$임을 보여라.

17. $G = \{e, (1\ 2\ 3\ 4)(5\ 6\ 7\ 8), (1\ 3)(2\ 4)(5\ 7)(6\ 8), (1\ 4\ 3\ 2)(5\ 8\ 7\ 6)\} \subset S_8$이다.
$X = \{1, 2, 3, 4, 5, 6, 7, 8\}$일 때
(1) 7의 안정부분군을 구하라.
(2) 7의 궤도를 구하라.

18. $X$는 $G$-집합이다. 임의의 $x$, $y \in X$에 대해서 $gx = y$인 $g \in G$가 존재하면 $|X|$는 $|G|$의 약수임을 보여라.
참고 이러한 $G$-집합을 **추이적**(transitive)이라고 부른다.

19. $\theta = (1\ 2)(3\ 4)(5\ 6)$, $\psi = (2\ 3) \in S_6$, $G = \{e, \theta, \psi, \theta\psi, \psi\theta, \theta\psi\theta, \psi\theta\psi, (\theta\psi)^2\}$은 $S_6$의 부분군이다. $X = \{1, 2, 3, 4, 5, 6\}$, $X$는 $G$-집합이라고 하면 각 $i \in X$의 궤도 $\bar{i}$와 고정부분군 $G_i$를 구하라.

20. $f \in S_A$, $|f| = n$, $a \in A$, $\theta = (a\ f(a)\ f^2(a) \cdots f^{m-1}(a))$, $f^m(a) = a$
이면 $m$는 $n$의 약수임을 보여라.

CHAPTER 12

# 환의 정의와 기본 성질

## Definitions and Properties of Rings

지금까지 우리는 현대대수의 가장 기본적인 개념인 군에 대해서 공부하였다. 이제부터는 지금까지 군을 배우면서 얻은 지식과 경험을 바탕으로 하여 여기서 한 걸음 더 발전한 대수적 구조인 환과 체를 공부해 보자.

**정의 12.1** 두 개의 연산 $+$, $\cdot$ 를 가진 공집합이 아닌 집합 $R$이 다음과 같은 성질을 만족시킬 때 $(R, +, \cdot)$를 환(ring)이라고 부른다;

임의의 $a, b, c \in R$에 대하여

(1) $a+b \in R$ (합의 닫힘)

(2) $a+b=b+a$ (합의 교환법칙)

(3) $(a+b)+c=a+(b+c)$ (합의 결합법칙)

(4) 모든 $a \in R$에 대해서 $a+0=a=0+a$를 만족시키는 $0 \in R$가 존재한다. (합의 항등원)

(5) 임의의 $a \in R$에 대해서 $a+(-a)=0$을 만족시키는 $-a \in R$가 존재한다. (합의 역원)

(6) $a \cdot b \in R$ (곱의 닫힘)

(7) $(a \cdot b) \cdot c=a \cdot (b \cdot c)$ (곱의 결합법칙)

(8) $a \cdot (b+c)=a \cdot b+a \cdot c$, $(a+b) \cdot c=a \cdot c+b \cdot c$ (분배법칙)

위의 정의의 두 연산 $+$, $\cdot$ 를 각각 합(addition), 곱(multiplication)이라고 부른다.

**예제 1** 짝수집합 $(2\mathbb{Z}, +, \times)$는 환이다.

**예제 2** $\mathbb{Z}_n = \{\overline{0}, \overline{1}, \overline{2}, \cdots, \overline{n-1}\}$에 군에서와 마찬가지로

$$\overline{a} \oplus \overline{b} = \overline{a+b}, \ \overline{a} \odot \overline{b} = \overline{ab}$$

로 정의하면 $\oplus$와 $\odot$는 위의 정의 (1)~(8)을 만족시킨다. 따라서 $(R, \oplus, \odot)$는 환이 된다.

**예제 3**

$$M_n(\mathbb{R}) = \{A \mid A\text{는 실수성분의 } n \times n\text{행렬}\}$$

이라고 하면 $(M_n(\mathbb{R}), +, \cdot)$는 환이다. 이 환을 $n \times n$-실 **행렬환**($n \times n$-real matrix ring)이라고 부른다.

앞으로 환 $(R, +, \cdot)$는 연산을 생략하고 간단히 $R$로 표시한다. 또 두 원소의 곱 $a \cdot b$도 곱 $\cdot$를 생략하고 그냥 $ab$로 표시한다.

**예제 4**

$$\mathbb{Z}[x] = \{a(x) \mid a(x)\text{는 계수가 정수인 다항식}\}$$

이라고 하자. 두 다항식 $a(x), b(x) \in \mathbb{Z}[x]$에 대해서 $a(x)+b(x)$, $a(x) \cdot b(x)$는 보통 우리가 지금까지 계산하는 다항식의 합과 곱이라고 하면 $\mathbb{Z}[x]$는 환이 된다. 특히 이 환을 **$\mathbb{Z}$상에서의 다항식환**(polynomial ring over $\mathbb{Z}$)이라고 부른다. 이 환은 앞으로 가장 자주 나오는 환이므로 나중에 좀 더 자세히 설명하겠다.

> **정의 12.2** 환 $R$의 모든 $a, b \in R$에 대하여 $ab = ba$일 때 $R$을 **가환환**(commutative ring)이라고 부른다.

앞의 예제에서 $M_n(\mathbb{R})$은 가환환이 아니다.

> **정의 12.3** 환 $R$의 모든 $a \in R$에 대해서 $a1 = 1a = a$를 만족시키는 원소 $1 \in R$이 존재할 때 $R$을 **곱에 관한 항등원을 갖은 환**(ring with multiplicative identity)이라고 부른다.

$R$이 환이면 $(R, +)$는 아벨군이므로 연산 $+$에 대해서는 아벨군의 모든 성질을 적용할 수 있다.

즉 $+$만 있는 식에서는 아벨군의 모든 법칙을 적용한다. 그러나 합과 곱이 같이 있는 식에서는 반드시 환의 정의 (8)을 이용하여야 한다. 이 법칙을 **분배법칙**(distributive law)이라고 부른다.

**정리 12.1** 환 $R$의 임의의 원소 $a$, $b$에 대해서
(1) $a0 = 0$, $0a = 0$
(2) $a(-b) = -(ab)$, $(-a)b = -(ab)$
(3) $(-a)(-b) = ab$

**정의 12.4** $R$은 항등원 1을 가진 환이고 $a \in R$이다.

$$ab = ba = 1$$

을 만족시키는 $b \in R$가 존재할 때 $a$를 **단원**(unit) 또는 **가역원**(invertible)이라고 한다. 또 이때 이러한 $b$를 $a$의 곱에 대한 **역원**(multiplicative inverse)라 부르고 $a^{-1}$로 표시한다.

$a$가 단원이면 $a$의 곱에 대한 역원 $a^{-1}$도 당연히 단원이다.

**예제 5** $\mathbb{Z}_{10}$에서

$$\overline{3} \odot \overline{7} = \overline{7} \odot \overline{3} = \overline{1}$$

이므로 $\overline{3}$, $\overline{7}$는 단원이고 $(\overline{3})^{-1} = \overline{7}$, $(\overline{7})^{-1} = \overline{3}$이다. 그러나 $\overline{4}$는 $\overline{4} \odot \overline{x} = \overline{1}$을 만족시키는 $\overline{x} \in \mathbb{Z}_{10}$가 없으므로 단원이 아니다.

**정의 12.5** $R$이 항등원 1을 가진 환이고 0이 아닌 모든 $R$의 원소가 단원일 때 이러한 $R$을 **나눗셈환**(division ring)이라고 한다.

나눗셈환의 정의에서 $R$이 나눗셈환이면 $R^* = R - \{0\}$가 곱에 대해서 군이 됨을 알

수 있다. 물론 역도 성립한다.

**정리 12.2** $R$은 항등원 1을 갖는 환이다. $R$이 나눗셈환이 될 필요충분조건은 $(R^*, \cdot)$가 군이다. 단 $R^* = R - \{0\}$이다.

**정의 12.6** 가환인 나눗셈환 $R$을 **체**(field)라고 한다.

이 정의는 군과 함께 대수에서 가장 많이 사용되는 정의이다. 앞으로 특별히 체만을 단독으로 뒤에서 좀 더 자세히 배우게 된다.

정의에서 체는 나눗셈환이 되므로 환 $R$가 체가 될 필요충분조건은 $(R^*, \cdot)$가 가환군일 때임도 쉽게 알 수 있다.

**정의 12.7** $R$은 환이고 $a \neq 0 \in R$이다. $ab = 0$ 또는 $ba = 0$이 되는 $b \neq 0$가 존재할 때 $a$를 **영인자**(zero-divisor)라고 부른다.

**예제 6** $\mathbb{Z}_8$에서 $\overline{2}\,\overline{4} = \overline{0}$, $\overline{6}\,\overline{4} = \overline{0}$이므로 $\overline{2}$, $\overline{4}$, $\overline{6}$는 모두 영인자이다. 그러나 $\overline{3}\,\overline{x} = \overline{0}$가 되는 $\overline{x}$는 $\overline{0}$뿐이므로 $\overline{3}$는 영인자가 아니다.

**예제 7** $\mathbb{Z}$, $\mathbb{Q}$, $\mathbb{R}$에는 영인자가 없다.

**예제 8** 행렬환 $M_2(\mathbb{R})$에서

$$\begin{bmatrix} 0 & 1 \\ 1 & 0 \end{bmatrix} \begin{bmatrix} 1 & 1 \\ 0 & 0 \end{bmatrix} = \begin{bmatrix} 0 & 0 \\ 0 & 0 \end{bmatrix}$$

이므로 $\begin{bmatrix} 0 & 1 \\ 0 & 1 \end{bmatrix}$, $\begin{bmatrix} 1 & 1 \\ 0 & 0 \end{bmatrix}$는 모두 영인자이다.

**정리 12.3** $R$은 항등원 1을 가진 환이다. $a \in R$가 단원이면 $a$는 영인자가 아니다.

**증명** $a$가 단원이면 $ab=ba=1$이 되는 $b$가 존재한다. 만일 $a$가 영인자이면 $ax=0$ 또는 $xa=0$이 되는 $x \neq 0 \in R$가 존재한다. 따라서 만일 $ax=0$이면

$$x=1x=(ba)x=b(ax)=b0=0$$

로부터 $x=0$이 되어 모순이다. $xa=0$이라도 마찬가지이다. □

**예제 9** $x^2-5x+6=0$을 만족시키는 실수를 구하면 인수분해 해서 $(x-2)(x-3)=0$으로부터 $x=2$ 또는 $x=3$을 얻는다. 그러면 $x^2-\overline{5}x+\overline{6}=\overline{0}$를 만족시키는 $\mathbb{Z}_{12}$의 원소를 구해보자. 역시 $x$를 $\mathbb{Z}_{12}$의 원소라고 생각해서 이 식을 환에서 분배법칙을 이용하면 $(x-\overline{2})(x-\overline{3})=\overline{0}$로 고칠 수 있다. $\overline{x}=\overline{6}$를 대입하면 $(\overline{6}-\overline{2})(\overline{6}-\overline{3})=\overline{4}\,\overline{3}=\overline{0}$가 되어 이 식을 만족시키므로 $x=\overline{6}$도 된다. 마찬가지로 $\overline{11}$도 이 식을 만족시킨다. 즉 $\overline{2}$, $\overline{3}$, $\overline{6}$, $\overline{11}$가 모두 $x^2-\overline{5}x+\overline{6}=\overline{0}$의 해가 된다. 이와 같이 정역이 아닌 경우에는 인수분해만 해서는 값을 다 구할 수 없다. 실제로 모든 원소를 대입해서 주어진 식을 만족시키는 값을 구해야 한다.

**정의 12.8** $R$은 1을 가진 가환환이다. $R$이 영인자를 가지지 않을 때 $R$을 정역(integral domain)이라고 부른다.

**예제 10** $\mathbb{Z}$ 상에서의 다항식환 $\mathbb{Z}[x]$는 정역이다.

**예제 11** $\mathbb{Z}_8$, $\mathbb{Z}_{10}$은 정역이 아니다.

**정리 12.4** $R$이 1을 가진 가환환이면 다음은 동치이다.

(1) $R$은 정역이다.

(2) 임의의 $a$, $b$, $c \in R$에서 $a \neq 0$, $ab=ac$이면 $b=c$이다. (소거법)

(3) $ab=0$이면 $a=0$ 또는 $b=0$이다.

**정리 12.5** 체는 정역이다.

정수 $\mathbb{Z}$는 정역은 되나 체는 되지 않는다. 따라서 위의 정리 12.5의 역은 성립하지 않는다. 그러나 유한정역은 체가 된다. 체가 됨을 보이기 위해서는 0이 아닌 모든 원소는 곱에 대한 역원을 가짐을 보이면 된다.

**정리 12.6** 유한정역은 체이다.

**증명** $R=\{a_1, a_2, \cdots, a_n\}$을 정역이라고 하자. $a \neq 0 \in R$이라고 하고 $ab=ba=1$이 되는 $b$를 찾아보자.

$$X=\{aa_1, aa_2, \cdots, aa_n\}$$

이라고 하면 $X \subset R$이고 $|X|=n$이다. 왜냐하면 만일 $aa_i=aa_j$이면 정역의 성질에서 $a_i=a_j$가 되기 때문이다. 따라서 $R=X$가 되어서 $X$속에는 항등원 1이 존재한다. 따라서 $aa_i=1$이 되는 $a_i \in R$가 존재하므로 $a$는 곱에 대한 역원을 가진다. □

군에서 직적을 한 것과 마찬가지로 환에서도 직적을 할 수 있다. 정의는 군에서와 동일하게 하면 된다.

**정의 12.9** $R$, $S$는 환이다. $R \times S$에 다음과 같이 합과 곱을 정의하면

$$(a, b)+(a', b')=(a+a', b+b')$$
$$(a, b)\cdot(a', b')=(a\cdot a', b\cdot b')$$

$(R \times S, +, \cdot)$는 환이 된다. 이 환 $(R \times S, +, \cdot)$를 $R$과 $S$의 **직적**(direct product)이라고 한다.

**참고** $R$, $S$가 모두 체라도 $R \times S$는 일반적으로 체가 되지 않는다.

**예제 12** $\mathbb{Q} \times \mathbb{Q}$에서 $(1, 0)\cdot(0, 1)=(0, 0)$가 되어 영인자가 존재한다.

## 12 | 연습문제 EXERCISE

1. 다음은 환이 됨을 보여라.
   (1) $(\mathbb{Z}, \oplus, \odot)$, $a \oplus b = a + b - 1$, $a \odot b = ab - (a+b) + 2$
   (2) $(\mathbb{R}, \oplus, *)$, $a \oplus b = a + b + 1$, $a * b = ab + a + b$

2. $F = \{a + b\sqrt{2} \mid a,\ b \in \mathbb{Q}\}$는 보통 수의 합과 곱에서 체가 됨을 보여라.

3. 환 $R$의 원소 $a$가 $a^n = 0$이 되는 정수 $n$이 있을 때 $a$를 **멱영원**(nilpotent)이라고 부른다. $\mathbb{Z}_n$의 멱영원은 어떤 원소인가?

4. 1을 가진 환 $R$에서 $ax = 1$, $ya = 1$이면 $x = y$임을 보여라.

5. 환 $R$의 원소 $a$가 $a^2 = a$일 때 $a$를 **멱등원**(idempotent)이라고 부른다. $R$을 실함수의 집합이라고 하고 $f,\ g \in R$에서 모든 실수 $x$에 대해서

$$(f+g)(x) = f(x) + g(x),\ (f \cdot g)(x) = f(x)g(x)$$

   라 하면
   (1) $(R,\ +,\ \cdot\ )$은 환이 됨을 보여라.
   (2) $R$에서 모든 멱등원을 구하여라.

6. $R = \{f \mid f : [0,\ 1] \to \mathbb{R},\ f$는 연속함수$\}$, $R$에서의 연산 $+$, $\cdot$ 은 5번과 같다. $R$에서의 멱등원을 구하여라.

7. $R$은 1을 가진 환이다. $r$이 멱등원이면 다음을 보여라.
   (1) $1 - r$도 멱등원이다.
   (2) $r$ 또는 $1 - r$은 영인자이다.

8. $R$의 모든 원소가 멱등원일 때 이 $R$을 **부울환**(Boolean ring)이라고 부른다. 부울환에서는 다음이 성립함을 보여라.
   (1) 임의의 $r \in R$에 대해서 $r + r = 0$
   (2) $R$은 가환이다.

9. $R$은 1을 가진 가환환이다. $x \in R$은 멱영원이다. 다음을 증명하여라.
   (1) $1+x$는 단원이다.
   (2) $u$가 단원이면 $x+u$도 단원이다.

10. $\mathbb{Z}_4 \times \mathbb{Z}_6$에서 단원, 영인자, 멱등원, 멱영원을 모두 구하여라.

11. $R$은 1을 가진 환이며 영인자가 없다. $ab=1$이면 $ba=1$임을 보여라.

12. $R$은 1을 가진 환이다. $a \in R$에 대해서 $ax=1$을 만족시키는 $x$가 단 한 개만 있다면 $xa=1$임을 보여라.

13. $(R, +, \cdot)$은 1을 가진 환이다. $U=\{x \in R | x$는 $R$의 단원$\}$일 때 $(U, \cdot)$는 군이 됨을 보여라.

14. $\mathbb{Z}[i]=\{a+bi | a, b \in \mathbb{Z}, i^2=-1\}$라면 $\mathbb{Z}[i]$는 $\mathbb{C}$의 부분집합이다.
   (1) $(\mathbb{Z}[i], +, \cdot)$는 1을 가진 가환환이 됨을 보여라. (이 환을 Gauss의 정수환이라고 부른다)
   (2) $N(a+bi)=a^2+b^2$라고 하면 $x, y \in \mathbb{Z}[i]$일 때 $N(x \cdot y)=N(x)N(y)$임을 보여라.
   (3) $x=a+bi$가 단원일 필요충분조건은 $N(x)=1$임을 보여라.
   (4) $\mathbb{Z}[i]$의 모든 단원을 구하여라.
   (5) $\mathbb{Z}[i]$의 단원들의 군은 무엇과 같은가?

15. $R=\{a+b\sqrt{2} | a, b \in \mathbb{Z}\}$라고 하면
   (1) $(R, +, \cdot)$는 환이 됨을 보여라.
   (2) $N(a+b\sqrt{2})=a^2-2b^2$라고 하면 $x, y \in R$일 때 $N(x \cdot y)=N(x)N(y)$임을 보여라.
   (3) $r$가 단원일 필요충분조건은 $N(r)=\pm 1$임을 보여라.
   (4) $R$에는 단원이 무한개임을 보여라.

16. 가환이 아닌 유한환의 예를 들어라.

17. 곱의 항등원 1을 가지지 않은 가환이 아닌 환의 예를 들어라.

18. $|R|=p$, $p$는 소수인 환 $R$은 항상 가환인가? 맞으면 증명하고 틀리면 그 예를 들어라.

19. $R$은 가환환이다. $a$, $b$가 멱영원이면 $a+b$도 멱영원임을 보여라.

20. $R$은 $a+b=b+a$ 조건만 제외한 환의 나머지 성질 모두를 만족시킨다. 만일 1이 $R$에 존재하면 $a+b=b+a$가 $R$에서 성립함을 보여라.

21. $7^{1000} \div 24$의 나머지를 구하여라.

22. (1) $p$는 소수이다. $\mathbb{Z}_p$에서 $a^2=\overline{1}$이면 $a$는 $\overline{1}$ 또는 $\overline{p-1}$임을 보여라.
(2) $p$가 소수이면 $(p-1)!+1$은 $p$의 배수임을 보여라.

23. $R$은 1을 가진 환이다. 모든 $a$, $b \in R$에 대해서 $(ab)^2=a^2b^2$이면 $R$은 가환임을 보여라.

24. 모든 $a$, $b \in R$에 대해서 $(ab)^2=a^2b^2$인 가환이 아닌 환의 예를 찾아라.

25. $R$은 0 이외의 멱영원이 없는 환이다. $(ab)^2=a^2b^2$이면 $R$은 가환임을 보여라.

26. 환 $R$에서 $(R, +)$가 순환군이면 $R$은 가환환임을 보여라.

27. 1을 가진 환 $R$에서
(1) $a^2=0$이면 $a+1$과 $a-1$은 단원임을 보여라.
(2) $a^n=0$이면 $a+1$과 $a-1$은 단원임을 보여라.

28. (1) $R$은 모든 원소가 $x^3=x$인 환이다. $R$은 가환임을 보여라.
(2) $R$은 모든 원소가 $x^4=x$인 환이면 $R$은 가환이 되는가?

CHAPTER 13

# 아이디얼
Ideal

우리는 군의 내부구조나 위수를 파악하기 위해서 부분군과 정규부분군을 이용하였다. 이와 마찬가지로 환에서도 같은 수법을 사용한다.

**정의 13.1** $(R, +, \cdot)$는 환이다. $S \subset R$이고 $(S, +, \cdot)$가 역시 환이 될 때 $S$는 $R$의 **부분환**(subring)이라고 한다.

**예제 1** $R = \mathbb{Z} \times \mathbb{Z}$는 환이다. $R$은 곱에 대한 항등원 $(1, 1)$을 가진다.

$$S = \mathbb{Z} \times \{0\} = \{(a, 0) \mid a \in \mathbb{Z}\}$$

는 $R$의 부분환이 됨을 쉽게 알 수 있다. 그러나 $(1, 1) \not\in S$이다. 이 경우 $S$는 자기 자신의 항등원 $(1, 0)$를 가진다. 즉 $R$은 항등원 $(1, 1)$을 가지고 부분환 $S$는 항등원 $(1, 0)$을 가진다.

**예제 2** $\mathbb{Z}$는 유리수 집합 $(\mathbb{Q}, +, \times)$의 부분집합이다. $\mathbb{Z}$에

$$a * b = a + b - 1, \ a \circ b = ab - (a + b) + 2$$

와 같은 연산 $*, \circ$를 정의하면 $(\mathbb{Z}, *, \circ)$는 환이 된다. 그러나 이때는 연산이 다르므로 $(\mathbb{Z}, *, \circ)$는 $(\mathbb{Q}, +, \times)$의 부분환이 되지 않는다.

**정의 13.2** $R$은 환이다. $I$가 $R$의 부분환이고 모든 $a \in I$, $r \in R$에 대해서

$$ar \in I, \quad ra \in I$$

일 때 $I$를 $R$의 아이디얼(ideal)이라고 부른다.

**예제 3** $m \in \mathbb{Z}$라 하고 $m\mathbb{Z} = \{mx \mid x \in \mathbb{Z}\}$는 $m$의 배수들의 집합이다. $m\mathbb{Z}$는 $\mathbb{Z}$의 부분환이 됨은 쉽게 알 수 있다. 또 임의의 정수 $a \in \mathbb{Z}$에 대해서 $a$와 $m$의 배수의 곱도 역시 $m$의 배수이므로 $m\mathbb{Z}$는 $(\mathbb{Z}, +, \cdot)$의 아이디얼이 된다.

임의의 $a \in R$에 대해서 $a0 = 0a = 0$이므로 어떠한 환 $R$도 최소한 2개의 아이디얼 $\{0\}$와 $R$을 가진다. 특히 $R$이 아닌 아이디얼을 **진아이디얼**(proper ideal)이라고 한다.

**예제 4** $F(\mathbb{R}) = \{f \mid f : \mathbb{R} \to \mathbb{R}\}$는 보통의 함수의 합과 곱에서 환이 되었다. $S$를 원점을 지나는 함수들의 집합, 즉

$$S = \{f \in F(\mathbb{R}) \mid f(0) = 0\}$$

라고 하면 $S$는 $F(\mathbb{R})$의 아이디얼이다.

다음 정리에서 환의 부분집합이 아이디얼이 될 필요충분조건을 쉽게 알 수 있다.

**정리 13.1** $R$은 환이고 $I \subset R$이다. $I$가 $R$의 아이디얼이 될 필요충분조건은
(1) $(I, +)$는 $(R, +)$의 부분군이고
(2) 임의의 $a \in I$, $r \in R$에 대해서 $ar \in I$, $ra \in I$이다.

**참고** 위의 정리 13.1에서 (1)은

(1′) 임의의 $a, b \in I$에 대해서 $a+b \in I$이고 $-a \in I$

와 같으므로 (1) 대신 (1′)를 써도 된다.

**정리 13.2** $R$은 항등원 1을 가진 가환환이고, $a \in R$이면

$$aR = \{ax \mid x \in R\}$$

은 $a$를 포함하는 $R$의 가장 작은 아이디얼이다.

**증명** (1) 먼저 $(aR, +)$는 $(R, +)$의 부분군이 됨을 보이자.

임의의 $ax$, $ay \in aR$에 대해서

$$ax + ay = a(x+y) \in aR$$

이다. 또

$$-(ax) = a(-x) \in aR$$

따라서 $(aR, +)$는 $(R, +)$의 부분군이다. 임의의 $ax \in aR$, $r \in R$에 대해서

$$(ax)r = a(xr) \in aR, \quad r(ax) = a(rx) \in aR$$

이므로 $aR$은 $R$의 아이디얼이 됨을 알 수 있다. 또 $a = a1 \in aR$이다.

(2) $I$를 $a$를 포함하는 아이디얼이라고 하자. 임의의 $ax \in aR$에 대해서 $a \in I$이므로 $ax \in I$가 된다. 따라서 $aR \subset I$이다. □

**정의 13.3** $R$은 항등원 1을 가진 가환환이다. $a \in R$일 때

$$aR = \{ax \mid x \in R\}$$

을 $a$에 의해서 생성되는 **주아이디얼**(principal ideal generated by $a$)이라고 부르고, $\langle a \rangle$ 또는 $(a)$로 표시한다.

**예제 5** $m \in \mathbb{Z}$라고 하면 $m$의 배수들의 집합 $m\mathbb{Z}$는 $m$에 의해서 생성되는 $\mathbb{Z}$의 주아이디얼이다.

**예제 6** $\mathbb{Z}$ 상에서의 다항식환 $\mathbb{Z}[x]$에서

$$J = \{p(x) \in \mathbb{Z}[x] \mid p(x)\text{는 상수항이 } 0\text{인 다항식}\}$$

이라고 하면 임의의 $f(x)$, $g(x) \in J$에 대해서 $f(x) + g(x) \in J$이고 또 임의의 다항식 $h(x) \in \mathbb{Z}[x]$에 대해서 $h(x)f(x)$, $f(x)h(x) \in J$가 되어 $J$는 $\mathbb{Z}[x]$의 아이디얼이 됨을 쉽게 알 수 있다. 실제로 $J$의 모든 원소는 $x$로 인수분해되므로 $J = \langle x \rangle$가 된다. 따라서 $J$는 $\mathbb{Z}[x]$의 주아이디얼이다.

**예제 7** 다항식 환 $\mathbb{Z}[x]$에서 $\langle x+1\rangle=(x+1)\mathbb{Z}[x]$는 $x+1$에 의해서 생성되는 $\mathbb{Z}[x]$의 주아이디얼이다. 이 집합은 실제로 $x+1$로 인수분해되는 모든 정수계수 다항식들의 집합

$$\{(x+1)f(x) \mid f(x) \in \mathbb{Z}[x]\}$$

가 됨을 알 수 있다. 그러나

$$I=\{\, p(x) \in \mathbb{Z}[x] \mid p(x)\text{는 상수항이 짝수인 다항식}\}$$

은 $\mathbb{Z}[x]$의 아이디얼은 되나 주아이디얼은 아니다.

정수환 $\mathbb{Z}$에서 $I$가 $\mathbb{Z}$의 아이디얼이면 $(I, +)$는 $(\mathbb{Z}, +)$의 부분군이다. 그런데 $(\mathbb{Z}, +)$는 순환군이므로 $\mathbb{Z}$의 부분군도 순환군이다. 따라서 $I=n\mathbb{Z}$ 꼴이 되므로 결국 $\mathbb{Z}$의 모든 아이디얼은 주아이디얼이 됨을 알 수 있다.

정역 $R$의 모든 아이디얼이 주아이디얼이 될 때 이 정역을 **주아이디얼정역**(principal ideal domain) 또는 간단히 PID라고 부른다.

**정리 13.3** 정수환 $\mathbb{Z}$의 모든 아이디얼은 주아이디얼이다.

환 $R$에서 만일 $(R, +)$가 순환군이면 $R$의 아이디얼 $I$는 $(R, +)$의 부분군이므로 $(I, +)$도 순환군이다. 따라서 $I$는 항상 주아이디얼이 됨을 알 수 있다.

**정리 13.4** $I$, $J$가 $R$의 아이디얼이면

$$I\cap J=\{a \mid a\in I,\ a\in J\},\quad I+J=\{a+b \mid a\in I,\ b\in J\}$$

는 $R$의 아이디얼이다.

$I+J$는 $I$와 $J$를 포함하는 $R$의 최소의 아이디얼이고 $I\cap J$는 $I$와 $J$에 포함되는 최대의 아이디얼이다. $I+J$를 두 아이디얼 $I$와 $J$의 합(sum)이라고 부른다. 다음 정리 13.5도 간단하지만 제법 많이 이용된다.

**정리 13.5** $R$은 항등원 1을 가진 환이고 $I$는 $R$의 아이디얼이다. $1 \in I$일 동치 조건은 $I = R$이다.

**증명** $1 \in I$이면 임의의 $r \in R$에 대해서 $r = 1r \in I$이므로 $R \subset I$이다. 따라서 $I = R$. 그 역은 당연하다. □

위의 정리 13.5에 의해서 $R$의 아이디얼 $I$가 단원을 포함하면 $I = R$이 됨도 쉽게 알 수 있다.

**따름정리 13.6** $F$가 체이면 $F$의 아이디얼은 $\{0\}$과 $F$뿐이다.

**증명** $I$를 $F$의 아이디얼, $I \neq \{0\}$이라고 하자. $a \neq 0 \in I$를 택하면 $a$는 단원이므로 $ax = xa = 1$인 $x \in F$가 존재한다. $a \in I$이므로 $1 = ax \in I$. 따라서 위의 정리 13.5에서 $I = F$이다. □

아이디얼을 이용해서 정수에 관한 기본적인 성질들을 조사해보자. 우선 약수와 배수를 간단히 표시하기 위해서 다음과 같은 정의를 한다.

**정의 13.4** $R$은 가환환이고 $a, b \in R$이다. $ax = b$인 $x \in R$가 존재할 때 $b$는 $a$의 배수(multiple), $a$는 $b$의 약수(divisor) 또는 인수(factor)라 하고 $a | b$로 표시한다.

**예제 8** 환 $\mathbb{Z}_{12}$에서 $\overline{5} \cdot \overline{8} = \overline{4}$이므로 $\overline{5}, \overline{8}$는 $\overline{4}$의 약수이다. 또 $\overline{3} \cdot \overline{4} = \overline{0}$이므로 $\overline{3}, \overline{4}$는 $\overline{0}$의 약수이다.

**정리 13.7** $R$은 가환환, $a \neq 0$, $b \neq 0$, $c \in R$이다.

(1) $a | b$, $b | c$면 $a | c$

(2) $a | b$, $a | c$면 $a | b \pm c$

(3) $a | b$면 임의의 $r \in R$에 대해서 $a | br$이다.

**정의 13.5** $R$은 항등원 1을 가진 가환환이고 $a, b \in R$이다. $a = bc$인 단원 $c \in R$가 존재할 때 $a$는 $b$와 **동반**(associate)한다고 한다. 이때 $a$는 $b$의 **동반원소**(associator)라고 한다.

**정리 13.8** $R$은 항등원 1을 가진 가환환이고 $a, b \in R$이다. 다음은 동치이다.
(1) $a|b$ (2) $b \in \langle a \rangle = aR$ (3) $\langle b \rangle \subset \langle a \rangle$

**따름정리 13.9** $R$은 항등원 1을 가진 가환환, $a, b \in R$이다.
(1) $a$가 단원일 필요충분조건은 $\langle a \rangle = R$이다.
(2) $a$가 $b$의 동반원소일 필요충분조건은 $\langle a \rangle = \langle b \rangle$이다.

$a$가 $b$와 동반할 때 $a \sim b$라고 하면 $\sim$는 $R$에서 동치관계가 됨을 쉽게 알 수 있다. 또 위의 따름정리 13.9의 (1)에서 $a$가 단원이면 임의의 $b \in R$에 대해서 $\langle b \rangle \subset R = \langle a \rangle$이므로 $a$는 $b$의 약수가 된다. 즉 단원은 모든 원소의 약수이다. 단원은 정수 1과 거의 비슷하다.

**예제 9** 환

$$\mathbb{Z}[\sqrt{2}] = \{a + b\sqrt{2} \mid a, b \in \mathbb{Z}\}$$

에서 $(1+\sqrt{2})(-1+\sqrt{2}) = 1$이므로 $1+\sqrt{2}$는 단원이다. 또

$$\sqrt{2} = (2-\sqrt{2})(1+\sqrt{2})$$

이므로 $\sqrt{2}$는 $2-\sqrt{2}$와 동반한다. 따라서 $\sqrt{2}$와 $2-\sqrt{2}$는 이 환에서 서로서로 나눈다.

**예제 10** $\mathbb{Z}_9$에서

$$\overline{2} \cdot \overline{5} = \overline{1},\ \overline{4} \cdot \overline{7} = \overline{28} = \overline{1},\ \overline{8} \cdot \overline{8} = \overline{1}$$

이므로 $\overline{2}, \overline{5}, \overline{4}, \overline{7}, \overline{8}$는 모두 단원이다. 따라서 $\overline{3} \cdot \overline{2} = \overline{6}$이므로 $\overline{3}$는 $\overline{6}$와 동반한다.

정수에서는 모든 아이디얼은 $\langle m \rangle$꼴인 주아이디얼이 됨을 명심하고 다음 정리를 증명하자.

**정리 13.10** $m, n \in \mathbb{Z}$이다. $m, n$이 서로소일 필요충분조건은

$$mx + ny = 1$$

이 되는 정수 $x, y$가 존재한다.

**증명** $(\Rightarrow)$ 정리 13.3에서 $\langle m \rangle + \langle n \rangle$은 $\mathbb{Z}$의 아이디얼이므로

$$\langle m \rangle + \langle n \rangle = \langle a \rangle$$

로 둘 수 있다. 그런데 $\langle m \rangle \subset \langle a \rangle$이므로 $a$는 $m$의 약수이다. 마찬가지로 $\langle n \rangle \subset \langle a \rangle$이므로 $a$는 $n$의 약수, 즉 $a$는 $m, n$의 공약수가 되므로 결국 $a = 1$밖에 될 수가 없다. 따라서 $\langle m \rangle + \langle n \rangle = \langle 1 \rangle = \mathbb{Z}$이므로

$$1 \in \langle m \rangle + \langle n \rangle$$

이 되어

$$1 = mx + ny, \ x, y \in \mathbb{Z}$$

가 된다.

$(\Leftarrow)$ $\gcd(m, n) = d$라고 하면 $d|m$, $d|n$이므로 정리 13.4에 의해서

$$d|mx + ny = 1$$

이다. $d$는 1의 약수이므로 결국 $d = 1$이다. □

**따름정리 13.11** $m, n \in \mathbb{Z}$, $\gcd(m, n) = d$라고 하면 $d = mx + ny$인 $x, y \in \mathbb{Z}$가 존재한다.

**따름정리 13.12** $p, a, b \in \mathbb{Z}$, $p$는 소수이다. $p|ab$이면 $p|a$ 또는 $p|b$이다.

**증명** $p \nmid a$라고 하면 $p, a$는 서로소이다. 따라서 $px + ay = 1$인 $x, y \in \mathbb{Z}$가 존재한다. $b = pxb + ayb$이고 $ab$는 $p$의 배수이므로 $p|pxy + ayb = b$이다. □

**따름정리 13.13** $p$는 소수이다. $a_1, a_2, \cdots, a_n \in \mathbb{Z}$, $p | a_1 a_2 \cdots a_n$이면 $p$는 적어도 한 개의 $a_i$의 약수이다. $(1 \le i \le n)$

**정리 13.14** $a | bc$, $\gcd(a, b) = 1$이면 $a | c$이다.

**증명** $\gcd(a, b) = 1$이므로 $ax + by = 1$인 정수 $x, y \in \mathbb{Z}$가 존재한다. 또 $a | bc$이므로 $bc = at$, $t \in \mathbb{Z}$로 쓸 수 있다.

$acx + bcy = c$에 $bc = at$를 대입하면 $acx + aty = c$로부터 $a | c$이다. □

**정리 13.15** $m, n \in \mathbb{Z}$이면 다음은 동치이다.

(1) $m, n$은 서로소이다.

(2) $\overline{m}$는 $\mathbb{Z}_n$의 단원이다.

(3) $\overline{m}$는 $\mathbb{Z}_n$의 영인자가 아니다.

**정리 13.16** $p$가 소수이면 $\mathbb{Z}_p$는 체이다.

**증명** $p$가 소수이면 $p$보다 작은 양수는 모두 $p$와 서로소이므로 $\mathbb{Z}_p$에서 단원이다. 따라서 $\mathbb{Z}_p$는 체가 된다. □

또 우리는 다음 정리를 얻을 수 있다.

**정리 13.17** (Fermat's little theorem) $p$는 소수이고 $a, p$가 서로소이면 $a^{p-1} - 1$은 $p$의 배수이다.

**증명** $\mathbb{Z}_p$는 체이고 $p \nmid a$이다. 따라서 $\mathbb{Z}_p$에서 $\overline{a} \ne \overline{0}$이다. $\mathbb{Z}_p^* = \mathbb{Z}_p - \{\overline{0}\}$는 곱에 대해서 군이 되고 또 $|\mathbb{Z}_p^*| = p - 1$이다. 따라서 $\overline{a} \in \mathbb{Z}_p^*$이므로 라그랑즈의 정리에 의하여

$$(\overline{a})^{p-1} = \overline{1}$$

이다. 이 식을 변형하면

$$p | a^{p-1} - 1$$

이다. □

**따름정리 13.18** $p$가 소수면 임의의 $a \in \mathbb{Z}$에 대해서 $a^p - a$는 $p$의 배수이다.

가환환에서 두 단원의 곱도 단원이고 단원의 역원도 단원이므로 $V_n$을 $\mathbb{Z}_n$의 모든 단원들의 집합이라고 하면 $V_n$은 곱에 대해서 군이 된다. 즉

$$V_n = \{\, \bar{a} \in \mathbb{Z}_n \mid \bar{a}\text{는 단원}\}$$

이라고 하면 $(V_n, \odot)$는 군이 된다. 또 앞 정리 13.15에서

$$\begin{aligned} V_n &= \{\, \bar{a} \in \mathbb{Z}_n \mid \bar{a}\text{는 단원}\} \\ &= \{\, \bar{a} \in \mathbb{Z}_n \mid a\text{와 } n\text{은 서로소}\} \end{aligned}$$

가 됨을 알 수 있다. 특히 $n$보다 작고 $n$과 서로소인 수의 개수를 오일러수(Euler-number)라고 하고 $\varphi(n)$이라고 적는다. 우리는 $|V_n| = \varphi(n)$이 됨을 바로 알 수 있다.

**정리 13.19** (Euler) $a$, $n$이 서로소이면 $a^{\varphi(n)} - 1$은 $n$의 배수이다.

**증명** 환 $\mathbb{Z}_n$에서 $a$, $n$은 서로소이므로 $\bar{a} \in V_n$이다. 또 $(V_n, \odot)$은 군이고 $|V_n| = \varphi(n)$이므로 역시 라그랑즈정리에서

$$(\bar{a})^{\varphi(n)} = \bar{1}$$

이 성립한다. 따라서

$$n \mid a^{\varphi(n)} - 1$$

이다. □

또 순환군 $(\mathbb{Z}_n, \oplus)$의 생성원의 개수도 $\varphi(n)$이 됨을 쉽게 알 수 있다. 만일 $p$가 소수이면 $\varphi(p) = p - 1$이므로 Fermat의 소정리는 Euler의 정리에서 특별히 $n$이 소수일 경우에 해당한다.

**정리 13.20** $a, b \in \mathbb{Z}$이다. $\bar{a}\bar{x} = \bar{b}$인 $\bar{x} \in \mathbb{Z}_n$가 존재할 필요충분조건은 $\gcd(a, n)$이 $b$의 약수일 경우이다.

**증명** ($\Leftarrow$) $\gcd(a,\ n)=d$라고 하면 $ar+ns=d$인 $r,\ s\in\mathbb{Z}$가 존재한다. 만일 $d\mid b$면 $b=dt,\ t\in\mathbb{Z}$로 적을 수 있다. 따라서 $art+nst=dt$ 이다. $\mathbb{Z}_n$에서

$$\bar{a}\,\overline{rt}+\bar{n}\,\overline{st}=\bar{b}$$

이므로 $\bar{a}(\overline{rt})=\bar{b}$가 성립한다. $rt=x$라 두면 $\bar{a}\,\bar{x}=\bar{b}$이다.

($\Rightarrow$) 역으로 $\bar{a}\,\bar{x}=\bar{b}$인 $\bar{x}\in\mathbb{Z}_n$가 존재한다고 하자. $ax-b=nt$로 적을 수 있다. 따라서 $ax-nt=b$이다. $\gcd(a,\ n)=d$라 하면 $d|a,\ d|n$이므로

$$d|ax-nt$$

따라서 $d$는 $b$의 약수가 된다. □

간단한 디오판틴식 $ax+by=c$의 해를 구해보면 환 $\mathbb{Z}_b$에서 생각하면

$$\overline{ax}\oplus\overline{by}=\bar{c}$$

이므로

$$\bar{a}\,\bar{x}=\bar{c}$$

가 된다. 여기서 $\bar{a}$가 $\mathbb{Z}_b$에서 단원이면 $\bar{a}\,\bar{t}=\bar{1}$인 $\bar{t}$가 존재하므로 $\bar{a}\,\bar{t}\,\bar{c}=\bar{a}\,\overline{tc}=\bar{c}$에서 결국 $\bar{x}=\overline{tc}$, 즉

$$x=tc+bk,\ k\text{는 정수}$$

꼴의 해를 구할 수 있다. 물론 여기서 $\bar{a}\,\bar{x}=\bar{c}$인 $\bar{x}$가 존재하기 위해서는 $\gcd(a,\ b)$가 $c$의 약수가 되어야 한다.

**예제 11** $14x+15y=11$의 정수해를 구해보자. $\mathbb{Z}_{15}$에서 생각하면 $\overline{14}\,\bar{x}=\overline{11}$인 $\bar{x}$를 찾으면 된다. $\overline{14}$를 없애기 위해서 14, 15는 서로소이므로 $14(-1)+15(1)=1$이다. 따라서 $\overline{14}\,\overline{(-1)}=\bar{1}$이므로 $\overline{14}\,\bar{x}=\overline{11}$의 양변에 $\overline{(-1)}$를 곱하면

$$\overline{14}\,\overline{(-1)}\,\bar{x}=\overline{11}\,\overline{(-1)}$$

에서 $\bar{x}=\overline{-11}=\bar{4}$를 얻는다. 즉

$$x=15k+4,\ k\in\mathbb{Z}$$

꼴의 해를 구할 수 있다.

$$k=0\text{이면 } x=4,\ y=-3$$

$$k=1\text{이면 } x=19,\ y=-17$$

등이다.

**예제 12** $30x^2+24y=18$의 정수해를 구해보면 우선 양변을 6으로 나누면

$$5x^2+4y=3$$

이므로 $\mathbb{Z}_4$에서 $\bar{5}\,(\bar{x})^2=\bar{3}$가 된다. 그런데 $\bar{5}=\bar{1}$이므로 $(\bar{x})^2=\bar{3}$인 $\bar{x}$를 찾는다. 그러나 $\mathbb{Z}_4$에서는 이러한 원소가 없으므로 결국 이 식은 해가 없다.

**정리 13.21** $m, n\in\mathbb{Z}$ $m, n$이 서로소이면 임의의 $a, b\in\mathbb{Z}$에 대해서

$$m|x-a,\ n|x-b$$

인 정수 $x$가 항상 존재한다.

**증명** $m, n$은 서로소이므로 $\mathbb{Z}_m\times\mathbb{Z}_n$은 순환군이다. $(\bar{1}, \bar{1})$는 $\mathbb{Z}_m\times\mathbb{Z}_n$의 생성원이므로 임의의 $a, b\in\mathbb{Z}$에 대해서 $(\bar{a}, \bar{b})\in\mathbb{Z}_m\times\mathbb{Z}_n$를 생각하면 $(\bar{1}, \bar{1})^x=(\bar{a}, \bar{b})$인 정수 $x$가 존재한다. 따라서

$$(\bar{x}, \bar{x})=(\bar{a}, \bar{b})\in\mathbb{Z}_m\times\mathbb{Z}_n$$

이므로 $\mathbb{Z}_m$에서 $\bar{x}=\bar{a}$이고 $\mathbb{Z}_n$에서 $\bar{x}=\bar{b}$이다. 즉 $m|x-a,\ n|x-b$가 된다. □

위의 정리 13.21은 $k$개의 수까지 확장해서 생각할 수 있다.

즉 $m_1, m_2, \cdots, m_k$가 서로소이면 군

$$G=\mathbb{Z}_{m_1}\times\mathbb{Z}_{m_2}\times\cdots\times\mathbb{Z}_{m_k}$$

는 순환군이므로 $(\bar{1}, \bar{1}, \cdots \bar{1})$는 $G$의 생성원이다. 따라서 위와 같은 방법으로 생각하면 임의의 $c_1, c_2, \cdots, c_k\in\mathbb{Z}$에 대해서

$$m_1|x-c_1,\ m_2|x-c_2,\ \cdots,\ m_k|x-c_k$$

인 정수 $x$가 존재함을 알 수 있다. 이 정리를 **중국인의 나머지 정리**(Chinese Remainder Theorem)라고 부른다.

위의 정리 13.21의 보다 일반적인 정리로 다음과 같은 정리가 있다.

**정리 13.22** $m, n\in\mathbb{Z}$, $\gcd(m, n)=d$이다. 만일 $d|a-b$이면 $m|x-a,\ n|x-b$인 정수 $x$가 존재하고 또 그 역도 성립한다.

**증명** $\gcd(m, n)=d$이므로 $ms+nt=d$인 정수 $s$, $t$가 존재한다. 또 $d|a-b$이므로 $a-b=dk$로 둘 수 있다. 따라서

$$msk+ntk=dk=a-b$$

로부터 $a-msk=b+ntk$이고 이것을 $x$라고 두면

$$x-a=\ -msk\text{이므로 } m|x-a,\ x-b=ntk\text{이므로 } n|x-b$$

이다. 또 역으로 $m|x-a$, $n|x-b$이면

$$x-a=mp,\ x-b=nq$$

인 $p, q\in\mathbb{Z}$가 존재한다. 따라서 $a-b=nq-mp$이고 우변은 $d$의 배수이다. □

위의 정리 13.22에서 만일 $m$, $n$이 서로소이면 임의의 $a$, $b\in\mathbb{Z}$에 대해서 $1|a-b$이므로 바로 중국인의 나머지 정리를 얻을 수 있다.

**문제 1** $6|x-5$, $10|x-7$인 정수 $x$를 구하라.

**풀이** 우선 $6|x-5$이므로

$$x=6q+5,\ q\in\mathbb{Z}$$

로 쓸 수 있다. 또 $10|x-7$이므로

$$10|(6q+5)-7$$

이 된다. 따라서 $5|3q-1$이므로 $\mathbb{Z}_5$에서 $\bar{3}\bar{q}=\bar{1}$이다. $\bar{2}\cdot\bar{3}=\bar{1}$이므로 $\bar{q}=\bar{2}$로 쓸 수 있고 따라서

$$q=5k+2,\ k\in\mathbb{Z}$$

꼴이므로 이 식을 대입하여

$$x=6(5k+2)+5=30k+17,\ k\in\mathbb{Z}$$

의 값을 구할 수 있다. 즉 $x=17, 47, -13, \cdots$ 등이다. ■

**예제 13** 3, 11, 19, 27, ⋯, $8k+3$꼴은 두 정수의 제곱의 합으로 표시할 수 없다. 그 이유는 만일 이러한 수가 $x^2+y^2$의 꼴이 되었다면 결국 $\mathbb{Z}_8$에서

$$(\bar{x})^2+(\bar{y})^2=\bar{3}$$

가 된다. 그런데 실제로 $\mathbb{Z}_8$의 모든 원소의 제곱은 $\{\bar{0}, \bar{1}, \bar{4}\}$뿐이다. 따라서 이러한 원소를 아무리 두 개 합쳐도 $\bar{3}$가 되지 못한다.

## 13 | 연습문제 EXERCISE

1. $R=\mathbb{Z}_3\times\mathbb{Z}_3$의 부분환은 되나 아이디얼이 안되는 예를 구하여라.

2. $R=M_2(\mathbb{R})$이다. 다음 집합 중 아이디얼이 되는 것을 찾아라.

   (1) $S=\left\{\begin{pmatrix}0 & b\\ c & d\end{pmatrix}\middle|\, b,\ c,\ d\in\mathbb{R}\right\}$ (2) $S=\left\{\begin{pmatrix}a & 0\\ c & d\end{pmatrix}\middle|\, a,\ c,\ d\in\mathbb{R}\right\}$

   (3) $S=\left\{\begin{pmatrix}a & b\\ b & a\end{pmatrix}\middle|\, a,\ b\in\mathbb{R}\right\}$ (4) $S=\left\{\begin{pmatrix}a & 0\\ c & 0\end{pmatrix}\middle|\, a,\ c\in\mathbb{R}\right\}$

3. $M_2(\mathbb{R})$의 아이디얼은 0과 자신밖에 없음을 보여라.

4. $Z(R)=\{x\in R\mid$ 모든 $r\in R$에 대해서 $xr=rx\}$는 $R$의 부분환이 되는가? 또 $R$의 아이디얼이 되는가?

5. $R$은 가환환이다. $X\subset R$일 때 $Ann(X)=\{r\in R\mid$ 모든 $x\in X$에 대해서 $rx=0\}$라면

   (1) $Ann(X)$는 $R$의 아이디얼이 됨을 보여라.

   (2) $R=\mathbb{Z}_{12}$일 때 $Ann(\overline{2})$를 구하여라.

6. $I$는 $R$의 아이디얼이다. $R^{-1}I=\{x\in R\mid$ 모든 $r\in R$에 대해서 $rx\in I\}$는 $I$를 포함하는 $R$의 아이디얼임을 보여라.

7. $R$은 가환환, $1\in R$이다. $x,\ a\in R,\ axa=a$이면

   (1) $aR=eR,\ e=e^2$인 $e\in R$이 존재함을 보여라.

   (2) $aR\cap J=\{0\}$이고 $aR+J=R$인 $R$의 아이디얼 $J$를 구하여라.

8. $a,\ b,\ c,\ d,\ x,\ y\in\mathbb{Z}$이다. 다음을 증명하라. $\gcd(a,\ b)=1$일 때 $a,\ b$는 서로소라 한다.

   (1) $a+b$가 홀수면 $\gcd(a,\ b)=\gcd(a+b,\ a-b)$이다.

   (2) $a\mid ab,\ d\mid cb,\ \gcd(a,\ c)=1$이면 $d\mid b$이다.

   (3) $\gcd(a,\ b)=1$이면 임의의 $n$에 대해서 $\gcd(a,\ b^n)=1$이다.

(4) $\gcd(a,\ b)=d$라 하면 $\langle a\rangle+\langle b\rangle=\langle d\rangle$이다.

(5) $a\times \text{lcm}(b,\ c)=\text{lcm}(ab,\ ac)$이다.

9. $30x^2+24y=18$을 만족하는 정수 $x$, $y$를 구하라.

10. 다음을 증명하라. $a$는 임의의 정수이다.

(1) $\gcd(m,\ n)=1$이면 $n^{\varphi(m)}+m^{\varphi(n)}\equiv 1 \pmod{mn}$이다.

(2) $p$는 소수, $p\nmid a$, $p-1\mid m$이면 $a^m\equiv 1 \pmod{p}$이다.

(3) $a^{19}\equiv a \pmod{133}$

(4) $a^{49}\equiv a \pmod{1547}$ ($1547=7\times 13\times 17$을 이용)

CHAPTER 14

# 상환과 환준동형사상

Quotient Ring and Ring Homomorphisms

$I$가 환 $R$의 아이디얼이면 $(I,\ +)$는 $(R,\ +)$의 정규부분군이다. 따라서 $I$의 잉여류 집합 $R/I=\{a+I|a\in R\}$에서

$$(a+I)\oplus(b+I)=(a+b)+I$$

라고 하면 $\oplus$ 연산에서 아벨군이 됨을 알 수 있다. $R/I$의 원소에 곱하기 $*$를 다음과 같이 정의하자.

$$(a+I)*(b+I)=ab+I$$

이 두 연산 $\oplus$, $*$에 의해서 $(R/I,\ \oplus,\ *)$는 역시 환이 되는지를 조사해 보자. 편의상 $a+I$는 $\bar{a}$로 적는다.

**정리 14.1** $R$은 환이고 $I$는 $R$의 아이디얼이다. 임의의 $\bar{a},\ \bar{b}\in R/I$에 대해서

$$\bar{a}\oplus\bar{b}=\overline{a+b},\ \bar{a}*\bar{b}=\overline{ab}$$

라고 하면 $(R/I,\ \oplus,\ *)$는 환이 된다.

**증명** $(R/I,\ \oplus)$는 군의 성질에서 아벨군이 된다. $*$가 $R/I$에서 연산이 잘됨을 보이자.

$$\bar{a}=\bar{c},\ \bar{b}=\bar{d}$$

라고 하면

$$a-c\in I,\ b-d\in I$$

이다. $I$는 아이디얼이므로

$$ab - cd = (a-c)b + c(b-d) \in I$$

따라서 $\overline{ab} = \overline{cd}$가 되어 $\bar{a} * \bar{b} = \bar{c} * \bar{d}$가 성립한다.
$(R/I, \oplus, *)$는 환의 모든 조건을 만족시킴을 알 수 있다. □

**정의 14.1** $R$은 환, $I$는 $R$의 아이디얼이다. 상집합

$$R/I = \{a + I \mid a \in R\}$$

에 $\oplus$, $*$ 을 각각

$$(a+I) \oplus (b+I) = (a+b) + I,$$
$$(a+I) * (b+I) = ab + I$$

라고 하면 $(R/I, \oplus, *)$는 환이 되는데 이 환을 $I$에 의한 $R$의 **상환**(quotient ring), **잉여환**(residue class ring) 또는 **인자환**(factor ring)이라고 부른다.

**예제 1** $R = \mathbb{Z}$, $I = n\mathbb{Z}$ 라고 하면 $I$는 $R$의 아이디얼이다. 따라서

$$R/I = \mathbb{Z}/n\mathbb{Z} = \{\bar{0}, \bar{1}, \bar{2}, \cdots, \overline{n-1}\}$$

이고

$$\bar{i} \oplus \bar{j} = \overline{i+j}, \quad \bar{i} * \bar{j} = \overline{ij}$$

에 의해서 $(\mathbb{Z}/n\mathbb{Z}, \oplus, *)$는 환이 된다. 이 환은 보통 간단히 $\mathbb{Z}_n$이라 한다.

앞으로 특별히 구별할 필요가 없을 때는 $(R/I, \oplus, *)$는 그냥 $R/I$로 표시하고 $(a+I) \oplus (b+I)$도 간단히 $(a+I)+(b+I)$로, $(a+I)*(b+I)$도 $(a+I)(b+I)$로 표시한다. 다음 정리는 간단히 증명할 수 있다.

**정리 14.2** $I$는 환 $R$의 아이디얼이다.
(1) $R$이 가환이면 $R/I$도 가환이다.
(2) $R$이 곱의 항등원 1을 가지면 $R/I$도 곱에 대한 항등원 $1+I$를 가진다.

환에서의 준동형사상도 군과 동일하게 정의할 수 있다.

**정의 14.2** $R$과 $S$는 환이다. $R$에서 $S$로의 함수 $f: R \to S$가 임의의 $a, b \in R$에 대해서

$$f(a+b) = f(a) + f(b)$$
$$f(ab) = f(a)f(b)$$

를 만족시킬 때 $f$를 $R$에서 $S$로의 **환준동형사상**(ring homomorphism)이라고 한다.

또 전단사인 환준동형사상을 **환동형사상**(ring isomorphism)이라고 부른다. $R$에서 $S$로의 환동형사상이 존재할 때 $R$과 $S$는 **동형**(isomorphic)이라고 하고 $R \cong S$로 적는다.

**예제 2** $f: \mathbb{Z} \to \mathbb{Z}$, $f(x) = 2x$는 $f(a+b) = f(a) + f(b)$이다. 그러나

$$f(ab) = 2ab, \quad f(a)f(b) = 4ab$$

이므로 환준동형사상이 아니다. 실제로 $\mathbb{Z}$에서 $\mathbb{Z}$로의 환준동형사상은 $f(\mathbb{Z}) = 0$과 항등함수 두 개뿐이다.

**예제 3** $I$가 $R$의 아이디얼이면 함수 $\pi: R \to R/I$, $\pi(a) = \bar{a}$는

$$\pi(a+b) = \overline{a+b} = \bar{a} \oplus \bar{b}$$
$$\pi(ab) = \overline{ab} = \bar{a} * \bar{b}$$

이므로 환동형사상이다. 이 환준동형사상을 특히 **전형적 준동형**(canonical homomorphism)이라고 부른다.

군에서와 마찬가지로 $f: R \to S$가 환의 준동형사상일 때

$$\text{Ker}\, f = \{a \in R \mid f(a) = 0\}$$

는 $R$의 아이디얼이 된다.

**정리 14.3** (환의 준동형사상의 기본정리) $f: R \to S$는 전사인 환준동형사상이다. $\text{Ker}\, f = K$라고 하면 $R/K \cong S$이다.

**증명** 군과 동일한 방법으로 하면 된다.

$$\overline{f} : R/K \to S,\ \overline{f}(\overline{a}) = f(a)$$

로 정의하면 $\overline{f}$는 함수가 잘 정의되며, 동형사상이 됨을 보일 수 있다. □

다음은 군에서와 동일하므로 결과만 간단히 적어놓겠다.

> **정리 14.4** $f : R \to S$가 환준동형사상이면 다음이 성립한다.
> (1) $f(0) = 0$
> (2) 모든 양의 정수 $n$에 대해서 $f(a^n) = (f(a))^n$, $f(na) = nf(a)$
> (3) $I$가 $S$의 아이디얼이면 $f^{-1}(I)$는 $R$의 아이디얼이다.
> (4) $f$가 단사일 필요충분조건은 $\mathrm{Ker}\, f = \{0\}$이다.

**예제 4** $f : \mathbb{Z} \to \mathbb{R}$, $f(x) = x$는 환준동형사상이다. $2\mathbb{Z}$는 $\mathbb{Z}$의 아이디얼이다. 그러나 $2\mathbb{Z}$는 $\mathbb{R}$의 아이디얼은 아니다. 따라서 아이디얼의 상은 일반적으로 아이디얼이 될 수 없다. 그러나 $f : R \to S$가 전사인 환준동형사상이면 $R$의 아이디얼 $I$의 상 $f(I)$는 $S$의 아이디얼이 된다.

$\mathbb{Z}$와 $2\mathbb{Z}$는 군으로 생각하면 $(\mathbb{Z}, +) \cong (2\mathbb{Z}, +)$이다. 그러나 환으로는 동형이 아니다.

**예제 5** $f : \mathbb{Z}_6 \to \mathbb{Z}_2$, $f(\overline{i}) = \overline{i}$ 즉

$$f = \begin{pmatrix} \overline{0} & \overline{1} & \overline{2} & \overline{3} & \overline{4} & \overline{5} \\ 0 & 1 & 0 & 1 & 0 & 1 \end{pmatrix}$$

는 준동형사상이다. $f$의 함수표에서 $\mathrm{Ker}\, f = \{\overline{0}, \overline{2}, \overline{4}\} = \langle \overline{2} \rangle$가 됨을 알 수 있다. 또 $f$는 전사이므로 환준동형사상의 기본정리에 의해서

$$\mathbb{Z}_6 / \langle \overline{2} \rangle \cong \mathbb{Z}_2$$

이다.

**정리 14.5** $f: R \to S$가 환준동형사상이고 $\mathrm{Ker}\, f = K$이면 $R/K$는 $S$의 부분환 $\mathrm{Im}\, f$와 동형이다.

**증명** $f: R \to S$는 전사가 아니지만

$$\bar{f}: R \to \mathrm{Im}\, f,\ \bar{f}(x) = f(x)$$

는 $f$와 똑같은 함수지만 전사가 된다. 또 $\mathrm{Im}\, f$는 역시 환이 되므로 환의 준동형사상의 기본정리에 의해서 $\bar{f}: R \to \mathrm{Im}\, f$는 전사인 준동형사상이고 $\mathrm{Ker}\, \bar{f} = \mathrm{Ker}\, f = K$이므로

$$R/K \cong \mathrm{Im}\, f \subset S$$

이다. □

정수에서 소수는 매우 중요한 역할을 한다. 환에서 이와 같은 역할을 하는 것이 소아이디얼이다. 물론 소아이디얼보다 더 중요한 아이디얼이 극대아이디얼이다. 간단히 정의해 보자.

**정의 14.3** $R$은 가환환이다. $P$는 $R$의 아이디얼이고 $P \neq R$이다. 만일 $ab \in P$이면 $a \in P$ 또는 $b \in P$일 때 $P$를 $R$의 **소아이디얼**(prime ideal)이라고 부른다.

정수환 $\mathbb{Z}$에서 $\langle p \rangle$가 소아이디얼이 될 필요충분조건은 $p$가 소수인 경우이다.

**예제 6** 환 $\mathbb{Z}[x]$에서

$$I = \{p(x) \in \mathbb{Z}[x] \mid p(x)\text{는 상수항이 짝수인 다항식}\}$$

이라고 하면 $I \neq \mathbb{Z}[x]$이고 $I$는 $\mathbb{Z}[x]$의 아이디얼이다. $f(x),\ g(x) \in \mathbb{Z}[x]$,

$$f(x) = a_0 + a_1 x + \cdots + a_n x^n,\ g(x) = b_0 + b_1 x + \cdots + b_m x^m$$

라고 하자. $f(x)g(x) \in I$이면 $a_0 b_0$는 짝수이다. 홀수의 곱은 홀수이므로 $a_0$ 또는 $b_0$는 짝수이다. 따라서 $f(x) \in I$ 또는 $g(x) \in I$가 되므로 $I$는 $\mathbb{Z}[x]$의 소아이디얼이다.

**정의 14.4** $M$은 $R$의 아이디얼이고 $M \neq R$이다. 만일 임의의 아이디얼 $I$가

$$M \subset I \subset R\text{이면 } M = I \text{ 또는 } I = R$$

일 때 $M$을 $R$의 **극대아이디얼**(maximal ideal)이라고 부른다.

위의 정의는 결국 $M$이 $R$의 극대아이디얼이라는 말은 $M$을 포함하는 아이디얼은 $M$ 자신과 $R$뿐임을 뜻한다.

**예제 7** $p$가 소수이면 $M = \langle p \rangle$는 $\mathbb{Z}$의 극대아이디얼이 된다. 또한 그 역도 성립한다.

**정리 14.6** $R$이 1을 가진 가환환이면 $R$의 모든 극대아이디얼은 소아이디얼이다.

**증명** $M$을 $R$의 극대아이디얼이라고 하자. 만일 $ab \in M$이라고 하면 $a \in M$ 또는 $b \in M$이 됨을 보이면 된다. 만일 $a \notin M$이면

$$a \in \langle a \rangle \subset M + \langle a \rangle, \ a \notin M$$

이므로

$$M \subset M + \langle a \rangle \subset R, \ M \neq M + \langle a \rangle$$

이다. $M$은 극대아이디얼이므로 $M + \langle a \rangle = R$이 된다. 따라서

$$1 = m + at, \ m \in M, \ t \in R$$

로 쓸 수 있고

$$b = mb + atb = mb + (ab)t \in M$$

이다. □

극대아이디얼이 환에서 중요한 이유는 극대아이디얼로 만든 상환은 체가 된다는 사실이다. 이것은 앞으로 체를 공부하는데 기본이 된다.

**정리 14.7** $R$은 1을 가진 가환환이다. $M$이 극대아이디얼이 될 필요충분조건은 상환 $R/M$이 체이다.

**증명** $R$이 1을 가진 가환환이면 $R/M$도 단위원 $\bar{1} = 1 + M$을 가지고 역시 가환이다. 따라서 $R/M$의 $\bar{0}$이 아닌 모든 원소는 단원임을 보이자. $R/M$에서 $\bar{a} \neq \bar{0}$라고 하면 $a \notin M$이다. 따라서

$$M \subset M + \langle a \rangle \subset R,\ M \neq M + \langle a \rangle$$

이므로 $M + \langle a \rangle = R$이 되어

$$1 = m + at,\ \ m \in M,\ \ t \in R$$

로 쓸 수 있다. 따라서 $R/M$에서

$$\bar{1} = \overline{m + at} = \overline{m} + \bar{a}\,\bar{t} = \bar{a}\,\bar{t}$$

이므로 $\bar{a}$는 역원 $\bar{t}$를 가지므로 단원이다.

역으로 $R/M$이 체라고 하고 $J$는 $M \subset J \subset R$인 $R$의 아이디얼이라고 하자. 만일 $M \neq J$이면 $a \in J,\ a \not\in M$인 원소 $a$가 존재한다. 따라서 $R/M$에서

$$\bar{a} = a + M \neq M = \bar{0}$$

이고 $R/M$은 체이므로 $\bar{a}\,\bar{b} = \bar{1}$가 되는 $\bar{b} \in R/M$이 존재한다. 이 식을 다시 쓰면

$$ab + M = 1 + M$$
$$1 - ab \in M \subset J$$

이다. 따라서

$$1 - ab = c, \quad c \in J$$

로 두면 $1 = c + ab$이다. 그런데 $c \in J,\ \ a \in J$이므로 $c + ab \in J$이다. 즉 $1 \in J$가 되어 $J = R$이 된다. 이 사실로부터 $M$은 $R$의 극대아이디얼이 됨을 알 수 있다. □

위와 똑같은 방법으로 다음 사실도 증명할 수 있다.

**정리 14.8** $R$은 1을 가진 가환환이다. $P$가 $R$의 소아이디얼이 될 필요충분조건은 상환 $R/P$가 정역이다.

**예제 8** 정수계수 다항식환 $\mathbb{Z}[x]$에서 주아이디얼 $\langle x \rangle$는 소아이디얼이다. 그러나

$$I = \{p(x) \in Z[x] \mid p(x)\text{는 상수항이 짝수인 다항식}\}$$

이라고 하면 $I$는 $\mathbb{Z}[x]$의 아이디얼이고

$$\langle x \rangle \subset I \subset \mathbb{Z}[x],\ \langle x \rangle \neq I,\ I \neq \mathbb{Z}[x]$$

이므로 $\langle x \rangle$는 $\mathbb{Z}[x]$의 극대아이디얼은 되지 못한다.

실제로 우리는 $\mathbb{Z}[x]/\langle x\rangle \cong \mathbb{Z}$가 됨을 알고 있다. $\mathbb{Z}$는 체가 아니므로 $\langle x\rangle$는 $\mathbb{Z}[x]$의 극대아이디얼이 될 수 없다. 그러나 $\mathbb{Z}$는 정역이므로 $\langle x\rangle$는 $\mathbb{Z}[x]$의 소아이디얼은 된다. 여기서 한 가지 주의할 점은 $\mathbb{R}[x]$를 계수가 실수인 다항식들의 집합이라고 하면 $\mathbb{R}[x]/\langle x\rangle \cong \mathbb{R}$가 되어 이때는 $\mathbb{R}$은 체이므로 $\langle x\rangle$는 $\mathbb{R}[x]$에서는 극대아이디얼이 된다.

**예제 9** $\qquad C(I)=\{f:[0,\ 1]\to\mathbb{R} \mid f\text{는 연속함수}\}$

라고 하자. $f,\ g\in C(I)$에 대해서

$$(f+g)(x)=f(x)+g(x),\quad (f\cdot g)(x)=f(x)g(x)$$

라고 하면 $(C(I),\ +,\ \cdot\ )$는 환이 됨은 당연하다.

$$0\le r\le 1,\ I(r)=\{f\in C(I) \mid f(r)=0\}$$

라고 하면 $I(r)$은 $C(I)$의 극대아이디얼이 됨을 보이자. 우선 $f,\ g\in I(r)$이면

$$(f+g)(r)=f(r)+g(r)=0$$

이다. 또 임의의 $h\in C(I)$에 대해서

$$(f\cdot h)(r)=f(r)h(r)=0h(r)=0,\ (h\cdot f)(r)=0$$

이므로 $I(r)$은 $C(I)$의 아이디얼이 됨을 알 수 있다.

$$I(r)\subset J\subset C(I),\ J\text{는 } C(I)\text{의 아이디얼},\ I(r)\neq J$$

라고 하면 $f\in J,\ f\notin I(r)$인 함수 $f\in C(I)$가 존재한다. 당연히 $f(r)\neq 0$이므로 $f(r)=a$로 두면 $a\neq 0$이다.

$$h:[0,\ 1]\to\mathbb{R},\ h(x)=a$$

인 상수함수 $h$에 대해서 $k=f-h$라고 하면 $k(r)=0$이므로 $k\in I(r)$이다. 따라서 $h=f-k\in J$이다. 또

$$p:[0,\ 1]\to\mathbb{R},\ p(x)=\frac{1}{a}$$

인 상수함수 $p$를 생각하면 임의의 $x\in[0,\ 1]$에 대해서 $(hp)(x)=1$이다. $h\in J$이므로 $hp\in J$이다. 결국 $hp=1\in J$가 되어 $J=C(I)$이다. 따라서 $I(r)$은 $C(I)$의 극대아이디얼이다.

실제로 임의의 $r \in [0, 1]$에 대해서

$$\phi : C(I) \to \mathbb{R}, \ \phi(f) = f(r)$$

이라고 하면 $\phi$는 전사인 준동형사상이 되고

$$\mathrm{Ker}\,\phi = \{f \in C(I) \mid f(r) = 0\} = I(r)$$

이 된다. 따라서 동형사상의 기본정리에 의해서

$$C(I)/I(r) \cong \mathbb{R}$$

이 되어서 $I(r)$은 $C(I)$의 극대아이디얼이 된다. 역으로 $C(I)$의 모든 극대아이디얼은 $I(r)$꼴이 됨을 보일 수 있다. 이때는 $[0, 1]$은 콤펙트, $f \in C(I)$는 연속이라는 위상적 성질을 이용해야만 한다.

몇 가지 재미있는 극대아이디얼의 예를 들면 복소수 $\mathbb{C}$ 의 부분집합

$$\mathbb{Z}[i] = \{a + bi \mid a, \ b \in \mathbb{Z}\}$$

는 역시 환이 되므로 $\mathbb{C}$ 의 부분환이다. 이 환에서

$$I = \{\, a + bi \in \mathbb{Z}[i] \mid a, \ b\text{는 } 3\text{의 배수}\}$$

즉 $\langle 3 \rangle$는 $\mathbb{Z}[i]$의 극대아이디얼이 된다. 그러나

$$\langle 5 \rangle = \{\, a + bi \in \mathbb{Z}[i] \mid a, \ b\text{는 } 5\text{의 배수}\}$$

는 $\mathbb{Z}[i]$의 극대아이디얼이 되지 못한다. ($5 = 1^2 + 2^2$로 표시가능)

또 환

$$\mathbb{Z}[\sqrt{2}] = \{a + b\sqrt{2} \mid a, \ b \in \mathbb{Z}\}$$

에서

$$\langle 5 \rangle = \{\, a + b\sqrt{2} \in \mathbb{Z}[\sqrt{2}] \mid a, \ b\text{는 } 5\text{의 배수}\}$$

는 $\mathbb{Z}[\sqrt{2}]$의 극대아이디얼이 된다. 증명은 각자가 해보기 바란다.

## 14 | 연습문제 EXERCISE

1. 다음은 환준동형사상이 되는가?
   (1) $\phi : \mathbb{R} \to \mathbb{R},\ \phi(x) = |x|$
   (2) $\phi : \mathbb{C} \to \mathbb{C},\ \phi(a+bi) = a-bi$
   (3) $\phi : \mathbb{C} \to \mathbb{R},\ \phi(a+bi) = a$
   (4) $\mathbb{Z}[\sqrt{2}] = \{a+b\sqrt{2} \mid a,\ b \in \mathbb{Z}\}$, $\mathbb{Z}[\sqrt{3}] = \{a+b\sqrt{3} \mid a,\ b \in \mathbb{Z}\}$일 때
   $\phi : \mathbb{Z}[\sqrt{2}] \to \mathbb{Z}[\sqrt{3}]$, $\phi(a+b\sqrt{2}) = a+b\sqrt{3}$

2. $2\mathbb{Z}$와 $3\mathbb{Z}$는 환동형인가?

3. $\mathbb{Z}[\sqrt{2}] = \{a+b\sqrt{2} \mid a,\ b \in \mathbb{Z}\}$일 때 $\mathbb{Z}[\sqrt{2}]$에서 $\mathbb{Z}[\sqrt{2}]$로의 환동형사상을 모두 구하여라.

4. $R$은 환, $F$는 체, $\phi : R \to F$는 전사인 준동형사상이다. $\mathrm{Ker}\,\phi$는 $R$의 극대아이디얼임을 보여라.

5. $\phi : R \to S$는 전사인 환준동형사상이고 $R$은 1을 가진 환이다. $u$가 $R$의 단원일 때 $\phi(u)$가 $S$의 단원일 필요충분조건은 $u \notin \mathrm{Ker}\,\phi$임을 보여라.

6. $\phi : \mathbb{C} \to M_2(\mathbb{R})$을 $\phi(a+bi) = \begin{pmatrix} a & b \\ -b & a \end{pmatrix}$라면 $\phi$는 단사인 환준동형사상이 됨을 보여라.

7. $I = 4\mathbb{Z}$는 환 $R = 2\mathbb{Z}$의 극대아이디얼이 되는가?

8. 환 $R = \{a/b \in \mathbb{Q} \mid a,\ b \in \mathbb{Z},\ b$는 홀수$\}$는 극대아이디얼이 유일함을 보여라.

9. $R = \mathbb{Z} \times \mathbb{Z}$에서
   (1) $M = \mathbb{Z} \times p\mathbb{Z}$ ($p$는 소수)는 $R$의 극대아이디얼이 됨을 증명하여라.
   (2) $R$에서 극대아이디얼이 아닌 소아이디얼을 구하라.

10. $R = \{f \mid f : [0,\ 1] \to \mathbb{R}$ 인 연속함수$\}$는 보통 함수의 $+$, $\cdot$ 에서 환이 된다.

$r \in [0,\ 1]$, $I(r) = \{f \in R \mid f(r) = 0\}$라고 하면 $R$의 모든 극대아이디얼은 $I(r)$과 같은 모양이 됨을 보여라. (**힌트** [0, 1]의 compact 성질과 $f$의 연속성을 이용.)

11. $X \neq \phi$, $R = (\mathscr{P}(X),\ \triangledown,\ \cap)$, $A \triangledown B = (A \cup B) - (A \cap B)$이다.
    (1) $Y \subset X$면 $\mathscr{P}(Y) = \{A \mid A \subset Y\}$는 $R$의 아이디얼임을 보여라.
    (2) $R$의 극대아이디얼을 모두 구하여라.

12. 환 $R$에서
    (1) $I$는 $R$의 아이디얼이고 $J$는 $I$의 아이디얼이나 $J$는 $R$의 아이디얼이 아닌 예를 들어라.
    (2) $I$는 $R$의 아이디얼이고 $J$는 $I$의 소아이디얼이면 $J$는 $R$의 아이디얼이 됨을 보여라.

13. 가환환 $R$에서 모든 멱영원의 집합 $N$은 아이디얼이 됨을 보여라. 또 상환 $R/N$은 $\overline{0}$ 이외의 멱영원이 없음을 보여라.

14. $\mathbb{Z}[i]$는 가우스의 정수환이다(12장 연습문제 14번 참조). $I = \langle 2 + 2i \rangle$라고 할 때 $\mathbb{Z}[i]/I$의 원소는 몇 개인가?

15. $R$은 가환환, $I$는 $R$의 아이디얼이다. $\sqrt{I} = \{r \in R \mid$ 적당한 정수 $n$에 대해서 $r^n \in I\}$라 하면
    (1) $\sqrt{I}$는 $R$의 아이디얼이 됨을 보여라.
    (2) $\sqrt{I} = I$일 필요충분조건은 $R/I$는 $\overline{0}$ 이외에 멱영원이 없음을 보여라.

16. 부울환에서는 모든 소아이디얼은 극대아이디얼이 됨을 보여라.

17. $\mathbb{Z} \times \mathbb{Z}$에서 $\mathbb{Z} \times \mathbb{Z}$로의 환준동형사상을 모두 구하여라.

18. $G$는 $\mathbb{Z}$의 무한개의 직적이다. $R$을 $G$에서의 준동형사상의 집합이라고 하면
    (1) $(R,\ +,\ \circ)$는 환이 되는가? 단 여기서 $\circ$는 함수의 합성이다.
    (2) $f \circ g = 1$, $g \circ f \neq 1$인 $R$의 원소 $f$, $g$가 존재함을 보여라.

CHAPTER 15

# 정역과 분수체

## Integral Domain and Field of Quotients

정역 중에서 $\mathbb{Z}$나 체상에서의 다항식환 $F[x]$처럼 체는 되지 못하지만 영인자를 가지지 않는다는 정역의 성질보다 훨씬 많은 성질을 가지는 정역이 있다. 즉 $F[x]$는 기약인 원소로 분해할 수 있고 또 0이 아닌 원소로 나누어 몫과 나머지를 구할 수 있고 최소공배수, 최대공약수 등 여러 가지 다양한 성질을 가지고 있다.

**정의 15.1** $R$은 1을 가진 가환환, $a \in R$, $a \neq 0$, $a \neq$ 단원이다.
1) $a$가 **기약**(irreducible)이란 만일 $a = bc$면 $b$ 또는 $c$는 단원일 때를 말한다.
2) $a$가 **소**(prime)란 만일 $p|ab$면 $p|a$ 또는 $p|b$일 때를 말한다.

$a$가 소일 때 때로는 **소원**(prime element)라고도 부른다.

**예제 1** 정수집합 $\mathbb{Z}$에서 $p$가 소수면 $p$는 기약이며 동시에 소이다. 특히 정수환 $\mathbb{Z}$에서는 기약과 소, 소수(prime number)는 모두 같다. 그러나 환 $\mathbb{Z}_6$에서 $\overline{2}$는 소이지만 $\overline{2} = \overline{2} \cdot \overline{4}$꼴로 표시되므로 $\overline{2}$는 기약은 아니다.

**예제 2** $\mathbb{Z}[\sqrt{10}] = \{a + b\sqrt{10} \mid a, b \in \mathbb{Z}\}$는 $\mathbb{R}$의 부분환이다.

$$N(a + b\sqrt{10}) = a^2 - 10b^2$$

이라고 하면 임의의 $x, y \in \mathbb{Z}[\sqrt{10}]$에 대해서 $N(xy) = N(x)N(y)$이다. 이 사실을 이

용하면 $a+b\sqrt{10}$ 이 $\mathbb{Z}[\sqrt{10}]$ 에서 단원일 필요충분조건은 $a^2-10b^2=\pm 1$ 임을 쉽게 알 수 있다. 따라서 2, 3, $4+\sqrt{10}$ 은 $\mathbb{Z}[\sqrt{10}]$ 에서 기약이다. 그러나 $(4+\sqrt{10})(4-\sqrt{10})=6$ 이어서 $4+\sqrt{10}\mid 2\times 3$ 이지만 $4+\sqrt{10}\nmid 2$, $4+\sqrt{10}\nmid 3$ 이므로 $4+\sqrt{10}$ 은 소가 아니다.

아래 정리는 쉽게 증명할 수 있으므로 그냥 결과만 적는다.

**정리 15.1** $R$은 정역이고 $a\in R$이다.
(1) $a$가 소일 필요충분조건은 $\langle a\rangle$가 0이 아닌 소아이디얼이다.
(2) $a$가 소이면 $a$는 기약이다.
(3) $R$이 PID이면 $a$가 소일 필요충분조건은 $a$가 기약이다.

다항식환 $R[x]$ 에서 다항식의 차수값이 환의 각 원소마다 정수가 한 개씩 대응되면 여러 가지로 환의 성질을 조사하는데 매우 편리하다. 그래서 우리는 다음과 같은 유클리드정역(ED)을 정의한다.

**정의 15.2** 정역 $R$이 임의의 $a\neq 0\in R$에 대해서 양의 정수 $d(a)$가 대응되어 다음과 같은 성질을 만족시킬 때 이 정역을 **유클리드정역**(Euclidean Domain)이라 부른다.
1) 임의의 0이 아닌 $a,\ b\in R$에 대해서 $d(a)\le d(ab)$이고
2) $b\neq 0$이면 $a=bq+r$, $r=0$이거나 또는 $d(r)<d(b)$인 $q,\ r\in R$가 존재한다.

이때 $d: R^*\to\mathbb{Z}$ 는 함수로서 **유클리드평가함수**(Euclidean evaluation function)라고 부른다.

**주의** 유클리드정역 $R$에서 $0\in R$에 대해서는 $d(0)$가 정의되지 않는다. 또 2)번 사실에서 0이 아닌 원소로 나누어 몫과 나머지를 구할 수 있다.

**예제 3** 정수 $\mathbb{Z}$에서 $d(n)=|n|$ 라고 하면 $\mathbb{Z}$는 유클리드정역이 된다.

**예제 4** $F$가 체일 때 다항식환 $F[x]$에서 $d(a(x)) = \deg a(x)$라고 하면 $F[x]$는 유클리드정역이 된다.

> **정리 15.2** $\mathbb{Z}[\sqrt{m}]$의 원소 $a+b\sqrt{m}$에 대해서
>
> $$N(a+b\sqrt{m}) = (a+b\sqrt{m})(a-b\sqrt{m}) = a^2 - b^2 m$$
>
> 라고 하자. 그러면 임의의 $u,\ v \in \mathbb{Z}[\sqrt{m}]$에 대해서
>
> (1) $N(u) = 0$일 필요충분조건은 $u = 0$이다.
>
> (2) $N(uv) = N(u)N(v)$
>
> (3) $u$가 단원일 필요충분조건은 $N(u) = \pm 1$이다.

위의 정리 15.2에서 만일 $m > 0$이면 $a^2 = mb^2 \pm 1$이 되는 정수 $a,\ b$는 무한히 많으므로 단원은 무한개이다. 그러나 $m < 0$이면 $a^2 - mb^2 = \pm 1$이 되는 정수 $a,\ b$는 유한개 뿐이다.

> **따름정리 15.3** $u \in \mathbb{Z}[\sqrt{m}]$, $N(u)$가 소수이면 $u$는 기약이다.

**증명** $N(u) \neq \pm 1$이므로 $u$는 단원이 아니다. $u = xy,\ x,\ y \in \mathbb{Z}[\sqrt{m}]$라고 하면 $N(u) = N(x)N(y)$이다. $N(u)$가 소수이므로 $N(x) = \pm 1$ 또는 $N(y) = \pm 1$이고 따라서 $x$ 또는 $y$는 단원이다. □

**예제 5** $1 \pm i \in \mathbb{Z}[i]$은 $N(1 \pm i) = (1+i)(1-i) = 2$이므로 기약이다. 따라서 $2 = (1+i)(1-i)$로 기약인 원소로 분해된다. 그러나 $\mathbb{Z}[i]$의 원소로는 소가 아니다. $1+i,\ -1-i,\ -1+i,\ 1-i$는 모두 동반원이다.

**예제 6** 위의 따름정리 15.3의 역은 성립하지 않는다. 예를 들어

$$u = 1 + \sqrt{5}\,i \in \mathbb{Z}[\sqrt{-5}]$$

는 $N(u) = (1+\sqrt{-5})(1-\sqrt{-5}) = 1+5 = 6$은 소수가 아니다. 그러나 기약이다. 왜냐하면 만일 $u = xy,\ x,\ y \in \mathbb{Z}[\sqrt{-5}]$라고 하면 $N(x) = 1,\ 2,\ 3,\ 6$ 중 1개이다.

$x=a+bi$로 두자. 만일 $N(x)=2$면 $a^2+5b^2=2$가 되는 정수 $a$, $b$가 존재해야 되는데 실제로 불가능하다. $N(x)=3$일 경우도 마찬가지로 불가능하므로 결국 $N(x)=1$ 또는 6이 되어 $u$는 기약이 됨을 알 수 있다.

**예제 7** $\mathbb{Z}[\sqrt{-5}]$에서 $u=3+2\sqrt{-5}$는

$$N(3+2\sqrt{-5})=(3+2\sqrt{-5})(3-2\sqrt{-5})=29$$

이므로 기약이다.

정역 $\mathbb{Z}[\sqrt{m}]$에서 특히 $m=-1$, 즉 $\mathbb{Z}[\sqrt{-1}]=\mathbb{Z}[i]$일 때 정수와는 다른 여러 성질들을 가지고 있다. 특히 정역 $\mathbb{Z}[i]=\{a+bi \mid a,\ b\in\mathbb{Z}\}$를 **가우스 정수환**(ring of Gaussian integer)라고 부른다.

**정리 15.4** $\mathbb{Z}[i]$는 유클리드정역이다.

**증명** $\mathbb{Z}[i]=\{a+bi|a,\ b\in\mathbb{Z}\}$는 복소수 $\mathbb{C}$의 부분환이다. 특히 $\mathbb{Z}[i]$의 원소를 **가우스정수**(Gaussian integer)라고 부른다.

$$d(a+bi)=a^2+b^2$$

라고 하면 $d$는 유클리드정역의 성질을 모두 만족시킴을 보이자. 이제 일반적인 경우로 임의의

$$y=a+bi,\ x\neq 0\in\mathbb{Z}[i]$$

에 대해서 $x\bar{x}=n$라 두자. 실제로 $n=d(x)\geq 1$인 정수이다. 위의 특별한 경우로 $y\bar{x}$, $n\in\mathbb{Z}[i]$에 대해서

$$t,\ r\in\mathbb{Z}[i],\ y\bar{x}=tn+r,\ r=0 \text{ 또는 } d(r)<d(n)=d(x)$$

가 성립한다. 따라서 만일 $r\neq 0$면

$$d(r)=d((y-tx)\bar{x})=d(y-tx)d(\bar{x})$$

이고 $d(\bar{x})>0$이므로 $d(y-tx)\leq d(r)<d(x)$가 된다. $y-tx=r_0$라 두면 $r_0=0$일 필요충분조건은 $r=0$이므로

$$y=tx+r_0,\ r_0=0 \text{ 또는 } d(r_0)=d(y-tx)<d(x),\ t,\ r_0\in\mathbb{Z}[i]$$

가 되어 가우스 정수환 $\mathbb{Z}[i]$는 유클리드정역이 된다. □

$\mathbb{Z}[\sqrt{m}]$에서 $d(a+b\sqrt{m}) = |a^2 - mb^2|$라고 정의할 때 유클리드정역이 되는 것도 있고 안되는 것도 있다. 되는 것은 대략 지금까지 30개 정도 발견되었다. 아직까지 정확하게 몇 개나 되는지는 밝혀지지 않았다. 지금까지 발견된 가장 큰 수는 $m=73$이다. $\mathbb{Z}[\sqrt{5}]$는 유클리드정역이지만 $\mathbb{Z}[\sqrt{-5}]$는 아니다. 그 이유는 조금 뒤에 나온다.

**정리 15.5** $D$가 유클리드정역이고 $d$가 유클리드 평가함수이면 다음이 성립한다.
(1) 임의의 $a \in D^*$에 대해서 $d(1) \le d(a)$이다.
(2) $a$가 단원일 필요충분조건은 $d(a) = d(1)$이다.

**증명** (1)
$$d(1) \le d(1a) = d(a)$$

(2) 만일 $a$가 단원이면 $ab=1$인 $b \in D$가 존재한다. 따라서
$$d(1) \le d(a) \le d(ab) = d(1)$$
에서 $d(a) = d(1)$이다. 역으로 만일 $d(a) = d(1)$이라고 하면 1을 $a$로 나누어
$$1 = aq + r,\ r=0 \text{ 또는 } d(r) < d(a)$$
인 $q, r \in D$가 존재할 것이다. 만일 $r \ne 0$면 $d(r) < d(1)$이 되어 모순이다. 따라서 $r=0$이 되어 $1=aq$에서 $a$는 단원이다. □

만일 $x = a + bi \in \mathbb{Z}[i]$가 단원이면 $xy=1$인 $y \in \mathbb{Z}[i]$가 존재할 것이다. 따라서
$$1 = d(xy) \ge d(x) = a^2 + b^2$$
에서 $x = \pm 1$ 또는 $\pm i$가 되어 $\mathbb{Z}[i]$에서 단원은 모두 4개이다. 5는 $\mathbb{Z}$에서는 기약이다. 그러나 $5 = (1+2i)(1-2i)$이고 $1+2i$, $1-2i$는 단원이 아니므로 $\mathbb{Z}[i]$에서는 기약이 아니다. 따라서 소도 아니다. 따름정리 15.3에 의해서 $x \in \mathbb{Z}[i]$에서 $d(x)$가 소수이면 $x$는 기약이다. 그러나 역은 성립하지 않는다. $\mathbb{Z}[i]$에서 3은 기약이나 $d(3) = 9$이다.

모든 소수는 $4n+1$ 또는 $4n+3$꼴로 표시할 수 있다. 이 중 $4n+1$꼴의 소수 $p$는 $x^2+1$이 $p$의 배수가 되는 정수 $x$가 존재한다.

**정리 15.6** 소수 $p$가 $4n+1$꼴이면 $p|x^2+1$인 정수 $x$가 존재한다.

**증명**

$$x=1\cdot 2\cdot 3\cdots \frac{p-1}{2}$$

라고 하면 $p=4n+1$의 형태이므로 $\frac{p-1}{2}=2n$의 짝수가 되어 항은 모두 짝수개이다. 따라서

$$(-1)(-2)(-3)\cdots\left(-\frac{p-1}{2}\right)=(-1)^{2n}x=x$$

이 된다. 따라서

$$x^2=1\cdot 2\cdot 3\cdots\frac{p-1}{2}\left(-\frac{p-1}{2}\right)\cdots(-3)(-2)(-1)$$

이다.

$$y=1\cdot 2\cdot 3\cdots\frac{p-1}{2}\,\frac{p+1}{2}\cdots(p-3)(p-2)(p-1)$$

라고 하면 $\mathbb{Z}_p$에서 $\overline{p-i}=\overline{-i}$를 이용하면 $\overline{x^2}=\overline{y}$이다. 한편 $y=(p-1)!$이고 Wilson의 정리에서 $p|(p-1)!+1$이므로

$\overline{y+1}=\overline{0}$이다. 따라서 $\overline{x^2+1}=\overline{0}$

에서 $p|x^2+1$이 된다.

간단히 mod $p$를 이용하면 Wilson의 정리에 의해 $(p-1)!\equiv -1\pmod p$이다.

$$\begin{aligned}-1&\equiv(p-1)!\equiv 1\cdot 2\cdot\ \cdots\ \cdot p-1\\&\equiv 1\cdot 2\cdot\ \cdots\ \cdot\frac{p-1}{2}\cdot\frac{p+1}{2}\cdot\ \cdots\ \cdot p-1\\&\equiv 1\cdot 2\cdot\ \cdots\ \left(\frac{p-1}{2}\right)\left(-\frac{p-1}{2}\right)\cdots(-2)(-1)\\&\equiv(-1)^{2n}\cdot\left(1\cdot 2\cdot\ \cdots\ \frac{p-1}{2}\right)^2\pmod p\end{aligned}$$

이다. 따라서 $p|x^2+1$이다. □

**예제 8** $F$가 체이면 모든 $x\in F^*$에 대해서 $d(x)=1$로 두면 임의의 $a,\ b\neq 0\in F$에 대해서 $a=(ab^{-1})b+0$꼴로 쓸 수 있으므로 유클리드정역이 된다.

**정리 15.7** $R$이 유클리드정역이면 $R$은 주아이디얼정역(PID)이다.

**증 명** $I$를 $R$의 임의의 아이디얼이라고 하자. 만일 $I=\{0\}$이면 $I=\langle 0\rangle$이므로 주아이디얼이다. $I\neq\{0\}$이면 $x\neq 0\in I$인 원소가 존재한다. $I$에 속한 임의의 원소 $x$에 대해 $d(x)$가 최소가 되는 원소를 $b$라고 하면, $b\in I$이고 임의의 $x\in I$에 대해서 $d(b)\leq d(x)$이다. $I=\langle b\rangle$가 됨을 보이자. 우선 임의의 $a\in I$에 대해서 $R$은 유클리드정역이므로 $a=bq+r$, $r=0$ 또는 $d(r)<d(b)$이고 $d(b)$의 성질에 의해서 $r\notin I$이다. 그런데 $r=a-bq$, $a, b\in I$이므로 $r\in I$이 되어 모순이다. 따라서 $r=0$이고 $a\in\langle b\rangle$이다. $b\in I$이므로 $\langle b\rangle\subset I$는 당연하다. 따라서 $I=\langle b\rangle$가 된다. □

**예제 9** $\mathbb{Z}[i]$, $\mathbb{Z}[\sqrt{-2}]$, $\mathbb{Z}[\sqrt{3}]$은 모두 PID이다. 그러나 $\mathbb{Z}[x]$, $F[x, y]$는 주아이디얼 정역이 아니므로 유클리드정역이 아니다.

페르마는 소수 중 어떤 것은 두 정수의 제곱의 합으로 표시할 수 있고 어떤 것은 안 되는 것을 발견하였다. 예를 들어

$$5=2^2+1^2,\ 13=3^2+2^2,\ 17=4^2+1^2,\ 29=5^2+2^2,\ 37=6^2+1^2$$

이다. 그러나 3, 7, 11, 19, 23, 31과 같은 소수는 결코 두 수의 제곱의 합으로 표시할 수 없다. 자세히 살펴보면 5, 13, 17, 29, 37은 모두 $4n+1$꼴이고 3, 7, 11, 19, 23, 31은 모두 $4n+3$꼴이다. 그래서 페르마는 소수가 $4n+1$꼴이면 두 정수의 제곱의 합으로 표시할 수 있다고 주장했고 또 1640년 쓴 편지에서 이 사실을 자기가 증명하였다고 말했다. 그러나 그는 그의 증명을 발표하지 않았고 결국 이 증명은 1754년 오일러가 7년 동안이나 연구한 끝에 최초로 증명을 발표하였다. 이 증명에는 가우스정수가 이용된다.

> **정리 15.8** (Fermat) 소수 $p(>2)$가 $p=a^2+b^2$($a$, $b$는 정수)로 표시될 필요충분조건은 $p$가 $4k+1$꼴이다.

**증 명** ($\Rightarrow$) 만일 $p=a^2+b^2$ 꼴이면 $a$, $b$중 한 개는 짝수, 한 개는 홀수라야 한다. 따라서 $a=2n+1$, $b=2m$($a$와 $b$의 모양을 서로 바꾸어도 된다)라 하면

$$p=a^2+b^2=4n^2+4n+4m^2+1$$

으로서 $p$는 $4k+1$의 꼴이다.

($\Leftarrow$) $a^2+b^2=(a+bi)(a-bi)$이므로 가우스 정수환 $\mathbb{Z}[i]$에서 생각한다. 우선 $\mathbb{Z}[i]$에서 $p$가 $4n+1$꼴이면 앞 정리에서 $p$는 $x^2+1$(적당한 $x\in\mathbb{Z}$)의 약수이고

$x^2+1=(x-i)(x+i)$이므로 $p|(x-i)(x+i)$이다. 그러나 $p\nmid x-i$, $p\nmid x+i$이므로 결국 $p$는 $\mathbb{Z}[i]$에서 소가 아니고 따라서 기약도 아니다. 따라서 $p$는 $\mathbb{Z}[i]$에서 단원이 아닌 두 원소의 곱 $(a+bi)(c+di)$로 표시할 수 있고 $d(p)=p(a+bi)p(c+di)$에서

$$p^2=(a^2+b^2)(c^2+d^2),\ a^2+b^2\neq 1,\ c^2+d^2\neq 1$$

이다. 결국 $p=a^2+b^2=c^2+d^2$이 되어 $p$는 두 정수의 합으로 표시할 수 있다. 실제로 두 정수의 제곱의 합은 단 한가지로만 표시된다. 즉 $a^2=c^2$, $b^2=d^2$이다. □

**정의 15.3** $R$은 가환환, $a$, $b$, $d\in R$이다. $d$가 다음 두 가지 성질을 만족시킬 때 $d$를 $a$, $b$의 **최대공약수**(greatest common divisor)라고 부른다.

1) $d|a$, $d|b$이다

2) 만일 $c|a$, $c|b$이면 $c|d$이다.

보통 $a$, $b\in R$의 최대공약수를 $\gcd(a,\ b)$ 또는 간단히 $(a,\ b)$로 표시한다. 특히 $\gcd(a,\ b)=1$일 때 $a$, $b$는 **서로소**(relative prime)라고 부른다.

**정리 15.9** $R$이 PID면 임의의 $a$, $b\in R$에 대해서 $d=\gcd(a,\ b)$가 존재하고 또 $d=ax+by$인 $x$, $y\in R$가 존재한다.

**증명** $A=\langle a\rangle+\langle b\rangle$라고 하면 $A$는 $R$의 아이디얼이고 $R$은 PID이므로 $A=\langle d\rangle$꼴로 쓸 수 있다. 따라서 $d=ax+by$, $x$, $y\in R$꼴로 적을 수 있다. 한편 $a$, $b\in\langle d\rangle$이므로 $d|a$, $d|b$가 되어 $d$는 $a$, $b$의 약수이다. 만일 $c|a$, $c|b$이면 $c|ax$, $c|by$이므로 $c|ax+by$이고 따라서 $c|d$가 되어 $d$는 $\gcd(a,\ b)$가 된다. □

**따름정리 15.10** $R$은 PID, $a$, $b$, $c\in R$이다. 만일 $a|bc$, $\gcd(a,\ b)=1$이면 $a|c$이다.

**증명** $1=ax+by$인 $x$, $y\in R$가 존재한다. 양변에 $c$를 곱하면 $c=acx+bcy$이고 오른편은 $a$의 배수이다. 따라서 $a|c$이다. □

PID가 아니면 gcd가 없는 경우도 있다. 아래 예제를 살펴보자.

**예제 10** $\mathbb{Z}[\sqrt{-5}]$에서 $a=9$, $b=3(2+\sqrt{-5})$라고 하면

$$9=3\times3=(2+\sqrt{-5})(2-\sqrt{-5})$$

로 분해된다. 따라서 $a$, $b$의 공약수는 $\pm1$, $\pm3$, $\pm(2+\sqrt{-5})$뿐이다. 3은 공약수이고 $\pm1$은 단원이므로 최대공약수가 될 수 없다. 또 $\pm3$과 $\pm(2+\sqrt{-5})$는 다른 것을 나누지 않는다. 따라서 최대공약수는 없다. 마찬가지로 하여 $a$, $b$의 lcm도 존재하지 않음을 알 수 있다.

**따름정리 15.11** $R$이 PID이면 기약인 원소는 소이다.

**증명** $a\in R$, $a$는 기약이라고 하자. $a|bc$이라고 할 때 만일 $\gcd(a, b)=1$이면 $a|c$이다. 만일 $\gcd(a, b)\neq1$이면 $d|a$, $d|b$인 단원이 아닌 $d\in R$가 존재한다. $a=dx$라고 하면 $a$는 기약이므로 $x$는 단원이다. $b=dy$라 두면 $bx=dxy=ay$이고 $x$는 단원이므로 $xu=1$라고 하면 $b=ayu$가 되어 $a|b$이다. 따라서 $a$는 소가 된다. □

따라서 PID에서는 기약과 소는 동일한 개념이다. 앞 예제에서 $1+\sqrt{5}i\in\mathbb{Z}[\sqrt{-5}]$는 기약이다. 또 $(1+\sqrt{5}i)(1-\sqrt{5}i)=6$이므로 $1+\sqrt{5}i|6=2\times3$이다. 그러나 $1+\sqrt{5}i$는 2나 3의 약수가 될 수 없다. 따라서 소가 아니다. 따라서 $\mathbb{Z}[\sqrt{-5}]$는 PID가 아니고 결국 유클리드정역도 될 수 없다.

**정의 15.4** 정역 $R$이 다음 조건을 만족시킬 때 $R$을 유일한 인수분해정역(Unique Factorization Domain)이라고 부른다.

1) $R$의 임의의 $a\neq0$, $a\neq$단원에 대해서 $a=c_1c_2\cdots c_n$($c_i$는 기약)으로 표시된다.
2) 만일 $a=c_1c_2\cdots c_n=d_1d_2\cdots d_m$($c_i$, $d_j$는 기약)으로 표시되었다면 $n=m$이고 모든 $1\leq i\leq n$에 대해서 $c_i$는 적당한 $d_j$와 동반한다.

보통 유일한 인수분해정역은 간단히 UFD로 표시한다.

$\mathbb{Z}[\sqrt{m}]$이 유클리드정역이 될 경우도 있고 안 될 경우도 있는 것처럼 UFD가 될 때도 있고 안 될 때도 있다. 특히 음수인 $m$은 $m$이

$$-1,\ -2,\ -3,\ -7,\ -11,\ -19,\ -43,\ -67,\ -163$$

일 때 $\mathbb{Z}[\sqrt{m}]$이 UFD가 된다는 사실을 Gauss가 처음 밝혔고 그 후 1967년 $\mathbb{Z}[\sqrt{m}]$이 UFD가 되는 음수는 이것들뿐이라는 사실이 증명되었다. 그러나 $\mathbb{Z}[\sqrt{m}]$이 UFD가 되는 양의 정수는 아직 몇 개나 있는지 알려지지 않고 있다.

**예제 11** 정수 $\mathbb{Z}$, 다항식 환 $\mathbb{Q}[x]$는 모두 유일한 인수분해정역이다.

**예제 12** $\mathbb{Z}[\sqrt{10}] = \{a + b\sqrt{10} \mid a,\ b \in \mathbb{Z}\}$에서 $6 = 3 \times 2 = (4 + \sqrt{10})(4 - \sqrt{10})$이고 각각은 모두 기약이다. 따라서 $\mathbb{Z}[\sqrt{10}]$은 인수분해정역(Factorization Domain)은 되지만 유일 하지는 않다. 즉 UFD가 아니다.

**정리 15.12** (PID에서의 ACC) $R$은 PID이다. $N_1 \subset N_2 \subset \cdots$가 $R$의 아이디얼의 증가열이면 적당한 $n \in \mathbb{Z}$가 존재하여 $N_n = N_{n+1} = \cdots$이다.

**증명** $R$의 아이디얼의 열 $N_1 \subset N_2 \subset \cdots$에서 $I = \cup N_i$이라고 하면 $I$는 $R$의 아이디얼이 됨을 쉽게 알 수 있다. $R$은 PID이므로 $I = \langle c \rangle$라고 두면 $c \in \cup N_i$이므로 적당한 $n \in \mathbb{Z}$에서 $c \in N_n$가 된다. 따라서

$$\langle c \rangle \subset N_n \subset N_{n+1} \subset \cdots \subset I = \langle c \rangle$$

이므로 $N_n = N_{n+1} = \cdots$가 성립한다. □

위의 정리에 의해서 PID에서는 단조증가하는 무한개의 아이디얼의 열은 존재하지 않는다. 이러한 성질을 **증가사슬조건**(Ascending Chain Condition)이라고 하는데 이러한 성질은 수학의 다른 여러 대상에서도 성립한다.

**정리 15.13** $R$이 PID이면 $R$은 UFD이다.

**증명** $a \in R,\ a \neq 0,\ a \neq$ 단원이라고 하자.

1) 우선 $a$는 반드시 기약인 인수를 가짐을 보이자.
   만일 $a$가 어떠한 기약원소로도 나누어 지지 않는다면 $a \mid a$이므로 $a$는 기약이 될 수 없다. 따라서

$$a = a_1 b_1,\ a_1 \neq \text{단원},\ b_1 \neq \text{단원}$$

꼴로 표시할 수 있다. 또 $b_1|a$이므로 $b_1$은 기약이 아니다. 따라서

$$b_1 = a_2 b_2,\ a_2 \neq \text{단원},\ b_2 \neq \text{단원}$$

꼴로 표시된다. 또 $b_2|a$이므로 $b_2$는 기약이 아니다. 따라서 $b_2 = a_3 b_3$, $a_3 \neq$ 단원, $b_3 \neq$ 단원이 된다. 이와 같이 계속하면

$$a = a_1 b_1 = a_1 a_2 b_2 = a_1 a_2 a_3 b_3 = a_1 a_2 a_3 a_4 b_4$$

가 되고

$$\langle a \rangle \subset \langle b_1 \rangle \subset \langle b_2 \rangle \subset \langle b_3 \rangle \subset \cdots$$

이고

$$\langle a \rangle \neq \langle b_1 \rangle \neq \langle b_2 \rangle \neq \langle b_3 \rangle \neq \cdots$$

이다. 왜냐하면 만일 $\langle a \rangle = \langle b_1 \rangle$이면 $b_1 = ac$, $c \in R$이 되어 $a = a_1 ac$로 부터 $a_1$이 단원이 되기 때문이다. 나머지도 마찬가지. 그런데 PID에서는 이와 같이 증가하는 무한개의 아이디얼열은 있을 수 없다. 따라서 모순이 되므로 결국 $a$는 반드시 기약인 인수를 가진다.

2) 다음으로 $a$는 유한개의 기약인 원소의 곱으로 표시됨을 보이자.
앞에서 단원이 아닌 원소는 반드시 기약인 인수를 가지므로 $a = p_1 c_1$, $p_1$은 기약이라고 하자. 만일 $c_1$이 단원이면 $p_1 c_1$도 기약이므로 $a$ 자신이 기약이다. 만일 $c_1$이 단원이 아니면 $c_1 = p_2 c_2$($p_2$는 기약)으로 표시된다. 다시 $c_2$가 단원이면 $c_1$이 기약이 되어 $a = p_1 c_1$, $p_1$, $c_1$은 기약이므로 잘 된다. 따라서 만약 $c_2$가 단원이 아니면 다시 $c_2 = p_3 c_3$($p_3$는 기약)꼴로 표시된다. 이와 같이 하여 $c_i$가 계속 단원이 아니면

$$a = p_1 c_1 = p_1 p_2 c_2 = p_1 p_2 p_3 c_3 = \cdots$$

가 되고

$$\langle a \rangle \subset \langle c_1 \rangle \subset \langle c_2 \rangle \subset \cdots,\ \langle c_i \rangle \neq \langle c_{i+1} \rangle$$

이 되어 모순이다. 결국 적당한 곳에서 $c_i$는 단원이 되어야 하고 따라서 $a = p_1 p_2 \cdots p_i$, $p_i$는 기약으로 표시된다.

3) 마지막으로 $a \in R$가 유한개의 기약인 원소의 곱으로 유일하게 표시됨을 보이자. 만일

$$a = p_1 p_2 \cdots p_r = q_1 q_2 \cdots q_s \text{이고 } r < s,\ p_i,\ q_j\text{는 기약}$$

이라고 하자. $p_1$은 기약이므로 소이고 $p_1 | q_1 q_2 \cdots q_s$이므로 $p_1 | q_j$, $1 \le j \le s$가 된다. 편의상 $q_j$를 재배열해서 $q_j = q_1$이라 두자. $q_1 = p_1 u_1$꼴이고, $q_1$, $p_1$은 기약이므로 $u_1$은 단원이다. 따라서 $p_1$과 $q_1$은 동반한다.

$$p_1 p_2 \cdots p_r = p_1 u_1 q_2 \cdots q_s$$

이므로 $p_1$를 소거시켜서

$$p_2 \cdots p_r = u_1 q_2 \cdots q_s$$

를 얻을 수 있다. 이와 같이 $p_2, p_3 \cdots$에 대해서도 반복하면 결국 $1 = u_1 u_2 \cdots u_r \cdots q_s$가 남는데 $q_s$는 기약이므로 모순이다. 결국 $r \geq s$이고 같은 방법으로 $r \leq s$를 얻을 수 있다. 따라서 $r = s$가 되어 유한개의 기약인 원소들의 곱은 단원만 무시하면 유일하게 표시된다. □

위의 정리 15.13과 비슷한 방법으로 $\mathbb{Z}[\sqrt{m}]$은 인수분해정역이 됨을 증명할 수 있다. 이때는 아이디얼의 열 $\langle a \rangle \subset \langle b \rangle \subset \cdots$ 대신 $N(a) > N(b) > \cdots$를 이용한다. 물론 UFD는 안된다. (될 때도 있기는 있다). 우리는 위의 정리의 결과로 여러 가지 환 중에서

체 ⇒ 유클리드정역(ED) ⇒ 주아이디얼정역(PID) ⇒
유일한 인수분해정역(UFD) ⇒ 인수분해정역(FD) ⇒ 정역(ID)

과 같은 관계를 알 수 있다. 그러나 역은 성립하지 않는다. 그 예를 차례로 찾아보자.

다음 예제는 $x^3 + y^3 = z^3$을 만족시키는 0이 아닌 정수 $x, y, z$는 없다는 사실을 증명하기 위해서 1770년 오일러가 사용한 방법인데 오일러는 $\mathbb{Z}[\sqrt{-3}]$이 UFD가 되는 것으로 착각하고 증명하여서 결국 이 문제는 미완성인 채로 남게 되었다. 그 후 1843년 Kummer는 $w$를 $x^p = 1$의 원시근이라고 하면 $\mathbb{Z}[w]$는 UFD라는 가정 아래서 페르마의 정리를 증명하였다. 그러나 이것도 1847년 $w$가 $x^{23} = 1$의 근일 때는 $\mathbb{Z}[w]$는 UFD가 아니라는 사실을 Cauchy가 지적함으로써 페르마의 정리는 또 다시 미해결로 남게 되었다. 결국 이 문제는 1994년 Andrew Wiles에 의해서 해결되었다. $\mathbb{Z}[\sqrt{-3}]$는 UFD가 아님을 밝혀 보자.

**예제 13** $R = \{a + b\sqrt{3}\,i \mid a, b \in \mathbb{Z}\}$라고 하면 $R$은 복소수 $\mathbb{C}$의 부분환이다. 따라서 정역이 됨은 당연하다. $R$에서

$$4 = 2 \times 2 = (1 + \sqrt{3}\,i)(1 - \sqrt{3}\,i)$$

이고 각 인수는 기약이며 어느 것도 동반원이 아님을 보이자. 임의의 $\alpha = a + b\sqrt{3}\,i \in R$에 대해서 $N(\alpha) = a^2 + 3b^2$이라고 하면 $N(\alpha) = 0$일 필요충분조건은 $\alpha = 0$이고 $\alpha, \beta \in R$에 대해서

$$N(\alpha\beta) = N(\alpha)N(\beta)$$

이다. 만일 $\alpha \in R$가 단원이면 $\alpha\beta = 1$인 $\beta \in R$가 존재한다. 따라서

$$N(\alpha\beta) = N(\alpha)N(\beta) = N(1) = 1$$

이므로 $N(\alpha) = 1$이다. $\alpha = a + b\sqrt{3}\,i \in R$가 $N(\alpha) = 1$이면 $a^2 + 3b^2 = 1$이므로 $a = \pm 1$, $b = 0$이다. 따라서 $\alpha = \pm 1$이 되어 $R$에서는 단원은 $\pm 1$, 두 개다. 2가 기약임을 보이자. 우선 $2 \neq 0$, 2는 단원이 아니다. 만일 $2 = \alpha\beta$, $\alpha, \beta \in R$이라고 하면 $N(2) = N(\alpha)N(\beta)$에서 $N(\alpha)N(\beta) = 4$이다. 그런데 $N(\alpha) = 0, 1, 3, 4, \cdots$ 이므로 $N(\alpha) = 1$ 또는 $N(\beta) = 1$이 되어 결국 2는 기약이다. 마찬가지로 $1 + \sqrt{3}\,i$, $1 - \sqrt{3}\,i$도 모두 기약이다. 따라서 $R$은 UFD가 아니다. 또 $2 \mid (1 + \sqrt{3}\,i)(1 - \sqrt{3}\,i)$이지만 2는 어느 것도 나누지 않는다. 따라서 2는 기약이지만 소는 아니다.

실제로 따름정리 15.3에서 $\alpha \in R$가 $N(\alpha)$가 소수이면 $\alpha$는 기약이다.

또 위의 사실을 이용하면 임의의 $\alpha \in R$, $\alpha \neq 0$, $\alpha \neq$ 단원이면 $N(\alpha)$를 소인수분해하여 $\alpha$를 기약인 원소의 곱으로 표시할 수 있다.

**예제 14** 정수계수 다항식환 $\mathbb{Z}[x]$에서

$$I = \{\, a(x) \in \mathbb{Z}[x] \mid a(x)\text{의 상수항이 짝수}\}$$

라고 하면 $I$는 $\mathbb{Z}[x]$의 아이디얼이다. 그러나 $I$는 주아이디얼이 아니다. 따라서 $\mathbb{Z}[x]$는 PID가 아니다. 그러나 $\mathbb{Z}[x]$는 UFD이다.

**예제 15** $F$는 체이고 $F[x, y]$는 변수가 $x, y$ 두 개인 다항식환이라고 하자. 즉 $F[x, y] = (F[x])[y]$로 생각하면 계수가 $F[x]$의 원소인 $y$에 관한 다항식환이다. 물론 거꾸로 생각해서 $(F[y])[x]$로 봐도 된다.

$$N = \{\, a(x, y) \in F[x, y] \mid a(x, y)\text{의 상수항은 } 0\}$$

이라고 하면 $N$은 $F[x, y]$의 아이디얼이다. 그러나 주아이디얼은 될 수 없다. $F$는 체이므로 $F[x]$는 UFD이고 따라서 $(F[x])[y]$도 UFD가 됨은 쉽게 증명할 수 있다. 결국 $F[x, y]$는 UFD는 되나 PID는 아니다.

**예제 16** $\mathbb{Z}[\sqrt{10}]$, $\mathbb{Z}[-\sqrt{5}]$는 인수분해는 되나 유일한 인수분해정역은 아니다.

이번에는 PID이면서 유클리드정역이 안되는 보기를 찾아보자. 다음 보기는 좀 어려우므로 소개만 하겠다. 궁금한 사람은 직접 확인해 보기 바란다.

**예제 17**
$$D=\left\{a+\frac{1}{2}b(1+\sqrt{19}\,i)\mid a,\ b\in\mathbb{Z}\right\}$$

라고 하면 $D$는 PID는 되나 $D$가 유클리드정역이 되는 유클리드평가함수 $d$는 존재하지 않는다. [T. Motzkin의 "The Euclidean Algorithm" Bulletine of the AMS, vol 55, pp. 1142−1146(1949)를 참고]

**정리 15.14** (유클리드호제법) $R$은 유클리드정역이고 $d$는 $R$의 유클리드평가함수라 하자. 임의의 $a,\ b\neq 0\in R$에 대해서 $a=bq_1+r_1$이고 $r_1\neq 0$이면 $b=r_1q_2+r_2$, $r_1=r_2q_3+r_3$, $\cdots$와 같이 계속해서 나머지가 0이 아니면 $r_{i-1}=r_iq_{i+1}+r_{i+1}$ 같이 반복하면

$$d(b)>d(r_1)>d(r_2)>\ \cdots\ >d(r_i)>d(r_{i+1})>\ \cdots$$

이 되어 결국은 나머지의 열 $r_1,\ r_2,\ \cdots,\ r_i,\ \cdots$는 적당한 $n$에서 $r_n=0$이 된다. 만일 $r_1=0$이면 $b=\gcd(a,\ b)$이고 $r_n$에서 처음으로 0이 되면 $\gcd(a,\ b)=r_{n-1}$이다.

**증명** $r_1=0$이면 $a=bq_1$이므로 $\gcd(a,\ b)=b$이다. $r_1\neq 0$이라고 하자. 만일 $d|a$, $d|b$이면 $d|a-bq_1$이므로 $d|r_1$이다. 또 만일 $c|r_1$, $c|b$이면 $c|bq_1+r_1$이므로 $c|a$이다. 따라서

$$\{x|x\text{는 } a,\ b\text{의 공약수}\}=\{c|c\text{는 } b,\ r_1\text{의 공약수}\}$$

가 성립한다. 마찬가지로 $r_2\neq 0$이면

$$\{x|x\text{는 } b,\ r_1\text{의 공약수}\}=\{x|x\text{는 } r_1,\ r_2\text{의 공약수}\}$$

이다. 이와 같은 방법을 반복하여 $r_n=0$이 되었다면

$$\{x|x\text{는 } a,\ b\text{의 공약수}\}=\{x|x\text{는 } r_{n-2},\ r_{n-1}\text{의 공약수}\}$$

이므로 $\gcd(a,\ b)=\gcd(r_{n-2},\ r_{n-1})$이다. 그런데 $r_{n-2}=r_{n-1}q_n+r_n=r_{n-1}q_n$이므로

$$\gcd(r_{n-2},\ r_{n-1})=\gcd(r_{n-1}q_n,\ r_{n-1})=r_{n-1}$$

이다. □

$a$를 환 $R$의 임의의 원소라고 하고 $n$을 임의의 양의 정수라고 하면 $na$는 $a$를 $n$번 합한 원소 $a+a+\cdots+a$를 뜻하고 $a^n$은 $a$를 $n$번 곱한 $aaa\cdots a$를 뜻한다. 특히 여기서 환은 연산 $+$에 대해서 군이 되므로 $a$의 위수를 생각할 수 있다. 따라서 이 경우 $a$의 위수는 $na=0$이 되는 최소의 양의 정수 $n$을 말한다. 만일 이러한 정수 $n$가 없으면 $a$의 위수는 무한이다.

**정의 15.5** $R$은 단위원 1을 가진 환이다. $n1=0$이 되는 최소의 양의 정수 $n$가 존재할 때 $n$을 $R$의 **표수**(characteristic)라고 한다. 만일 이러한 $n$이 없으면 $R$의 표수는 0이라고 한다. $R$의 표수는 char $R$로 표시한다.

**예제 18** $\mathbb{Z}$의 표수는 0이고 $\mathbb{Z}_n$의 표수는 $n$이다. 또 $\mathbb{Z}_8 \times \mathbb{Z}_6$의 표수는 24이다.

**정리 15.15** $R$이 정역이면 $R$의 모든 0이 아닌 원소의 위수는 같다.

위의 정리 15.15에 의해서 정역 $R$의 표수가 $n$이면 임의의 $x \in R$에 대해서 $nx=0$이다.

**정리 15.16** $R$은 정역이다. $R$의 표수가 $p \neq 0$이면 $p$는 소수이다.

$R$이 원소가 $n$개인 유한환이면 라그랑즈의 정리에 의해서 $R$의 모든 원소는 $n$번 합하면 0이 된다. 따라서 $R$의 표수는 0이 될 수 없다. 그러므로 우리는 다음과 같은 따름정리를 얻을 수 있다.

**따름정리 15.17** 유한체의 표수는 소수이다.

**정리 15.18** (The Freshman's dream) $R$이 표수 $p(\neq 0)$인 정역이면 임의의 $a,\ b \in R$에 대해서 $(a+b)^p = a^p + b^p$이다.

**증명** $(a+b)^p$를 이항전개하면

$$(a+b)^p = {}_pC_0 a^p + {}_pC_1 a^{p-1}b + \cdots + {}_pC_r a^{p-r}b^r + \cdots + {}_pC_{p-1}ab^{p-1} + {}_pC_p b^p$$

이다. 그런데 처음 항과 마지막 항을 제외한 모든 항은 계수가 $p$의 배수이므로 0이 된다. 따라서 $(a+b)^p = a^p + b^p$이다. □

위와 같은 식을 반복하면 다음과 같은 따름정리도 얻을 수 있다.

**따름정리 15.19** $R$은 표수 $p(\neq 0)$인 정역이다. $a,\ b \in R,\ n \in \mathbb{Z}$이면

$$(a+b)^{p^n} = a^{p^n} + b^{p^n}$$

이다.

**정의 15.6** $R,\ S$는 환이다. $R$에서 $S$로의 단사인 준동형사상이 존재할 때 $R$은 $S$에 매입(embed)된다고 한다.

**예제 2**

$$f: \mathbb{Z} \to \mathbb{Q},\ f(n) = \frac{n}{1}$$

이라고 하면 $f$는 단사인 환준동형사상이다. 따라서 $\mathbb{Z}$는 $\mathbb{Q}$에 매입된다.

환 $R$이 환 $S$에 매입되면 $S$는 $R$과 동형인 $R'$를 포함하게 된다. 예를 들면 $\mathbb{Z}$는

$$\mathbb{Z}' = \left\{ \frac{n}{1} \in \mathbb{Q} \mid n \in \mathbb{Z} \right\}$$

와 동형이다. 이 동형인 환을 같은 환으로 생각해서 $R$이 $S$에 매입되면 $R$은 $S$에 포함되는 것으로 이해(consider)한다. 정수는 정역이고 유리수는 체이다. 또 유리수는 서로 다른 모양이라도 같은 유리수가 된다는 사실, 즉

$$\frac{a}{b} = \frac{c}{d} \text{일 필요충분조건은 } ad = bc$$

라는 사실을 이용하여 정역에서부터 체를 만들어보자.

**정리 15.20** $R$이 정역이면 $R$은 적당한 체 $F$에 매입된다.

**증명** 증명은 매우 길므로 다음과 같은 몇 단계로 나누어서 증명한다.

(1) $R$로부터 적당한 집합 $T$를 만든다.

(2) $T$에 적당한 동치관계 $\sim$를 정의한다.

(3) 동치류집합 $T/\sim$에 적당한 연산 $+$, $\cdot$를 정의하여 $(T/\sim, +, \cdot)$가 체가 되도록 한다.

(4) $R$은 $T/\sim$에 매입됨을 보인다. □

**정리 15.21** $R$은 정역이라 하고 집합 $T$를

$$T = \{(a, b) | a, b \in R, b \neq 0\}$$

라고 하자. 집합 $T$에 관계 $\sim$를

$$(a, b) \sim (c, d) \text{일 필요충분조건은 } R\text{에서 } ad = bc$$

라 하면 $\sim$는 $T$에서 동치관계이다.

위의 정리 15.21에 의해서 집합 $T$는 동치관계 $\sim$에 의해서 동치류들로 나누어진다. $(a, b)$의 동치류를 $\overline{(a, b)}$라고 하면

$$T/\sim = \{\overline{(a, b)} | (a, b) \in T\}$$

이다. 이 동치류들의 집합 $T/\sim$를 $F$라고 하자. $F$에서 $\overline{(a, b)} = \overline{(c, d)}$일 필요충분조건은 $T$에서 $(a, b) \sim (c, d)$이고 다시 이것은 $R$에서 $ad = bc$와 같다.

**정리 15.22** $R$은 정역, $F = \{\overline{(a, b)} \mid a, b \in R, b \neq 0\}$이다. $F$에 연산 $+$, $\cdot$을

$$\overline{(a, b)} + \overline{(c, d)} = \overline{(ad + bc, bd)}$$
$$\overline{(a, b)} \cdot \overline{(c, d)} = \overline{(ac, bd)}$$

와 같이 정의하면 $(F, +, \cdot)$는 체가 된다.

$\overline{(a,\ b)}$는 보통 $\dfrac{a}{b}$로 표시한다.

**정리 15.23** $R$은 정역, $F=\left\{\dfrac{a}{b}\ \middle|\ a,\ b \in R,\ b \neq 0\right\}$이다. $h: R \to F,\ h(a)=\dfrac{a}{1}$은 단사 준동형사상이다.

위의 모든 정리를 종합하면 우리는 다음과 같은 정리를 얻는다.

**정리 15.24** $R$은 정역이다. $F=\left\{\dfrac{a}{b}\ \middle|\ a,\ b \in R,\ b \neq 0\right\}$이고 $F$에서 $\dfrac{a}{b}=\dfrac{c}{d}$일 필요충분조건은 $R$에서 $ad=bc$이다. $F$에서 $+$, $\cdot$ 은

$$\frac{a}{b}+\frac{c}{d}=\frac{ad+bc}{bd},\quad \frac{a}{b}\cdot\frac{c}{d}=\frac{ac}{bd}$$

이면 $(F,\ +,\ \cdot\ )$는 체이고 $R$은 $F$에 매입된다.

**정의 15.7** 위 정리 15.24에서 정역 $R$로 만든 체 $(F,\ +,\ \cdot\ )$를 $R$의 **분수체**(field of quotient)라고 부른다.

위의 정리 15.24는 결국 정수 $\mathbb{Z}$에서 유리수 $\mathbb{Q}$를 만드는 것과 같다.

**예제 19** $\mathbb{Z}[x]=\{\,a(x) \mid a(x)$는 정수계수다항식$\}$

이라고 하면 $\mathbb{Z}[x]$는 정역이다. 위와 같이 $F$를

$$F=\left\{\frac{f(x)}{g(x)}\ \middle|\ f(x),\ g(x) \in \mathbb{Z}[x],\ g(x) \neq 0\right\}$$

라 하면 $F$는 $\mathbb{Z}[x]$를 포함하는 체가 된다. 이 체를 $\mathbb{Z}$상에서 **유리함수체**(field of rational function)라고 하고 $\mathbb{Z}(x)$로 표시한다.

$\mathbb{Z}$는 정역이고 $\mathbb{Z}$를 포함하는 체는 유리수 $\mathbb{Q}$, 실수 $\mathbb{R}$, 복소수 $\mathbb{C}$ 등 많이 있다.

그러면 $\mathbb{Q}$ 보다 작은 체는 없을까? 다음 정리를 보자.

**정리 15.25** $R$은 정역이고 $F$가 $R$의 분수체이면 $F$는 $R$을 포함하는 가장 작은 체이다.

**증명** $F$를 $R$의 분수체, $K$를 $R$을 포함하는 임의의 체라고 하자. 임의의 $\frac{a}{b} \in F$에 대해서 $0 \neq b \in R \subset K$이므로 $b^{-1} \in K$가 존재한다.

$$f : F \to K,\ f\left(\frac{a}{b}\right) = ab^{-1}$$

라고 하면 $f$는 잘 정의되며 단사인 환준동형사상이 됨을 알 수 있다.

위의 정리에 의해서 $\mathbb{Z}$와 $\mathbb{Q}$ 사이에는 체가 없다. 그러나 $\mathbb{Q}$와 $\mathbb{R}$ 사이에는 많은 체가 존재한다.

체를 무한체와 유한체로 나누면 $\mathbb{Z}_3$, $\mathbb{Z}_5 \cdots$ 등은 유한체이고 $\mathbb{Q}$, $\mathbb{R}$ 등은 무한체이다. 유한체는 반드시 $\mathbb{Z}_p$, $p$는 소수꼴의 체를 포함한다. 그 이유를 알아보자.

**정리 15.26** $R$은 단위원 1을 가진 환이다. 만일 $R$의 표수가 0이면 $R$은 $\mathbb{Z}$를 포함하고 $R$의 표수가 $n$이면 $R$은 $\mathbb{Z}_n$을 포함한다.

**증명** 여기서 포함한다는 말은 매입된다는 뜻이다.

$$h : \mathbb{Z} \to R,\ h(m) = m1$$

라고 하면 $h$는 환준동형사상이다. 준동형사상의 기본정리에서 $\mathrm{Ker}\, h = K$라고 하면 $\mathbb{Z}/K$는 $R$의 부분환과 동형이 된다. 그러면 $K$를 구해보자.

(1) 만일 $R$의 표수가 $n$이면 $K = \langle n \rangle$이다. 따라서

$$\mathbb{Z}/K = \mathbb{Z}/n\mathbb{Z} \cong \mathbb{Z}_n \subset R$$

이다.

(2) 만일 $R$의 표수가 0이면 $m1 = 0$이 되는 양의 정수 $m$은 없다. 따라서 $\mathrm{Ker}\, h = \{0\}$뿐이므로

$$\mathbb{Z}/K = \mathbb{Z}/\{0\} = \mathbb{Z} \subset R$$

이다. □

**따름정리 15.27** 임의의 체는 $\mathbb{Q}$ 또는 $\mathbb{Z}_p$($p$는 소수)와 동형인 체를 포함한다.

**증명** $F$를 체, $F$의 표수를 $p$라고 하면 $p=0$ 또는 소수이다. 만일 $p=0$이면 $F$는 $\mathbb{Z}$를 포함한다. 또 앞 정리 15.25에서 $\mathbb{Q}$는 $\mathbb{Z}$를 포함하는 모든 체에 포함되므로 $\mathbb{Q} \subset F$이다. 만일 $p$가 소수이면 $\mathbb{Z}_p$는 체이다. 따라서 $F$는 체 $\mathbb{Z}_p$를 포함한다. □

**정의 15.8** 체 $\mathbb{Q}$와 $\mathbb{Z}_p$($p$는 소수)를 **소체**(prime field)라고 한다.

위의 정의 15.8의 $\mathbb{Q}$와 $\mathbb{Z}_p$는 체 중에서 가장 작은 체이다. 즉 $\mathbb{Q}$는 무한체 중 가장 작고 체 $\mathbb{Z}_p$는 유한체 중 가장 작은 체이다.

## 15 | 연습문제 EXERCISE

1. $\mathbb{Z}[\sqrt{10}]=\{a+b\sqrt{10} \mid a,\ b\in\mathbb{Z}\}$에서
   (1) $2,\ 3,\ 4+\sqrt{10},\ 4-\sqrt{10}$은 기약임을 보여라.
   (2) $2,\ 3,\ 4+\sqrt{10},\ 4-\sqrt{10}$은 소가 아님을 보여라.
   (3) $\mathbb{Z}[\sqrt{10}]$의 원소는 유한개의 기약원소의 곱으로 여러 가지 방법으로(not unique) 표시됨을 보여라.

2. 정역에서 단원은 소 원소의 곱으로 표시되지 않음을 보여라.

3. $\mathbb{Z}[\sqrt{3}i]=\{a+b\sqrt{3}i \mid a,\ b\in\mathbb{Z}\}$이다. $\alpha\neq 0,\ \alpha\neq \pm 1$인 $\alpha\in\mathbb{Z}[\sqrt{3}i]$는 유한개의 기약인 원소의 곱으로 표시됨을 보여라.

4. $\mathbb{Z}[\sqrt{5}i]=\{a+b\sqrt{5}i \mid a,\ b\in\mathbb{Z}\}$에서 21은 세 가지 모양으로 분해됨을 보여라.

5. $D$는 유클리드정역이고 $d$는 유클리드 함수이다. 다음을 증명하라.
   (1) $a$가 단원일 필요충분조건은 $d(a)=d(1)$이다.
   (2) $d$가 상수함수이면 $D$는 체이다.
   (3) $a,\ b\in D$가 동반원이면 $d(a)=d(b)$이다.

6. $\mathbb{Z}[\sqrt{2}i]=\{a+b\sqrt{2}i \mid a,\ b\in\mathbb{Z}\}$는 유클리드정역임을 보여라.

7. $D$는 모든 원소가 기약원소의 곱으로 표시되는 정역이다. $D$가 UFD일 필요충분조건은 모든 기약인 원소는 소임을 보여라.

8. 정역 $\mathbb{Z}[\sqrt{3}i]=\{a+b\sqrt{3}i \mid a,\ b\in\mathbb{Z}\}$에서
   (1) $\sqrt{3}i$는 소임을 보여라.
   (2) 4와 $2+2\sqrt{3}i$의 gcd는 없음을 보여라.

9. 가우스정수환 $\mathbb{Z}[i]$에서
   (1) $\alpha$가 소일 필요충분조건은 $d(\alpha)$가 소수이거나 또는 $\alpha$가 $4t+3$꼴의 소수와 동

반일 때임을 보여라.

(2) $1+3i,\ 7+8i,\ 99+27i$를 각각 소 원소의 곱으로 표시하라.

10. $a,\ b\in\mathbb{Z}$, $p$는 $4t+3$꼴의 소수이다. $p|(a^2+b^2)$이면 $p^2|(a^2+b^2)$임을 보여라.

11. $n\geq 2$인 정수이다. $n=a^2+b^2$, $a,\ b\in\mathbb{Z}$일 필요충분조건은 $n$을 소인수분해했을 때 $4t+3$꼴의 소수는 반드시 짝수지수가 됨을 보여라.

12. $\mathbb{Z}[i]$에서 $\gcd(53+9i,\ 1+7i)$를 구하라.

13. $R$은 PID이고 $I$는 $R$의 아이디얼이다. $R/I$의 아이디얼은 유한개 뿐임을 보여라.

14. 1을 가진 환이 동시에 $\mathbb{Z}_n,\ \mathbb{Z}_m (n\neq m)$과 동형인 부분환을 가질 수 있는가?

15. (1) $\mathbb{Z}[i]=\{m+ni\,|\,m,\ n\in\mathbb{Z}\}$의 분수체를 구하여라.

(2) $\mathbb{Z}[\sqrt{2}]=\{m+n\sqrt{2}\,|\,m,\ n\in\mathbb{Z}\}$의 분수체를 구하여라.

16. $R$은 환이고 $xy=0$이면 $x=0$ 또는 $y=0$이다. $a^n=b^n$, $a^m=b^m$, $\gcd(m,\ n)=1$이면 $a=b$임을 보여라.

17. $D$는 정역, $Q$는 $D$의 분수체이다. $T$는 정역으로써 $D\subset T\subset Q$이면 $Q$는 $T$의 분수체와 동형임을 보여라.

18. $R$은 1을 가진 가환환이고 $R$의 표수는 소수 $p$이다. $\phi_p : R\rightarrow R$, $\phi_p(a)=a^p$은 준동형사상임을 보여라. (이 함수를 Frobenius 준동형사상이라고 함)

# CHAPTER 16 다항식 환과 그 성질
## Polynomial Rings

고등학교 때 우리는 다항식에 대해서 많은 공부를 했다. 방정식의 근을 구하고 여러 다항식을 곱하고 나누기도 했으며 최대공약수를 구하고 인수분해도 하였다. 다항식의 가장 중요한 성질은 대부분 다항식의 차수에 의해서 결정된다. 먼저 다항식을 정의부터 하고 시작하자.

**정의 16.1** $R$은 환이다. 계수가 $R$의 원소인 다항식이란

$$a_0 + a_1x + a_2x^2 + \cdots + a_nx^n, \quad a_i \in R$$

꼴로 표시(expression of the form)된 모양을 뜻한다. 여기서 $R$의 원소 $a_0$, $a_1$, $a_2$, $\cdots$를 이 다항식의 **계수**(coefficient)라 하고 $x$를 **부정원**(indeterminate)라고 한다. 또 $a_ix^i(i=0, 1, 2, \cdots, n)$을 이 다항식의 **항**(terms)이라고 한다. 또 $a_i$를 특히 $x^i$의 계수라고 부른다.

조금 생소하지만 다항식을 좀더 구체적으로 정의해보자. $R$을 환이라 하고 $R[x]$를 $R$의 원소들의 수열 $(a_0, a_1, \cdots)$의 집합이라고 한다. 즉

$$R[x] = \{(a_0, a_1, \cdots) \mid a_i \in R\}$$

이다. 단, 이 수열은 유한항 이상의 항은 모두 0이다. $R[x]$에 $+$와 $\cdot$을

$$(a_0,\ a_1,\ \cdots) + (b_0,\ b_1,\ \cdots) = (a_0 + b_0,\ a_1 + b_1,\ \cdots)$$

$$(a_0,\ a_1,\ \cdots)\cdot(b_0,\ b_1,\ \cdots) = (c_0,\ c_1,\ \cdots),\ c_i = \sum_{k=0}^{i} = a_k b_{i-k}$$

이라고 하면 $R[x]$는 환이 된다.

함수 $\phi : R \to R[x]$를 $\phi(r) = (r,\ 0,\ 0,\ \cdots)$라 하면 $\phi$는 단사인 준동형사상이 되어 $R$은 $R[x]$에 매입된다. 따라서 $R$의 원소 $r$은 $R[x]$의 원소 $(r,\ 0,\ 0,\ \cdots)$와 동일하게 취급한다. $R$을 1을 가진 환이라고 하고

$$(0,\ 1,\ 0,\ \cdots) = x \in R[x]$$

라고 하면

$$x^2 = (0,\ 0,\ 1,\ 0,\ \cdots),\ x^3 = (0,\ 0,\ 0,\ 1,\ \cdots),\ \cdots$$

가 된다. $R$의 임의의 원소 $r$에 대해서

$$\begin{aligned} rx &= (r,\ 0,\ 0,\ \cdots)\cdot(0,\ 1,\ 0,\ \cdots) = (0,\ r,\ 0,\ \cdots),\\ rx^2 &= (r,\ 0,\ 0,\ \cdots)\cdot(0,\ 0,\ 1,\ 0,\ \cdots) = (0,\ 0,\ r,\ 0,\ \cdots),\\ rx^3 &= (0,\ 0,\ 0,\ r,\ 0,\ \cdots) \end{aligned}$$

가 되어서 결국 $R[x]$의 임의의 원소 $(a_0,\ a_1,\ a_2,\ \cdots)$는

$$= a_0 + a_1 x + a_2 x^2 + \cdots$$

꼴로 표시되고, 결국

$$R[x] = \{\, a_0 + a_1 x + a_2 x^2 + \cdots \mid a_i \in R,\ \text{유한개 이상의 계수는 } 0 \,\}$$

이다. 또

$$a_0 + a_1 x + a_2 x^2 + \cdots = b_0 + b_1 x + b_2 x^2 + \cdots$$

일 필요충분조건은

$$a_i = b_i \ (i = 0,\ 1,\ 2,\ \cdots)$$

가 됨을 알 수 있다.

**예제 1** $f(x) = \bar{2}x^4 + \bar{4}x^3 - \bar{1}x^2 + \bar{5}x + \bar{1},\ \bar{i} \in \mathbb{Z}_6$이라고 하면 $f(x)$는 계수가 $\mathbb{Z}_6$의 원소인 다항식이다.

**예제 2** 어떤 수의 제곱의 3배에 1을 뺀 수를 7로 나누면 나머지가 4이다. 이 수를 구해보자. 이 수를 $x$라고 하면

$$(3x^2-1)\div 7 = q \cdots 4$$

로 쓸 수 있다. 따라서 $\mathbb{Z}_7$에서 생각하면 $\overline{3x^2-1} = \overline{4}$이므로 이 모양은 $\overline{3}x^2-\overline{5} = \overline{0}$이다. 따라서 $\mathbb{Z}_7$상에서의 다항식의 꼴로 표시할 수 있고 $\mathbb{Z}_7$의 원소 중 이 식을 만족시키는 $x$를 구하면 된다.

**정의 16.2** $R$이 환일 때 계수가 $R$의 원소인 모든 다항식의 집합을 $R[x]$로 표시한다. 즉

$$\begin{aligned} R[x] &= \{\, a(x) \mid a(x)\text{는 계수가 } R\text{의 원소인 다항식}\} \\ &= \left\{a(x) \mid a(x) = a_0 + a_1 x + \cdots + a_n x^n,\ a_i \in R,\ n \geq 0\right\} \end{aligned}$$

앞에서 $R[x]$의 원소의 합과 곱을 정의하여 $R[x]$는 환이됨을 살펴보았다. 이것을 다시 정의한다.

**정의 16.3** $R$은 환이고 $a(x),\ b(x) \in R[x]$이다.

$$a(x) = a_0 + a_1 x + \cdots + a_n x^n,\ b(x) = b_0 + b_1 x + \cdots + b_m x^m$$

이라 할 때

$$a(x) + b(x) = (a_0 + b_0) + (a_1 + b_1)x + \cdots + (a_i + b_i)x^i + \cdots$$

$$a(x) \cdot b(x) = a_0 b_0 + (a_0 b_1 + a_1 b_0)x + (a_0 b_2 + a_1 b_1 + a_2 b_0)x^2 + \cdots + a_n b_m x^{n+m}$$

즉 곱의 $x^i$의 계수는

$$a_0 b_i + a_1 b_{i-1} + \cdots + a_{i-1} b_1 + a_i b_0 = \sum_{k=0}^{i} a_k b_{i-k}$$

와 같이 정의하고 각각 **다항식합**(polynomial addition), **다항식곱**(polynomial multiplication)이라고 부른다.

**정의 16.4** $$a(x) = a_0 + a_1x + \cdots + a_nx^n \in R[x]$$

에서 $x^i$의 계수 $a_i$가 0이 아닌 것 중 가장 큰 정수 $i$를 $a(x)$의 **차수**(degree)라 하고 $\deg a(x)$로 표시한다. 또 $\deg a(x) = m$일 때 $x^m$의 0이 아닌 계수 $a_m$을 $a(x)$의 **선두계수**(leading coefficient) 또는 **최고차계수**라고 한다. 특히 $a_0$를 $a(x)$의 **상수항**(constant term)이라고 한다.

상수항만 있는 다항식 $a(x)$를 **상수다항식**(constant polynomial)이라고 부른다. $R$은 $R[x]$에 매입되므로 $R$의 원소 $a$는 $R[x]$의 원소로 생각하면 상수다항식이다. 상수다항식의 차수는 당연히 0이다. 또 차수가 0인 다항식은 상수다항식이다. 여기서 한 가지 주의할 점은 영다항식 0은 차수가 없다. 따라서 $\deg 0$는 정의되지 않는다. 상수다항식은 그냥 상수(constant)라고도 한다.

**정리 16.1** $R$은 환이다. $R[x]$은 위 정의 16.3에서 정의한 다항식합과 다항식곱에 의해서 $(R[x], +, \cdot)$은 환이 된다.

**증명** $R[x]$의 $+$에 대한 항등원은 영다항식 0이다.

$$a(x) = a_0 + a_1x + \cdots + a_nx^n$$

의 역원 $-a(x)$는

$$(-a_0) + (-a_1)x + \cdots + (-a_n)x^n$$

이다. 곱의 결합법칙은 증명하기가 좀 복잡하다. 각자 해보기 바란다. □

위의 환 $(R[x], +, \cdot)$은 간단히 $R[x]$로 적고 $R$상에서의 **다항식환**이라고 한다.

**정리 16.2** $R$이 정역이고 $a(x) \neq 0,\ b(x) \neq 0 \in R[x]$이면

$$\deg(a(x)b(x)) = \deg a(x) + \deg b(x)$$

이다.

**증명** $a(x)=a_0+a_1x+\cdots+a_nx^n$, $b(x)=b_0+b_1x+\cdots+b_mx^m$, $a_n\neq 0$, $b_m\neq 0$

라고 하면 $\deg a(x)=n$, $\deg b(x)=m$이다. 따라서

$$\deg(a(x)b(x))=n+m=\deg a(x)+\deg b(x)$$ □

다음 정리는 별것 아닌 것 같지만 사실은 중요하다.

> **정리 16.3** $R$이 정역이면 $R[x]$도 정역이다.

$\mathbb{Q}[x]$는 정역임은 위의 정리 16.3에서 분명하다. 앞으로 우리는 계수가 체 $F$의 원소인 다항식, 즉 $F[x]$를 주로 취급한다. $F[x]$는 정역이 됨은 당연하다.

> **정리 16.4** ($F[x]$에서의 나누기 호제법) $F$는 체이다. $a(x)$, $b(x)\in F[x]$, $b(x)\neq 0$이면
>
> $$a(x)=b(x)q(x)+r(x),\ r(x)=0 \text{ 또는 } \deg r(x)<\deg b(x)$$
>
> 인 $q(x)$, $r(x)\in F[x]$가 단 1개 존재한다.

**증명** $b(x)=b_0+b_1x+\cdots+b_mx^m$, $b_m\neq 0$라 하자. 집합

$$S=a(x)-\langle b(x)\rangle=\{a(x)-b(x)h(x)\,|\,h(x)\in F[x]\}$$

라고 하자. 만일 $0\in S$면

$$a(x)=b(x)q(x),\ q(x)\in F[x]$$

꼴로 적을 수 있으므로 증명되었다. 만일 $0\notin S$면 $S$의 원소 중 차수가 가장 낮은 원소가 존재할 것이다. 이 원소를 $r(x)$라 하자. $r(x)\in S$이므로

$$r(x)=a(x)-b(x)q(x),\ q(x)\in F[x]$$

꼴이 될 것이다. 따라서

$$a(x)=b(x)q(x)+r(x),\ q(x)\in F[x]$$

꼴로 표시된다. 만일 $\deg r(x)\geq m$이면 모순이 됨을 보일 수 있다. 따라서 $\deg r(x)<\deg b(x)$이다. $q(x)$, $r(x)\in F[x]$는 유일함을 쉽게 알 수 있다. □

**정의 16.5** $F$는 $E$의 부분체이고 $u \in E$이다. 함수

$$\phi_u : F[x] \to E,\ \phi_u(a_0 + a_1 x + \cdots + a_n x^n) = a_0 + a_1 u + \cdots + a_n u^n$$

를 **대입함수**(substitution function) 또는 **평가함수**(evaluation function)라고 한다. 또 $a(x)$의 상 $\phi_u(a(x))$는 $a(u)$로 적는다.

정의에서 다항식 $a(x)$의 대입함수 $\phi_u$의 함수값은 말 그대로 $x$ 대신 $E$의 원소 $u$를 대입한 값이다.

**예제 3** $\phi_{\sqrt{2}} : \mathbb{Q}[x] \to \mathbb{R}$ 에서

$$\phi_{\sqrt{2}}(3x^2 + x - 1) = 6 + \sqrt{2} - 1 = 5 + \sqrt{2}$$

**정리 16.5** $F$는 $E$의 부분체, $u \in E$일 때 대입함수 $\phi_u : F[x] \to E$는 준동형사상이다. 또 모든 $a \in F$에 대해서 $\phi_u(a) = a$이다. 즉 $\phi_u|_F = 1_F$이다.

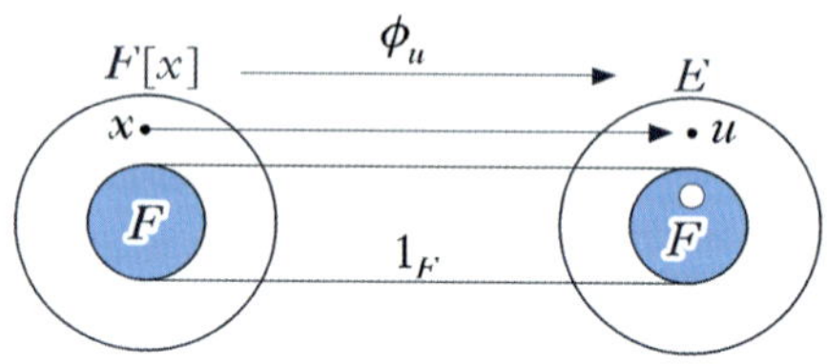


[그림 16.1]

**정의 16.6** $F$는 $E$의 부분체이고 $u \in E$이다. $a(x) \neq 0 \in F[x]$에 대해서 $a(u) = 0$일 때 $u$는 $a(x)$의 **근**(root) 또는 **영**(zero)이라고 한다.

정의에서 $u$가 $a(x)$의 근이 될 필요충분조건은 $a(x) \in \mathrm{Ker}\,\phi_u$이다.

**예제 4** $\phi_0 : \mathbb{Q}[x] \to \mathbb{R}$ 에서

$$\mathrm{Ker}\,\phi_0 = \{ a(x) \in \mathbb{Q}[x] \mid a(x)\text{의 상수항} = 0 \}$$

이다. 또 $\phi_0(\mathbb{Q}[x]) = \mathbb{Q}$ 이므로 $\mathbb{Q}[x]/\mathrm{Ker}\,\phi_0 \cong \mathbb{Q}$ 이다. 마찬가지로 $\mathbb{Q}$는 체이므로

$$\{ a(x) \in \mathbb{Q}[x] \mid a(x)\text{의 상수항} = 0 \} = \langle x \rangle$$

은 $\mathbb{Q}[x]$의 극대아이디얼이다.

**정리 16.6** (나머지 정리) $F$는 체이다. $a(x) \neq 0 \in F[x]$, $u \in F$이다. $u$가 $a(x)$의 근이 될 필요충분조건은 $x-u \mid a(x)$이다.

**증 명** $u \in F$, $a(u)=0$이라고 하자. 정리 16.4에 의해서

$$a(x) = (x-u)q(x) + r(x),\ r(x) = 0 \text{ 또는 } \deg r(x) < 1$$

인 $q(x),\ r(x) \in F[x]$가 존재한다. 그런데 만일 $r(x) \neq 0$이면 $\deg r(x) < 1$이므로 $r(x) = c \in F$이다. 따라서 $a(u) = 0q(u) + c$에서 $c = 0$이 되므로 모순이다. 따라서 $x-u \mid a(x)$이다. 역으로 $x-u \mid a(x)$면

$$a(x) = (x-u)q(x),\ q(x) \in F[x]$$

이므로 $a(u) = 0$이다. □

**따름정리 16.7** $F$는 체, $a(x) \neq 0 \in F[x]$, $\deg a(x) = n$이면 $a(x)$는 $F$에서 $n$개 이하의 근을 가진다.

**증 명** $u_1,\ u_2,\ \cdots,\ u_t$를 $F$에서 $a(x)$의 서로 다른 근이라고 하자. $u_1 \in F$가 $a(x)$의 근이므로 $a(x) = (x-u_1)q_1(x)$이고 $\deg q_1(x) = n-1$이다. 이와 같은 과정을 반복하여

$$a(x) = (x-u_1)(x-u_2)\ \cdots\ (x-u_t)q_t(x)$$

가 되었고 $q_t(x)$는 더 이상 $F$에서 근이 없다.

$$\deg a(x) = t + \deg q_t(x) = n$$

이므로 $t \leq n$이다. □

**참고** 다항식의 계수가 체가 아닌 그냥 환의 원소일 경우에는 차수보다 훨씬 많은 근을 가질 수도 있다.

**예제 5** $f(x) = x^2 + \bar{2}x - \bar{3} \in \mathbb{Z}_{12}[x]$에서 $\bar{1}$, $\bar{3}$, $\bar{7}$, $\bar{9}$는 모두 이 다항식의 근이다.

> **정리 16.8** $a(x) \in F[x]$이다. $a(x)$가 단원일 필요충분조건은 $a(x)$는 0이 아닌 상수다항식이다.

다음 정의는 앞에서 정의한 기약과 동일한 뜻이다.

> **정의 16.7** $p(x) \in F[x]$가 $F[x]$에서 **기약**(irreducible in $F[x]$) 또는 $F$상에서 기약(irreducible over $F$)이라는 말은 $p(x) \neq$ 상수이고
>
> $$p(x) = a(x)b(x),\ a(x),\ b(x) \in F[x]$$
>
> 이면 $a(x)$ 또는 $b(x)$가 상수가 될 때를 말한다. 기약이 아닐 때를 **가약**(reducible)이라고 한다.

**예제 6** $x^2 - 2 \in \mathbb{Q}[x]$는 기약이다. 그러나 $x^2 - 2 \in \mathbb{R}[x]$는

$$x^2 - 2 = (x + \sqrt{2})(x - \sqrt{2})$$

이므로 기약이 아니다. 또 $x^2 + 1 \in \mathbb{R}[x]$는 기약이지만 $x^2 + 1 \in \mathbb{C}[x]$는 가약이다. 따라서 $x^2 - 2$는 $\mathbb{Q}$상에서는 기약, $\mathbb{R}$상에서는 가약이고 마찬가지로 $x^2 + 1$은 $\mathbb{R}$상에서는 기약, $\mathbb{C}$상에서는 가약이다.

정수환의 모든 아이디얼은 주아이디얼임을 알고 또 증명도 역시 정수의 나눗셈을 이용하였다. 이와 마찬가지로 체 상에서의 다항식환 $F[x]$에서도 모든 아이디얼은 주아이디얼이 된다. 다음 정리는 $F[x]$가 PID가 됨을 뜻한다. 이 정리는 중요한 정리이다.

> **정리 16.9** $F$가 체이면 다항식 환 $F[x]$의 모든 아이디얼은 주아이디얼이다.

**증명** $N$을 $F[x]$의 아이디얼이라고 하자. $N = \{0\}$이면 $N = \langle 0 \rangle$이므로 끝. $N \neq \{0\}$이라고 하면 $N$에는 0이 아닌 다항식이 들어있다. 그중 차수가 가장 낮은 다항식 $a(x)$를 하나 택하자. 따라서 $N$의 어떠한 원소도 $a(x)$보다 더 낮은 차수를 가질 수 없다. $N = \langle a(x) \rangle$가 되어 $N$은 주아이디얼이다. □

**따름정리 16.10** $a(x),\ b(x) \neq 0 \in F[x]$이다. $a(x),\ b(x)$가 공통인수가 상수뿐이면(서로소)

$$a(x)f(x)+b(x)g(x)=1$$

이 되는 $f(x),\ g(x) \in F[x]$가 존재한다.

**증명** $F[x]$에서 $\langle a(x)\rangle + \langle b(x)\rangle$는 아이디얼이므로

$$\langle a(x)\rangle + \langle b(x)\rangle = \langle c(x)\rangle,\ c(x) \in F[x]$$

로 둘 수 있다. 그런데 $a(x) \in \langle c(x)\rangle,\ b(x) \in \langle c(x)\rangle$이므로 $c(x)|a(x),\ c(x)|b(x)$가 되어 $c(x)$는 $a(x),\ b(x)$의 공통인수이므로 $c(x)=c \in F$이다. 따라서 $\langle c(x)\rangle = F[x] = \langle 1\rangle$이므로 $1 \in \langle a(x)\rangle + \langle b(x)\rangle$가 되어 정리가 성립한다. □

**따름정리 16.11** $a(x),\ b(x) \in F[x]$이다. $\gcd(a(x),\ b(x)) = d(x)$라고 하면

$$a(x)f(x)+b(x)g(x)=d(x)$$

가 되는 $f(x),\ g(x) \in F[x]$가 존재한다.

다음 정리는 아주 중요한 정리이다.

**정리 16.12** $p(x) \neq 0 \in F[x]$이다. $\langle p(x)\rangle$가 $F[x]$의 극대아이디얼이 될 필요충분조건은 $p(x)$가 $F$상에서 기약이다.

**증명** $p(x) \in F[x]$가 $F$상에서 기약이라고 하자.

$$\langle p(x)\rangle \subset N \subset F[x]$$

인 아이디얼 $N$이 있다고 하면 $N = \langle g(x)\rangle,\ g(x) \in F[x],\ g(x) \neq 0$꼴로 쓸 수 있다.

$$p(x) = g(x)h(x),\ h(x) \in F[x],\ h(x) \neq 0$$

꼴로 쓸 수 있다. $p(x)$는 기약이므로 $g(x)$가 상수 또는 $h(x)$가 상수이다. $g(x)$가 상수이면 단원이므로 $N = \langle g(x)\rangle = F[x]$이다. 또 $h(x)$가 상수이면 $\langle p(x)\rangle = N$이다. 역으로 $\langle p(x)\rangle$가 $F[x]$의 극대아이디얼이라고 하자. $\langle p(x)\rangle \neq F[x]$이므로 $p(x) \neq$ 상수이다.

$$p(x) = a(x)b(x)$$

라고 하면

$$\langle p(x) \rangle = \langle a(x) \rangle \text{ 또는 } \langle a(x) \rangle = F[x]$$

이다. 만일 $\langle p(x) \rangle = \langle a(x) \rangle$이면 $b(x)$는 상수이다. 만일 $\langle a(x) \rangle = F[x]$이면 $1 \in \langle a(x) \rangle$이므로 역시 $a(x)$는 상수이다. 따라서 $p(x)$는 $F$ 상에서 기약이다. □

**예제 7** $a(x) = x^3 + \bar{3}x + \bar{2} \in \mathbb{Z}_5[x]$는 기약이다. 따라서 $\langle a(x) \rangle$는 $\mathbb{Z}_5[x]$의 극대아이디얼이다. 따라서 $\mathbb{Z}_5[x]/\langle a(x) \rangle$는 체이다.

다음은 앞에서 여러 번 나왔지만 자주 쓰이므로 적어놓는다. 앞으로 $F$는 체를 의미한다.

**정리 16.13** $f(x) \in F[x]$, $f(x) \neq 0$이다. 다음은 모두 동치이다.

(1) $f(x)$는 상수

(2) $f(x) \in F$

(3) $\deg\ f(x) = 0$

(4) $\langle f(x) \rangle = F[x]$

(5) $f(x)$는 단원

**따름정리 16.14** $p(x)$가 $F[x]$의 상수가 아닌 다항식이면 다음은 동치이다.

(1) $p(x)$는 $F[x]$에서 기약이다.

(2) $\langle p(x) \rangle$는 $F[x]$의 극대아이디얼이다.

(3) $F[x]/\langle p(x) \rangle$는 체이다.

(4) $F[x]/\langle p(x) \rangle$는 정역이다.

**증명** (1), (2), (3)은 서로 동치가 됨을 쉽게 알 수 있다. 또 체는 항상 정역이 되므로 (3)이면 (4)이다. 그러면 (4)면 (1)이 된다는 사실만 증명하면 되는데 이 증명은 다음 정리 16.15을 보면 알 수 있다. □

$F[x]/\langle p(x) \rangle$에서 $\overline{f(x)} = \bar{0}$란 말은 $f(x) \in \langle p(x) \rangle$, 즉 $p(x) | f(x)$란 뜻이다. 다음 정리를 살펴보자.

**정리 16.15** $p(x) \in F[x]$, $p(x) \neq$ 상수이다. $p(x)$가 기약일 필요충분조건은 임의의 $a(x),\ b(x) \in F[x]$에 대해서

$$p(x)\,|\,a(x)b(x) \text{면 } p(x)\,|\,a(x) \text{ 또는 } p(x)\,|\,b(x)$$

이다.

**증명** $p(x)$가 기약이라고 하자. $p(x)\,|\,a(x)b(x)$면

$$a(x)b(x) = p(x)c(x),\ c(x) \in F[x]$$

꼴로 쓸 수 있다. 그런데 $F[x]/\langle p(x)\rangle$는 체이므로

$$\overline{a(x)}\ \overline{b(x)} = \bar{0} \in F[x]/\langle p(x)\rangle$$

에서 $\overline{a(x)} = \bar{0}$ 또는 $\overline{b(x)} = \bar{0}$가 된다. 즉

$$p(x)\,|\,a(x) \text{ 또는 } p(x)\,|\,b(x)$$

이다. 역은 자명하다. $g(x)$는 상수이다. □

**따름정리 16.16** $p(x)$는 $F[x]$에서 기약이다. $p(x)\,|\,r_1(x)r_2(x)\cdots r_t(x)$면 $p(x)$는 적어도 한 개의 $r_i(x)$를 나눈다$(1 \le i \le t)$.

**정리 16.17** $F$가 체이면 상수가 아닌 임의의 $a(x) \in F[x]$는 $F$상에서 기약인 다항식의 곱으로 표시된다. 또 순서와 단원을 무시하면 단 한가지로 인수분해된다.

**증명** $a(x) \in F[x]$, $a(x) \neq$ 상수라고 하자. 만일 $a(x)$가 가약이면

$$a(x) = b(x)c(x),\ \deg b(x) \ge 1,\ \deg c(x) \ge 1$$

인 다항식의 곱으로 표시될 것이다. 만일 $b(x)$, $c(x)$가 기약이면 여기서 끝낸다. $b(x)$나 $c(x)$중 가약인 다항식이 있으면 이것은 다시 차수가 더 낮은 두 다항식의 곱으로 표시된다. 이러한 과정을 반복하면 결국 귀납적으로

$$a(x) = p_1(x)\,p_2(x)\cdots p_t(x),\ p_i(x) \text{는 } F\text{상에서 기약}(1 \le i \le t)$$

꼴로 표시된다. 물론 $t \le \deg a(x)$이다. 단 한 가지로 표시됨을 보이자. 만일

$$a(x) = p_1(x)\,p_2(x)\cdots p_t(x) = h_1(x)\,h_2(x)\cdots h_r(x),\ (p_i(x),\ h_j(x)\text{는 기약})$$

으로 표시되었다면

$$p_1(x)\,|\,h_1(x)\,h_2(x)\cdots h_r(x)$$

이므로

$$h_j(x) = p_1(x)q_1(x),\ q_1(x) \in F[x]$$

인데 $h_j(x)$ 역시 기약이므로 결국 $q_1(x)$가 상수 $c_1$이 된다. 따라서 원래 식에서 $p_1(x)$를 소거시킬 수 있다. 이와 같이 차례대로 소거시키면 결국

$$1 = c_1 c_2 c_2 \cdots c_t h_{t+1}(x) \cdots h_r(x)$$

이다. 따라서 $t = r$이 된다. 물론 상수는 붙어있어도 상관없다. □

**예제 8** $4x^2 - 1 \in \mathbb{Q}[x]$를 인수분해하면 $4\left(x + \frac{1}{2}\right)\left(x - \frac{1}{2}\right)$ 또는 $(2x+1)(2x-1)$ 또는 $\left(x + \frac{1}{2}\right)(4x-2)$ 등으로 인수분해되는데 결국 각 인수는 모두 적당한 상수를 곱하면 같게 된다.

위의 예제 8에서 한 식이 여러 가지로 인수분해 되었는데 보기는 틀리는 것 같으나 $x - \frac{1}{2}$, $2x-1$, $4x-2$는 모두 동반원이다. 이와 같이 동반원은 같은 원소로 취급해서 생각하는 것이 편할 때가 많다. 따라서 우리는 다항식에서 상수는 인수로 생각하지 않는다. 인수분해는 항상 1차 이상의 인수로 분해하는 것을 의미한다.

**따름정리 16.18** $a(x) \in F[x]$, $a(x) \neq$ 상수이면 $a(x) = kp_1(x)p_2(x) \cdots p_t(x)$, $k$는 상수, $p_i(x)$는 선두계수가 1인 기약다항식으로 단 한 가지로 표시된다.

## $\mathbb{Z}$, $\mathbb{Q}$, $\mathbb{R}$상에서의 다항식

$a(x)$가 유리계수의 다항식이라면 즉

$$a(x) = \frac{b_0}{a_0} + \frac{b_1}{a_1}x + \cdots + \frac{b_n}{a_n}x^n \quad (a_i,\ b_i \in \mathbb{Z})$$

라고 하면 이 계수들을 통분해서

$$a(x) = \frac{1}{a_0 a_1 \cdots a_n}(c_0 + c_1 x + \cdots + c_n x^n),\ c_i \in \mathbb{Z}$$

꼴로 고쳐 쓸 수 있고 이때 정수계수 다항식

$$b(x) = c_0 + c_1 x + \cdots + c_n x^n$$

는 $a(x)$에 상수만큼 곱한 것이므로 $a(x)$와 같은 근을 가진다. 따라서 모든 유리계수 다항식은 같은 근을 가지는 정수계수 다항식으로 고칠 수 있다. 따라서 모든 유리계수 다항식은 정수계수 다항식으로 변형시켜서 생각할 수 있다. 우선 다음과 같은 간단한 성질을 밝혀보자.

**정리 16.19** $$a(x) = a_0 + a_1 x + \cdots + a_n x^n \in \mathbb{Z}[x]$$

에서 유리수 $\frac{s}{t}$가 $a(x)$의 근이면 $s|a_0$, $t|a_n$이다.

**증명** $\frac{s}{t}$가 $a(x)$의 근이므로

$$a_0 + a_1\frac{s}{t} + \cdots + a_n\frac{s^n}{t^n} = 0$$

이다. 따라서

$$-a_0 t^n = s(a_1 t^{n-1} + \cdots + a_n s^{n-1})$$

에서 $s|a_0 t^n$이고 $\gcd(s, t) = 1$이므로 $s|a_0$이다. 마찬가지로 $t|a_n$을 얻을 수 있다. □

**예제 9** $$a(x) = 2x^4 + 7x^3 + 5x^2 + 7x + 3$$

에서 유리수 $\frac{s}{t}$가 $a(x)$의 근이라면 $t = \pm 1, \pm 2$; $s = \pm 1, \pm 3$ 중 하나이다. 따라서 근은 $\pm 1, \pm 3, \pm\frac{1}{2}, \pm\frac{3}{2}$ 중 한 개다. 이 값을 $a(x)$에 대입하면 $-\frac{1}{2}$과 $-3$이 $a(x)$의 근이 됨을 알 수 있다.

**예제 10** $a(x) = x^3 + 4x^2 + x - 1$의 유리수 근 후보는 $\pm 1$뿐이다. 실제 대입하면 $a(1) \neq 0$, $a(-1) \neq 0$이므로 $a(x)$는 $\mathbb{Q}[x]$에서 기약이다.

**정의 16.8** $$a(x) = a_0 + a_1 x + \cdots + a_n x^n \in \mathbb{Z}[x]$$

에서 계수 $a_0, a_1, \cdots, a_n$의 최대공약수가 1일 때 이 다항식을 원시다항식(primitive polynomial)이라고 부른다.

임의의 정수계수 다항식은 계수의 최대공약수를 묶어내면 항상 상수×원시다항식의 꼴로 고쳐 쓸 수 있다.

**정리 16.20** $a(x),\ b(x) \in \mathbb{Z}[x]$, $p$는 소수이다. $p|a(x)b(x)$면 $p|a(x)$ 또는 $p|b(x)$이다.

**보조정리 16.21** $a(x) \in \mathbb{Z}[x]$이다. 만일

$$a(x) = c_1 b_1(x) = c_2 b_2(x),\ b_1(x),\ b_2(x)\text{는 원시다항식}$$

이면 $c_1 = c_2$이다.

**보조정리 16.22** $f(x),\ g(x) \in \mathbb{Z}[x]$이다. $f(x),\ g(x)$가 각각 원시다항식이면 그 곱 $f(x)g(x)$도 역시 원시다항식이다.

**증명**

$$f(x) = a_0 + a_1 x + \cdots + a_n x^n,\ g(x) = b_0 + b_1 x + \cdots + b_m x^m$$

은 원시다항식이라고 하자. 만일 $f(x)g(x)$가 원시다항식이 아니라면 $f(x)g(x)$의 모든 계수는 어떤 소수 $p$의 배수가 될 것이다. 그러면 정리 16.20에 의해서 $p|f(x)$ 또는 $p|g(x)$가 되어 모순이다. 따라서 $f(x)g(x)$은 원시다항식이 될 수밖에 없다. □

**정리 16.23** (Gauss의 정리) $f(x) \in \mathbb{Z}[x]$는 원시다항식이다. 만일 $f(x)$가 $\mathbb{Q}[x]$에서 가약이면 $f(x)$는 $\mathbb{Z}[x]$에서도 가약이다.

**증명** $f(x)$가 $\mathbb{Q}[x]$에서 가약이므로

$$f(x) = g(x)h(x),\ g(x),\ h(x) \in \mathbb{Q}[x],\ \deg g(x) \geq 1,\ \deg h(x) \geq 1$$

라고 하자.

$$f(x) = \frac{1}{bc} g_1(x) h_1(x),\ g_1(x),\ h_1(x) \in \mathbb{Z}[x]$$

꼴로 쓸 수 있고, $g_1(x),\ h_1(x) \in \mathbb{Z}[x]$이므로, 각각의 계수의 최대공약수를 $d_1,\ d_2$라고 하면

$$f(x) = \frac{d_1 d_2}{bc} g_2(x) h_2(x),\ g_2(x),\ h_2(x) \in \mathbb{Z}[x]$$

는 원시다항식의 곱으로 표시할 수 있다. 물론

$$bcf(x) = d_1 d_2 g_2(x) h_2(x)$$

와 앞 정리 16.21에서 $g_2(x)$, $h_2(x)$는 모두 원시다항식이므로 곱 $g_2(x)h_2(x)$도 원시다항식이고 따라서 $bc = d_1 d_2$이다. 그러므로

$$f(x) = g_2(x)h_2(x),\ g_2(x),\ h_2(x) \in \mathbb{Z}[x],\ \deg g_2(x) \geq 1,\ \deg h_2(x) \geq 1$$

로 표시된다. 이 사실로부터 $f(x)$는 $\mathbb{Z}[x]$에서 가약임을 알 수 있다. □

**따름정리 16.24** $f(x) \in \mathbb{Z}[x]$이다. 만일 $f(x)$가 $\mathbb{Q}[x]$에서 상수가 아닌 두 다항식의 곱으로 표시되면 $f(x)$는 $\mathbb{Z}[x]$에서도 상수가 아닌 두 다항식의 곱으로 표시할 수 있다. 즉 $f(x)$가 $\mathbb{Q}[x]$에서 가약이면 $f(x)$는 $\mathbb{Z}[x]$에서 가약이다.

위의 정리는 정수에서 인수분해가 안되면 유리수까지 확장하더라도 인수분해를 할 수 없다는 뜻이다. 즉, 다항식을 인수분해할 때는 정수계수나 유리수계수나 마찬가지이다. 그러나 정수와 실수에서는 그렇지 못하다. $x^2 - 2$는 $\mathbb{Q}[x]$에서는 기약이나 $\mathbb{R}[x]$에서는 $(x+\sqrt{2})(x-\sqrt{2})$로 인수분해되어 가약이 된다. 다음 정리는 Gauss의 정리를 이용한 정리인데 다항식의 인수분해에 많이 응용된다.

**정리 16.25** (Eisenstein) $f(x) = a_0 + a_1 x + \cdots + a_n x^n \in \mathbb{Z}[x]$이다.

$$p | a_0,\ p | a_1,\ \cdots,\ p | a_{n-1},\ p \nmid a_n,\ p^2 \nmid a_0$$

인 소수 $p$가 존재하면 $f(x)$는 $\mathbb{Q}[x]$에서 기약이다.

**증 명** 만일 $f(x)$가 $\mathbb{Q}[x]$에서 가약이면 앞의 따름정리 16.24에 의해서 $f(x)$는 $\mathbb{Z}[x]$에서도 가약이다. 따라서

$$f(x) = g(x)h(x),\ g(x),\ h(x) \in \mathbb{Z}[x]$$

인 상수가 아닌 $g(x)$, $h(x)$가 존재한다.

$$g(x) = b_0 + b_1 x + \cdots + b_m x^m,\ h(x) = c_0 + c_1 x + \cdots + c_l x^l$$

이라고 하자$(0 < m,\ l < n)$. 다항식의 곱에 의해서 $a_0 = b_0 c_0$이고, $p | a_0$, $p^2 \nmid a_0$이므로 $p$

는 $b_0$, $c_0$ 중 하나만 나누게 된다. 편의상 $p\mid b_0$, $p\nmid c_0$라고 하자. 모든 $b_i$가 $p$로 나누어지면 결국 $f(x)$도 $p$의 배수이므로 $p\nmid a_n$에 모순이다. 따라서 $p$로 나누어지지 않는 $b_i$ 중 최초로 나오는 것을 $b_k$라고 하자($1\le k\le m$). 그러면

$$p\mid b_0,\ p\mid b_1,\ \cdots,\ p\mid b_{k-1}$$

이다.

$$a_k=b_kc_0+(b_{k-1}c_1+\ \cdots\ +b_0c_k)$$

에서 $k<n$이므로

$$p\mid a_k,\ p\mid b_{k-1}c_1,\ \cdots,\ p\mid b_0c_k$$

이다. 따라서 $p\mid b_kc_0$가 되어 $p\mid b_k$ 또는 $p\mid c_0$이다. 어떤 경우도 모순이 되므로 결국 $f(x)$는 $\mathbb{Q}[x]$에서 기약이다. □

**예제 11** $2x^5+9x^4+3x^2+15x+12$는 $\mathbb{Z}[x]$에서 기약이다. 즉, 인수분해가 되지 않는다. 왜냐하면 3은 12, 15, 3, 9를 나누나 $3\nmid 2$, $3^2\nmid 12$이기 때문이다.

**예제 12** $a(x)=x^3+2x^2+4x+2$는 $p=2$로 두면 기약이다. $b(x)=x^{17}+6x^{13}-15x^4+3x^2-9x+12$는 $p=3$으로 생각하면 기약이다. 특히 선두계수가 1인 다항식은 어떤 소수 $p$에서도 $p\nmid 1$이므로 나머지 계수만 살펴보면 된다.

Eisenstein의 정리는 어떤 다항식이 기약이 될 충분조건만을 보여주기 때문에 $a(x)=x^4+1$은 $\mathbb{Q}[x]$에서 기약인지 가약인지를 Eisenstein의 정리를 써서 알 수는 없다. 이 경우 조금 기교를 부려서 응용해 보자.

$$x^4+1=f(x)g(x),\ f(x),\ g(x)\in\mathbb{Q}[x]$$

꼴로 표시되었다고 하면 $x$대신 $x+1$을 대입하면 $(x+1)^4+1=f(x+1)g(x+1)$이다. 그런데

$$(x+1)^4+1=x^4+4x^3+6x^2+4x+2$$

이므로 $p=2$로 두면 기약이다. 따라서 $a(x)$는 $\mathbb{Q}[x]$에서 기약이다. 그러나

$$x^4+1=(x^2-\sqrt{2}\,x+1)(x^2+\sqrt{2}\,x+1)$$

로 $\mathbb{R}[x]$에서는 인수분해되므로 $\mathbb{R}$ 상에서는 가약이다.

다음 정리도 다항식의 인수분해에 많이 사용되므로 알고 있으면 편리하다.

**정리 16.26** $h : \mathbb{Z}[x] \to \mathbb{Z}_n[x]$, $h(a_0 + a_1 x + \cdots + a_n x^n) = \overline{a_0} + \overline{a_1} x + \cdots + \overline{a_n} x^n$은 준동형사상이다.

$a_n \neq 0$이지만 $\overline{a_n} \in \mathbb{Z}_n$은 $\overline{0}$가 될 수 있으므로 일반적으로 위의 정리 16.26에서 $\deg(a(x)) \geq \deg h(a(x))$이다.

**정리 16.27** $a(x) \in \mathbb{Z}[x]$의 최고차 계수가 1이고 위의 정리 16.26의 함수 $h$에서 $h(a(x))$가 $\mathbb{Z}_n[x]$에서 기약이면 $a(x)$는 $\mathbb{Q}[x]$에서 기약이다.

**증명**

$$a(x) = f(x)g(x),\ f(x),\ g(x) \in \mathbb{Z}[x]$$

라고 하면

$$h(a(x)) = h(f(x)g(x)) = h(f(x))h(g(x))$$

이고

$$\deg h(f(x)) = \deg f(x),\ \deg h(g(x)) = \deg g(x)$$

이다. 그런데 $h(a(x))$가 기약이므로 $\deg h(f(x)) = 1$이거나 $\deg h(g(x)) = 1$, 즉 $\deg f(x) = 1$이거나 $\deg g(x) = 1$이다. 그러므로 $a(x)$는 $\mathbb{Z}[x]$에서 기약이 되어, Gauss 정리에 의해 $a(x)$는 $\mathbb{Q}[x]$에서 기약이다. □

위의 정리 16.27에서 $a(x)$의 최고차 계수가 1이라는 뜻은

$$\deg a(x) = \deg h(a(x))$$

가 됨을 의미한다. 따라서 최고차 계수가 1이 아니라도 차수만 같아지면 이 정리를 적용할 수 있다. 최고차 계수가 1인 정수계수 다항식은 항상 원시다항식이다.

**예제 13** $a(x) = x^4 + 10x^3 + 7$이라고 하면 $h : \mathbb{Z}[x] \to \mathbb{Z}_5[x]$에서 $h(a(x)) = x^4 + \overline{2}$이고 이 다항식은 $\mathbb{Z}_5[x]$에서 기약임을 쉽게 알 수 있다. 따라서 $x^4 + 10x^3 + 7$은 $\mathbb{Q}[x]$에서 기약이다.

**예제 14** $a(x)=x^3+2x+20$을 $\mathbb{Z}_3[x]$로 보내면 $h(a(x))=x^3+\bar{2}x+\bar{2}$인데 이것은 $\mathbb{Z}_3[x]$에서 기약이므로 따라서 $\mathbb{Q}$에서 기약이다. 그러나 $\mathbb{Z}_2[x]$로 보내면 $h(a(x))=x^3\in\mathbb{Z}_2[x]$는 가약이다. 이 경우는 $a(x)$가 $\mathbb{Q}$에서 가약이라고 하면 안된다. $\mathbb{Z}_n[x]$에서 가약일 경우는 $\mathbb{Q}$에서 가약일 때도 있고 아닐 때도 있으므로 정할 수 없다.

$\mathbb{Q}[x]$의 다항식은 기약인지 가약인지 모를 경우가 많다. 그러나 $\mathbb{R}[x]$와 $\mathbb{C}[x]$의 다항식은 기약인지 가약인지 금방 알 수 있다. 그 이유를 살펴보자. 다음 정리는 유명한 대수의 기본정리인데 1799년 Gauss가 처음으로 증명하였다.

**정리 16.28** (대수의 기본정리(Fundamental Theorem of Algebra)) 복소수 계수를 갖는 상수가 아닌 다항식은 반드시 복소수 근을 가진다.

**따름정리 16.29** $a(x)\in\mathbb{C}[x]$이다. $a(x)$가 $\mathbb{C}[x]$에서 기약일 필요충분조건은 $\deg a(x)=1$이다.

**정리 16.30** $a(x)\in\mathbb{C}[x]$이다. $\deg a(x)=n$이면 $a(x)$는 $n$개의 근(중근도 포함)을 가진다.

$\mathbb{R}\subset\mathbb{C}$이므로 모든 실수계수다항식도 일차식 $k(x-c_1)\cdots(x-c_n)$으로 인수분해된다. 물론 $c_i$는 복소수이다(어떤 것은 실수).

**정리 16.31** $f(x)\in\mathbb{R}[x]$이다. 만일 $a+bi$가 $f(x)$의 근이면 $a-bi$도 $f(x)$의 근이다.

**증명** 편의상 $z=a+bi$, $\bar{z}=a-bi$라고 하자. 임의의 복소수 $z_1, z_2\in\mathbb{C}$에 대해서

$$\overline{z_1+z_2}=\overline{z_1}+\overline{z_2},\quad \overline{z_1z_2}=\overline{z_1}\,\overline{z_2}$$

가 됨을 쉽게 보일 수 있다. 또 $\overline{z_1}=z_1$일 필요충분조건은 $z_1\in\mathbb{R}$이다.

본론으로 들어가서 $f(x)=a_0+a_1x+\cdots+a_nx^n\in\mathbb{R}[x]$ 라고 하면 $f(z)=a_0+a_1z+\cdots+a_nz^n=0$이다. 따라서

$$0=\overline{a_0+a_1z+\cdots+a_nz^n}=\overline{a_0}+\overline{a_1}\,\overline{z}+\cdots+\overline{a_n}\,\overline{z^n}=a_0+a_1\overline{z}+\cdots+a_n\overline{z}^n$$

이므로 결국 $f(\overline{z})=0$이다. □

**따름정리 16.32** 실계수다항식 $f(x)$는 1차 또는 2차의 실계수 인수로 분해된다.

**증명** 만일 $r=a+bi$가 $f(x)$의 근이면 $\overline{r}=a-bi$도 $f(x)$의 근이므로 $f(x)$는 $(x-r)(x-\overline{r})$ 인수를 가진다. 그런데

$$(x-r)(x-\overline{r})=x^2-2ax+(a^2+b^2)\in\mathbb{R}[x]$$

이므로 결국 2차의 실계수인수를 가진다. 물론 처음부터 $r=a$인 실근을 가지면 $x-r\in\mathbb{R}[x]$이다. □

앞에서 $\mathbb{C}[x]$의 다항식이 기약일 경우는 차수가 1차일 경우인데 $\mathbb{R}[x]$의 다항식이 기약일 경우는 조금 복잡하다.

**정리 16.33** $f(x)\in\mathbb{R}[x]$이다. $f(x)$가 $\mathbb{R}[x]$에서 기약일 필요충분조건은 $\deg f(x)=1$이거나 또는 $f(x)=ax^2+bx+c$, $D=b^2-4ac<0$일 때이다.

**증명** 우선 $\deg f(x)=1$이면 당연히 $f(x)$는 기약이다. 또 이차식의 판별식이 음수이면 실근을 가지지 않으므로 실계수로 인수분해되지 않는다. 역으로 $f(x)$가 $\mathbb{R}[x]$에서 기약이라고 하자. 만일 $\deg f(x)\neq 1$이면 $f(x)$는 $z=s+ti\in\mathbb{C}$ 인 근을 가지고 $z\notin\mathbb{R}$ 이다. 또 $\overline{z}=s-ti$도 근이 되고 따라서 $f(x)$는

$$c(x)=(x-z)(x-\overline{z})=x^2-2sx+(s^2+t^2)$$

로 나누어진다. 그런데 $f(x)$, $c(x)\in\mathbb{R}[x]$이므로 나눗셈정리에 의해서

$$f(x)=c(x)h(x),\ h(x)\in\mathbb{R}[x]$$

꼴로 적을 수 있다. 가정에서 $f(x)$는 $\mathbb{R}[x]$에서 기약이므로 $h(x)$는 상수이다. $h(x)=a$로 두면 결국 $f(x)=ax^2+bx+c$로 적을 수 있고 $f(x)$는 실근을 가지지 않으므로 $b^2-4ac<0$이다. □

**정리 16.34** $f(x) \in \mathbb{R}[x]$, $\deg f(x)$가 홀수면 $f(x)$는 실근을 가진다.

**증 명** $f(x)$를 $\mathbb{R}[x]$에서 기약다항식 $p_1(x)p_2(x) \cdots p_k(x)$의 곱으로 나타내면 $p_i(x)$의 차수는 1 또는 2이다.

$$\deg f(x) = \deg p_1(x) + \deg p_2(x) + \cdots + \deg p_k(x)$$

는 홀수이므로 $p_i(x)$ 중 적어도 한 개는 차수가 1이다. 따라서 $p_i(x) = ax + b \in \mathbb{R}[x]$는 실근 $-\dfrac{b}{a}$를 가진다. □

## 16 | 연습문제 EXERCISE

1. (1) $n$이 홀수면 $x^n+1$은 $x+1$의 배수임을 보여라.
   (2) $\mathbb{Z}_3[x]$에서 $x+\overline{2}$는 $x^m+\overline{2}$의 약수임을 보여라.
   (3) $\mathbb{Z}_n[x]$에서 $x+\overline{n-1}$는 $x^m+\overline{n-1}$의 약수임을 보여라.

2. 임의의 정수 $m$에 대해서 $3x^2+4x+m$은 $6x^4+50$의 약수가 아님을 보여라.

3. $\mathbb{Z}_9[x]$에서 $x^2$을 인수분해하라.

4. $J=\{\,a(x)\in R[x]\,|\,a(x)$의 모든 계수의 합$=0\}$은 $R[x]$의 아이디얼이 됨을 보여라.

5. $R=\left\{\begin{pmatrix} a & b \\ c & d \end{pmatrix} \,\middle|\, a,\ b,\ c,\ d\in\mathbb{Z}\right\}$는 보통의 행렬의 합과 곱에 의해서 환이다.
   (1) $R[x]$상에서의 두 다항식 $x+a$, $x-a$에서 $(x+a)(x-a)=x^2-a^2$임을 보여라.
   (2) $(a+b)(a-b)\neq a^2-b^2$인 $R$의 두 원소 $a$, $b$를 찾아라.

6. $R$은 1을 가진 환이다. $f(x)=a_0+a_1x+\ \cdots\ +a_nx^n$이 $R[x]$의 영인자이면 $a_0b=a_1b=\ \cdots\ =a_nb=0$이 되는 $b\neq 0$가 $R$에 존재함을 보여라.

7. $F$는 체이다.
   (1) $\langle x\rangle$는 $F[x]$의 극대아이디얼임을 보여라.
   (2) $\langle x\rangle$ 아닌 $F[x]$의 또 다른 극대아이디얼을 구하여라.

8. $m$, $n$은 정수이다. $m>0$이면 $m=qn+r$, $|r|\leq\dfrac{n}{2}$이 되는 정수 $q$, $r$을 찾아라.

9. $D$는 정역이다. $D[x]$의 단원은 어떤 모양인가?

10. $R$은 1을 가진 가환환, $f=a_0+a_1x+\ \cdots\ +a_nx^n\in R[x]$이다. 다음을 증명하여라.
   (1) $f$가 단원일 필요충분조건은 $a_0$는 단원, $a_i(1\leq i\leq n)$은 멱영원이다.

(2) $f$가 멱영원일 필요충분조건은 $a_0$, $\cdots$, $a_n$가 멱영원이다.

11. $F$는 체이고 $b_1$, $\cdots$, $b_{n+1}$은 $n+1$개의 $F$의 서로 다른 원소이고 $c_1$, $\cdots$, $c_{n+1}$은 $F$의 원소(반드시 서로 다를 필요 없다)이다.
(1) $\deg f(x) \leq n$이고, $f(b_i) = c_i(1 \leq i \leq n+1)$인 다항식 $f(x) \in F[x]$를 찾아라.
(2) (1)을 만족시키는 다항식 $f(x)$는 유일함을 보여라.
(특히 이 정리를 Lagrange의 interpolation 정리라고 한다.)

12. $F$는 체이다. $F[x]/\langle x \rangle \cong F$임을 보여라.

13. $F$는 체이다. $F[x, y] = (F[x])[y]$의 아이디얼 중 주아이디얼이 아닌 것을 찾아라.

14. $F$는 유한체이다.
(1) $F[x]$의 표수는 소수 $p$임을 보여라.
(2) $|F| = p^n$($n$은 정수)임을 보여라.
(3) 모든 $a \in F$에 대해서 $a^{p^n} = a$임을 보여라.

15. $f(x) \in \mathbb{R}[x]$이고 $z = a + bi \in \mathbb{C}$는 $f(x)$의 근이다. $\bar{z} = a - bi$도 $f(x)$의 근이 됨을 보여라.

16. 임의의 다항식 $f(x) \in \mathbb{C}[x]$는 $f(x) = (x - z_1)(x - z_2)(x - z_3) \cdots (x - z_n)$의 꼴로 $\mathbb{C}[x]$에서 인수분해된다. 모든 $f(x) \in \mathbb{R}[x]$는 $\mathbb{R}[x]$에서 차수가 1 또는 2인 다항식의 곱으로 인수분해됨을 보여라.

17. $R$은 멱영원이 없는 가환환이다. $f(x) = a_0 + a_1x + \cdots + a_nx^n \in R[x]$이 영인자이면 $ba_0 = ba_1 = \cdots = ba_n = 0$인 $b \neq 0$가 $R$에 존재함을 보여라.

18. $p$는 소수이다. $x^n - p$는 유리수상에서 기약임을 보여라.

19. $1 + x + x^2 + \cdots + x^{p-1}$($p$는 소수)는 유리수상에서 기약임을 보여라. (**힌트** 다항식 $1 + (x+1) + \cdots + (x+1)^{p-1}$을 이용)

20. $f(x)=ax^2+bx+c\in\mathbb{R}[x]$, $(a\neq 0)$이다. $f(x)$는 $\mathbb{R}[x]$에서 기약일 필요충분조건은 $D=b^2-4ac<0$임을 보여라.

21. $a\in\mathbb{Z}$, $a>0$일 때 $x^4+a$가 $\mathbb{Q}$ 상에서 가약일 필요충분조건은 $a=4b^4$인 정수 $b$가 존재함을 보여라.

22. $p$는 소수이다. $x^p+\overline{a}\in\mathbb{Z}_p[x]$는 가약임을 보여라.

23. $f(x)\in\mathbb{Z}_p[x]$, $p$는 소수, $\deg f(x)=n$, $f(x)$는 기약이면 $|\mathbb{Z}_p[x]/\langle f(x)\rangle|=p^n$임을 보여라.

24. $a_0+a_1x+\cdots+a_nx^n\in F[x]$가 기약일 필요충분조건은 $a_n+a_{n-1}x+\cdots+a_0x^n\in F[x]$가 기약임을 보여라. (단 $a_0\neq 0$, $a_n\neq 0$)

25. $R$이 PID이면 모든 0이 아닌 소아이디얼은 극대아이디얼이 됨을 보여라.

26. $D$는 정역이다. $f(x)\in D[x]$가 단원이면 $f(x)$는 $D$의 단원임을 보여라.

27. $p$는 소수이다. $x^p-x\in\mathbb{Z}_p[x]$는 $p$개의 근을 가짐을 보여라.

28. $\phi_3:\mathbb{Z}_5[x]\to\mathbb{Z}_5$는 대입함수이다. Fermat의 정리를 사용하여 $\phi_3(x^{231}+\overline{3}x^{117}-\overline{2}x^{53}+\overline{1})$을 구하여라.

29. $\overline{2}x^{219}+\overline{3}x^{74}+\overline{2}x^{57}+\overline{3x}^{44}\in\mathbb{Z}_5[x]$의 근을 $\mathbb{Z}_5$에서 구하여라.

30. $p$는 소수이다. $x^p-c\in F[x]$가 기약일 필요충분조건은 $x^p-c$가 $F$내에서 근을 가지지 않는 것임을 보여라.

# CHAPTER 17 확대체
## Extension Fields

군에서는 주로 부분군을 많이 공부했으나 체에서는 확대체를 많이 다룬다. 체 $F$의 원소를 계수로 가지는 다항식이 $F$ 안에서 근이 없을 경우 근이 존재하는 $F$를 확대한 체 $K$를 만들어 나간다.

**정의 17.1** $F$, $K$는 체이다. $K \subset F$일 때 $K$를 $F$의 **부분체**(subfield)라고 한다. 또 $F$를 $K$의 **확대체**(extension field)라고 하고 $F \leq K$로 표시한다.

어떤 체 $F$에서는 $a(x) \in F[x]$가 $F$ 내에서 근을 한 개도 안가질 수도 있고 또 어떤 체 $K$에서는 $a(x) \in K[x]$가 $\deg a(x)$ 만큼의 근을 $K$ 내에서 가질 수도 있다. 이것은 다항식 $a(x)$와 체 $F$의 성질에 따라서 결정된다.

**정리 17.1** $F$는 체, $p(x) \in F[x]$, $p(x)$는 $F[x]$에서 기약이다. $\langle p(x) \rangle = J$라고 두면

$$E = F[x]/J$$

는 $F$의 확대체이다.

**증명** $p(x) \in F[x]$는 $F[x]$에서 기약이므로 앞 정리 16.12에서 $E = F[x]/J$는 체가 됨을 알 수 있다. $E$가 $F$를 포함함을 보이기 위해서 다음과 같은 함수 $h$를 정의하자.

$$h : F \to E,\ h(a) = \overline{a} \quad (= a + J)$$

$h$는 단사인 환준동형사상이 되므로 $F$는 $E$에 매입되므로 $E$는 $F$의 확대체로 볼 수 있다. □

실제로 위의 함수 $h$는 다항식환 $F[x]$에서 상환 $F[x]/J$로의 전형적 전사

$$\pi : F[x] \to F[x]/J,\ \pi(f(x)) = \overline{f(x)}\ (= f(x) + J)$$

를 $F$로 축약한 $\pi|_F$이다.

**정리 17.2** (확대체의 기본정리) $F$는 체이다. $a(x) \in F[x]$가 상수가 아닌 다항식이면 $a(x)$의 근을 포함하는 $F$의 확대체가 존재한다. 다시 말해서 $u$는 $a(x)$의 근, $u \in E$인 $F$의 확대체 $E$가 존재한다.

**증명** $a(x)$는 $F[x]$에서 기약인 다항식의 곱으로 표시할 수 있다. $p(x)$를 $a(x)$의 기약인 한 인수라 하고

$$E = F[x]/\langle p(x) \rangle$$

라고 하면 위의 정리 23.1에서 $E$는 $F$의 확대체이다.

$$p(x) = a_0 + a_1 x + \cdots + a_n x^n \in F[x]$$

라 하자. 전형적전사

$$\pi : F[x] \to F[x]/\langle p(x) \rangle,\ \pi(f(x)) = f(x) + \langle p(x) \rangle$$

의 $x \in F[x]$의 상

$$\pi(x) = \overline{x} = x + \langle p(x) \rangle \in E$$

가 $p(x)$의 근이 됨을 보이자. $\pi(p(x)) \in F[x]/\langle p(x) \rangle$는

$$\pi(p(x)) = \overline{p(x)} = p(x) + \langle p(x) \rangle = \overline{0}$$

이고 $\pi$는 환준동형사상이므로

$$\overline{0} = \overline{p(x)} = \overline{a_0} + \overline{a_1}\,\overline{x} + \overline{a_2}\,\overline{x}^2 \cdots + \overline{a_n}\,\overline{x}^n$$

인데 우리는 $F$는 $E$에 매입되므로 $a \in F$는 $\overline{a} \in E$와 동일하게 생각하면 $\overline{a_i}$와 $a_i$는 같은 것으로 취급한다. 따라서 $\overline{x} = u$라 두면

$$\begin{aligned}\phi_u(p(x)) &= a_0 + a_1 u + a_2 u^2 + \cdots + a_n u^n \\ &= a_0 + a_1 \bar{x} + a_2 \bar{x}^2 \cdots + a_n \bar{x}^n \\ &= \bar{0}\end{aligned}$$

이므로 $u$는 $p(x)$의 근이 됨을 알 수 있다. $p(x)$는 $a(x)$의 인수이므로 따라서 $u$는 $a(x)$의 근이 된다. □

위의 정리를 계속 반복하면 $a(x)$의 모든 근을 포함하는 체를 만들 수 있다.

**정리 17.3** $a(x) \in F[x]$, $\deg a(x) = n$이면 $a(x)$의 모든 근을 포함하는 $F$의 확대체 $E$가 존재한다. 따라서 $E$에서는 $a(x)$는 일차식 $c(x-u_1)(x-u_2)\cdots(x-u_n)$, $u_i \in E$으로 인수분해된다.

**예제 1** $p(x) = x^2 + 1 \in \mathbb{R}[x]$라고 하면 $\mathbb{R}$에서 $p(x)$는 근을 가지지 않는다. 따라서 $p(x)$는 $\mathbb{R}$에서 기약이다.

$$\langle x^2 + 1 \rangle = J, \ \ \mathbb{R}[x]/J = \mathbb{C}$$

라고 하면 정리 17.1에 의해 $\mathbb{C}$는 $\mathbb{R}$을 포함하는 체이고 위의 정리 17.2에서 $i = \bar{x} = x + J \in \mathbb{C}$는 $p(x)$의 근이다. 따라서

$$i^2 + 1 = \bar{x}^2 + 1 = \overline{x^2 + 1} = (x^2 + 1) + J = \bar{0}$$

이다. 임의의 $\mathbb{C}$의 원소는

$$\overline{f(x)} = f(x) + J, \ \ f(x) \in \mathbb{R}[x]$$

꼴로 표시된다. $\mathbb{R}[x]$에서 나눗셈 정리에 의해서

$$f(x) = (x^2 + 1)q(x) + (ax + b), \ \ q(x), \ ax + b \in \mathbb{R}[x]$$

로 나타낼 수 있다. 따라서 $\mathbb{C}$에서

$$\begin{aligned}\overline{f(x)} &= \overline{(x^2+1)q(x) + ax + b} \\ &= \overline{(x^2+1)}\,\overline{q(x)} + \overline{ax+b}\end{aligned}$$

이다. 그런데

$$\overline{x^2+1}=\overline{0}$$

이므로

$$\overline{f(x)}=a\overline{x}+b=ai+b$$

이다. 따라서

$$\mathbb{C}=\{ai+b \mid a,\ b\in\mathbb{R},\ i^2+1=0\}$$

로 쓸 수 있다. 복소수는 이와 같이 만들어졌다.

**예제 2** $a(x)=x^4-x^3-x+\overline{1}\in\mathbb{Z}_5[x]$라 하면 우선 $a(\overline{1})=\overline{0}$이므로

$$a(x)=(x-\overline{1})(x^3-\overline{1})=(x-\overline{1})(x-\overline{1})(x^2+x+\overline{1})$$

로 분해된다. 그런데 $x^2+x+\overline{1}$는 $\mathbb{Z}_5$에서 근이 없으므로 기약이다.

$$K=\mathbb{Z}_5[x]/\langle x^2+x+\overline{1}\rangle$$

라고 하면 $K$는 $\mathbb{Z}_5$의 확대체이고 $u=\overline{x}\in K$는 $x^2+x+\overline{1}$의 근이 된다. 따라서 $K$에서 $x^2+x+\overline{1}$는 $x-u$로 나누어진다. 실제로 $x^2+x+\overline{1}$를 $x-u$로 나누면 몫은 $x+u+\overline{1}$, 나머지는 $u^2+u+\overline{1}$가 된다. 즉

$$x^2+x+\overline{1}=(x-u)(x+u+\overline{1})+u^2+u+\overline{1}$$

인데 당연히 $u^2+u+\overline{1}=\overline{0}$이다. $K$의 임의의 원소는

$$\overline{f(x)}=f(x)+\langle x^2+x+\overline{1}\rangle,\ f(x)\in\mathbb{Z}_5[x]$$

꼴이다. 나눗셈 정리에서

$$f(x)=(x^2+x+\overline{1})q(x)+(ax+b),\ q(x),\ ax+b\in\mathbb{Z}_5[x]$$

로 쓸 수 있다. 따라서 $K$에서

$$\begin{aligned}\overline{f(x)}&=\overline{(x^2+x+\overline{1})}\,\overline{g(x)}+\overline{ax+b}\\&=(u^2+u+\overline{1})\,\overline{g(x)}+au+b\\&=au+b\end{aligned}$$

이므로 결국

$$K=\{au+b \mid a,\ b\in\mathbb{Z}_5,\ u^2+u+\overline{1}=\overline{0}\}$$

로 쓸 수 있다. 그런데 $a, b \in \mathbb{Z}_5$이므로 결국 $K$의 원소의 개수는 $5^2$개가 됨을 알 수 있다.

$E$는 $F$의 확대체이고 $u \in E$라고 하자. 집합

$$S = \{ K \mid K\text{는 } u\text{와 } F\text{를 포함하는 체} \}$$

는 $E$를 원소로 가지므로 $\varnothing$가 아니다. 따라서

$$F(u) = \cap \{ K \mid K\text{는 } u\text{와 } F\text{를 포함하는 체} \}$$

라고 하면 $F \subset F(u) \subset E$이고 $F(u)$는 $F$와 $u$를 포함하는 가장 작은 체가 된다. 이 체는 많이 나오므로 정의를 하자.

**정리 17.4** $E$는 $F$의 확대체, $u \in E$이다. $F$와 $u$를 포함하는 최소의 체를 $F(u)$라 적고 $F$의 **단순확대체**(simple extension)라고 부른다.

정의에서 $F(u)$는 $F$와 $u$를 포함하는 모든 체에 포함된다. 그런데 $F(u)$의 구체적인 모양은 알 수가 없다. 그러나 실제로 이 $F(u)$의 모양은 $u$가 $F[x]$의 어떤 다항식의 근이 되느냐 아니냐에 따라서 결정된다.

**정리 17.5** $E$는 $F$의 확대체이다. $u \in E$가 $F[x]$의 $0$이 아닌 어떤 다항식의 근이 될 때 $u$를 $F$**상에서 대수적**(algebraic over $F$)이라고 부른다. 또 $u$가 $F[x]$의 어떠한 다항식의 근도 되지 않을 때 $F$**상에서 초월적**(transcendental over $F$)이라고 한다.

**예제 3** 체 $F$에서 $F$의 임의의 원소 $u$는 $a(x) = x - u \in F[x]$이고 $a(u) = 0$이므로 $F$ 상에서 대수적이다.

**예제 4** $2^{\sqrt{5}} \in \mathbb{R}$은 유리수를 계수로 하는 어떠한 다항식의 근도 될 수 없다. 따라서 $2^{\sqrt{5}}$는 $\mathbb{Q}$ 상에서 초월적이다. 그러나 당연히 $\mathbb{R}$ 상에서는 대수적이다.

**예제 5** $\pi, e \in \mathbb{R}$ 은 계수가 유리수인 다항식의 근이 될 수 없다. 따라서 $\mathbb{Q}$ 상에서 초월적이다. 이 증명은 조금 어려운데 Herstein([12], p. 216)을 참고하기 바란다. 실제로 $\pi$, $e$가 무리수란 사실도 증명하기가 쉽지 않다. 그래도 $e$가 무리수임은 쉽게 증명되지만 $\pi$가 무리수가 된다는 사실은 매우 어려워서 19세기(1882년 F. Lindemann)에 와서야 겨우 증명할 수 있었다.

실수 중에서 $\mathbb{Q}$ 상에서 대수적인 수를 간단히 **대수적수**(algebraic number)라고 부른다. 당연히 모든 유리수는 대수적이다. 또 무리수 중에서도 $\sqrt{2}$ 같은 것은 $x^2 - 2 \in \mathbb{Q}[x]$의 근이므로 대수적이다. 따라서 대수적수는 유리수 전부와 무리수의 일부를 포함한다.

**예제 6** $u = \sqrt[3]{1+\sqrt{2}} \in \mathbb{R}$ 은 대수적 수이다. 그 이유는 $x = \sqrt[3]{1+\sqrt{2}}$ 라 두면

$$x^3 = 1 + \sqrt{2}\,,\ (x^3 - 1)^2 = 2$$

로부터 $x^6 - 2x^3 - 1 = 0$이므로 $u$는 $x^6 - 2x^3 - 1 \in \mathbb{Q}[x]$의 근이다.

**정리 17.6** $E$는 $F$의 확대체, $u \in E$이다.
(1) $u$가 $F$상에서 대수적일 필요충분조건은 $\mathrm{Ker}\ \phi_u \neq 0$이다.
(2) $u$가 $F$상에서 초월적일 필요충분조건은 $\mathrm{Ker}\ \phi_u = 0$이다.

**따름정리 17.7** $E$는 $F$의 확대체, $u \in E$이다. $u$가 $F$상에서 초월적일 필요충분조건은 대입함수 $\phi_u : F[x] \to E$가 단사일 때이다.

**정리 17.8** $E$는 $F$의 확대체이다. $u \in E$가 $F$상에서 대수적이면 다음의 세 가지 성질을 만족하는 다항식 $p(x) \in F[x]$가 단 한 개 존재한다.
(1) $u$는 $p(x)$ 근이다.
(2) 만일 $u$가 $f(x) \in F[x]$의 근이면 $p(x)$는 $f(x)$를 나눈다.
(3) $p(x)$는 선두계수가 1이고 $F[x]$에서 기약이다.

**증명** 앞 정리 17.6에서 $\mathrm{Ker}\ \phi_u \neq 0$이다. $\mathrm{Ker}\ \phi_u$는 $F[x]$의 아이디얼이므로 정리 16.2에 의해서

$$\text{Ker}\ \phi_u = \langle p(x) \rangle,\ p(x) \in F[x],\ p(x) \neq 0$$

로 둘 수 있다. 만일 $p(x)$의 선두계수 $c$가 1이 아니면 $c^{-1}p(x)$의 선두계수는 1이고

$$\text{Ker}\ \phi_u = \langle p(x) \rangle = \langle c^{-1}p(x) \rangle$$

이므로 우리는 아예 $p(x)$의 선두계수가 1이라고 가정해도 상관없다.

(1) $p(x) \in \text{Ker}\ \phi_u$이므로 $p(u) = 0$이다.

(2) 만일 $f(u) = 0$이면 $f(x) \in \text{Ker}\ \phi_u$이므로 $f(x) \in \langle p(x) \rangle$이고 따라서 $p(x) \mid f(x)$이다.

(3) 만일 $p(x) = a(x)b(x)$, $a(x), b(x) \in F[x]$라면 $0 = p(u) = a(u)b(u) \in E$로부터 $a(u) = 0$ 또는 $b(u) = 0$이다. 따라서 (2)에서 $p(x) \mid a(x)$ 또는 $p(x) \mid b(x)$이다. 따라서 $\deg b(x) = 0$이거나 $\deg a(x) = 0$, 즉 $p(x)$는 $F[x]$에서 기약이다.

마지막으로 $p(x)$는 유일함을 보이자. 만일 위의 성질을 만족시키는 다른 $h(x) \in F[x]$가 존재한다면 (2)에 의해서

$$p(x) \mid h(x),\ h(x) \mid p(x)$$

이므로 $p(x)$, $h(x)$는 동반원소이다. $p(x) = th(x)$, $t \in F$ 꼴로 적을 수 있다. 그런데 양쪽의 선두계수를 비교하면 결국 $t = 1$이 되어 $p(x) = h(x)$가 된다. □

위의 정리 17.8을 만족시키는 다항식 $p(x) \in F[x]$는 자주 나오고 또 중요하므로 이름이 붙어있다.

**정의 17.2** 위의 정리 17.8의 $p(x) \in F[x]$를 $F$상에서 $u$의 **극소다항식**(minimal polynomial of $u$ over $F$)이라고 부른다.

$F$상에서 $u$의 극소다항식을 $\min_F u$, $\text{irr}(u, F)$ 또는 $\text{irr}_F u$ 등으로 표시한다.

$p(x)$가 $F$상에서 $u$의 극소다항식이 될 필요충분조건은 선두계수가 1이고 $p(u) = 0$이 되는 $F$상에서 차수가 가장 낮은 기약다항식이다.

**예제 7** $u = \sqrt{3} + \sqrt{5} \in \mathbb{R}$의 $\mathbb{Q}$상에서 극소다항식은 $u$가 근이고 계수가 유리수가 되도록 제곱을 반복하면 된다. 우선

$$u^2 = 8 + 2\sqrt{15}$$

이고 다시 $\sqrt{15} \notin \mathbb{Q}$ 이므로

$$u^2 - 8 = 2\sqrt{15}$$

에서 $(u^2-8)^2 = 60$. 따라서

$$u^4 - 16u^2 + 4 = 0$$

이 되므로 $p(x) = x^4 - 16x^2 + 4 \in \mathbb{Q}[x]$는 $u$의 $\mathbb{Q}$ 상에서 극소다항식이다. $p(x)$는 $\mathbb{Q}[x]$에서 기약이다.

**예제 8** $\mathbb{Q}$ 상에서 $\frac{1}{2}\sqrt[3]{1+\sqrt{2}} \in \mathbb{R}$ 의 극소다항식은 $\frac{1}{2}\sqrt[3]{1+\sqrt{2}} = x$라 두면

$$1+\sqrt{2} = 8x^3, \ (8x^3-1)^2 = 2$$

로부터 $64x^6 - 16x^3 - 1 = 0$. 따라서

$$x^6 - \frac{1}{4}x^3 - \frac{1}{64} \in \mathbb{Q}[x]$$

는 $\mathbb{Q}$ 상에서 $\frac{1}{2}\sqrt[3]{1+\sqrt{2}}$ 의 극소다항식이다.

**정리 17.9** $E$는 $F$의 확대체, $u \in E$이다.

(1) $u$가 $F$상에서 대수적이면

$$F(u) = \mathrm{Im}\ \phi_u = \{a(u) \mid a(x) \in F[x]\}$$

이다.

(2) $u$가 $F$상에서 초월적이면

$$F(u) = \left\{ \frac{a(u)}{b(u)} \;\middle|\; a(x),\ b(x) \in F[x],\ b(u) \neq 0 \right\}$$

이다.

**증명** (1) 대입함수 $\phi_u : F[x] \to E$에서 $\mathrm{Ker}\ \phi_u = \langle p(x) \rangle$, $p(x)$는 $u$의 $F$ 상에서의 극소다항식이고 준동형사상의 기본정리에서

$$F[x]/\langle p(x) \rangle \cong \mathrm{Im}\ \phi_u \subset E$$

이다. $p(x)$는 $F$상에서 기약이므로 $\langle p(x) \rangle$는 $F[x]$의 극대아이디얼이고 따라서

$F[x]/\langle p(x)\rangle$는 체가 되어 $\text{Im}\ \phi_u$는 체이다. 즉 $E$는 $\text{Im}\ \phi_u$의 확대체이다. 단순확대체의 정의에서 $F(u) \subset \text{Im}\ \phi_u$. 따라서 $F(u) = \text{Im}\ \phi_u$이다.

(2) $u$가 $F$상에서 초월적이면 $\phi_u : F[x] \to E$는 단사준동형사상이다. 그런데 $\phi_u(F[x]) = \text{Im}\ \phi_u$는 체가 되지 못하므로 $\text{Im}\ \phi_u$의 분수체 $K$를 만들면 $K$는 $\text{Im}\ \phi_u$를 포함하는 최소의 체이다. 분수체의 정의에서 $K \subset F(u)$이다. 또

$$F \subset \text{Im}\ \phi_u \subset K,\ u \in \text{Im}\ \phi_u \subset K$$

이므로 $F(u) \subset K$이다. 따라서 $K = F(u)$가 된다. □

**따름정리 17.10** $E$, $K$는 $F$의 확대체이고, $u \in E$, $v \in K$이다. 만일 $u$, $v$의 $F$상에서의 극소다항식이 같으면 $F(u) \cong F(v)$이다.

**증명** $p(x)$를 $u$, $v$의 $F$상에서의 극소다항식이라고 하면

$$F(u) = \text{Im}\ \phi_u \cong F[x]/\langle p(x)\rangle \cong \text{Im}\ \phi_v = F(v)$$

이다. □

**예제 9** $\mathbb{Q}(\sqrt{3}) \cong \mathbb{Q}(-\sqrt{3})$이다. 그러나 $\mathbb{Q}(\sqrt{3}) \ncong \mathbb{Q}(\sqrt{2})$이다.

$u \in E$가 $F$상에서 대수적이면 $F(u)$의 원소는 $F[x]$의 모든 다항식에 $x$ 대신 $u$를 대입한 것이므로 모양은 알 수 있으나 원소는 무한히 많다. 그러나 실제로 임의의 $f(x) \in F[x]$에 대해서 $u$의 극소다항식 $p(x)$로 나누면

$$f(x) = p(x)q(x) + r(x),\ \deg r(x) < \deg p(x)$$

로 적을 수 있으므로 $f(u) = r(u)$로 표시된다. 따라서 $u$의 극소다항식의 차수를 $n$이라고 하면

$$\begin{aligned} F(u) &= \{f(u) \mid f(x) \in F[x]\} \\ &= \{r(u) \mid r(x) \in F[x],\ \deg r(x) < n\} \\ &= \{a_0 + a_1 u + \cdots + a_{n-1}u^{n-1} \mid a_i \in F\} \end{aligned}$$

로 표시할 수 있다. 이 부분에 대해서는 뒤에 벡터공간을 이용해서 좀 더 자세히 공부하도록 하자.

**예제 10** $\sqrt{3} \in \mathbb{R}$ 은 $\mathbb{Q}$ 상에서 대수적이고 $\sqrt{3}$ 의 $\mathbb{Q}$ 상에서 극소다항식은 $x^2-3$이다. 따라서 단순확대체 $\mathbb{Q}(\sqrt{3})$은

$$\mathbb{Q}(\sqrt{3}) = \{a+b\sqrt{3} \mid a,\ b \in \mathbb{Q}\}$$

**예제 11** $\sqrt[3]{2} \in \mathbb{R}$ 에 대해서도 단순확대체 $\mathbb{Q}(\sqrt[3]{2})$는

$$\mathbb{Q}(\sqrt[3]{2}) = \{a+b\sqrt[3]{2}+c(\sqrt[3]{2})^2 \mid a,\ b,\ c \in \mathbb{Q}\}$$

이다.

**예제 12** $i \in \mathbb{C}$ 의 $\mathbb{R}$ 상에서 극소다항식은 $x^2+1$이다. 따라서

$$\mathbb{R}(i) = \{a+bi \mid a,\ b \in \mathbb{R}\}$$

이다.

**예제 13** $a(x) = x^2+x+\bar{2} \in \mathbb{Z}_3[x]$는 $a(\bar{0}) = \bar{2}$, $a(\bar{1}) = \bar{1}$, $a(\bar{2}) = \bar{2}$이므로 $\mathbb{Z}_3$상에서 기약이다. 확대체의 기본정리에 의해서 $a(x)$의 근을 포함하는 $\mathbb{Z}_3$의 확대체 $E$가 존재한다. $u \in E$를 $a(x)$의 근이라고 하면 $u$는 $\mathbb{Z}_3$상에서 대수적이고 $a(x)$는 $u$의 $\mathbb{Z}_3$상에서 극소다항식이다. 따라서

$$\mathbb{Z}_3(u) = \{a+bu \mid a,\ b \in \mathbb{Z}_3\}$$

이므로 $\mathbb{Z}_3(u)$는 위수가 9인 체이다. $\mathbb{Z}_3(u)$의 원소의 연산은 연산한 후 2차 이상의 항은 $u^2+u+\bar{2} = \bar{0}$를 대입하면 된다. 예를 들어

$$(\bar{2}+\bar{2}u)+(\bar{1}+\bar{2}u) = \bar{3}+\bar{4}u = u$$
$$(\bar{2}+\bar{2}u)(\bar{1}+\bar{2}u) = \bar{2}+\bar{6}u+\bar{4}u^2 = \bar{2}+u^2 = -u = \bar{2}u$$

이다.

**예제 14** $a(x) = x^3+x+\bar{1} \in \mathbb{Z}_2[x]$는 $\mathbb{Z}_2$상에서 기약이다. $\mathbb{Z}_2$의 확대체 $E$에서 $a(x)$의 근을 $u$라고 하면

$$\mathbb{Z}_2(u) = \{a+bu+cu^2 \mid a,\ b,\ c \in \mathbb{Z}_2\}$$

이므로 $\mathbb{Z}_2(u)$는 위수가 $2^3=8$인 체이다. $\overline{1}+u^2$의 곱의 역원을 구해보면 $x^3+x+\overline{1}\in\mathbb{Z}_2[x]$는 기약이므로 $\overline{1}+x^2\in\mathbb{Z}_2[x]$와 서로 소이다. 따라서

$$(x^3+x+\overline{1})g(x)+(\overline{1}+x^2)h(x)=\overline{1}$$

인 $g(x),\ h(x)\in\mathbb{Z}_2[x]$가 존재한다. 따라서

$$(u^3+u+\overline{1})g(u)+(\overline{1}+u^2)h(u)=\overline{1}$$

에서 $h(u)$가 $\overline{1}+u^2$의 역원이 된다. 구체적으로 $h(u)=a+bu+cu^2$이라 두고 구해보면

$$\begin{aligned}(\overline{1}+u^2)(a+bu+cu^2)&=a+bu+(c+a)u^2+bu^3+cu^4\\&=a+bu+(c+a)u^2+b(-u-\overline{1})+c(-u^2-u)\\&=(a-b)+(b-b-c)u+(c+a-c)u^2\end{aligned}$$

에서 $a-b=\overline{1},\ -c=\overline{0},\ a=\overline{0}$이므로 $u$가 $\overline{1}+u^2$의 역원이다.

**예제 15** $a(x)=x^3-3x-1\in\mathbb{Q}[x]$는 기약이다. $a(x)$의 한 근을 $u\in\mathbb{C}$ 라고 하면 $u$는 $\mathbb{Q}$ 상에서 대수적이고 $u$의 $\mathbb{Q}$ 상에서의 기약다항식은 $a(x)$이다. $u^4+2u^3+3\in\mathbb{Q}(u)$의 역원을 구해보자.

$$x^4+2x^3+3=(x^3-3x-1)(x+2)+(3x^2+7x+5)$$

이므로

$$u^4+2u^3+3=3u^2+7u+5$$

이다. $x^3-3x-1$은 기약이므로

$$(x^3-3x-1)g(x)+(3x^2+7x+5)h(x)=1$$

인 $g(x),\ h(x)\in\mathbb{Q}[x]$가 존재한다. 여기서 $h(u)$가 $u^4+2u^3+3$의 역원이 됨을 알 수 있다. 실제로 $h(u)=\dfrac{7}{111}u^2-\dfrac{26}{111}u+\dfrac{28}{111}$이다. 각자 구해보기 바란다.

위의 여러 예와 정리에서 알 수 있듯이 $u\in E$가 $F$상에서 대수적이면 $F(u)$는 $u$의 극소다항식과 $F$에 의해서 결정됨을 알 수 있다. $E$는 별 상관이 없다.

## 17 | 연습문제 EXERCISE

1. $c$가 $F$상에서 대수적이면 $c+1$, $kc$도 $F$상에서 대수적임을 보여라(단, $k \in F$).

2. $cd$가 $F$상에서 대수적이면 $c$는 $F(d)$상에서 대수적임을 보여라.

3. $u=\sqrt{2}+i$의 극소다항식은
   (1) $\mathbb{R}$ 상에서는 $x^2-2\sqrt{2}\,x+3$
   (2) $\mathbb{Q}$ 상에서는 $x^4-2x^2+9$
   (3) $\mathbb{Q}(i)$상에서는 $x^2-2ix-3$
   임을 보여라.

4. $\sqrt{3}+i$의 다음 체상에서의 극소다항식을 구하여라.
   (1) $\mathbb{R}$
   (2) $\mathbb{Q}$
   (3) $\mathbb{Q}(i)$
   (4) $\mathbb{Q}(\sqrt{3})$

5. 다음 다항식이 $\mathbb{Q}$ 상에서 $u$의 극소다항식이 되도록 $u$를 정하여라.
   (1) $x^2+2x-7$
   (2) $x^4+2x^2-1$
   (3) $x^4-10x^2+1$

6. $E$는 $F$의 확대체, $u \in E$, $a \neq 0 \in F$이다. 다음을 증명하여라.
   (1) $F(u)=F(u+a)$, $F(u)=F(au)$
   (2) $F(u^2) \subset F(u)$, $F(u+v) \subset F(u,\ v)$
   (3) $u+a$가 $p(x)$의 근이면 $u$는 $p(x+a)$의 근이고 역도 성립한다.
   (4) $au$가 $p(x)$의 근이면 $u$는 $p(ax)$의 근이고 역도 성립한다.
   (5) $p(x)$는 $F$상에서 기약이고 $u$가 $p(x+a)$의 근이면 $F[x]/\langle p(x+a)\rangle \cong F(u)$, $F[x]/\langle p(x)\rangle \cong F(a+u)$이다.

7. Char $F \neq 2$, $E$는 유한체 $F$의 확대체이고 $a,\ b \in F$이다. $p(x)=x^2-a$, $q(x)=x^2-b$는 $F$상에서 기약이다.
   (1) $H=\{x^2 \mid x \in F^*\}$이면 $|H|=\dfrac{1}{2}|F^*|$임을 보여라.

(2) $ab^{-1}=c^2$인 $c\in F$가 존재함을 보여라.

(3) $q(x)$의 근 $\sqrt{b}\in E$는 $p(cx)$의 근이 됨을 보여라.

8. $p$는 소수이다. $\mathbb{Z}_p[x]/\langle x^2+\overline{1}\rangle$가 체가 될 필요충분조건은 $x^2+\overline{1}\in\mathbb{Z}_p[x]$가 $\mathbb{Z}_p$에서 근을 가지지 않음을 보여라.

9. $F$는 유한체이다. $F$의 표수를 $p$라고 하면 $F$의 모든 원소는 소체 $\mathbb{Z}_p$상에서 대수적임을 보여라.

10. $5\in\mathbb{Z}[i]=\{a+bi\,|\,a,\ b\in\mathbb{Z},\ i^2=-1\}$는 가약임을 보여라.

11. (1) $x^2+\overline{1}$은 $\mathbb{Z}_3[x]$에서 기약임을 보여라.

(2) $\alpha$를 $\mathbb{Z}_3$의 확대체에서 $x^2+\overline{1}$의 근이라고 하면 $\mathbb{Z}_3(\alpha)$의 위수는 얼마인가?

(3) $\mathbb{Z}_3(\alpha)$의 원소를 구하고 연산표를 만들어라.

12. (1) $p\neq 2$인 소수이다. $\mathbb{Z}_p$에는 다른 원소의 제곱으로 표시되지 않는 원소가 존재함을 보여라.

(2) 임의의 소수 $p$에 대해서 위수가 $p^2$인 체가 존재함을 보여라.

13. $E$는 $F$의 확대체이다. $\alpha\in E$는 $F$상에서 초월적이다. $F(\alpha)-F$의 모든 원소는 $F$상에서 초월적임을 보여라.

# CHAPTER 18 확대체와 작도
## Extension Fields and Construction

우리는 $E$가 $F$의 확대체이면 $E$의 원소를 벡터, $F$의 원소를 스칼라로 생각할 수 있다. 특히 이 단원에서는 확대체를 벡터공간으로 생각해서 그 성질들을 조사해 보자. 이 단원의 내용들이 앞으로 공부하는데 가장 많이 이용된다.

**정의 18.1** $E$는 $F$의 확대체이다. $E$를 스칼라 $F$상에서의 벡터공간으로 생각해서 $E$가 유한차원 벡터공간일 때 $E$를 $F$의 **유한확대체**(finite extension field)이라고 하고 $E$의 차원이 $n$일 때 $E$를 $F$의 $n$차 **유한확대체**라고 하고 $[E : F] = n$으로 표시한다.

**예제 1** 복소수 $\mathbb{C}$는 $\mathbb{R}$상에서 $\{1, i\}$가 기저이므로 $[\mathbb{C} : \mathbb{R}] = 2$이다.

**정리 18.1** $E$는 $F$의 확대체이다. $[E : F] = 1$일 필요충분조건은 $E = F$이다.

$F(u)$는 $F$의 확대체이므로 $F$상에서 벡터공간으로 생각할 수 있다.

**정리 18.2** $E$는 $F$의 확대체, $u \in E$는 $F$상에서 대수적이다. $F$상에서 $u$의 극소다항식의 차수(degree)가 $n$이면

$$B = \{1,\ u,\ u^2,\ \cdots,\ u^{n-1}\}$$

은 $F$상에서 $F(u)$의 기저가 된다. 따라서 $[F(u) : F] = n$이다.

**증명** $u$의 $F$상에서의 극소다항식을 $p(x)$라고 하자. 우선 $B$가 $F(u)$를 생성함을 보이자. 임의의 $a(u) \in F(u)$에 대해서 $a(u) = \phi_u(a(x))$, $a(x) \in F[x]$이므로

$$a(x) = p(x)q(x) + r(x),\ r(x) = 0 \text{ 또는 } \deg r(x) < n$$

으로 쓸 수 있다. 따라서

$$a(u) = p(u)q(u) + r(u) = r(u)$$

이므로

$$r(x) = a_0 + a_1 x + \cdots + a_{n-1}x^{n-1} \in F[x]$$

라 두면

$$a(u) = a_0 + a_1 u + \cdots + a_{n-1}u^{n-1},\ a_i \in F$$

이다. 그러므로 $F(u)$는 $B = \{1,\ u,\ u^2,\ \cdots,\ u^{n-1}\}$의 일차결합으로 표시된다.

$1,\ u,\ u^2,\ \cdots,\ u^{n-1}$이 일차독립임을 보이기 위해서

$$b_0 + b_1 u + b_2 u^2 + \cdots + b_{n-1}u^{n-1} = 0,\ (b_i \in F)$$

라고 하자. $b(x) = b_0 + b_1 x + b_2 x^2 + \cdots + b_{n-1}x^{n-1} \in F[x]$라고 하면 $u$는 $b(x)$의 근이다. $p(x)$는 $u$의 극소다항식이므로 $p(x) | b(x)$이다. 만일 $b(x) \neq 0$이면 $\deg p(x) \le \deg b(x)$이 되어서 모순이다. 따라서 $b(x) = 0$, 즉 $b(x)$의 모든 계수 $b_0 = b_1 = \cdots = b_{n-1} = 0$이다. □

**예제 2** $\mathbb{R}$은 $\mathbb{Q}$의 확대체이다. $\sqrt{2} \in \mathbb{R}$에서 $\mathbb{Q}(\sqrt{2})$의 $\mathbb{Q}$상에서의 차원을 구해보자. $\sqrt{2}$의 극소다항식은 $x^2 - 2$이다. 따라서

$$[\mathbb{Q}(\sqrt{2}) : \mathbb{Q}] = 2$$

이다. 물론 기저는 $\{1,\ \sqrt{2}\}$가 된다. 따라서 $\mathbb{Q}(\sqrt{2})$의 모든 원소는 $1,\ \sqrt{2}$의 일차결합으로 표시되므로

$$\mathbb{Q}(\sqrt{2}) = \{a + b\sqrt{2} \mid a,\ b \in \mathbb{Q}\}$$

이다.

**예제 3** $\mathbb{C}$는 $\mathbb{R}$의 확대체이다. $i \in \mathbb{C}$에서 $i$의 극소다항식은 $x^2+1 \in \mathbb{R}[x]$이다. 따라서 $\mathbb{R}(i)$의 $\mathbb{R}$상에서의 기저는 $\{1, i\}$이고

$$\mathbb{R}(i) = \{a+bi \mid a, b \in \mathbb{R}\}$$

로 쓸 수 있다. 물론 $\mathbb{R}(i) = \mathbb{C}$이므로 $\mathbb{C}$의 $\mathbb{R}$상에서의 차원은 2이다.

**예제 4** $\mathbb{R}$, $\mathbb{Q}$에서 $u = \sqrt[3]{1+\sqrt{5}}$일 때 $\mathbb{Q}(u)$를 구해보자. 우선 $u$의 $\mathbb{Q}$상에서의 극소다항식은 $x^6-2x-4$이다. 따라서 $[\mathbb{Q}(u) : \mathbb{Q}] = 6$이고 $\mathbb{Q}(u)$의 기저는 $\{1, u, u^2, u^3, u^4, u^5\}$이다.

**예제 5** $p(x) = x^2+x+\bar{1} \in \mathbb{Z}_2[x]$는 기약이다. $\mathbb{Z}_2$의 확대체 $E$에서 $p(x)$의 근 $u$가 존재한다. 체 $\mathbb{Z}_2(u)$를 구해보면

$$[\mathbb{Z}_2(u) : \mathbb{Z}_2] = \deg p(x) = 2$$

이고 $\mathbb{Z}_2(u)$의 $\mathbb{Z}_2$상에서 기저는 $\{1, u\}$이므로

$$\mathbb{Z}_2(u) = \{a+bu \mid a, b \in \mathbb{Z}_2\} = \{\bar{0}, \bar{1}, u, \bar{1}+u\}$$

이다. 이때 $\mathbb{Z}_2(u)$에서 $+$, $\cdot$ 연산은

| $+$ | $0$ | $1$ | $u$ | $1+u$ |
|---|---|---|---|---|
| $0$ | $0$ | $1$ | $u$ | $1+u$ |
| $1$ | $1$ | $0$ | $1+u$ | $u$ |
| $u$ | $u$ | $1+u$ | $0$ | $1$ |
| $1+u$ | $1+u$ | $u$ | $1$ | $0$ |

| $\cdot$ | $0$ | $1$ | $u$ | $1+u$ |
|---|---|---|---|---|
| $0$ | $0$ | $0$ | $0$ | $0$ |
| $1$ | $0$ | $1$ | $u$ | $1+u$ |
| $u$ | $0$ | $u$ | $1+u$ | $1$ |
| $1+u$ | $0$ | $1+u$ | $1$ | $u$ |

[표 18.1]

이다. $u^2$이 나오면 $u^2 = -u-1 = u+1$로, $2u$는 0으로 고치면 된다.

**예제 6** $\mathbb{R}$은 $\mathbb{Q}$의 확대체이다. $u = \sqrt{3}+\sqrt{5} \in \mathbb{R}$에서 $[\mathbb{Q}(u) : \mathbb{Q}]$를 구해보자. $u$의 $\mathbb{Q}$상에서의 극소다항식 $x^4-16x^2+4$의 차수는 4이므로 $[\mathbb{Q}(u) : \mathbb{Q}] = 4$이고 기저는

$$\{1, \sqrt{3}+\sqrt{5}, 8+2\sqrt{15}, (\sqrt{3}+\sqrt{5})^3\}$$

이다.

다음 정리는 확대체이론에서 가장 강력한 무기이다.

**정리 18.3** $F$, $E$, $K$는 체이고 $F \subset E \subset K$이다. $[E : F]$가 유한, $[K : E]$가 유한이면 $[K : F]$도 유한이고 $[K : F] = [K : E][E : F]$이다.

$F$, $E$, $K$가 체이고 $F \subset E \subset K$이면 $K$는 $F$의 확대체도 되고 $E$의 확대체도 된다. 따라서 $K$는 $F$를 스칼라로 하는 벡터공간으로 볼 수도 있고 $E$를 스칼라로 하는 벡터공간으로 볼 수도 있다. 이때의 차원은 물론 틀려지는데 유한차일 때는 위의 정리 18.3와 같이 쉽게 구해진다.

**따름정리 18.4** $F$, $E$, $K$는 체이고 $F \subset E \subset K$이다. $[K : F]$가 유한이면 $[E : F]$, $[K : E]$도 유한이고, $[E : F]$는 $[K : F]$의 약수이다.

**증명** $[K : F]$가 유한이므로 $F$상에서 $K$의 유한기저 $\{v_1, v_2, \cdots, v_n\}$이 존재한다. $E \subset K$, $\{v_1, v_2, \cdots, v_n\}$이 $K$를 생성하므로 당연히 $\{v_1, v_2, \cdots, v_n\}$은 $E$를 생성한다. 따라서 정리 24.9(1)에 의해서 $B \subset \{v_1, v_2, \cdots, v_n\}$인 $F$상에서 벡터공간 $E$의 기저 $B$가 존재하므로 $[E : F]$는 유한이다. 또 임의의 $v \in K$에 대해서

$$v = a_1 v_1 + a_2 v_2 + \cdots + a_n v_n, \ a_i \in F$$

로 쓸 수 있다. 그런데 $F \subset E$이므로 $a_i$를 $E$의 원소로 보면 $v$는 $E$상에서 $v_1, v_2, \cdots, v_n$의 일차결합으로 표시되므로 결국 $\{v_1, v_2, \cdots, v_n\}$은 $E$상에서 $K$를 생성한다고 볼 수 있다. 따라서 $E$를 스칼라로 생각한 벡터공간 $K$의 기저는 유한이다. 결국 $[K : F] = [K : E][E : F]$가 되어 $[E : F]$는 $[K : F]$의 약수이다. □

**따름정리 18.5** $F_i$ $(i = 1, 2, \cdots, t)$는 체이고 $F_{i+1}$은 $F_i$의 유한확대체이면 $F_t$는 $F_1$의 유한확대체이고

$$[F_t : F_1] = [F_t : F_{t-1}][F_{t-1} : F_{t-2}] \cdots [F_2 : F_1]$$

이다.

**따름정리 18.6** $E$는 $F$의 유한확대체이고 $[E : F]$가 소수이면 $E$와 $F$ 사이에는 $E$

와 $F$ 이외의 체는 없다.

**정의 18.2** $E$는 $F$의 확대체이다. $E$의 모든 원소가 $F$상에서 대수적일 때 $E$를 $F$의 **대수적 확대체**(algebraic extension field)라고 한다.

**예제 7** $\mathbb{C}$는 $\mathbb{R}$의 확대체이다. 임의의 $z=a+bi\in\mathbb{C}$에 대해서 $z$는 $x^2-2ax+a^2+b^2\in\mathbb{R}[x]$의 근이다. 따라서 $\mathbb{C}$는 $\mathbb{R}$의 대수적 확대체이다. 그러나 $\pi\in\mathbb{R}$을 근으로 가지는 유리계수다항식은 없으므로 $\mathbb{R}$은 $\mathbb{Q}$의 대수적 확대체가 아니다.

**예제 8** $\mathbb{Q}(\sqrt{3})$은 $\mathbb{Q}$의 확대체이다. $\mathbb{Q}(\sqrt{3})$의 임의의 원소는 $a+b\sqrt{3}$은 $x^2-2ax+a^2-3b^2$의 근이므로 따라서 $\mathbb{Q}(\sqrt{3})$은 $\mathbb{Q}$의 대수적 확대체이다.

**정리 18.7** $E$가 $F$의 유한확대체이면 $E$는 $F$의 대수적 확대체이다.

**증명** $[E:F]=n$라고 하자. 임의의 $u\in E$에 대해서 집합 $\{1, u, u^2, \cdots, u^n\}$을 생각해 보자. 만일 $u^i=u^j$ $(0\le i<j\le n)$라면 $u$는 $x^i-x^j\in F[x]$의 근이므로 $u$는 대수적이다. 또 $\{1, u, u^2, \cdots, u^n\}$이 모두 다르면 이 집합은 일차독립이 될 수 없다. 따라서 $c_0+c_1u+c_2u^2+\cdots+c_nu^n=0$이고 $c_i\ne 0$인 $c_i\in F$가 존재한다.

$$a(x)=c_0+c_1x+c_2x^2+\cdots+c_nx^n\in F[x]$$

로 두면 $a(u)=0$, $a(x)\ne 0$이 되어 $u$는 $F$상에서 대수적이다. □

**따름정리 18.8** $E$는 $F$의 확대체, $u\in E$는 $F$상에서 대수적이다. 임의의 $a\in F(u)$에 대해서 $a$는 $F$상에서 대수적이고 $[F(a):F]$는 $[F(u):F]$의 약수이다.

**증명** $u$가 $F$상에서 대수적이면 $[F(u):F]$는 $u$의 $F$상에서의 극소다항식의 차수이므로 $F(u)$는 $F$의 유한확대체이다. 따라서 $F(u)$의 모든 원소는 $F$상에서 대수적이다. 또 $a\in F(u)$이므로 $F(a)\subset F(u)$이다. 따라서 $F(u)$는 $F(a)$의 확대체이다. $F\subset F(a)\subset F(u)$이고 $[F(u):F]$는 유한이므로 따름정리 18.5에서 $[F(a):F]$는 $[F(u):F]$의 약수이다. □

**따름정리 18.9** $E$는 $F$의 확대체이다. $u \in E$가 $F$상에서 대수적일 필요충분조건은 $F(u)$가 $F$의 유한확대이다.

**정리 18.10** $E$는 $F$의 확대체이고 $c, d \in E$가 $F$상에서 대수적이면 $c \pm d$, $cd$, $cd^{-1}$ $(d \neq 0)$도 $F$상에서 대수적이다.

**증명** $F(c)$는 $F$의 유한확대체이다. 또 $d$는 $F$상에서 대수적이므로 $F(c)$상에서도 대수적이다. $F(c) = L$라 두면 결국 $d$는 $L$상에서 대수적이므로 $[L(d) : L]$은 유한이다. $F \subset L \subset L(d)$이고 $[L : F]$, $[L(d) : L]$은 모두 유한이므로 결국 $[L(d) : F]$는 유한이고 따라서 $L(d)$의 모든 원소는 $F$상에서 대수적이다. 그런데

$$c \in F(c) = L \subset L(d), \quad d \in L(d)$$

이고 $L(d)$는 체이므로 $c \pm d$, $cd$, $cd^{-1} \in L(d)$이다. 따라서 $c \pm d$, $cd$, $cd^{-1}$는 $F$상에서 대수적이다. □

체 $E$의 부분집합 $X$가 사칙에 대해서 닫혀있다는 말은 $X$가 $E$의 부분체가 됨을 의미한다.

**따름정리 18.11** $E$는 $F$의 확대체이다.

$$A = \{ u \in E \mid u\text{는 } F\text{상에서 대수적} \}$$

이라고 하면 $A$는 $F$와 $E$ 사이의 체이다.

단순확대체로부터 계속해서 단순확대체로 확대해 나갈 경우가 많으므로 이것을 정의하는 것이 편리하다.

**정의 18.3** $E$는 $F$의 확대체이고, $c, d \in E$일 때 $(F(c))(d)$를 $F(c, d)$로 나타내고 $F$에 $c$, $d$를 **첨가한체**(adjoining $c$, $d$ to $F$)라 부른다.

**정리 18.12** $E$는 $F$의 확대체이고, $c, d \in E$이다. $F(c, d) = F(d, c)$이고 이 집합은 $F \cup \{c, d\}$를 포함하는 최소의 체이다.

**예제 9** $\mathbb{Q}$와 $\mathbb{C}$에서 $\mathbb{Q}(\sqrt{3}, i)$는 $\mathbb{Q} \cup \{\sqrt{3}, i\}$를 포함하는 최소의 체이다. $i \notin \mathbb{R}$이므로 $\mathbb{Q}(\sqrt{3}, i) \not\subset \mathbb{R}$이다.

**예제 10** $\mathbb{Q}(\sqrt{2}, -\sqrt{2}) = \mathbb{Q}(\sqrt{2})$이다. 그 이유는 $\mathbb{Q}(\sqrt{2}) \subset \mathbb{Q}(\sqrt{2}, -\sqrt{2})$이고 $-\sqrt{2} \in \mathbb{Q}(\sqrt{2})$이므로

$$\mathbb{Q}(\sqrt{2}, -\sqrt{2}) = (\mathbb{Q}(\sqrt{2}))(-\sqrt{2}) \subset \mathbb{Q}(\sqrt{2})$$

이다.

위의 정의 18.3을 좀 더 확장해서 $F$의 확대체 $E$에서 $c_1, c_2, \cdots, c_n \in E$를 차례로 첨가하여 $F(c_1), F(c_1, c_2), \cdots, F(c_1, \cdots, c_n)$을 만들 수 있다.

$F(c_1, \cdots, c_n)$은 $F \cup \{c_1, \cdots, c_n\}$를 포함하는 최소의 체가 됨을 알 수 있다. 때로는 $F(c_1, \cdots, c_n)$을 $F$의 **반복확대체**(iterated extension field)라고도 하는데 그 이유는 $c_i$를 차례로 반복해서 첨가하여

$$F \subset F(c_1) \subset F(c_1, c_2) \subset F(c_1, c_2, c_3) \subset \cdots \subset F(c_1, c_2, \cdots, c_n)$$

와 같이 체를 확대해 나가기 때문이다.

**정리 18.13** $E$는 $F$의 확대체이고 $c_1, c_2, \cdots c_n \in E$이다. $F(c_1, c_2, \cdots c_n)$이 $F$의 유한확대가 될 필요충분조건은 $c_1, \cdots c_n$은 $F$상에서 대수적이다.

**증명** $c_1, \cdots c_n \in E$가 $F$상에서 대수적이라고 하자. 우선 $c$가 $F$상에서 대수적이고 $L$이 $F$의 확대체이면 $c$는 $L$상에서도 대수적이다. 따라서 따름정리 18.9에서 $[L(c) : L]$은 유한이다.

$$F \subset F(c_1) \subset F(c_1, c_2) \subset \cdots \subset F(c_1, c_2, \cdots c_n)$$

이고 $c_i$는 $L = F(c_1, \cdots, c_{i-1})$상에서 대수적이므로

$$[L(c_i) : L] = [F(c_1, \cdots, c_i) : F(c_1, \cdots, c_{i-1})]$$

은 유한이다. 이식을 차례로 $i = 2, 3, \cdots, n$에 대해서 반복하면

$$[F(c_1, \cdots, c_n) : F] = [F(c_1, \cdots, c_n) : F(c_1, \cdots, c_{n-1})] \cdots [F(c_1, c_2) : F(c_1)][F(c_1) : F]$$

은 유한이다. □

**예제 11** $\mathbb{C}$ 는 $\mathbb{Q}$ 의 확대체이다. $\sqrt{3}$, $i \in \mathbb{C}$ 에서

$$\mathbb{Q} \subset \mathbb{Q}(\sqrt{3}) \subset (\mathbb{Q}(\sqrt{3}))(i) = \mathbb{Q}(\sqrt{3}, i)$$

이고

$$[\mathbb{Q}(\sqrt{3}) : \mathbb{Q}] = \deg(x^2 - 3) = 2,$$
$$[(\mathbb{Q}(\sqrt{3}))(i) : \mathbb{Q}(\sqrt{3})] = \deg(x^2 + 1) = 2$$

이다. 따라서

$$[\mathbb{Q}(\sqrt{3}, i) : \mathbb{Q}] = [(\mathbb{Q}(\sqrt{3}))(i) : \mathbb{Q}(\sqrt{3})][\mathbb{Q}(\sqrt{3}) : \mathbb{Q}] = 4$$

이다. 실제로 기저는 $\{1, i\}$와 $\{1, \sqrt{3}\}$의 곱 $\{1, \sqrt{3}, i, \sqrt{3}i\}$이다.

유한확대체는 대수적 확대체가 된다. 그러나 대수적 확대체는 유한확대체가 안 될 때도 있다. $\mathbb{R}$ 에서 대수적인 수들의 집합을 $A$라고 하면 앞 따름정리 18.11에서 $A$는 유리수 $\mathbb{Q}$를 포함하는 $\mathbb{R}$ 의 부분체이다. 따라서 $A$는 $\mathbb{Q}$ 의 대수적 확대이나 유한확대는 되지 않는다.

**정리 18.14** $E$는 $F$의 확대체이다. $E$가 $F$의 유한확대체가 될 필요충분조건은 $E = F(c_1, c_2, \cdots, c_n)$, $c_i$는 $F$상에서 대수적일 경우이다.

**증명** $[E : F]$가 유한이라고 하면 $E$는 $F$상에서 기저 $\{u_1, u_2, \cdots, u_n\}$을 가진다. $E = F(u_1, u_2, \cdots, u_n)$임을 보이면 된다. □

**예제 12** $\sqrt{5} \notin \mathbb{Q}(\sqrt{3})$을 보이자. 만일 $\sqrt{5} \in \mathbb{Q}(\sqrt{3})$이면 $\sqrt{5} + \sqrt{3} \in \mathbb{Q}(\sqrt{3})$이다. 따라서 따름정리 18.8에서 $[\mathbb{Q}(\sqrt{5} + \sqrt{3}) : \mathbb{Q}]$는 $[\mathbb{Q}(\sqrt{3}) : \mathbb{Q}]$의 약수이다. 그런데

$$[\mathbb{Q}(\sqrt{5} + \sqrt{3}) : \mathbb{Q}] = 4, \ [\mathbb{Q}(\sqrt{3}) : \mathbb{Q}] = 2$$

이므로 $4 | 2$가 되어 말이 안된다. 따라서 $\sqrt{5} \notin \mathbb{Q}(\sqrt{3})$이다.

**예제 13** $\sqrt{3}$, $\sqrt{5} \in \mathbb{R}$ 은 $\mathbb{Q}$ 상에서 대수적이다. 따라서 $\mathbb{Q}(\sqrt{3}, \sqrt{5})$는 $\mathbb{Q}$ 의 유한확대이다. $\mathbb{Q} \subset \mathbb{Q}(\sqrt{3}) \subset \mathbb{Q}(\sqrt{3}, \sqrt{5})$로 생각하면

$$[\mathbb{Q}(\sqrt{3}):\mathbb{Q}] = \deg(x^2-3) = 2,$$
$$[\mathbb{Q}(\sqrt{3})(\sqrt{5}):\mathbb{Q}(\sqrt{3})] = \deg(x^2-5) = 2$$

이다. 즉 $x^2-5$는 $\mathbb{Q}(\sqrt{3})$상에서 $\sqrt{5}$의 극소다항식이 된다.

$$[\mathbb{Q}(\sqrt{3},\sqrt{5}):\mathbb{Q}] = [\mathbb{Q}(\sqrt{3},\sqrt{5}):\mathbb{Q}(\sqrt{3})][\mathbb{Q}(\sqrt{3}):\mathbb{Q}] = 2\times 2 = 4$$

이고 기저는 $\{1,\ \sqrt{3},\ \sqrt{5},\ \sqrt{15}\}$이다. 따라서 $\mathbb{Q}(\sqrt{3},\sqrt{5})$의 모든 원소는

$$a+b\sqrt{3}+c\sqrt{5}+d\sqrt{15},\ a,\ b,\ c,\ d\in\mathbb{Q}$$

꼴로 쓸 수 있다.

체의 성질을 조사하는 데는 가능하면 유한확대체를 구하는 것이 좋다. 그래야 기저도 생각할 수 있고 원소의 모양도 알 수 있다. 그런데 유한확대체를 보이기 위해서는 대수적 원소의 극소다항식을 이용하는 경우가 많다.

**정리 18.15** $F$, $E$, $K$는 체이고 $F\subset E\subset K$이다. $E$가 $F$의 대수적 확대체이고, $K$가 $E$의 대수적 확대체이면 $K$는 $F$의 대수적 확대체이다.

**증명** $u\in K$라고 하면 $u$는 $E$상에서 대수적이다. 따라서 $u$의 극소다항식

$$a(x) = a_0+a_1x+a_2x^2+\cdots+a_mx^m,\ a_i\in E,\ a(u)=0$$

인 식 $a(x)\neq 0$가 존재한다. 편의상

$$F(a_0,\ a_1,\ \cdots,\ a_m) = L$$

이라고 하면 $a_i\in E$이고 $E$는 $F$의 대수적 확대체이므로 $a_i$는 $F$상에서 대수적이다 $(0\le i\le m)$. 따라서 정리 18.13에 의해서 $L$은 $F$의 유한확대체이다. 또 $a_i\in L$이므로

$$a(x)\in L[x],\ a(u)=0$$

이므로 $u$는 $L$상에서 대수적이다. 따라서 $[L(u):L]$은 유한이다.

$$[L(u):F] = [L(u):L][L:F]$$

에서 결국 $L(u)$는 $F$의 유한확대이므로 대수적 확대가 되고 따라서 $u$는 $F$상에서 대수적이다. $u\in K$는 임의의 원소이므로 결국 $K$는 $F$의 대수적 확대체가 된다. □

위의 정리 18.13을 이용하면 $F$상에서 모든 대수적인 원소들의 집합은 체를 이룬다는 사실을 쉽게 증명할 수 있다. 즉 대수적인 수는 사칙에 대해서 닫혀있으므로 체를

이룬다. 그러나 실제로 $\sqrt[3]{2}$, $\sqrt[5]{12}$는 대수적이지만 $\sqrt[3]{2}+\sqrt[5]{12}$, $\sqrt[3]{2}\sqrt[5]{12}$를 근으로 하는 다항식을 구하기는 그리 쉽지 않다. 또

$$A=\{u\in\mathbb{R}\mid u\text{는 대수적 수}\}$$

가 만일 $\mathbb{Q}$의 유한확대체이면 $[A:\mathbb{Q}]=n$이라 둘 수 있다. 그러나 $a(x)=x^{n+1}-3\in\mathbb{Q}[x]$은 Eisenstein의 공식에 의해서 기약이다($p=3$으로 택하면 된다). 따라서 $u=\sqrt[n+1]{3}$은 $a(x)$의 근이므로 대수적이고 극소다항식이 $a(x)$이다. 그런데 $u\in A$이므로 $[\mathbb{Q}(u):\mathbb{Q}]$는 $[A:\mathbb{Q}]=n$의 약수가 되어야 되는데

$$[\mathbb{Q}(u):\mathbb{Q}]=\deg a(x)=n+1$$

이므로 모순이다. 따라서 $[A:\mathbb{Q}]$는 유한이 아니다. 또 자동으로 $[\mathbb{R}:\mathbb{Q}]$도 유한이 아니다.

**문제 1** $\sqrt{2}\notin\mathbb{Q}(\sqrt{3})$임을 보여라.

**풀이** $\sqrt{3}$의 $\mathbb{Q}$상에서의 극소다항식은 $x^2-3$이므로 $[\mathbb{Q}(\sqrt{3}):\mathbb{Q}]=2$이고 $\mathbb{Q}(\sqrt{3})$의 기저는 $\{1,\ \sqrt{3}\}$이다. 따라서

$$\mathbb{Q}(\sqrt{3})=\{a+b\sqrt{3}\mid a,\ b\in\mathbb{Q}\}$$

로 쓸 수 있다. 만일 $\sqrt{2}\in\mathbb{Q}(\sqrt{3})$이면

$$\sqrt{2}=a+b\sqrt{3},\ \ a,\ b\in\mathbb{Q}$$

꼴이 되는데 양변을 제곱하면 $2=a^2+2\sqrt{3}ab+3b^2$로부터

$$\sqrt{3}=\frac{2-a^2-3b^2}{2ab}$$

가 되어 $\sqrt{3}$이 유리수가 되어 모순이다.

**다른 풀이** 예제 12에서 했던 방법처럼 할 수도 있다.
만약 $\sqrt{2}\in\mathbb{Q}(\sqrt{3})$이면 $\sqrt{2}+\sqrt{3}\in\mathbb{Q}(\sqrt{3})$이다. 따라서 $[\mathbb{Q}(\sqrt{2}+\sqrt{3}):\mathbb{Q}]$는 $[\mathbb{Q}(\sqrt{3}):\mathbb{Q}]$의 약수이다. 그런데

$$[\mathbb{Q}(\sqrt{2}+\sqrt{3}):\mathbb{Q}]=4,\ [\mathbb{Q}(\sqrt{3}):\mathbb{Q}]=2$$

이므로 모순이다. ■

**문제 2** $\mathbb{Q}(\sqrt{2},\ \sqrt[3]{2})=\mathbb{Q}(u)$인 $u$를 구하라.

**풀이** 우선 $[\mathbb{Q}(\sqrt{2}, \sqrt[3]{2}) : \mathbb{Q}]$를 구해보자.

$$[\mathbb{Q}(\sqrt{2}) : \mathbb{Q}] = \deg(x^2 - 2) = 2$$

이다. $\sqrt[3]{2} \notin \mathbb{Q}(\sqrt{2})$가 됨을 알 수 있다. $\sqrt[3]{2}$의 $\mathbb{Q}(\sqrt{2})$상에서의 극소다항식은 $x^3 - 2 \in \mathbb{Q}(\sqrt{2})$이다. 결국

$$[\mathbb{Q}(\sqrt{2}, \sqrt[3]{2}) : \mathbb{Q}] = [\mathbb{Q}(\sqrt{2}, \sqrt[3]{2}) : \mathbb{Q}(\sqrt{2})][\mathbb{Q}(\sqrt{2}) : \mathbb{Q}] = 3 \times 2 = 6$$

이다. 한편 $\sqrt[6]{2} = \dfrac{\sqrt{2}}{\sqrt[3]{2}} \in \mathbb{Q}(\sqrt{2}, \sqrt[3]{2})$이므로 $\mathbb{Q}(\sqrt[6]{2}) \subset \mathbb{Q}(\sqrt{2}, \sqrt[3]{2})$이다. 또 $[\mathbb{Q}(\sqrt[6]{2}) : \mathbb{Q}] = 6$이 됨을 쉽게 알 수 있다. 따라서

$$[\mathbb{Q}(\sqrt{2}, \sqrt[3]{2}) : \mathbb{Q}] = [\mathbb{Q}(\sqrt{2}, \sqrt[3]{2}) : \mathbb{Q}(\sqrt[6]{2})][\mathbb{Q}(\sqrt[6]{2}) : \mathbb{Q}]$$

로부터 $[\mathbb{Q}(\sqrt{2}, \sqrt[3]{2}) : \mathbb{Q}(\sqrt[6]{2})] = 1$을 얻을 수 있고 따라서

$$\mathbb{Q}(\sqrt{2}, \sqrt[3]{2}) = \mathbb{Q}(\sqrt[6]{2})$$

이다. ■

3대 작도 문제는 다음과 같다.

(1) 주어진 정육면체의 2배의 부피를 갖는 정육면체를 만드는 문제
(2) 임의의 각을 삼등분하는 법
(3) 주어진 원과 동일한 넓이를 갖는 정사각형을 작도하는 법

위의 세 문제는 어느 누구도 해법을 찾을 수 없었으나 확대제를 이용함으로써 이 문제는 불가능한 것으로 증명되었다. 간단히 그 이유를 밝혀보자. 우선 직선과 직선, 원과 직선, 원과 원의 교점을 일단계 교점이라고 부른다. 먼저 자로 수직선을 긋고 정수를 구성할 수 있다. 또 우리는 자와 컴퍼스를 이용하여 유리수 $\dfrac{n}{m}$도 작도할 수 있다. 마찬가지로 $\sqrt{2}$와 같은 무리수도 작도할 수 있다. 모든 유리수는 작도가 가능하고 체가 되므로 우리는 계수가 유리수인 원과 직선의 식에서부터 시작해서 유한번의 단계를 거쳐 만든 교점의 $x$좌표를 **작도 가능점**(constructible point)이라고 부른다. 결국 우리가 작도한다는 말은 주어진 점을 이용하여 여기서 원과 직선을 그려서 새로운 교점을 구하고 또 이 점을 이용하여 교점을 계속하여 만들어가는 과정이다.

**정리 18.16** $F$는 $\mathbb{R}$의 부분체이다. 계수가 $F$의 원소인 직선과 원의 일단계 교점의 $x$ 좌표를 $\alpha$라고 하면 $[F(\alpha) : F]$는 1 또는 2이다.

**증 명** 자와 컴퍼스를 이용한 교점은 3가지 방법으로 얻어진다.

(1) 직선과 직선의 교점, (2) 직선과 원의 교점, (3) 원과 원의 교점이다.

(1) $a_1x+b_1y=c_1,\ a_2x+b_2y=c_2,\ a_i,\ b_i,\ c_i\in F$

인 두 직선의 교점의 $x$좌표는 $\dfrac{b_2c_1-b_1c_2}{b_2a_1-b_1a_2}$이다. 따라서 $\alpha=\dfrac{b_2c_1-b_1c_2}{b_2a_1-b_1a_2}$ 역시 $F$의 원소이다. 이것은 $F(\alpha)=F$이므로 $[F(\alpha):F]=1$이다.

(2) $a_1x+b_1y=c_1,\ (x-a_2)^2+(y-b_2)^2=c_2,\ a_i,\ b_i,\ c_i\in F$

인 직선과 원의 교점은 이 두 식을 연립시켜서 풀면 이차식

$$ax^2+bx+c=0,\ a,\ b,\ c\in F$$

꼴로 나타낼 수 있다. $\alpha$는 이 식의 근이므로 $\alpha$의 극소다항식의 차수는 2보다 작다. 따라서 $[F(\alpha):F]=1$ 또는 2이다.

(3) $(x-a_1)^2+(y-b_1)^2=c_1,\ (x-a_2)^2+(y-b_2)^2=c_2,\ a_i,\ b_i,\ c_i\in F$

인 두 원의 교점은 이 두 식을 연립시켜 풀면 역시

$$ax^2+bx+c=0,\ a,\ b,\ c\in F$$

꼴의 식을 얻을 수 있다. 역시 $\alpha$는 이 식의 근이므로 $[F(\alpha):F]=1$ 또는 2이다. □

**정리 18.17** $\alpha\in\mathbb{R}$ 이 작도가능점이면 $[\mathbb{Q}(\alpha):\mathbb{Q}]=2^m$이다.

**증 명** 유리수는 작도가능이므로 우리는 처음 유리수로부터 시작하여 유한번의 단계를 거쳐 $\alpha$를 작도했다고 하자. 일단계 교점을 $\alpha_1$, 이단계 교점을 $\alpha_2$, …라고 하여 $n$단계 교점을 $\alpha=\alpha_n$이라고 하면

$$[\mathbb{Q}(\alpha_1):\mathbb{Q}]=1 \text{ 또는 } 2,\ [\mathbb{Q}(\alpha_1,\alpha_2):\mathbb{Q}(\alpha_1)]=1 \text{ 또는 } 2\ \cdots$$
$$[\mathbb{Q}(\alpha_1,\alpha_2,\cdots,\alpha_i):\mathbb{Q}(\alpha_1,\alpha_2,\cdots,\alpha_{i-1})]=1 \text{ 또는 } 2$$

이다. 따라서

$$[\mathbb{Q}(\alpha_1,\alpha_2,\cdots,\alpha_n):\mathbb{Q}]=[\mathbb{Q}(\alpha_1,\alpha_2,\cdots,\alpha_n):\mathbb{Q}(\alpha_1,\alpha_2,\cdots,\alpha_{n-1})]\cdots$$
$$[\mathbb{Q}(\alpha_1,\alpha_2):\mathbb{Q}(\alpha_1)][\mathbb{Q}(\alpha_1):\mathbb{Q}]=2^t\ \ (t\le n)$$

이다. 당연히 $\mathbb{Q}(\alpha_1,\alpha_2,\cdots,\alpha_n)$은 $\mathbb{Q}$의 유한확대체이다. $\alpha\in\mathbb{Q}(\alpha_1,\alpha_2,\cdots,\alpha_n)$이므로 앞 정리에서 $[\mathbb{Q}(\alpha):\mathbb{Q}]$는 $[\mathbb{Q}(\alpha_1,\alpha_2,\cdots,\alpha_n):\mathbb{Q}]=2^t$의 약수이므로 $[\mathbb{Q}(\alpha):\mathbb{Q}]=2^m,\ m\in\mathbb{Z}^+$꼴로 쓸 수 있다. □

**예제 14** 정육면체의 크기를 2배로 하는 것은 작도할 수 없다. 그 이유는 한 변의 길이의 $\sqrt[3]{2}$ 배를 작도해야 한다. 그러나

$$[\mathbb{Q}(\sqrt[3]{2}) : \mathbb{Q}] = \deg(x^3 - 2) = 3$$

은 2의 거듭제곱이 되지 않으므로 $\sqrt[3]{2}$는 작도할 수 없다.

**예제 15** $60^\circ$ 를 3등분할 수 없다. 왜냐하면 만일 $60^\circ$ 를 3등분할 수 있다면 $20^\circ$ 를 만들 수 있고 따라서 $c = \cos 20^\circ$도 작도 가능하다.

여기서 $[\mathbb{Q}(c) : \mathbb{Q}]$를 구하기 위해서 $c$의 극소다항식을 구해보자. 지금까지의 방법으로는 구할 수 없으므로 삼각함수의 성질

$$\cos 3\theta = 4\cos^3\theta - 3\cos\theta$$

를 이용하면

$$\cos 60^\circ = 4\cos^3 20^\circ - 3\cos 20^\circ$$

이다. 따라서

$$4c^3 - 3c = \frac{1}{2}$$

로부터 $c$는 $a(x) = x^3 - \frac{3}{4}x - \frac{1}{8} \in \mathbb{Q}[x]$의 근이고 이 식은 기약이 됨을 알 수 있다. 따라서 $[\mathbb{Q}(c) : \mathbb{Q}] = 3$이 되어 모순이다. 따라서 역시 $c$는 작도 불가능이다.

**예제 16** 원과 면적이 같은 정사각형은 작도할 수 없다. 그 이유는 반지름 1인 원의 면적은 $\pi$이므로 결국 $\sqrt{\pi}$를 작도해야 한다. 만일 $\sqrt{\pi}$가 작도 가능이면 $\pi$도 작도 가능이고 따라서 $[\mathbb{Q}(\pi) : \mathbb{Q}]$는 2의 거듭제곱이다. $\mathbb{Q}(\pi)$는 $\mathbb{Q}$의 유한확대체이므로 $\mathbb{Q}(\pi)$는 대수적이 되어 결국 $\pi$가 $\mathbb{Q}$상에서 대수적이 되어 모순이다.

**예제 17** $\cos\frac{2\pi}{5}$는 기약다항식 $4x^2 - 2x - 1 \in \mathbb{Q}[x]$의 근이다. 따라서 $u = \cos\frac{2\pi}{5}$의 극소다항식의 차수는 2이므로 $[\mathbb{Q}(u) : \mathbb{Q}] = 2$가 되어 $u$는 작도가능이다. 따라서 정5각형은 작도할 수 있다. 그러나 $u = \cos\frac{2\pi}{7}$의 극소다항식은

$$8x^3 + 4x^2 - 4x - 1 \in \mathbb{Q}[x]$$

가 되어 $[\mathbb{Q}(u) : \mathbb{Q}] = 3$이 되어 $u$는 작도 불가능이다. 따라서 정7각형은 작도할 수 없다.

## 18 | 연습문제 EXERCISE

1. 다음 확대체의 차원과 그 기저를 구하여라.
   (1) $\mathbb{Q}$ 상에서의 확대체 $\mathbb{Q}(\sqrt[3]{2}, \sqrt{3})$
   (2) $\mathbb{Q}$ 상에서의 확대체 $\mathbb{Q}(\sqrt{2}, \sqrt{3}, \sqrt{5})$

2. $\mathbb{Q}(\sqrt{3}+\sqrt{5}) = \mathbb{Q}(\sqrt{3}, \sqrt{5})$임을 보여라.

3. (Artin) $[E : F]$는 유한이다. $E$가 $F$의 단순확대체일 필요충분조건은 $E$와 $F$사이에는 체가 유한개 밖에 없음을 보여라.

4. $[E : F]$는 유한이고 $p(x) \in F[x]$는 기약이다. $\deg p(x) = m$일 때 $m \nmid [E : F]$면 $p(x)$는 $E$내에서 근을 가지지 않음을 보여라.

5. $\mathbb{R}$은 실수이다. $\mathbb{R}$의 유한확대체는 $\mathbb{R}$과 $\mathbb{C}$ 뿐이냐? 맞으면 증명하고 틀리면 보기를 들어라.

6. $\mathbb{Q}(\sqrt{2}, \sqrt[3]{5})$는 $\mathbb{Q}$의 단순확대체가 됨을 보여라.

7. $a, b \in \mathbb{Q}$, $\sqrt{a}+\sqrt{b} \neq 0$이면 $\mathbb{Q}(\sqrt{a}+\sqrt{b}) = \mathbb{Q}(\sqrt{a}, \sqrt{b})$임을 보여라.

8. $\sqrt{a}+\sqrt{b} \in \mathbb{Q}$ 이면 $\sqrt{a} \in \mathbb{Q}$, $\sqrt{b} \in \mathbb{Q}$ 임을 보여라.

9. $E$는 $F$의 확대체이다. $a \in E$의 $F$상에서의 극소다항식의 차수는 $m$, $b \in E$의 $F$상에서의 극소다항식의 차수는 $n$이다. 다음을 증명하라.
   (1) $[F(a, b) : F] \leq mn$이다. 만일 $\gcd(m, n) = 1$이면
   (2) $F(a) \cap F(b) = F$이고
   (3) $[F(a, b) : F] = mn$이다.

10. $[E : F]$는 유한이고 $b$는 $E$상에서 대수적이다. 다음을 증명하라.
   (1) $[E(b) : E] \leq [F(b) : F]$
   (2) $[E(b) : F(b)] \leq [E : F]$
   (3) $[F(b) : F] \mid [E(b) : F]$

11. $p(x)$는 $F$상에서 기약이다. $K$는 $F$의 유한확대체이고 $[K:F]$와 $\deg p(x)$가 서로 소이면 $p(x)$는 $K$상에서도 기약임을 보여라.

12. $E$는 $F$의 유한확대이다. $E$상에서 대수적인 원소는 $F$상에서도 대수적임을 보여라.

13. $[F(a):F]$가 소수이면 모든 $n\in\mathbb{Z}$에 대해서 $F(a)=F(a^n)$ 또는 $a^n\in F$이다.

14. $E$는 유한체 $F$의 확대체이다. $|F|=q$이다. $\alpha\in E$는 $F$상에서 대수적이고 $\alpha$의 극소다항식의 차수를 $n$이라고 하면 $F(\alpha)$의 위수는 $q^n$임을 보여라.

15. 각 $\theta$가 작도가능일 필요충분조건은 $\sin\theta$, $\cos\theta$가 작도가능임을 보여라.

16. 정9각형은 작도 불가능임을 보여라.

17. $w=\cos\dfrac{2\pi}{7}+i\sin\dfrac{2\pi}{7}$이다.

(1) $w$는 $x^7-1$의 근임을 보여라.

(2) $w$는 $x^6+x^5+x^4+x^3+x^2+x+1$의 근임을 보여라.

(3) $w^3+w^2+w+1+w^{-1}+w^{-2}+w^{-3}=0$임을 보여라.

(4) $\cos\dfrac{2\pi}{7}$는 $p(x)=8x^3+4x^2-4x-1$의 근임을 보여라.

(5) $p(x)=8x^3+4x^2-4x-1$은 $\mathbb{Q}$ 상에서 기약임을 보여라.

(6) $\cos\dfrac{2\pi}{7}$는 작도 불가능임을 보여라.

(7) 정7각형은 작도 불가능임을 보여라.

18. $\sin\theta$가 작도가능일 필요충분조건은 $\cos\theta$가 작도가능임을 보여라.

19. $x^4-3x^2+1$의 근은 모두 작도 가능임을 보여라.

20. $a$는 기약다항식 $p(x)\in\mathbb{Q}[x]$의 근이고, $\deg p(x)\neq 2^n$이면 $a$는 작도 불가능임을 보여라.

CHAPTER 19

# 분해체

## Splitting Field

확대체는 다항식의 근과 매우 밀접한 관계가 있다. 다항식의 근의 성질은 다항식 자체보다는 오히려 이 다항식의 근을 포함하는 체에 의해서 결정된다. 다항식의 근을 가지고 확대체를 만들고 또 이 확대체는 다항식의 성질을 그대로 보여준다.

**정리 19.1** $p(x) \in F[x]$, $\deg p(x) = n \geq 1$이면 $p(x)$는 $F$의 어떠한 확대체에서도 $n$개 이상의 근을 가질 수 없다.

**정리 19.2** $p(x) \in F[x]$, $\deg p(x) = n \geq 1$이면 다음 성질을 만족하는 $F$의 확대체 $E$가 존재한다; $p(x)$는 $E$에서 $n$개의 근을 가지고 $[E : F] \leq n!$이다.

**증명** 확대체의 기본정리에서 $p(x)$의 근 $\alpha_1$을 포함하는 $F$의 확대체 $E_1$가 반드시 존재한다. $F(\alpha_1) = F_1$이라고 하면 $F_1 \subset E_1$이고 $\alpha_1$의 극소다항식의 차수는 $\deg p(x) = n$이하이므로

$$[F_1 : F] = [F(\alpha_1) : F] \leq n$$

이다. $F_1 = F(\alpha_1)$에서 $p(x)$는

$$p(x) = (x - \alpha_1)q_1(x),\ q_1(x) \in F_1[x]$$

로 인수분해되고 $\deg q_1(x) = n-1$이다. 다시 $q_1(x)$에 대해서 생각하면

$$[F_1(\alpha_2) : F_1] \leq n-1$$

이 되고 $\alpha_2$는 $q_1(x)$의 근이 되는 $F_1$의 확대체 $E_2$가 존재한다. 따라서

$F_2 = F_1(\alpha_2) = F_1(\alpha_1, \alpha_2)$에서

$$p(x) = (x-\alpha_1)(x-\alpha_2)q_2(x), \ q_2(x) \in F(\alpha_1, \alpha_2)[x]$$

로 쓸 수 있고 $\deg q_2(x) = n-2$이다. 이와 같은 방법을 반복하면

$$p(x) = c(x-\alpha_1)(x-\alpha_2)\cdots(x-\alpha_n), \ \alpha_i \in E$$
$$[E : F] = [F(\alpha_1, \alpha_2, \cdots, \alpha_n) : F(\alpha_1, \cdots, \alpha_{n-1})] \cdots [F_1(\alpha_2) : F_1][F_1 : F] \le n!$$

이 되는 $F$의 확대체 $E$를 만들 수 있다. □

**정의 19.1** $p(x) \in F[x]$, $\deg p(x) = n \ge 1$이다. $F$의 확대체 $E$에서 $p(x)$가 일차식의 곱으로 인수분해될 때, 즉 $E[x]$에서

$$p(x) = c(x-\alpha_1)(x-\alpha_2)\cdots(x-\alpha_n), \ \alpha_i \in E$$

꼴로 표시될 때 $p(x)$는 $E$에서 **분해(split)**된다고 한다.

**예제 1** $x^4 - 5x^2 + 6 = (x^2-2)(x^2-3) \in \mathbb{Q}[x]$는 $\mathbb{Q}$의 확대체 $\mathbb{Q}(\sqrt{2})$에서는 분해되지 않는다. 그러나 $\mathbb{R}$에서는 분해된다.

**정의 19.2** $p(x) \in F[x]$, $\deg p(x) = n \ge 1$이다. $F$의 확대체 $E$에서

$$p(x) = c(x-\alpha_1)(x-\alpha_2)\cdots(x-\alpha_n), \ \alpha_i \in E$$

꼴로 분해될 때 $F(\alpha_1, \alpha_2, \cdots, \alpha_n)$을 $F$상에서 $p(x)$의 **분해체(splitting field)** 또는 **근체(root field)**라고 한다.

위의 정리 19.2에서 0이 아닌 모든 다항식은 항상 분해체를 가짐을 알 수 있다. 또 정의에서 $p(x) \in F[x]$의 분해체는 $p(x)$의 모든 근을 포함하는 최소의 체가 됨을 알 수 있다.

**예제 2** $p(x) = x^2 - 2 \in \mathbb{Q}[x]$라고 하면 $p(x) = (x+\sqrt{2})(x-\sqrt{2})$로 분해되므로

$$\mathbb{Q}(\sqrt{2},\ -\sqrt{2}) = \mathbb{Q}(\sqrt{2})$$

는 $p(x)$의 분해체이다.

**예제 3** $p(x) = x^4 - x^2 - 2 \in \mathbb{Q}[x]$라고 하면 $p(x) = (x^2-2)(x^2+1)$이므로 $p(x)$의 근은 $\pm\sqrt{2}$, $\pm i$이다. 따라서 $\mathbb{Q}(\sqrt{2},\ i)$가 $\mathbb{Q}$ 상에서 $p(x)$의 분해체이다.

**예제 4** $p(x) = x^2 + 1 \in \mathbb{Q}[x]$라고 하면 $\mathbb{Q}(i)$가 $\mathbb{Q}$ 상에서 $x^2+1$의 분해체이다.

**예제 5** $p(x) = x^3 - 2 \in \mathbb{Q}[x]$라고 하면 $p(x)$의 근은 $\sqrt[3]{2}$, $\sqrt[3]{2}w$, $\sqrt[3]{2}w^2$이다. 단, $w = \dfrac{-1+\sqrt{3}i}{2}$는 $x^3-1$의 복소수근이다. 따라서 $p(x)$의 분해체는

$$K = \mathbb{Q}(\sqrt[3]{2},\ \sqrt[3]{2}w,\ \sqrt[3]{2}w^2)$$

인데 이 체는 $\mathbb{Q}(\sqrt[3]{2},\ w)$와 같다. $[K:\mathbb{Q}] \leq 3! = 6$이다. 또 $\mathbb{Q}(\sqrt[3]{2}) \subset K$이고 $[\mathbb{Q}(\sqrt[3]{2}):\mathbb{Q}] = 3$이므로

$$[K:\mathbb{Q}] = [K:\mathbb{Q}(\sqrt[3]{2})][\mathbb{Q}(\sqrt[3]{2}):\mathbb{Q}]$$

에서 $[K:\mathbb{Q}] = 3$ 또는 6이다. 그런데 $K \neq \mathbb{Q}(\sqrt[3]{2})$이므로 결국 $[K:\mathbb{Q}] = 6$, $[K:\mathbb{Q}(\sqrt[3]{2})] = 2$이다.

**예제 6** $w = \dfrac{-1+\sqrt{3}i}{2}$의 $\mathbb{Q}$에서의 극소다항식은 $x^2+x+1 \in \mathbb{Q}[x]$이다. 따라서 $[\mathbb{Q}(w):\mathbb{Q}] = 2$이다.

$$a(x) = x^4 + x^2 + 1 \in \mathbb{Q}[x]$$

의 분해체를 구해보면

$$\begin{aligned} a(x)(x^2-1) &= (x^2+x+1)(x-1)(x^2-x+1)(x+1) \\ &= (x^3-1)(x^3+1) = x^6 - 1 \end{aligned}$$

이므로 결국 $a(x)$의 근은 $x^6-1$의 근중 1, $-1$을 제외한 것이다. 따라서 $x^6-1$의 원시근을 $\theta$라고 할 때 $\{\theta,\ \theta^2,\ \theta^4,\ \theta^5\}$이 됨을 알 수 있다($\theta^3 = -1$). 따라서 $a(x)$의 분해체는 $\mathbb{Q}(\theta)$이다.

**예제 7** $x^2+1 \in \mathbb{Q}[x]$, $x^2+4 \in \mathbb{Q}[x]$의 분해체는 모두 $\mathbb{Q}(i)$이다.

위의 예제 6, 예제 7에서 본 것과 같이 $F$의 확대체 $K$가 여러 서로 다른 다항식의 분해체가 될 수 있다.

**참고** 주어진 다항식 $p(x) \in F[x]$의 분해체는 다양한 모양으로 나타낼 수 있다. 우리는 동형인 체는 같은 체로 간주하므로 $p(x)$의 분해체와 동형인 체도 역시 분해체로 생각한다. 예를 들어 $\mathbb{Q}(\sqrt{2}) \cong \mathbb{Q}[x]/\langle x^2-2 \rangle$이므로

$$E = \mathbb{Q}[x]/\langle x^2-2 \rangle$$

도 $x^2-2 \in \mathbb{Q}[x]$의 분해체로 생각한다. 마찬가지로

$$x^2-2 = (x+\sqrt{2})(x-\sqrt{2}) \in \mathbb{Q}(\sqrt{2})[x]$$

이므로

$$\mathbb{Q}(\sqrt{2})[x]/\langle x^2-3 \rangle \cong \mathbb{Q}(\sqrt{3})[x]/\langle x^2-2 \rangle \cong \mathbb{Q}(\sqrt{2}, \sqrt{3})$$

은 모두 $p(x) = (x^2-2)(x^2-3) \in \mathbb{Q}[x]$의 분해체이다.

모든 체는 $\mathbb{Z}_p$나 또는 $\mathbb{Q}$를 포함한다. 동시에 이 둘을 모두 포함할 수는 없다. 따라서 유한체는 $\mathbb{Q}$를 포함할 수 없으므로 표수가 소수 $p$인 체 $\mathbb{Z}_p$를 포함하게 된다.

**정리 19.3** $F$가 유한체이면 $F$의 위수는 $p^m$이다. 단 $p$는 $F$의 표수이고 $m = [F : \mathbb{Z}_p]$이다.

**증명** $F$는 $\mathbb{Z}_p$를 포함하므로 $F$는 $\mathbb{Z}_p$상에서의 유한 벡터공간으로 생각할 수 있다. 따라서 그 기저를 $\{\alpha_1, \alpha_2, \cdots \alpha_m\}$이라고 두면 $|F| = p^m$이다. □

또 역으로 임의의 소수 $p$와 정수 $m$에 대해서 위수가 $p^m$인 체가 항상 존재한다. 또 위수가 같은 체는 모두 동형이 된다.

**정리 19.4** $F$가 위수 $n$인 유한체이면 $F$는 $f(x) = x^n - x \in \mathbb{Z}_p[x]$의 분해체이다.

**증 명** $|F|=n$이라고 하자. $F$는 $\mathbb{Z}_p$를 포함한다. $F^*$는 곱에 대하여 군이고 $F^*=F-\{0\}$의 개수는 $n-1$이다. 임의의 $a\in F^*$에 대해서 라그랑즈 정리에 의해서 $a$의 위수는 $n-1$의 약수이므로 $a^{n-1}=1$이 성립한다. 따라서 $a$는 $f(x)=x^n-x\in\mathbb{Z}_p[x]$의 근이다. $\alpha_1,\ \alpha_2,\ \cdots,\ \alpha_m$를 $f(x)$의 모든 서로 다른 근이라고 하면 $F\subset\{\alpha_1,\ \alpha_2,\ \cdots,\ \alpha_m\}$이므로 $n\le m$이다. $f(x)$의 근은 $n$개 이하이므로 $m\le n$이다. 따라서 $F=\{\alpha_1,\ \alpha_2,\ \cdots,\ \alpha_m\}$이 되어 결국 $F$는 $f(x)$의 근의 집합이다. 즉 $F$는 $f(x)$의 분해체이다. □

역으로 $K$를 $x^n-x\in\mathbb{Z}_p[x]$의 분해체라고 하면 $K$는 $F$와 동형이 되므로 $|K|=|F|=n$이 되어 다음과 같은 정리를 얻을 수 있다.

**정리 19.5** $K$를 $f(x)=x^n-x\in\mathbb{Z}_p[x]$의 분해체라고 하면 $K$의 위수는 $n$이다.

따라서 $F$가 위수 $n$인 유한체가 될 필요충분조건은 $F$가 $f(x)=x^n-x\in\mathbb{Z}_p[x]$의 분해체가 될 경우이다.

**따름정리 19.6** 임의의 소수 $p$와 임의의 자연수 $m$에 대해서 위수가 $p^m$인 체가 존재한다.

**증 명** $f(x)=x^{p^m}-x\in\mathbb{Z}_p[x]$라 두면 이 다항식의 분해체 $\mathbb{Z}_p(\alpha_1,\ \alpha_2,\ \cdots\ \alpha_t)$는 항상 존재하므로 이 분해체를 $F$라 두면 $F$의 위수는 $p^m$이 된다. □

**정리 19.7** 위수가 같은 두 체는 서로 동형이다.

**증 명** $K$, $F$를 모두 위수가 $n$인 체라고 하면 $K$, $F$는 모두 $x^n-x\in\mathbb{Z}_p[x]$의 분해체가 되므로 $K\cong F$이다. □

위수가 $p^m$인 유한체는 모두 서로 동형이 되므로 이 체를 **위수 $p^m$인 갈루아 체**(Galois field of order $p^m$)라고 부르고 보통 $GF(p^m)$으로 표시한다. 임의의 소수 $p$와 자연수 $m$에 대해서 위수 $p^m$인 갈루아 체를 구하기 위해서는 $\mathbb{Z}_p[x]$상에서 차수 $m$인 기약다항식 $p(x)$을 찾으면 된다. 이 경우 $F=\mathbb{Z}_p[x]/\langle p(x)\rangle$로 두고 $p(x)$의 한 근을 $\alpha$라고 하면

$$F=\{a_0+a_1\alpha+a_2\alpha^2+\cdots+a_{m-1}\alpha^{m-1}\mid a_i\in\mathbb{Z}_p\}$$

이므로 $|F|=p^m$이 됨을 알 수 있다.

$\mathbb{Z}_p[x]$상에서 차수 $m$인 기약다항식을 찾는 방법은 우선 차수 $m$인 다항식은 유한개뿐이므로 이러한 다항식을 한 개 한 개 인수가 있나 없나 조사해 보면 된다. 이러한 다항식은 항상 존재함을 알 수 있다.

> **정리 19.8** $F$는 체이다. $G$가 $(F^*, \cdot)$의 유한부분군이면 $G$는 순환군이다.

**증명** $G$는 유한아벨군이므로 유한아벨군의 기본정리에서

$$G\cong\langle a_1\rangle\times\langle a_2\rangle\times\cdots\times\langle a_n\rangle$$

임을 알 수 있다. $|G|=|a_1|\times|a_2|\times\cdots\times|a_n|=m$이라 하자. $(a_1, a_2, \cdots, a_n)\in\langle a_1\rangle\times\langle a_2\rangle\times\cdots\times\langle a_n\rangle$의 위수는 $l=1\mathrm{cm}(|a_1|, |a_2|, \cdots, |a_n|)$이므로 $l\le m$이다. 한편 임의의 $g\in G$에 대해서 $g^l=1$이 됨은 당연하다. 따라서 $G$의 모든 원소는 $x^l-1\in F(x)$의 근이 되므로 $m\le l$이다. 그러므로 $l=m$이 되어서 결국 $\langle a_1\rangle\times\langle a_2\rangle\times\cdots\times\langle a_n\rangle=\langle(a_1, a_2, \cdots, a_n)\rangle$이 된다. 따라서 $G$는 $(a_1, a_2, \cdots, a_n)$에 의해서 생성되는 순환군과 동형이므로 역시 순환군이다. □

> **따름정리 19.9** $F$가 유한체이면 $F^*=F-\{0\}$는 곱하기 연산에 대해서 순환군이다.

> **정리 19.10** $F$는 $E$의 유한부분체이다. $\alpha_1, \cdots, \alpha_k\in E$가 $F$상에서 대수적이면 $F(\alpha_1, \cdots, \alpha_k)$는 $F$의 단순확대체이다.

**증명** $F(\alpha_1, \cdots, \alpha_k)$는 $F$의 유한확대체이다. 또 $|F|$는 유한이고 기저도 유한이므로 $F(\alpha_1, \cdots, \alpha_k)$는 역시 유한체가 됨을 알 수 있다. 따라서 $F(\alpha_1, \cdots, \alpha_k)^*$의 생성원을 $\alpha$라고 하면 $F(\alpha_1, \cdots, \alpha_k)=F(\alpha)$가 된다. □

**따름정리 19.11** $p$는 소수, $n$은 자연수이면 차수 $n$인 $\mathbb{Z}_p[x]$의 기약다항식이 존재한다.

**증명** 따름정리 19.6에서 위수가 $p^n$인 체가 존재한다. 이 체를 $F$라고 하면 이 체는 $\mathbb{Z}_p$의 유한확대체이고 따라서 기저를 $\{\alpha_1, \alpha_2, \cdots, \alpha_m\}$이라고 하면 위수를 비교하여 $m=n$이 됨을 알 수 있다. 위의 정리 19.10에서 $F=\mathbb{Z}_p(\alpha_1, \alpha_2, \cdots, \alpha_m)$은 $F=\mathbb{Z}_p(\alpha)$로 쓸 수 있다. $\alpha$의 $\mathbb{Z}_p$상에서의 극소다항식을 $p(x)$라고 하면

$$\deg p(x)=[\mathbb{Z}_p(\alpha):\mathbb{Z}_p]=[F:\mathbb{Z}_p]=m=n$$

이다. □

$F=\{u\in E | u^n=1\}$라고 하면 $F$는 $(E^*, \cdot)$의 부분군이 됨을 쉽게 알 수 있다. 또 $|F|\leq n$이므로 결국 $F$는 곱에 대한 $(E^*, \cdot)$의 유한부분군이므로 순환군이다. 따라서 $F=\mathbb{Z}_p(\alpha)$의 형태가 된다.

**예제 8** 위수가 8인 체를 만들어 보자. $8=2^3$이므로 $F$의 표수는 2가 된다. 따라서 $F=\mathbb{Z}_2(\alpha)$, $[F:\mathbb{Z}_2]=3$이므로 $\alpha$의 $\mathbb{Z}_2$에서 극소다항식의 차수가 3이 되게 구성한다. $p(x)=x^3+x+1$ 또는 $q(x)=x^3+x^2+1\in\mathbb{Z}_2[x]$는 기약이 됨을 쉽게 알 수 있다. $\alpha$를 $p(x)$의 한 근이라고 하면 $[\mathbb{Z}_2(\alpha):\mathbb{Z}_2]=\deg p(x)=3$이므로 $F=\mathbb{Z}_2(\alpha)$로 두면 $|F|=2^3=8$이 된다. $F$의 임의의 원소 $u$는

$$u=a+b\alpha+c\alpha^2,\ a,\ b,\ c\in\mathbb{Z}_2\ (\text{단, } 1+\alpha+\alpha^3=0)$$

꼴로 표시할 수 있다.

만일 $q(x)$를 이용한다면 $\beta$를 $q(x)$의 한 근이라고 하면 $1+\beta^2+\beta^3=0$이다. $\mathbb{Z}_2(\alpha)$, $\mathbb{Z}_2(\beta)$는 모두 $x^8-x\in\mathbb{Z}_2[x]$의 분해체이므로 서로 동형이다. 실제로

$$h:\mathbb{Z}_2(\alpha)\to\mathbb{Z}_2(\beta),\ h(\alpha)=\beta+1$$

은 동형사상이고 $h|_{\mathbb{Z}_2}$는 항등사상이 된다. 실제로

$$h(a+b\alpha+c\alpha^2)=a+b(1+\beta)+c(1+\beta)^2,\ a,\ b,\ c\in\mathbb{Z}_2$$

인 함수이다. 또 $\mathbb{Z}_2(\beta)-\{0\}=\langle\beta\rangle$가 되어 $\mathbb{Z}_2(\beta)=\{0, 1, \beta, \cdots, \beta^6\}$이다(단, $\beta^7=1,\ \beta^3=\beta^2+1$).

**예제 9** 1의 원시 8-제곱근을 구해보자. $x^2+x+2\in\mathbb{Z}_3[x]$는 기약이므로 $x^2+x+2$의 한 근을 $u$라고 하면 $|\mathbb{Z}_3(u)|=3^2=9$이므로 $E=\mathbb{Z}_3(u)$로 두면 된다. 또 $u^8=1$이 되어 $\alpha=u$로 두면 $\alpha$는 $x^8-1\in\mathbb{Z}_3(u)$에서 근이 됨을 알 수 있다.

또 $|u|=8$이다. 그 외에 $\alpha^3$, $\alpha^5$, $\alpha^7$도 모두 1의 원시 8-제곱근이 된다($\varphi(8)=4$이므로 모두 4개임). $\alpha^2$도 $x^8-1$을 만족시키나 $\alpha^2$의 위수는 4이므로 원시근이 될 수 없다. 특히 원시근으로 인수분해된 식

$$(x-\alpha)(x-\alpha^3)(x-\alpha^5)(x-\alpha^7)=x^4+1$$

는 $E$상에서 원분다항식(cyclotomic polynomial)이다. 특히 이 경우는 8-제곱근일 경우이므로 8-원분다항식이다.

$F$는 표수가 $p$인 유한체라고 하자. 임의의 양의 정수 $n$에 대하여 다항식 $f(x)=x^n-1\in F[x]$의 근을 $\alpha_1,\ \alpha_2,\ \cdots,\ \alpha_n$이라고 하면 $f(x)$의 분해체는 $K=F(\alpha_1,\ \alpha_2,\ \cdots,\ \alpha_n)$이 된다. 그런데 집합 $H=\{\alpha_1,\ \alpha_2,\ \cdots,\ \alpha_n\}$은 곱에 대해서 군이 되므로 앞 정리에서 $(H,\ \cdot\ )$는 순환군이 된다. $(H,\ \cdot\ )$의 생성원을 $\alpha$라고 하면 $K=F(\alpha)$ 꼴로 쓸 수 있다. 만일 $n$이 $p$의 배수가 아니면 $f'(x)=nx^{n-1}\neq 0$이므로 $f(x)$와 $f'(x)$는 서로소가 된다. 따라서 $f(x)$는 $F$상에서 분리다항식이다. $\alpha_i\in H$ 중 $\langle\alpha_i\rangle=H$가 되는 $\alpha_i$를 $p$를 법으로 하는 원시 $n$-제곱근(primitive $n$-th roots of unit mod $p$)이라고 부른다. $H=\{\alpha_1,\ \alpha_2,\ \cdots,\ \alpha_n\}=\langle\alpha\rangle$이므로 $\alpha_i$가 $p$를 법으로 하는 원시 $n$-제곱근일 필요충분조건은 $\alpha_i=\alpha^k$, $\gcd(k,\ n)=1$이 됨을 쉽게 알 수 있다. 따라서 $p$를 법으로 하는 원시 $n$-제곱근은 모두 $\varphi(n)$개 있음을 알 수 있다. 또 이때는 $|\alpha_i|=n$이 된다. $\mathbb{Q}$상에서와 마찬가지로 우리는 이러한 $p$를 법으로 하는 원시 $n$-제곱근을 근으로 하는 원분다항식

$$\Phi_n(x)=(x-u_1)(x-u_2)\ \cdots\ (x-u_{\varphi(n)})\in K[x]$$

를 생각할 수 있다.

**예제 10** $F=\mathbb{Z}_3$, $n=8$이라고 하면 원분다항식을 구할 수 있다. 우선 $f(x)=x^8-1\in\mathbb{Z}_3[x]$의 근을 구하기 위해서 $g(x)=x^9-1\in\mathbb{Z}_3[x]$의 분해체를 구하는 것이 쉽다. $x^2+x+2\in\mathbb{Z}_3[x]$는 기약이므로 $E=\mathbb{Z}_3[x]/\langle x^2+x+2\rangle$의 위수는 9가 됨을 알 수 있고, 따라서 $E$는 $g(x)$의 분해체가 된다. $\alpha=\overline{x}$라고 하면 $E=\mathbb{Z}_3[\alpha]$ 꼴이 되

므로 결국 $\alpha$가 3을 법으로 하는 원시 8-제곱근이다. 또 $\alpha^3$, $\alpha^5$, $\alpha^7$도 모두 원시근이다. 따라서 원분다항식은

$$\Phi_8(x) = (x-\alpha)(x-\alpha^3)(x-\alpha^5)(x-\alpha^7) \in \mathbb{Z}_3(\alpha)[x]$$

인데 $\alpha^2+\alpha+2=0$, $\alpha^8=1$을 이용하면 $\Phi_8(x)=x^4-1$이 됨을 알 수 있다.

$n=p^t-1$이 안되는 경우의 예를 한 가지 더 들어보겠다.

**예제 11** $F=\mathbb{Z}_3$, $n=10$이라고 하면 3은 10의 약수가 아니다. $f(x)=x^{10}-1 \in \mathbb{Z}_3[x]$의 분해체 $K$를 구하기 위해서 $|K|=3^t$ 꼴이므로 $10|3^t-1$이 되어야 한다. 오일러의 정리에서 $10|3^{\varphi(10)}-1$이므로 $t=\varphi(10)=4$로 두면 되겠다. $\mathbb{Z}_3[x]$에서 차수가 4인 기약다항식을 구해보면 $x^4+1 \in \mathbb{Z}_3[x]$가 간단히 생각난다. 따라서 $K=\mathbb{Z}_3[x]/\langle x^4+1\rangle$라 두면 $\alpha=\bar{x}$는 $K$에서 $x^4+1$의 근이 된다. 또 $K \cong \mathbb{Z}_3(\alpha)$이고 $|K|=3^4=81$이다. 실제로 $[K:\mathbb{Z}_3]=4$이므로 $K$의 원소는 $a_0+a_1\alpha+a_2\alpha^2+a_3\alpha^3$, $a_i \in \mathbb{Z}_3$ 꼴이 된다. $K$의 임의의 원소 $\beta$에 대해서 $\beta^{80}=1$이므로 이 중 $|\beta|=10$이 되는 원소를 찾아보자. $\alpha^4=-1$이므로 $\alpha^8=1$이 되어 $\alpha$는 안된다.

$(K^*, \cdot)$는 위수가 80인 아벨군이고 $10|80$이므로 위수가 10인 원소 $\beta$는 반드시 존재한다. 구체적으로 구하기는 힘들므로 구했다 치고 따라서 $\beta$는 $x^{10}-1 \in \mathbb{Z}_3[x]$를 만족시킨다. $\beta^3$, $\beta^7$, $\beta^9$도 역시 3을 법으로 하는 원시근이므로 결국 원분다항식은

$$\Phi_{10}(x) = (x-\beta)(x-\beta^3)(x-\beta^7)(x-\beta^9)$$

이다. 이 식을 전개시켜 $\beta^{10}=1$을 대입하면

$$\Phi_{10}(x) = x^4-x^3+x^2-x+1 \in \mathbb{Z}_3[x]$$

가 된다.

## 19 | 연습문제 EXERCISE

1. $\mathbb{Q}(\sqrt{3},\ i)$는 $(x^2-2x-2)(x^2+1) \in \mathbb{Q}[x]$의 분해체임을 보여라.

2. $x^2-3$과 $x^2-2x-2 \in \mathbb{Q}[x]$의 분해체는 같음을 보여라.

3. 다음 중 $\mathbb{Q}$상에서의 분해체인 것을 골라라.
   (1) $\mathbb{Q}(i)$
   (2) $\mathbb{Q}(\sqrt{2})$
   (3) $\mathbb{Q}(\sqrt[3]{2})$
   (4) $\mathbb{Q}(2+\sqrt{5})$
   (5) $\mathbb{Q}(i+\sqrt{3})$
   (6) $\mathbb{Q}(i,\ \sqrt{2},\ \sqrt{3})$

4. $x^2+\overline{1} \in \mathbb{Z}_3[x]$의 분해체를 구하라.

5. $\mathbb{Z}_3 \subset E$이다. 또 $u \in E$는 $a(x)=x^3+\overline{2}x+\overline{1} \in \mathbb{Z}_3[x]$의 근이다.
   (1) $u+\overline{1},\ u+\overline{2} \in E$도 $a(x)$의 근이 됨을 보여라.
   (2) $a(x) \in \mathbb{Z}_3[x]$의 분해체를 구하라.

6. $x^3+x+\overline{1} \in \mathbb{Z}_2[x]$의 분해체를 구하고 그 위수를 구하라.

7. $x^3+x^2+x+\overline{2} \in \mathbb{Z}_3[x]$의 분해체를 구하고 그 위수를 구하라.

8. $[E:F]=2$이면 $E$는 $F$상에서의 분해체가 됨을 보여라.

9. $F \subset K \subset E$이다. $E$가 $F$상에서 $a(x)$의 분해체이면 $E$는 $K$상에서 $a(x)$의 분해체가 됨을 보여라.

10. $\mathbb{R}$ 상에서의 분해체는 $\mathbb{R}$과 $\mathbb{C}$ 뿐임을 보여라.

11. $p(x)=x^4+ax^2+b \in F[x]$는 기약이다. $F[x]/\langle p(x)\rangle$는 $p(x)$의 분해체가 됨을 보여라.

12. $K=F(a)$는 $F$상에서 어떤 다항식의 분해체이다. $K$는 $F$상에서 $a$의 극소다항식의 분해체가 됨을 보여라.

13. $F$의 표수는 0이다. $F$상에서의 임의의 분해체는 반드시 $F$상에서 어떤 기약다항식의 분해체가 됨을 보여라.

14. $[K:F]=n$이고 $K$는 $F$상에서 어떤 다항식의 분해체이다. $K$는 차수가 $n$인 모든 $K$에서 근을 가지는 기약다항식의 분해체가 됨을 보여라.

15. (1) $\mathbb{Q}(\sqrt{2}, \sqrt{-3})=\mathbb{Q}(c)$인 $c$를 구하라.
(2) $\mathbb{Q}(\sqrt{2}, \sqrt[3]{2})=\mathbb{Q}(c)$인 $c$를 구하라.

16. $a$는 $x^3-x+1$, $b$는 $x^2-2x-1$의 근이다. $\mathbb{Q}(a, b)=\mathbb{Q}(c)$인 $c$를 구하라.

17. $\mathbb{Q}(\sqrt{2}, \sqrt{3}, \sqrt{-5})=\mathbb{Q}(c)$인 $c\in\mathbb{R}$를 구하라.

18. $\mathbb{Q}(\sqrt{2}, \sqrt{3})$이 분해체가 되는 $\mathbb{Q}$상에서 기약인 $p(x)$를 구하라.

19. $F\subset K\subset E$, $K=F(u_1, \cdots, u_m)$, 단, $u_i$는 $f(x)\in F[x]$의 근이다. $E$가 $F$상에서 $f(x)$의 분해체일 필요충분조건은 $E$가 $K$상에서 $f(x)$의 분해체임을 증명하라.

20. $f(x)=x^3-2\in\mathbb{Q}[x]$의 두 복소수 근을 $\alpha, \beta$라고 하면 $x^3-2$의 분해체 $\mathbb{Q}(\sqrt[3]{2}, \alpha, \beta)=\mathbb{Q}(\sqrt[3]{2}, \alpha)$임을 보여라.

21. $f(x)\in F[x]$, $\deg f(x)=n$, $E$는 $f(x)$의 분해체이다. $[E:F]$는 $n!$의 약수임을 보여라.

22. $p\in\mathbb{Z}$가 소수이면 모든 $\bar{a}\in\mathbb{Z}_p$에 대해서 $(\bar{a})^p=\bar{a}$임을 보여라.

23. $|F|=p^n$, $F$는 체이다. $F$의 모든 원소는 $F$에서 단 한 개의 $p$-제곱근을 가짐을 보여라.

24. $|F|=q$, $\gcd(n, q)=1$, $E$는 $F$상에서 $x^n-1$의 분해체이다. $[E:F]$는 $q^k-1$이 $n$의 배수가 되는 최소의 양의 정수 $k$임을 보여라.

25. $|F|=m$, $f(x)\in F[x]$는 기약이다. $f(x)|x^{m^n}-x$일 필요충분조건은 $\deg f(x)$가 $n$의 약수임을 보여라.

26. 유한체 $F$의 임의의 원소 $x$는 $x=a^2+b^2$, $a, b\in F$꼴로 쓸 수 있음을 보여라.

CHAPTER 20

# 체의 동형사상

## Field Isomorphisms

**정의 20.1** $\alpha$와 $\beta$가 $F$의 적당한 확대체에 속하는 원소일 때, 만약 $\alpha$와 $\beta$가 동일한 극소다항식의 근일 때, $\alpha$와 $\beta$는 $F$상에서 서로 **켤레**(conjugate)라고 부른다.

$L$, $K$는 $F$의 확대체이고 $\alpha \in L$, $\beta \in K$이다. $\alpha$와 $\beta$가 $F$상에서 서로 켤레원소이면 $F(\alpha) \cong F(\beta)$이다.

역으로 "$F(\alpha) \cong F(\beta)$이면 $\alpha$와 $\beta$는 $F$상에서 켤레이다"도 성립함을 정리 20.4에서 볼 수 있다. $F$와 $E$는 체이고 $h : F \to E$는 체의 동형사상이다. 이때

$$\overline{h} : F[x] \to E[x],\ \overline{h}(a_0 + a_1 x + \cdots + a_n x^n) = h(a_0) + h(a_1)x + \cdots + h(a_n)x^n$$

은 다항식 환에서의 동형사상이 됨을 쉽게 알 수 있다. 또 만일 $c$가 상수이면 $\overline{h}(c) = h(c)$가 되어 $\overline{h}$는 $F$에서는 $h$와 일치한다. 따라서 $\overline{h}$는 동형사상 $h : F \to E$를 다항식 환 $F[x]$와 $E[x]$로 확대한 것이다. 편의상 $\overline{h}$는 $h$로 쓴다. 다시 말하면

$$f(x) = a_0 + a_1 x + \cdots + a_n x^n \in F[x]$$

일 때 $h(f(x)) = h(a_0) + h(a_1)x + \cdots + h(a_n)x^n \in E[x]$를 말한다.

$f(x) \in F[x]$가 기약이면 $h(f(x)) \in E[x]$도 기약임을 쉽게 보일 수 있다. 다항식 $f(x) \in F[x]$의 임의의 분해체는 항상 동형임을 증명해 보자. $E$, $F$는 체이고 $h : F \to E$는 동형사상이다. $p(x) \in F[x]$는 기약이고 $\alpha$는 $p(x)$의 근, $\beta$는 $h(p(x)) \in E[x]$의 근이면 $\overline{h} : F(\alpha) \to E(\beta)$는 동형사상이고 모든 $u \in F$에 대해서 $\overline{h}(u) = h(u)$인 함수 $\overline{h}$를

만들 수 있다. 임의의

$$f(\alpha)=c_0+c_1\alpha+c_2\alpha^2+\ \cdots\ +c_n\alpha^n\in F(\alpha)$$

에 대해서

$$\overline{h}(f(\alpha))=h(c_0)+h(c_1)\beta+h(c_2)\beta^2+\ \cdots\ +h(c_n)\beta^n\in E(\beta)$$

으로 정의하면 $\overline{h}$는 $F(\alpha)$에서 $E(\beta)$로의 함수가 되고 실제로 이 함수는 우리가 구하는 함수이다. 즉 임의의 $f(\alpha)\in F(\alpha)$에 대해서 $\overline{h}(f(\alpha))\in E(\beta)$, $\overline{h}(\alpha)=\beta$이고 모든 $u\in F$에 대해서 $\overline{h}(u)=h(u)$가 된다. 또 환준동형사상이고 $h$가 전단사이므로 $\overline{h}$도 전단사가 된다. 그런데 구체적으로 위의 사실을 하나하나 증명해 보면 생각같이 그렇게 간단하지가 않다.

> **정리 20.1** $h: F\to E$는 환동형사상이다. $K$는 $F$의 확대체, $L$은 $E$의 확대체이다. $\alpha\in K$는 $F$상에서 대수적이고 $\alpha$의 극소다항식은 $p(x)\in F[x]$, 또 $\beta\in L$은 $E$상에서 대수적이고 극소다항식이 $h(p(x))\in E[x]$이면 다음 성질을 만족하는 환동형사상 $\overline{h}$가 존재한다.
>
> $$\overline{h}: F(\alpha)\to E(\beta),\quad \overline{h}(\alpha)=\beta,\quad \overline{h}\,|_F=h$$

**증 명** 앞에서 동형사상 $h: F[x]\to E[x]$가 존재함을 알 수 있었다. 또 임의의 $g(x)\in E[x]$에 대해서

$$\theta: E[x]/\langle h(p(x))\rangle\to E(\beta),\ \theta(\overline{g(x)})=g(\beta)$$

는 동형사상이므로 $E[x]/\langle h(p(x))\rangle\cong E(\beta)$이다. 또

$$\pi: E[x]\to E[x]/\langle h(p(x))\rangle,\ \pi[g(x)]=\overline{g(x)}$$

는 전사인 준동형이다.

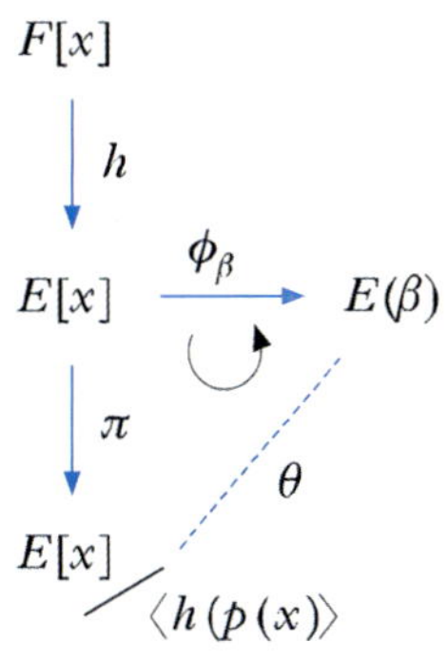


[그림 20.1]

따라서 합성함수

$$\theta \cdot \pi \cdot h : F[x] \xrightarrow{h} E[x] \xrightarrow{\pi} E[x]/\langle h(p(x)) \rangle \xrightarrow{\theta} E(\beta)$$

는 전사이다. 또 이 함수의 핵은 $\langle p(x) \rangle$이다.

$$h(f(x)) = h(p(x))h(r(x)) = h(p(x)r(x))$$

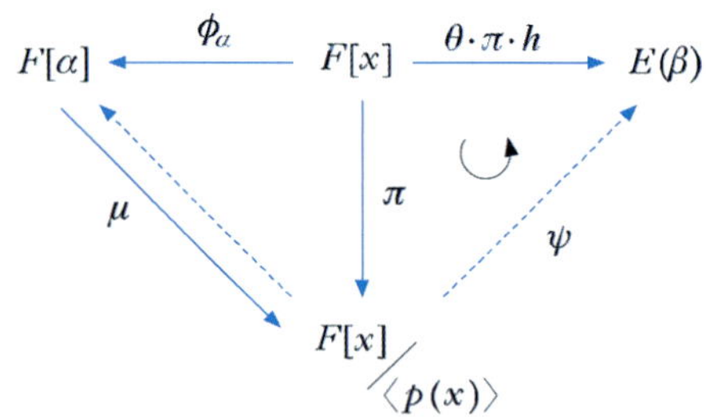


[그림 20.2]

이다. 동형사상의 기본정리에 의해서 $F[x]/\langle p(x) \rangle \cong E(\beta)$가 된다. 실제로 이때의 함수 $\psi : F[x]/\langle p(x) \rangle \to E(\beta)$는 임의의

$$\overline{a(x)} = a(x) + \langle p(x) \rangle,\ a(x) \in F[x]$$

에 대해서

$$\psi(\overline{a(x)}) = (\theta \cdot \pi \cdot h)(a(x)) = \theta \cdot \pi(h(a(x))) = \phi_\beta(h(a(x)))$$

이다. □

$\overline{h}$는 복잡하게 만들었는데 실제로 함수값을 적어보면 임의의

$$f(x) = c_0 + c_1 x + c_2 x^2 + \cdots + c_n x^n \in F[x]$$

에 대해서

$$\begin{aligned}\overline{h}(f(\alpha)) &= \overline{h}(c_0 + c_1\alpha + c_2\alpha^2 + \cdots + c_n\alpha^n) \\ &= (\psi \cdot \mu)(f(\alpha)) = (\psi \cdot \mu)(\phi_\alpha(f(x))) \\ &= (\psi \cdot \pi)f(x) = \psi(\overline{f(x)}) = \phi_\beta(h(f(x))) \\ &= h(c_0) + h(c_1)\beta + h(c_2)\beta^2 + \cdots + h(c_n)\beta^n\end{aligned}$$

이다. 이 정리에서 $E = F$, $h$를 항등함수라 두면 $\alpha$, $\beta$는 켤레가 되어 같은 극소다항식 $p(x) \in F[x]$를 가진다. 따라서 $\overline{h} : F(\alpha) \to F(\beta)$는 모든 $u \in F$에 대해서 $\overline{h}(u) = u$,

$\overline{h}(\alpha)=\beta$가 되는 동형사상이 된다. 즉 $\alpha$, $\beta\in K$가 같은 극소다항식 $p(x)\in F[x]$의 근이면 $h|_F=1_F$, $h(\alpha)=\beta$인 동형사상 $h: F(\alpha)\to F(\beta)$가 존재한다.

**예제 1** $f(x)=x^3+x+1\in\mathbb{Z}_2[x]$, $g(x)=x^3+x^2+1\in\mathbb{Z}_2[x]$는 모두 $\mathbb{Z}_2$상에서 기약이다.

$$E=\mathbb{Z}_2[x]/\langle f(x)\rangle,\ K=\mathbb{Z}_2[x]/\langle g(x)\rangle$$

는 모두 $\mathbb{Z}_2$를 포함하는 체이다. 또 $\alpha\in E$, $f(\alpha)=0$, $\beta\in K$, $g(\beta)=0$이 되는 $\alpha$, $\beta$가 존재한다.

$$E\cong\mathbb{Z}_2(\alpha)=\{a+b\alpha+c\alpha^2\,|\,a,\ b,\ c\in\mathbb{Z}_2,\ \alpha^3+\alpha+1=0\}$$
$$K\cong\mathbb{Z}_2(\beta)=\{a+b\beta+c\beta^2\,|\,a,\ b,\ c\in\mathbb{Z}_2,\ \beta^3+\beta^2+1=0\}$$

이므로 두 체 $\mathbb{Z}_2(\alpha)$, $\mathbb{Z}_2(\beta)$의 위수는 모두 8이다. 유한체의 성질에서 $E^*=E-\{0\}$라 하면 $(E^*,\ \cdot\ )$는 위수 7인 군이 되므로 라그랑즈의 정리에 의해서 $E^*$의 임의의 원소는 $x^7=1$, 즉 $x^7-1\in\mathbb{Z}_2[x]$를 만족한다. 따라서 $E$는 $x^8-x\in\mathbb{Z}_2[x]$의 분해체가 된다. 마찬가지로 $K$도 역시 $x^8-x\in\mathbb{Z}_2[x]$의 분해체가 된다.

또 위의 예제 1의 체 $K$에서 $\beta^3=\beta^2+1$, $\beta^7=1$을 이용하면 $K^*$는 $\beta$에 의해서 생성되는 순환군이다( $\beta$는 원시근이 된다). 원소 하나하나를 적어보면

$$1+\beta=\beta^5,\ 1+\beta^2=\beta^3,\ \beta+\beta^2=\beta^6,\ 1+\beta+\beta^2=\beta^4$$

이다. 실제로 $K^*\cong\mathbb{Z}_2^*(\beta)$에 속하는 7개의 모든 원소는 $\beta$에 의해 표시됨을 다음의 표로 알 수 있다.

$$K\cong\mathbb{Z}_2(\beta)=\{a+b\beta+c\beta^2\,|\,a,\ b,\ c\in\mathbb{Z}_2\}$$

$K^*=K-\{0\}$이므로 $a$, $b$, $c$가 동시에 0인 경우를 제외하면

| $(a,\ b,\ c)$ | $(1,\ 0,\ 0)$ | $(0,\ 1,\ 0)$ | $(0,\ 0,\ 1)$ | $(1,\ 1,\ 0)$ | $(1,\ 0,\ 1)$ | $(0,\ 1,\ 1)$ | $(1,\ 1,\ 1)$ |
|---|---|---|---|---|---|---|---|
| $a+b\beta+c\beta^2$ | $1$ | $\beta$ | $\beta^2$ | $1+\beta$ | $1+\beta^2$ | $\beta+\beta^2$ | $1+\beta+\beta^2$ |
| $\beta^i$ | $\beta^7$ | $\beta$ | $\beta^2$ | $\beta^5$ | $\beta^3$ | $\beta^6$ | $\beta^4$ |

이 된다. 일반적으로 모든 유한체 $F$에서 $F^*$는 항상 곱에 대해서 순환군이 된다.

$K$는 $F$의 확대체, $L$은 $E$의 확대체이고 $K$와 $L$은 동형이다. 임의의 동형사상 $h: F\to E$에 대해서 $\overline{h}|_F=h$가 되는 동형사상 $\overline{h}: K\to L$가 존재할까? 일반적으로 이

러한 동형사상은 존재하지 않는다. 그러나 크로네커(Kronecker, Leopold, 1823 ~ 1891)는 $F$의 확대체 $K$가 특별한 경우에는 항상 $h$의 확장 $\bar{h}$를 찾을 수 있음을 발견하였다. 다음 정리 20.2가 바로 그러한 경우이다. 우선 안되는 예를 한 개 들어본다.

**예제 2** $F=\mathbb{Q}(\sqrt{2})$, $E=\mathbb{Q}(-\sqrt{2})$라고 하면 실제로는 $F=E$이다. $K=L=\mathbb{Q}(\sqrt[4]{2})$라고 하면 $K\cong L$이고 $K$는 $E$, $F$의 확대체이다.

$$h:\mathbb{Q}(\sqrt{2})\to\mathbb{Q}(-\sqrt{2}),\ h(a+b\sqrt{2})=a-b\sqrt{2}$$

는 당연히 동형사상이다.

$$\bar{h}:\mathbb{Q}(\sqrt[4]{2})\to\mathbb{Q}(\sqrt[4]{2}),\ \bar{h}|_{\mathbb{Q}(\sqrt{2})}=h$$

인 동형사상 $\bar{h}$가 존재할까? 절대로 없다. 그 이유는 그러한 $\mathbb{Q}(\sqrt[4]{2})$에서의 동형사상 $\bar{h}$가 존재한다고 하자. $\bar{h}(\sqrt[4]{2})=a$라고 하면

$$\bar{h}(\sqrt[4]{2}\ \sqrt[4]{2})=\bar{h}(\sqrt[4]{2})\bar{h}(\sqrt[4]{2})=a^2$$

이다. 그런데 $\sqrt[4]{2}\ \sqrt[4]{2}=\sqrt{2}$이므로 $\bar{h}(\sqrt{2})=h(\sqrt{2})=-\sqrt{2}$이다. 따라서 $a^2=-\sqrt{2}$가 되는데 $\mathbb{Q}(\sqrt[4]{2})$ 속에는 이 식을 만족시키는 $a$가 존재하지 않는다.

**정리 20.2** $h:F\to E$는 동형사상이고 $K$는 $F$상에서 어떤 다항식 $f(x)\in F[x]$의 분해체, $L$은 $E$상에서 $h(f(x))\in E[x]$의 분해체이면 $\bar{h}|_F=h$인 동형사상 $\bar{h}:K\to L$가 존재한다.

**증명** $K=F(\alpha_1,\alpha_2,\cdots,\alpha_n)$, $\alpha_i$는 $f(x)$의 근, $L=E(\beta_1,\beta_2,\cdots,\beta_m)$, $\beta_j$는 $h(f(x))$의 근이라고 두자. $K[x]$에서 $f(x)$는

$$f(x)=c(x-\alpha_1)(x-\alpha_2)\cdots(x-\alpha_n),\ c\in K$$

으로 분해된다. 또 $L[x]$에서 $h(f(x))$는

$$h(f(x))=d(x-\beta_1)(x-\beta_2)\cdots(x-\beta_m),\ d\in L$$

으로 분해된다. $f(x)$와 $h(f(x))$는 차수가 같으므로 $n=m$이 됨을 알 수 있다. $p(x)\in F[x]$를 $f(x)$의 한 기약인 인수라고 하면 $h(p(x))\in E[x]$는 역시 기약이다. 또 $p(x)$의 모든 근은 $f(x)$의 근이므로 $K$는 $p(x)$의 모든 근을 포함한다. 마찬가지로 $L$도 $h(p(x))$의 모든 근을 포함한다. 편의상 $\alpha_1$을 $p(x)$의 근, $\beta_1$을 $h(p(x))$의 근이라고 하면

앞 정리 20.1에 의해서 $\bar{h}(\alpha_1)=\beta_1$, $\bar{h}|_F=h$인 동형사상 $\bar{h}: F(\alpha_1)\to E(\beta_1)$이 존재한다. $F(\alpha_1)=F_1$, $E(\beta_1)=E_1$라 두자. $F_1[x]=F(\alpha_1)[x]$에서 나눗셈하면

$$f(x)=(x-\alpha_1)f_1(x),\ f_1(x)\in F(\alpha_1)[x]$$

로 쓸 수 있고 따라서 $E_1[x]$에서 다시 $F$을 $F_1$로 $E$을 $E_1$로 $h$를 $\bar{h}$로 생각하면

$$\bar{h}(f(x))=(x-\bar{h}(\alpha_1))\bar{h}(f_1(x))=(x-\beta_1)\bar{h}(f_1(x))$$

이다. 물론 여기서 $f_1(x)\in F_1[x]$는 $K[x]$에서 $c(x-\alpha_2)\cdots(x-\alpha_n)$로 분해된다. 또 $K$는 $F_1$상에서 $f_1(x)$의 분해체, $L$은 $E_1$상에서 $\bar{h}(f_1(x))$의 분해체가 됨도 당연하다. 동형사상 $\bar{h}: F_1\to E_1$과 $f_1(x)\in F_1[x]$에 대해서 또 다시 위의 방법을 반복하면

$$F(\alpha_1,\ \alpha_2)=F_1(\alpha_2)\cong E_1(\beta_2)=E(\beta_1,\ \beta_2)$$

가 되고 결국 귀납적으로

$$F(\alpha_1,\ \alpha_2,\ \cdots,\ \alpha_n)\cong E(\beta_1,\ \beta_2,\ \cdots,\ \beta_m)$$

이 된다. □

위의 정리 20.2에서 특히 $F=E$, $h$가 항등함수면 $f(x)\in F[x]$의 두 분해체는 동형이 된다. 즉, $K$와 $L$이 $f(x)\in F[x]$의 분해체이면 모든 $u\in F$에 대해서 $\bar{h}(u)=u$인 동형사상 $\bar{h}: K\to L$가 존재한다. 그러면 이 역은 성립할까? 즉 $K$는 $f(x)\in F[x]$의 분해체이고 모든 $u\in F$에 대해서 $h(u)=u$인 동형사상 $h: K\to L$이 존재하면 $L$도 $f(x)$의 분해체가 되어줄까? 이때는 $L$이 $f(x)$의 분해체정도가 아니라 아예 $K=L$이 된다.

**따름정리 20.3** $K$는 $F$상에서의 어떤 다항식 $f(x)$의 분해체이다. $\alpha,\ \beta\in K$가 기약다항식 $p(x)\in F[x]$의 근이면 임의의 $u\in F$에 대해서 $\bar{h}(u)=u$이고 $\bar{h}(\alpha)=\beta$인 $K$에서의 동형사상 $\bar{h}$가 존재한다.

**증명** 앞 정리 20.1에서 모든 $u\in F$에 대해서 $h(u)=u$인 동형사상 $h: F(\alpha)\to F(\beta)$, $h(\alpha)=\beta$가 존재한다. 위의 정리 20.2에서

$$F=F(\alpha),\ E=F(\beta),\ K=L$$

로 생각하면 $h: F(\alpha)\to F(\beta)$는 동형사상이고

$$f(x)\in F[x]\subset F(\alpha)[x],\ f(x)\in F[x]\subset F(\beta)[x]$$

로 볼 수 있다. 또 $f(x)$의 모든 근을 $c_1, c_2, \cdots, c_m$이라고 하면

$$K=F(c_1, c_2, \cdots, c_m)=F(\alpha)(c_1, c_2, \cdots, c_m)=F(\beta)(c_1, c_2, \cdots, c_m)$$

이므로 $K$는 $F(\alpha)$, $F(\beta)$상에서 $f(x)$의 분해체로 봐도 된다. 사실 $f(x)\in F[x]$이므로 $h(f(x))=f(x)$이다. 위의 정리 20.2를 다시 적으면 $\bar{h}: K\to K$, 모든 $t\in F(\alpha)$에 대해서 $\bar{h}(t)=h(t)$인 동형사상 $\bar{h}$가 존재한다. 따라서 모든 $u\in F$에 대해서

$$\bar{h}(u)=h(u)=u,\ \bar{h}(\alpha)=h(\alpha)=\beta$$

이다. □

체 $E$가 유리수 $\mathbb{Q}$를 포함한다고 하자. $f: E\to K$가 동형사상이면 $f(0)=0$, $f(1)=1$이다. 따라서 임의의 정수 $n\in\mathbb{Z}$에 대해서

$$f(n)=f(1+\cdots+1)=1+\cdots+1=n$$

이다. 또 임의의 $\frac{m}{n}\in\mathbb{Q}$에 대해서

$$f\left(\frac{m}{n}\right)=f(m\cdot n^{-1})=f(m)f(n)^{-1}=mn^{-1}=\frac{m}{n}$$

이 되어 결국 모든 $u\in\mathbb{Q}$에 대해서 $f(u)=u$가 됨을 알 수 있다. 물론 $\mathbb{Z}_p$를 포함하면 $\mathbb{Z}_p$의 원소도 동형사상 $f$의 함수값은 $f(\bar{i})=\bar{i}$가 된다. 이런 경우는 비단 $\mathbb{Q}$나 $\mathbb{Z}_p$뿐만 아니라 일반적인 확대체에서도 자주 나타난다.

**정의 20.2** $K, L$는 $F$의 확대체이다. $h: K\to L$는 동형사상이고 모든 $u\in F$에 대해서 $h(u)=u$일 때 $h$는 $F$를 **고정**(fix)시킨다 또는 **부동**시킨다고 한다. 또 거꾸로 $h(a)=a$인 $a\in K$를 $h$에 대한 **고정원소**(fixed element by $h$)라고 한다.

만일 $h$가 $F$를 고정시키면 당연히 $F$의 모든 원소는 $h$에 대해서 고정된다. 물론 $F$ 이외의 원소도 $h$에 대해서 고정될 수 있다.

**예제 3** $h: \mathbb{Q}(\sqrt{2})\to\mathbb{Q}(-\sqrt{2}),\ h(a+b\sqrt{2})=a-b\sqrt{2}$

라고 하면 $h$는 $\mathbb{Q}$를 고정시킨다. 또 $h$에 대해서 고정되는 원소의 집합은 $\mathbb{Q}$뿐이다.

**정리 20.4** $K$, $L$는 $F$의 확대체이고 $h: K \to L$는 $F$를 고정시키는 준동형사상이다. $\alpha \in K$가 $f(x) \in F[x]$의 근이면 $h(\alpha) \in L$도 역시 $f(x)$의 근이다.

**예제 4** $h: \mathbb{Q}(\sqrt[3]{2}) \to \mathbb{Q}(\sqrt[3]{2})$를 동형사상이라고 하면 임의의 $u \in \mathbb{Q}$에 대해서 $h(u) = u$이다. $\sqrt[3]{2}$는 $f(x) = x^3 - 2 \in \mathbb{Q}[x]$의 근이므로 $h(\sqrt[3]{2})$도 역시 $x^3 - 2$의 근이라야 한다. 그런데 $x^3 - 2$의 근은 $\sqrt[3]{2}$ 외에는 모두 허근이므로 결국 $\mathbb{Q}(\sqrt[3]{2})$ 속에 들어가는 근은 $\sqrt[3]{2}$뿐이다. 따라서 $h(\sqrt[3]{2}) = \sqrt[3]{2}$이다. 결국 $h$는 항등함수가 된다. 즉 $\mathbb{Q}(\sqrt[3]{2})$에서 $\mathbb{Q}(\sqrt[3]{2})$로의 동형사상은 항등함수뿐이다.

위의 정리 20.4는 간단하지만 매우 중요하므로 잘 기억하여야 한다. 역으로 $K$가 $F$의 확대체이고 $\alpha$, $\beta \in K$가 $a(x) \in F[x]$의 두 근이라고 해도 $h(\alpha) = \beta$가 되는 $F$를 고정시키는 $K$의 동형사상 $h$가 반드시 존재하는 것은 아니다. 예를 들어 $x^2 - 4 \in \mathbb{Q}[x]$의 근은 $\pm 2$이다. 그러나 $\mathbb{Q}$의 확대체 $K$에서 $K$로의 동형사상 $h$는 $\mathbb{Q}$를 고정시키므로 $h(2) = 2$가 되어 $h(2) = -2$인 $K$에서 $K$로의 동형사상은 존재하지 않는다.

**정리 20.5** $K$, $L$는 $F$의 확대체이다. $h: K \to L$는 $F$를 고정시키는 동형사상이고 $K$가 $F$상의 어떤 다항식의 분해체이면 $K = L$이다.

**증명** $K$가 어떤 다항식 $f(x) \in F[x]$의 분해체라고 하면 $K = F(\alpha_1, \alpha_2, \cdots, \alpha_n)$으로 적을 수 있다. 이때 $\alpha_1, \alpha_2, \cdots, \alpha_n$은 $f(x)$의 근이다. 앞 정리 20.4에서 $h(\alpha_1)$, $h(\alpha_2)$, $\cdots$, $h(\alpha_n)$도 모두 $f(x)$의 근이 되므로 결국

$$\{h(\alpha_1),\ h(\alpha_2),\ \cdots,\ h(\alpha_n)\} = \{\alpha_1,\ \alpha_2,\ \cdots,\ \alpha_n\}$$

이 된다. $h(\alpha_1) = \alpha_i$라고 하면 $F(\alpha_1)$의 임의의 원소 $b$는

$$b = a_0 + a_1\alpha_1 + a_2\alpha_1^2 + \cdots + a_l\alpha_1^l,\ a_k \in F\ \ (0 \le k \le l)$$

이므로

$$\begin{aligned} h(b) &= h(a_0 + a_1\alpha_1 + \cdots + a_l\alpha_1^l) \\ &= a_0 + a_1 h(\alpha_1) + \cdots + a_l h(\alpha_1)^l \\ &= a_0 + a_1\alpha_i + \cdots + a_l\alpha_i^l \in F(\alpha_1,\ \alpha_2,\ \cdots,\ \alpha_n) = K \end{aligned}$$

이다. 즉 $h(F(\alpha_1)) \subset K$이다. 또 $h(\alpha_2) = \alpha_j$라고 하면 $(F(\alpha_1))(\alpha_2)$의 임의의 원소 $c$는

$$c = b_0 + b_1\alpha_2 + \cdots + b_m\alpha_2^m,\ b_k \in F(\alpha_1)\ \ (0 \le k \le m)$$

이므로 역시

$$h(c) = h(b_0) + h(b_1)\alpha_j + \cdots + h(b_m)a_j^m$$

인데

$$h(b_i) \in K,\ \alpha_j \in F(\alpha_1,\ \alpha_2,\ \cdots,\ \alpha_n) = K$$

이므로 결국 $h(c) \in K$이다. 따라서 $h(F(\alpha_1,\ \alpha_2)) \subset K$이고 이와 같이 계속하면

$$h(K) \subset K$$

가 됨을 알 수 있다. 한편 $h$는 전사이므로 $h(K) = L$이므로 $L \subset K$이다. 또 $F \subset L$, $\{\alpha_1,\ \alpha_2,\ \cdots,\ \alpha_n\} = \{h(\alpha_1),\ h(\alpha_2),\ \cdots,\ h(\alpha_n)\} \subset L$이므로

$$K = F(\alpha_1,\ \alpha_2,\ \cdots,\ \alpha_n) \subset L$$

이다. 따라서 $K = L$가 된다. □

위의 정리에서 보는 것과 같이 $F$의 확대체가 어떤 다항식의 분해체가 되면 이외에도 매우 재미있는 많은 성질들을 가진다.

**정의 20.3** $F$의 확대체 $K$가 $F$상에서의 어떤 다항식의 분해체가 될 때 $K$를 $F$의 **정규확대체**(normal extension field of $F$)라고 부른다.

책에 따라서 정규확대체를 다르게 정의하는 수도 있다. 정의에서 정규확대체는 당연히 유한 확대체이다.

**예제 5** $\mathbb{Q}(\sqrt{2})$는 $x^2 - 2 \in \mathbb{Q}[x]$의 분해체가 되므로 $\mathbb{Q}(\sqrt{2})$는 $\mathbb{Q}$의 정규확대체이다. 마찬가지로 $\mathbb{Q}(i)$도 $\mathbb{Q}$의 정규확대체이다.

**예제 6** $\mathbb{Q}(\sqrt[3]{2})$는 $\mathbb{Q}$의 정규확대체가 될 수 없다. 왜냐하면 $\sqrt[3]{2}$를 근으로 가지는 $\mathbb{Q}$상에서의 극소다항식은 $x^3 - 2 \in \mathbb{Q}[x]$인데 나머지 두 근은 허수가 되어 $\mathbb{Q}(\sqrt[3]{2})$의 원소가 아니다.

정규확대체와 분해체는 정의만 봐서는 같은 것 같이 보인다. 분해체는 구체적으로

어떤 다항식이 있을 때 비로소 이 다항식의 분해체가 생긴다. 다항식이 없으면 분해체란 말을 할 수 없다. 그러나 정규확대체는 구체적으로 다항식은 모르지만 좌우간 어떤 (some) 다항식의 분해체가 되면 된다.

**정리 20.6** $L$과 $M$은 $F$의 유한확대체이다. $F \subset L \subset K$, $K$는 $L$의 확대체이고 $F$의 정규확대체이다. $h : L \to M$가 $F$를 고정시키는 동형사상이면

$$\overline{h} : K \to K,\ \overline{h}|_L = h$$

인 동형사상이 존재한다.

**증명** $K$는 $F$의 정규확대체이므로 $K$를 어떤 다항식 $f(x) \in F[x]$의 분해체로써

$$K = F(\alpha_1,\ \alpha_2,\ \cdots,\ \alpha_n)$$

으로 둘 수 있다. 물론 여기서 $\alpha_1, \alpha_2, \cdots, \alpha_n$은 $f(x)$의 근이다. $\alpha_1$은 $F$상에서 대수적이므로 $L$상에서도 대수적이다. $\alpha_1$의 $L$상에서의 극소다항식을 $p(x) \in L[x]$라고 하고 $h(p(x)) \in M[x]$의 한 근을 $\beta_1$이라고 하면 앞 정리 20.1에서

$$h_1 : L(\alpha_1) \to M(\beta_1),\ h_1|_L = h,\ h_1(\alpha_1) = \beta_1$$

인 동형사상이 존재한다. 이 식을 반복하면

$$\overline{h} : L(\alpha_1,\ \alpha_2,\ \cdots,\ \alpha_n) \to M(\beta_1,\ \beta_2,\ \cdots,\ \beta_n)$$

으로의 동형사상을 만들 수 있다. 그런데

$$L(\alpha_1,\ \alpha_2,\ \cdots,\ \alpha_n) \supset F(\alpha_1,\ \alpha_2,\ \cdots,\ \alpha_n) = K$$

이고 또 $L \subset K$, $\alpha_1, \alpha_2, \cdots, \alpha_n \in K$이므로 $L(\alpha_1, \alpha_2, \cdots, \alpha_n) \subset K$이다. 따라서 $L(\alpha_1, \alpha_2, \cdots, \alpha_n) = K$가 되므로

$$\overline{h} : K \to M(\beta_1,\ \beta_2,\ \cdots,\ \beta_n),\ \overline{h}|_L = h$$

인 동형사상이 존재한다. 따라서 정리 28.5에 의해서 $M(\beta_1, \beta_2, \cdots, \beta_n) = K$가 된다. □

**정리 20.7** $F$의 유한확대체 $K$가 $F$의 정규확대체일 필요충분조건은 임의의 기약인 다항식 $p(x) \in F[x]$의 한 개의 근이 $K$에 속하면 $p(x)$의 모든 근은 $K$에 들어간다.

**증명** $\alpha \in K$, $p(\alpha)=0$라고 하고 $\beta$를 $\beta \neq \alpha$인 $p(x)$의 임의의 근이라고 하자. 앞 정리 20.1에 의해서 $h(\alpha)=\beta$인 $F(\alpha)$에서 $F(\beta)$로의 $F$를 고정시키는 동형사상 $h$가 존재한다. 또 앞 정리 20.6에서 $F(\alpha)=L$, $F(\beta)=M$으로 두면 $\overline{h} : K \to K$, $\overline{h}\,|_{F(\alpha)}=h$인 동형사상이 존재한다. 따라서 $\beta \in K$가 된다. 역으로 $F$의 유한확대체 $K$가 $F[x]$의 임의의 기약다항식의 한 근을 포함하면 모든 근을 포함한다고 하자. $K$의 기저를 $\{\alpha_1, \alpha_2, \cdots, \alpha_n\}$이라고 하면

$$K=F(\alpha_1, \alpha_2, \cdots, \alpha_n)$$

으로 적을 수 있다. 각 $\alpha_i$는 $F$상에서 대수적이므로 $\alpha_i$의 극소다항식을 $p_i(x) \in F[x]$라고 하면 가정에서 $f(x)=p_1(x)p_2(x)\cdots p_n(x) \in F[x]$의 모든 근은 $K$에 들어간다. 따라서 $f(x)$의 분해체를 $L$이라고 하면 $L \subset K$이다. 한편 $\{\alpha_1, \alpha_2, \cdots, \alpha_n\} \subset L$이므로 $K \subset L$이고 따라서 $K=L$이 되어 $K$는 $f(x)$의 분해체가 된다. □

위의 정리의 또 다른 증명법은 갈루아정리를 응용하여 쉽게 할 수 도 있다. 책에 따라서는 위의 정리 20.7의 결과를 정규확대체로 정의하는 수도 있다. 즉 $F$의 유한확대체 $K$가 $F[x]$의 임의의 기약다항식의 한 근을 포함하면 모든 근을 포함할 때 $K$를 $F$의 정규확대체라 정의한다.

**정리 20.8** $K$는 $F$의 유한확대체이다. 임의의 $F$를 고정시키는 동형사상 $h : K \to L$에 대해서 $h(K) \subset K$이면 $K$는 $F$의 정규확대체이다.

**증명** $K$가 $F$의 정규확대체임을 보이려면, $K$가 적당한 다항식 $f(x) \in F[x]$의 분해체임을 보이면 된다. $K$는 $F$의 유한확대체이므로 $K=F(\alpha_1, \alpha_2, \cdots, \alpha_n)$으로 둘 수 있다. 각 $\alpha_i$의 $F$상에서의 극소다항식을 $p_i(x) \in F[x]$라고 하면 $K$는

$$f(x)=p_1(x)p_2(x)\cdots p_n(x) \in F[x]$$

의 분해체가 된다. 그 이유를 살펴보면 $f(x) \in F[x]$의 임의의 근을 $\beta$라고 하면 $\beta$는 어떤 기약다항식 $p_i(x) \in F[x]$의 근이다. 편의상 $p_i(x)=p_1(x)$, $\beta=\beta_1$이라고 하면 정리 20.1에 의해서 $p_1(x)$의 분해체 안에서

$$h_1 : F(\alpha_1) \to F(\beta_1),\ h_1(\alpha_1)=\beta_1$$

인 동형사상이 존재한다.

$$F_1=F(\alpha_1),\ E_1=F(\beta_1)$$

라 두자. $\alpha_2$는 $F$상에서 대수적이므로 $F_1=F(\alpha_1)$상에서도 대수적이다. $\alpha_2$의 $F_1$상에서

의 극소다항식을 $q_2(x) \in F_1[x]$라고 하고 $q_2(x)$의 임의의 다른 근을 $\beta_2$라고 하면 $q_2(x)$의 분해체 안에서 다시

$$h_2 : F_1(\alpha_2) \to E_1(\beta_2),\ h_2(\alpha_2) = \beta_2,\ h_2|_{F_1} = h_1$$

인 동형사상이 존재한다. 이 과정을 반복하면 결국

$$\overline{h} : F(\alpha_1, \alpha_2, \cdots, \alpha_n) \to F(\beta_1, \beta_2, \cdots, \beta_n),\ \overline{h}(\alpha_i) = \beta_i$$

인 동형사상을 얻을 수 있다. 물론 $\overline{h}$는 $F$를 고정시킨다. 가정에서 $\beta = \beta_1 = \overline{h}(\alpha_1) \in \overline{h}(K) \subset K$이므로 $\beta \in K$이다. 즉 $K$는 $f(x)$의 모든 근을 포함한다. 이 말은 $K = F(\alpha_1, \alpha_2, \cdots, \alpha_n)$은 $f(x)$의 분해체라는 뜻이다. □

위의 결과들을 종합하면 우리는 다음과 같은 정규확대체가 될 동치 조건을 구할 수 있다. 물론 이외에도 정규확대체가 될 동치조건이 몇 가지 더 있다. 나머지는 다음 장에서 좀 더 자세히 공부하자.

**정리 20.9** $F$의 유한확대체 $K$에서 다음은 동치이다.
(1) $K$는 $F$의 정규확대체이다.
(2) $h : K \to L$가 $F$를 고정시키는 동형사상이면 $K = L$이다.
(3) 임의의 기약다항식 $p(x) \in F[x]$가 한 근이 $K$에 속하면 모든 근이 $K$에 속한다.

체의 동형사상에 대한 몇 가지 성질을 아래에 적어 놓겠다. $h$가 유리수 $\mathbb{Q}$를 포함하는 체 $E$의 자기동형사상이면 다음이 성립한다.

(1) $h$는 $\mathbb{Q}$를 고정시킨다.
(2) $f(x) \in \mathbb{Q}[x]$, $\alpha \in E$가 $f(x)$의 근이면 $h(\alpha)$도 $f(x)$의 근이다.
즉 $f(\alpha) = 0$이면 $f(h(\alpha)) = 0$이다.
(3) $p(x) \in \mathbb{Q}[x]$는 기약이고 $\alpha_1, \alpha_2, \cdots, \alpha_n \in E$가 $p(x)$의 근이면

$$\{h(\alpha_1), h(\alpha_2), \cdots, h(\alpha_n)\} = \{\alpha_1, \alpha_2, \cdots, \alpha_n\}$$

이다.
(4) (3)에 의해서 $E$가 어떤 다항식 $f(x)$의 모든 근을 포함하면 $E$의 각 자기동형사상에 대해서 $f(x)$의 근의 적당한 치환이 대응된다. 즉 $f(x)$의 근 $\alpha_1, \alpha_2, \cdots, \alpha_n$에 대

해서 $h(\alpha_1)$, $h(\alpha_2)$, $\cdots$, $h(\alpha_n)$을 $\alpha_1$, $\alpha_2$, $\cdots$, $\alpha_n$의 치환으로 생각할 수 있다. 그러나 아래 예제 9에서 보는 바와 같이 역으로 모든 치환에 $E$의 자기동형사상이 대응되지는 않는다.

**예제 7** $E = \mathbb{Q}(\sqrt{3}, i)$, $f(x) = x^3 - 1 \in \mathbb{Q}[x]$라고 하면 $f(x)$의 근은 1, $w$, $w^2$이고 $E$에 포함된다. 여기서 $w = \dfrac{-1+\sqrt{3}i}{2}$이다. $h$는 $E$의 자기동형사상으로 $h(1) = w$, $h(w) = w^2$, $h(w^2) = 1$이 될 수는 없다. 그 이유는 $1 \in \mathbb{Q}$이므로 $h(1)$은 반드시 1이 되어야 하기 때문이다. 따라서 $E$의 자기동형사상은 두 개 뿐이다. 실제로 자기동형사상은 항등함수와 $\theta(i) = -i$인 함수 두 개이다.

$\alpha \in K$가 $F$상에서 대수적이고 $\alpha$의 극소다항식을 $p(x) \in F[x]$라고 하면 임의의 $F$를 고정시키는 $K$의 동형사상 $h$에 대해서 $h(\alpha)$는 역시 $p(x)$의 근이다. 역으로 $K$에 있는 $p(x)$의 다른 근을 $\beta$라고 하면 $h(\alpha) = \beta$가 되는 $F$를 고정시키는 $K$의 동형사상 $h$가 항상 존재할까? 이것은 그렇지 못하다.

**예제 8** $\sqrt{2} \in \mathbb{R}$은 $\mathbb{Q}$상에서 대수적이고 $\sqrt{2}$의 극소다항식은 $x^2 - 2 \in \mathbb{Q}[x]$이다. 그러나 $\mathbb{Q}$를 고정시키는 $\mathbb{R}$의 동형사상은 항등함수뿐이므로 $h(\sqrt{2}) = -\sqrt{2}$인 동형사상 $h$는 존재하지 않는다.

기약다항식 $p(x) \in F[x]$의 근이 $u_1$, $u_2$, $\cdots$, $u_n$일 때 $p(x)$의 분해체 $K = F(u_1, u_2, \cdots, u_n)$에서의 동형사상을 생각하면 임의의 $u_1$, $u_2$, $\cdots$, $u_n$의 치환 $\pi$에 대해서 $\pi(u_1) = v_1$, $\pi(u_2) = v_2$, $\cdots$, $\pi(u_n) = v_n$이라고 할 때 정리 20.1에 의해서 동형사상 $h_1 : F(u_1) \to F(v_1)$, $h_1|_F$는 항등함수, $h_1(u_1) = v_1$인 $h_1$이 존재한다. 다시 $h_1$에 대해서 정리 20.2에 의해서

$$h_2 : (F(u_1))(u_2) \to (F(v_1))(v_2),\ h_2|_{F(u_1)} = h_1,\ h_2(u_2) = v_2$$

인 동형사상 $h_2$가 존재, $\cdots$ 이와 같이 생각해서 결국 $h : K \to K$는 동형사상이고, $h(u_i) = \pi(u_i)$인 $K$에서의 동형사상을 만들 수 있을 것으로 생각하면 절대 안된다. 아래 예제를 살펴보기 바란다.

**예제 9** $p(x) = x^4 + x^3 + x^2 + x + 1 \in \mathbb{Q}[x]$는 기약다항식이다. $p(x)$의 근을 $u_1$, $u_2$,

$u_3$, $u_4$라고 하고 $p(x)$의 분해체 $K = \mathbb{Q}(u_1, u_2, u_3, u_4)$에서의 동형사상을 생각해 보자. 우선 $p(x)(x-1) = x^5 - 1$이므로 $u_i^5 = 1$ $(1 \le i \le 4)$이다. $x^5 - 1$의 1이 아닌 근을 $\alpha$, 즉 $\alpha^5 = 1$, $\alpha \ne 1$이라고 하면 $|a| = 5$이므로 근은

$$u_1 = \alpha,\ u_2 = \alpha^2,\ u_3 = \alpha^3,\ u_4 = \alpha^4$$

로 둘 수 있다. 만일 $h(\alpha) = \alpha^2$, 즉 $h(u_1) = u_2$인 동형사상 $h : \mathbb{Q}(u_1) \to \mathbb{Q}(u_2)$이 정해지면 $h$의 확대동형사상 $h_1 : K \to K$가 절대 $h_1(u_3) = u_4$가 될 수 없다. 그 이유는

$$h_1(u_3) = h_1(\alpha^3) = (h_1(\alpha))^3 = (h(u_{1)})^3 = u_2^3 = \alpha^6 = \alpha \ne u_4$$

이다. 마찬가지로 $h(\alpha) = \alpha^2$, $h(\alpha^2) = \alpha^3$인 $\mathbb{Q}$를 고정시키는 동형사상 $h$는 존재하지 않는다.

다음으로 근의 중근에 대한 성질을 조사해 보자.

**정의 20.4** $D$는 정역이고 $f(x) \in D[x]$이다. $f(x)$가 $D$의 확대체 $E$에서

$$f(x) = (x-c)^m q(x),\ x-c,\ q(x) \in E[x],\ \gcd(x-c,\ g(x)) = 1$$

꼴로 분해될 때 $c$를 $f(x)$의 $m$-중근($m$-multiple root)이라고 한다. 특히, $m = 1$일 때 $c$를 **단순근**(simple root), $m \ge 2$일 때 $c$를 **중근**(multiple root)이라고 부른다.

**예제 10** $f(x) = \bar{3}x^4 + \bar{2}x^3 - \bar{2}x + \bar{1} \in \mathbb{Z}_5[x]$이면 $f'(x) = \bar{2}x^3 + x^2 - \bar{2}$이다.

$F$의 표수가 $p$이면 $F$상에서의 다항식 $x^p$의 도함수는 0이다. 즉, 보통의 해석학에서 미분이 0이면 상수라는 사실과 틀린다. 그 이유는 표수 때문이다. 물론 표수가 0인 체(실수, 복소수 포함)에서는 이런 일이 결코 일어나지 않는다.

**정리 20.10** $E$는 $F$의 확대체, $f(x) \in F[x]$, $u \in E$이다. $u$가 $f(x)$의 중근이 될 필요충분조건은 $f(u) = 0$, $f'(u) = 0$이다.

**증명** ($\Rightarrow$)

$$f(x)=(x-u)^2 g(x),\ g(x)\neq 0\in E[x]$$

라고 하자. 도함수의 성질로부터

$$f'(x)=2(x-u)g(x)+(x-u)^2 g'(x)$$

이다. 따라서 $f(u)=f'(u)=0$이 된다.

($\Leftarrow$) 역으로, $f(u)=0$이므로 $x-u\mid f(x)$이다. 따라서 $f(x)=(x-u)g(x)$로 둘 수 있다. $f'(x)=g(x)+(x-u)g'(x)$이므로 $f'(u)=g(u)=0$이고, $x-u\mid g(x)$이다. 따라서 $g(x)=(x-u)h(x)$로 두면

$$f(x)=(x-u)(x-u)h(x),\ h(x)\in E[x]$$

꼴이므로 $u$는 $f(x)$의 중근이 된다. □

**따름정리 20.11** $f(x)\in F[x]$는 기약이고 $E$는 $f(x)$의 모든 근을 포함한다.
(1) $f'(x)\neq 0$일 필요충분조건은 $f(x)$가 $E$에서 중근을 가지지 않는 것이다.
(2) $F$의 표수가 0이면 $f(x)$는 중근이 없다.

**증명** (1) ($\Leftarrow$) $u\in E$를 $f(x)$의 임의의 근이라고 하면

$$f(x)=(x-u)g(x),\ g(x)\in E[x],\ g(u)\neq 0$$

이므로 $f'(x)=g(x)+(x-u)g'(x)$이다. 만일 $f'(x)=0$이면 $g(u)=0$가 되어 모순이다. 따라서 $f'(x)\neq 0$이다.

($\Rightarrow$) $f'(x)\neq 0$이면 $\deg f'(x)<\deg f(x)$이므로 $f(x)$와 $f'(x)$는 $F[x]$에서 서로소이다. 따름정리 20.2에 의해서 $f(x)g(x)+f'(x)h(x)=1$인 $g(x), h(x)\in F[x]\subset E[x]$가 존재한다. 따라서 만일 중근 $u\in E$가 존재한다면 $0=f(u)g(u)+f'(u)h(u)=1$이 되어 모순이다. 따라서 중근이 없다.

(2) $f'(x)\neq 0$이면 $f(x)$와 $f'(x)$는 서로소이므로 당연히 중근이 없다. 또 만일 $f'(x)=0$이면 표수가 0이므로 $f(x)$는 0이 아닌 상수가 되어 역시 중근이 없다. □

**정리 20.12** $F$는 $E$의 확대체이다. $f(x), g(x)\in F[x]$가 $E$에서 공통인수를 가지면 $F$에서도 공통인수를 가진다.

**증명** 만일 $f(x), g(x)$가 $F$상에서 서로소이면 $f(x)a(x)+g(x)b(x)=1$이 되는 $a(x), b(x)\in F[x]$가 존재한다. $a(x), b(x)$를 $E[x]$의 원소로 생각하면 결국 $f(x), g(x)$가 $E$에서 서로소가 되어 모순이다. □

$f(x) \in F[x]$가 $f(x)$의 분해체에서 중근을 가지지 않을 때 $f(x)$를 **분리가능한 다항식**(separable polynomial)이라고 부른다.

**예제 11** $g(x) = x^2 + 1 \in \mathbb{Q}[x]$의 근은 $\pm i$이므로 $g(x)$는 분리가능이다. 그러나 $f(x) = x^4 - x^3 - x + 1 = (x-1)^2(x^2+x+1)$이므로 1은 2-중근이다. 따라서 $f(x)$는 분리가능이 아니다. 실제로 $f(x)$는 세 개의 서로 다른 근 1, $w$, $w^2$을 가진다.

**정의 20.5** $E$는 $F$의 확대체이다. $\alpha \in E$가 분리가능한 다항식 $f(x) \in F[x]$의 근일 때 $\alpha$는 $F$상에서 **분리가능**(separable)이라고 한다. 또 $E$의 모든 원소가 분리가능일 때 $E$를 $F$의 **분리가능한 확대체**(separable extension field) 또는 **분리확대체**라고 부른다.

분리가능한 확대체는 당연히 대수적이다. 그러나 반드시 유한확대체는 아니다.

**정리 20.13** $f(x) \in F[x]$에서 $f(x)$와 $f'(x)$가 서로소이면 $f(x)$는 분리가능이다.

보통 다항식을 인수분해하면 중근도 가지며 단순근도 가진다. 그러나 만일 $f(x)$가 기약이면 근의 중근성은 한 가지로 통일되어 버린다. 즉 기약다항식은 절대로 2중근과 3중근 또는 단순근과 2중근을 동시에 가질 수 없다. 이 사실을 증명해 보자.

**정리 20.14** $f(x) \in F[x]$는 기약다항식이다. $E$를 $f(x)$의 분해체라고 할 때 만일 $\alpha \in E$가 $f(x)$의 $m$-중근이면 $f(x)$의 모든 근은 $m$-중근이다.

**증명**

$$f(x) = (x-\alpha)^m g(x), \ g(\alpha) \neq 0, \ g(x) \in E[x]$$

라고 하자. $\beta \in E$를 $f(x)$의 임의의 다른 근이라고 하면

$$h : F(\alpha) \to F(\beta), \ h(\alpha) = \beta, \ h|_F = 1_F$$

인 동형사상 $h$가 존재한다. 정리 20.2에서

$$F = F(\alpha),\ E = F(\beta),\ L = K = E$$

로 두면 분해체의 동형성의 증명에서 본 바와 같이

$$\bar{h} : E \to E,\ \bar{h}(\alpha) = \beta,\ \bar{h}|_F = 1_F$$

인 동형사상이 존재한다. 또

$$\bar{h}(x - \alpha) = x - \bar{h}(\alpha) = x - \beta$$

이다. $f(x) \in F[x]$이므로 $f(x) = \bar{h}(f(x))$이다. 따라서

$$f(x) = (x-\alpha)^m g(x) = \bar{h}((x-\alpha)^m g(x)) = (x-\beta)^m \bar{h}(g(x))$$

이므로 $\beta$는 $m$-중근 이상이다. 즉 $\beta$ 중근은 $\alpha$ 중근 이상이다. $\alpha$, $\beta$를 바꾸어 생각하면 $\alpha$ 중근은 또 $\beta$ 중근보다 크거나 같으므로 결국 $\beta$도 $m$-중근이 될 수밖에 없다. □

$F$의 표수가 0이거나 $F$가 유한체일 때는 $F$상에서의 모든 기약다항식은 중근을 가지지 않는다. 그러나 차수가 소수인 무한체에서는 상황이 달라진다. 이때는 중근을 가지는 기약다항식이 존재한다. 다음 예제를 살펴보자.

**예제 12** $E = \mathbb{Z}_p(\alpha)$, $\beta = \alpha^p$이라고 하자. $p$는 소수, $F = \mathbb{Z}_p(\beta)$라고 하면 $\mathbb{Z}_p \subset F \subset E$가 됨을 알 수 있다. $\alpha$는 $f(x) = x^p - \beta \in F[x]$의 근이고

$$E = E(\beta) = \mathbb{Z}_p(\alpha,\ \beta) = F(\alpha)$$

이므로 $E$는 $F$의 대수적 확대체이다. 한편

$$f(x) = x^p - \beta = x^p - \alpha^p = (x - \alpha)^p \in E[x]$$

이므로 $f(x)$는 $E$상에서 $p$-중근 $\alpha$를 가진다. 여기서 만일 $\alpha \notin F$면 $f(x)$는 $F$상에서 기약이다. 또 $E$, $F$는 모두 표수가 $p$인 무한체이다.

$f(x)$의 서로 다른 근의 개수는 $f(x)$의 분해체의 성질을 조사하는 데 매우 유용하게 이용된다.

> **정리 20.15** $F$는 표수가 0인 체이다. $p(x) \in F[x]$가 기약이면 $p(x)$는 분리가능이다. 따라서 $F$의 모든 대수적 확대체는 $F$의 분리가능한 확대체이다.

**증 명** $$p(x)=a_0+a_1x+\cdots+a_nx^n\in F[x],\ a_n\neq 0,\ n\geq 1$$

라고 하면 $na_n\neq 0$이므로 $p'(x)=a_1+\cdots+na_nx^{n-1}\neq 0$이다. $p(x)$는 기약이므로 $p(x)$와 $p'(x)$는 서로소이다. 따라서 정리 20.10에 의해서 $p(x)$는 분리가능이다. 또 임의의 $F$의 대수적 확대체 $E$의 원소 $u$에 대해서 $u$의 극소다항식은 기약이고 따라서 분리가능이므로 당연히 $E$는 분리가능이다. □

위의 정리는 그러나 $F$의 표수가 0이 아니면 성립하지 않는다. 다음 정리는 모든 분리가능한 유한확대체는 단순확대체가 된다는 것인데 예를 들어 $\sqrt[3]{2}+\sqrt{5}i$의 극소다항식을 이 방법에 의하면 $\sqrt[3]{2}$의 극소다항식 $x^3-2$와 $\sqrt{5}i$의 극소다항식 $x^2+5$를 이용하여 쉽게 구할 수 있다.

**정리 20.16** $a$, $b$가 $F$상에서 분리가능이면 $F(a,\ b)=F(c)$인 원소 $c$가 존재한다.

**증 명** $a$의 $F$에서의 극소다항식을 $f(x)$, $b$의 $F$상에서의 극소다항식을 $g(x)$라고 하고 $f(x)g(x)$의 분해체를 $K$라고 하면 $a,\ b\in K$이다. $f(x)$의 근을 $a,\ a_1,\ a_2,\ \cdots,\ a_m$, $g(x)$의 근을 $b,\ b_1,\ b_2,\ \cdots,\ b_n$이라고 하자. $|F|$가 유한일 경우와 무한일 경우로 나누어 생각하는데 유한일 경우는 유한체에서 다루기로 하고 여기서는 $F$가 무한체일 경우만 생각한다. 집합

$$\left\{\frac{a_i-a}{b-b_j}\ \middle|\ 1\leq i\leq m,\ 1\leq j\leq n\right\}$$

은 유한집합이므로 $t\neq\dfrac{a_i-a}{b-b_j}$인 $t\in F$를 한 개 잡는다. $c=a+tb$라고 하면 $c\in F(a,\ b)$이므로 $F(c)\subset F(a,\ b)$이다. $F(a,\ b)\subset F(c)$가 됨을 보이자.

$$h(x)=f(c-tx)$$

라고 하면 $c,\ t\in F(c)$이므로 $h(x)\in F(c)[x]$이다.

$$h(b)=f(c-tb)=f(a)=0$$

이므로 $b$는 $h(x)$의 근이다. 그러나 $b_1,\ b_2,\ \cdots,\ b_n$은 $h(x)$의 근이 될 수 없다. 그 이유는 만일 $b_j\ (1\leq j\leq n)$가 $h(x)$의 근이라면

$$h(b_j)=f(c-tb_j)=0$$

이므로 $c-tb_j=a_i\ (1\leq i\leq m)$으로 둘 수 있다. 따라서 $c=a+tb$이므로

$$a+tb-tb_j=a_i$$

로부터 $t=\dfrac{a_i-a}{b-b_j}$가 되어 모순이다. $b$의 $F(c)$상에서의 극소다항식을 $r(x)$라고 하면 $g(x)\in F(c)[x]$이므로 $r(x)$는 $g(x)$를 나눈다. 따라서 $r(x)$의 근은 $\{b, b_1, \cdots, b_n\}$의 부분집합이다. 또 $h(b)=0$, $h(x)\in F(c)[x]$이므로 역시 $r(x)$는 $h(x)$를 나눈다. 즉 $r(x)$는 $g(x)$와 $h(x)$의 공통인수이다. 따라서 $r(x)$의 근은 역시 $h(x)$의 근이 되므로 결국 $r(x)$의 근은 $b$ 밖에 없음을 알 수 있다. 결국 $r(x)=(x-b)^l\in F(c)[x]$라 두면 $g(x)$는 분리가능이고 $r(x)\,|\,g(x)$이므로 $l=1$이다. 따라서 $b\in F(c)$이고 $a=c-tb\in F(c)$이므로 $F(a, b)\subset F(c)$를 얻는다. □

**예제 13** $\mathbb{Q}(\sqrt{3}, \sqrt{2})$에서 $a=\sqrt{2}$, $a_1=-\sqrt{2}$, $b=\sqrt{3}$, $b_1=-\sqrt{3}$으로 생각해서 $\dfrac{-\sqrt{2}-\sqrt{2}}{\sqrt{3}-(-\sqrt{3})}=\dfrac{-\sqrt{2}}{\sqrt{3}}\neq 1$이므로 $c=\sqrt{2}+\sqrt{3}$으로 두면

$$\mathbb{Q}(\sqrt{3}, \sqrt{2})=\mathbb{Q}(\sqrt{2}+\sqrt{3})$$

이 된다.

위의 정리 20.16에서 $a$, $b$를 반복하여 사용하면 다음과 같은 따름정리를 얻을 수 있다.

> **따름정리 20.17** $a_1, a_2, \cdots, a_n$가 $F$상에서 분리가능이면
>
> $$F(a_1, a_2, \cdots, a_n)=F(c)$$
>
> 인 원소 $c$가 존재한다.

**예제 14** $\mathbb{Q}(\sqrt{2}, \sqrt{3}, \sqrt{5})$에서 $\mathbb{Q}(\sqrt{2}, \sqrt{3})=\mathbb{Q}(\sqrt{2}+\sqrt{3})$이다. 따라서

$$\mathbb{Q}(\sqrt{2}, \sqrt{3}, \sqrt{5})=\mathbb{Q}(\sqrt{2}+\sqrt{3}, \sqrt{5})$$

이므로 다시 여기서 $\sqrt{2}+\sqrt{3}$의 극소다항식 $x^4-10x^2+1\in\mathbb{Q}[x]$의 네 근은 $a=\sqrt{2}+\sqrt{3}$, $a_1=-\sqrt{2}-\sqrt{3}$, $a_2=-\sqrt{2}+\sqrt{3}$, $a_3=\sqrt{2}-\sqrt{3}$이다. 다시 $b=\sqrt{5}$, $b_1=-\sqrt{5}$로 생각해서 $t=1$로 잡으면 $c=\sqrt{2}+\sqrt{3}+\sqrt{5}$가 되어 $\mathbb{Q}(\sqrt{2}, \sqrt{3}, \sqrt{5})=\mathbb{Q}(\sqrt{2}+\sqrt{3}+\sqrt{5})$이다.

**따름정리 20.18** 분리가능한 유한확대체는 단순확대체이다.

**정리 20.19** $F$가 위수 $p^n$인 유한체면 $F$는 $\mathbb{Z}_p$의 정규분리가능한 확대체이다.

**증명** $F$의 표수는 $p$이므로 $\mathbb{Z}_p \subset F$로 볼 수 있다. 또 $F$는 분리가능다항식 $f(x) = x^{p^n} - x \in \mathbb{Z}_p[x]$의 분해체이므로 $F$는 $\mathbb{Z}_p$의 정규확대체이다.

다음 사실은 뒤에 많이 쓰이므로 강조하는 의미에서 적어둔다. $K$가 $F$의 정규확대체이면

(1) 임의의 $F$를 고정시키는 동형사상, $h : K \to L$에 대해서 $L = K$가 된다(정리 20.5).

(2) $\alpha$, $\beta$가 기약다항식 $p(x) \in F[x]$의 근이면 $h(\alpha) = \beta$이고 $F$를 고정시키는 동형사상 $h : K \to K$가 존재한다(따름정리 20.3).

(3) 표수가 0인 체(특히 $\mathbb{Q}$)의 유한확대체는 분리가능이다(정리 20.15).

(4) 유리수상에서의 유한확대체 $\mathbb{Q}(a_1, a_2, \cdots, a_n)$은 항상 단순확대 $\mathbb{Q}(c)$꼴이다(따름정리 20.18).

## 20 | 연습문제 EXERCISE

1. $[E:F]$는 유한, $E$는 $F$의 분리가능확대체이면
   (1) $E$와 $F$ 사이의 중간체는 유한개 밖에 없음을 보여라.
   (2) $E$는 $F$의 단순확대체임을 보여라.

2. $E=F(a,\ b)$, $a$, $b$는 $F$상에서 대수적이고, $a$는 $F$상에서 분리가능이면 $E$는 $F$의 단순확대체임을 보여라.

3. $f(x)\in F[x]$는 차수 $m$인 기약다항식이다. $F$의 표수가 $m$의 약수가 아니면 $f(x)$는 분리가능임을 보여라.

4. $F$의 표수는 $p(\neq 0)$이고 $E$는 $F$의 확대체이다.
   (1) $a\not\in F^p=\{\alpha^p \mid \alpha\in F\}$이면 $x^{p^n}-a\in F[x]$는 모든 $n$에 대해서 기약임을 보여라.
   (2) $K=\{b\in E \mid b^{p^n}\in F,\ n\in\mathbb{Z}\}$는 $F$와 $E$의 중간체임을 보여라.
   (3) $f:E\to E$가 $F$-동형사상이면 임의의 $b\in K$에 대해서 $f(b)=b$임을 보여라.
   (4) $E-F$의 모든 원소가 분리불가능이면 임의의 $\alpha\in E$에 대해서 $\alpha^{p^n}\in F$인 정수 $n$이 존재함을 보여라.

5. $F$의 표수는 $p(\neq 0)$, $[E:F]$는 유한이다. 다음을 증명하라.
   (1) $[E:F]$가 $p$의 배수가 아니면 $E$는 $F$상에 분리가능이다.
   (2) 임의의 $a\in F$에 대해서 $b^p=a$인 $b\in F$가 존재하면 $E$는 $F$의 분리확대이다.

6. $F$가 유한체이면 $F$의 임의의 유한확대체는 $F$의 분리확대체임을 보여라.

7. $F\subset K\subset E$이다. 다음을 증명하라.
   (1) $a\in E$, $a$가 $F$상에서 분리가능이면 $a$는 $K$상에서 분리가능이다.
   (2) $E$가 $F$의 분리가능확대체이면 $E$는 $K$의 분리가능확대체, $K$는 $F$의 분리가능확대체이다.

8. $F$는 체, $\phi : F \to F$는 준동형사상이다. $\phi = 0$ 또는 $\phi$는 단사임을 보여라. 또 $\phi \neq 0$이면 $\phi(1) = 1$이 됨을 보여라.

9. $[E : F] = 2$이면 $E$는 $F$상에서의 어떤 분리가능 다항식의 분해체가 됨을 보여라.

10. $F$의 표수가 0이면 $f'(x) = 0$인 $f(x) \in F[x]$는 상수임을 보여라.

11. $F$는 표수가 $p(\neq 0)$이다. $f'(x) = 0$이면 $f(x) \in F[x]$는 $f(x) = \sum g(x^p)$꼴임을 보여라.

12. $f(x) \in F[x]$는 기약다항식이다. $f'(x) \neq 0$면 $f(x)$와 $f'(x)$는 서로소임을 보여라.

13. $f(x) \in F[x]$이다. $f(x)$와 $f'(x)$가 서로소이면 $f(x)$는 중근을 가지지 않음을 보여라.

CHAPTER 21

# 갈루아 정리
## Galois Theorem

$F$상에서 어떤 다항식 $p(x) \in F[x]$가 있을 때 $p(x)$의 근을 포함하는 $F$의 확대체 $E$를 가지고 우리는 군을 만들 수 있는데 이 군은 방정식 $p(x)=0$의 해를 구할 수 있는가 하는 문제와 직결되어 있다.

**정의 21.1** $K$는 $F$의 확대체이다. $F$를 고정시키는 $K$에서 $K$로의 동형사상의 집합을 $F$를 고정시키는 $K$의 **자동사상군**(group of automorphisms of $K$ leaving $F$ fixed)이라고 부르고 $G(K, F)$로 표시한다. 즉

$$G(K, F)=\{\theta : K \to K \mid \text{모든 } u \in F\text{에 대해서 } \theta(u)=u\text{인 } K\text{의 동형사상}\}$$

이다.

앞으로 $G(K, F)$는 간단히 $F$상에서 $K$의 군(group of $K$ over $F$)이라고 부른다. 책에 따라서는 $F$상에서 $K$의 군을

$$G(K/F),\ \mathrm{Gal}(K/F),\ G(K : F),\ \mathrm{Aut}_F K,\ \mathrm{Gal}(K, F)$$

등 다양하게 표시한다.

**정리 21.1** 체 $K$가 $F$의 확대체이면 $G(K, F)$는 함수의 합성에 의해서 군이 된다.

우리는 앞에서 다음과 같은 사실을 증명하였다. 우선 $K$가 $F$의 정규확대체이면 $F$를 고정시키는 정의역 $K$에서의 동형사상은 항상 자동사상이 된다. 또 $\alpha$, $\beta$가 기약다항식 $p(x) \in F[x]$의 근이면 $h(\alpha)=\beta$이고 $F$를 고정시키는 $F(\alpha)$에서 $F(\beta)$로의 동형사상 $h$가 존재한다. 또 이 함수 $h$는 $p(x)$의 분해체 $K$의 자동사상 $\overline{h}$로 확대시킬 수 있다. 따라서 $\overline{h}(\alpha)=\beta$인 $\overline{h} \in G(K, F)$가 존재한다. 물론 역으로 $h \in G(K, F)$이고 $a \in K$가 극소다항식 $p(x) \in F[x]$의 근이면 $h(a)$도 역시 $p(x)$의 근이다.

**예제 1** $\mathbb{Q}(\sqrt{2})$는 기약다항식 $f(x)=x^2-2 \in \mathbb{Q}[x]$의 분해체이다. $\theta$를 $G(\mathbb{Q}(\sqrt{2}), \mathbb{Q})$의 임의의 원소라고 하면 $\mathbb{Q}(\sqrt{2})$의 원소는 $a+b\sqrt{2}$, $a, b \in \mathbb{Q}$ 꼴이므로

$$\theta(a+b\sqrt{2})=\theta(a)+\theta(b)\theta(\sqrt{2})=a+b\theta(\sqrt{2})$$

이다. 그런데 $\sqrt{2}$는 기약다항식 $x^2-2$의 근이므로 앞 정리에서 $\theta(\sqrt{2})$도 $x^2-2$의 근이다. 따라서 $\theta(\sqrt{2})$는 $\sqrt{2}$ 또는 $-\sqrt{2}$ 뿐이므로 결국 $G(\mathbb{Q}(\sqrt{2}), \mathbb{Q})$의 원소는 2개 뿐이다. 따라서 $G(\mathbb{Q}(\sqrt{2}), \mathbb{Q}) \cong \mathbb{Z}_2$가 된다.

**예제 2** 복소수 $\mathbb{C}$는 $\mathbb{C}=\mathbb{R}(i)$이므로 $\mathbb{R}$을 고정시키는 $\mathbb{C}$에서 $\mathbb{C}$로의 동형사상 $\theta$는 $\theta(a+bi)=a+b\theta(i)$인데 $i$는 $x^2+1 \in \mathbb{R}[x]$의 근이므로 $\theta(i)$가 취할 수 있는 값은 $i$와 $-i$ 두 개 뿐이므로 역시 $G(\mathbb{C}, \mathbb{R})$의 원소도 2개이다. 즉 $G(\mathbb{C}, \mathbb{R})$의 원소는 항등함수와 켤레복소수로 보내는 $h(a+bi)=a-bi$ 두 개이다. 위의 예제 1과 마찬가지로 $G(\mathbb{C}, \mathbb{R}) \cong \mathbb{Z}_2$이다.

**예제 3** $\mathbb{Q}(\sqrt{2}, \sqrt{3})$은 $p(x)=(x^2-2)(x^2-3) \in \mathbb{Q}[x]$의 분해체이다. $G(\mathbb{Q}(\sqrt{2}, \sqrt{3}), \mathbb{Q})$의 원소를 구해보면 우선 $\mathbb{Q}(\sqrt{2}, \sqrt{3})$의 원소는 $\alpha=a+b\sqrt{2}+c\sqrt{3}+d\sqrt{6}$ 꼴이다. 따라서 $\theta \in G(\mathbb{Q}(\sqrt{2}, \sqrt{3}), \mathbb{Q})$라고 하면

$$\begin{aligned}\theta(\alpha)&=\theta(a+b\sqrt{2}+c\sqrt{3}+d\sqrt{6})\\&=a+b\theta(\sqrt{2})+c\theta(\sqrt{3})+d\theta(\sqrt{2})\theta(\sqrt{3})\end{aligned}$$

이므로 $\theta(\sqrt{2})$와 $\theta(\sqrt{3})$의 값만 정해지면 $\theta(\alpha)$의 값은 결정되므로 $\theta(\sqrt{2})$와 $\theta(\sqrt{3})$의 값을 구해 보자. 그런데 $\sqrt{2}$는 $x^2-2$의 근이므로 $\theta(\sqrt{2})$도 $x^2-2$의 근이라야 한다. 따라서 $\theta(\sqrt{2})$가 가질 수 있는 값은 $\sqrt{2}$와 $-\sqrt{2}$이다. 마찬가지로 $\theta(\sqrt{3})$이 가질 수 있는 값은 $\sqrt{3}$과 $-\sqrt{3}$뿐이다. 결국 이 값을 조합하면 $\theta(\alpha)$는 4개의 값을 가

질 수 있다. $G(\mathbb{Q}(\sqrt{2}, \sqrt{3}), \mathbb{Q})$의 원소는 4개이다. 우리는 $G(\mathbb{Q}(\sqrt{2}, \sqrt{3}), \mathbb{Q}) \cong \mathbb{Z}_2 \times \mathbb{Z}_2$가 됨을 알 수 있다.

위의 예제 1, 2에서 본 바와 같이 $G(K, F)$는 다항식의 근에 의해서 정해지는 경우가 많다.

**정리 21.2** $K=F(\alpha_1, \alpha_2, \cdots, \alpha_n)$, $\alpha_1, \cdots, \alpha_n$은 $F$상에서 대수적이다. $h \in G(K, F)$라고 하면 $h$는 $h(\alpha_1), h(\alpha_2), \cdots, h(\alpha_n)$의 값으로 정해진다.

**증명** $\alpha_1 \in K$는 $F$상에서 대수적이므로 $F_1 = F(\alpha_1)$의 임의의 원소는

$$a_0 + a_1\alpha_1 + \cdots + a_n\alpha_1^n, \ a_i \in F$$

꼴이고 $h(a_0 + a_1\alpha_1 + \cdots + a_n\alpha_1^n)$의 값은 $h(\alpha_1)$의 값으로 결정된다. 다시 $\alpha_2 \in K$는 $F_1 = F(\alpha_1)$상에서 대수적이므로 $F_2 = F_1(\alpha_2) = F(\alpha_1, \alpha_2)$의 원소는

$$b_0 + b_1\alpha_2 + \cdots + b_m\alpha_2^m, \ b_i \in F_1$$

꼴이므로 $h(b_0 + b_1\alpha_2 + \cdots + b_m\alpha_2^m)$의 값은 $h(b_i)$와 $h(\alpha_2)$의 값으로 정해진다. 그런데 $b_i \in F_1$이므로 $h(b_i)$는 $h(\alpha_1)$으로 정해지므로 결국 $F_2$의 원소의 함수값은 $h(\alpha_1)$과 $h(\alpha_2)$의 값으로 결정됨을 알 수 있다. 이와 같이 반복하면 $h$의 값은 $h(\alpha_1), h(\alpha_2), \cdots, h(\alpha_n)$의 값으로 정해진다. □

**정리 21.3** $K$가 $F$의 정규확대체이면 $G(K, F)$는 대칭군 $S_n$의 부분군과 동형이다.

**증명** $K$를 어떤 다항식 $f(x) \in F[x]$의 분해체라고 하고 $f(x)$의 서로 다른 근을 $\alpha_1, \alpha_2, \cdots, \alpha_n$이라고 하면 $K=F(\alpha_1, \alpha_2, \cdots, \alpha_n)$으로 쓸 수 있다. 임의의 $h \in G(K, F)$에 대해서 $h(\alpha_1), h(\alpha_2), \cdots, h(\alpha_n)$도 역시 $f(x)$의 근이고 또 $h$는 단사이므로 결국

$$\{h(\alpha_1), h(\alpha_2), \cdots, h(\alpha_n)\} = \{\alpha_1, \alpha_2, \cdots, \alpha_n\}$$

이다. 편의상 $\alpha_i$를 간단히 $i$를 적기로 하면

$$\{h(1), h(2), \cdots, h(n)\} = \{1, 2, \cdots, n\}$$

이다. $\theta$를

$$\theta : G(K, F) \to S_n, \ \theta(h) = \begin{pmatrix} 1 & 2 & \cdots & n \\ h(1) & h(2) & \cdots & h(n) \end{pmatrix},$$

즉 $(\theta(h))(i) = h(i)$라고 하면 $\theta$는 함수가 잘 정의된다. 또 $\theta$가 단사인 준동형사상이 됨은 금방 알 수 있다. 따라서 $G(K, F)$는 $S_n$에 매입되므로 $S_n$의 부분군과 동형이 된다. □

**정의 21.2** $K$를 다항식 $a(x) \in F[x]$의 분해체라고 할 때 군 $G(K, F)$를 다항식 $a(x)$의 **갈루아군**(Galois group of $a(x)$)이라고 부른다.

정리 21.2에 의해서 다항식의 갈루아군은 항상 대칭군의 부분군과 동형이다.

**예제 4** $a(x) = (x^2 - 2)(x^2 - 3) \in \mathbb{Q}[x]$라고 하면 $a(x)$의 분해체는 $\mathbb{Q}(\sqrt{2}, \sqrt{3})$이다. 따라서 $a(x)$의 갈루아군은 앞 예제 3에서 본 바와 같이 $\mathbb{Z}_2 \times \mathbb{Z}_2$와 동형이다.

**예제 5** $a(x) = x^2 + 1 \in \mathbb{R}[x]$이면 $a(x)$의 분해체는 $\mathbb{R}(i) = \mathbb{C}$이다. 따라서 $a(x)$의 갈루아군은 $\mathbb{Z}_2$와 동형이다.

**예제 6** $a(x) = x^3 - 2 \in \mathbb{Q}[x]$이면 $a(x)$의 근은 $\{\sqrt[3]{2}, \sqrt[3]{2}\,w, \sqrt[3]{2}\,w^2\}$, 단, $w = \dfrac{-1 + \sqrt{3}\,i}{2}$이다. 앞 19장 예제 5에서 $a(x)$의 분해체는 $\mathbb{Q}(\sqrt[3]{2}, w)$이고 $[\mathbb{Q}(\sqrt[3]{2}, w) : \mathbb{Q}] = 6$이다. 또 앞 정리 21.3에서 $G(\mathbb{Q}(\sqrt[3]{2}, w), \mathbb{Q})$는 $S_3$의 부분군과 동형이다. 실제로 $a(x)$의 갈루아군을 구해보면 원소가 6개가 됨을 쉽게 알 수 있다. 따라서 $S_3$과 동형이 된다.

$K$가 $F$의 확대체이고 $u \in K$이면 $F(u)$는 $F$와 $K$의 중간체이다. $K$가 $a(x) \in F[x]$의 분해체이면 $K$는 임의의 중간체 $E$상에서의 다항식의 분해체도 된다. 또 $E$가 $F$와 $K$의 중간체이면 $E$를 고정시키는 함수는 당연히 $F$를 고정시키므로 $G(K, E) \subset G(K, F)$이다. 따라서 $G(K, E)$는 $G(K, F)$의 부분군이 된다.

**예제 7** $\sqrt{2}+\sqrt{3}$의 $\mathbb{Q}$상에서의 극소다항식은 $x^4-10x^2+1$이다. $\mathbb{Q}(\sqrt{3})$상에서 $\sqrt{2}+\sqrt{3}$의 극소다항식을 $p(x)$라고 하면 $x^4-10x^2+1\in\mathbb{Q}(\sqrt{3})[x]$이므로 정의에 의해서 $p(x)\mid x^4-10x^2+1$이다. 실제로 $p(x)$를 구해 보면 $p(x)=x^2-2\sqrt{3}x+1$이 된다. 또 $G(\mathbb{Q}(\sqrt{2}+\sqrt{3}),\ \mathbb{Q}(\sqrt{3}))$은 $G(\mathbb{Q}(\sqrt{2}+\sqrt{3}),\ \mathbb{Q})$의 부분군이다. $\deg p(x)=2$이므로 $G(\mathbb{Q}(\sqrt{2}+\sqrt{3}),\ \mathbb{Q}(\sqrt{3}))$은 $S_2$의 부분군과 동형이 됨을 알 수 있다. $G(\mathbb{Q}(\sqrt{2}+\sqrt{3}),\ \mathbb{Q})$는 $S_4$의 부분군과 동형이다.

**예제 8** $\mathbb{Q}(\sqrt{2})$는 $\mathbb{Q}$와 $\mathbb{Q}(\sqrt{2},\ \sqrt{3})$의 중간체이다. 앞 예제 3에서 $G(\mathbb{Q}(\sqrt{2},\ \sqrt{3}),\ \mathbb{Q})$의 원소는 $\theta_1,\ \theta_2,\ \theta_3,\ \theta_4$임을 알고 있다. 여기서 $G(\mathbb{Q}(\sqrt{2},\ \sqrt{3}),\ \mathbb{Q}(\sqrt{2}))$를 구해보면 $\theta_i$ 중 $\sqrt{2}$를 고정시켜야 하므로 $\theta_1$과 $\theta_3$이 해당한다. 따라서

$$G(\mathbb{Q}(\sqrt{2},\ \sqrt{3}),\ \mathbb{Q}(\sqrt{2}))=\{\theta_1,\ \theta_3\}$$

이다.

$\theta$가 체 $K$의 자동사상일 때 $\{a\in K\mid\theta(a)=a\}$는 $\theta$에 의해서 고정되는 원소들의 집합이다.

**정리 21.4** $\theta$가 체 $K$의 자동사상이면 집합 $K_\theta=\{a\in K\mid\theta(a)=a\}$는 체가 된다.

위의 정리에 의해서 $K_\theta$는 체가 되므로 집합

$$K_\theta=\{a\in K\mid\theta(a)=a\}$$

을 $\theta$에 의한 $K$의 **고정체**(fixed field of $K$ under $\theta$) 또는 간단히 $\theta$의 **고정체**(fixed field of $\theta$)라고 부른다. $F$의 확대체 $K$에서 $H$가 $G(K,\ F)$의 부분집합일 때 $H$의 모든 원소에 의해서 고정되는 원소들의 집합을 $K_H$, 즉

$$K_H=\{\,a\in K\mid \text{모든 } \theta\in H\text{에 대해서 } \theta(a)=a\,\}$$

이라고 하면 정리 21.4와 마찬가지로 해서 $K_H$도 체가 됨을 쉽게 증명할 수 있다. 실제로

$$K_H=\cap\{K_\theta\mid\theta\in H\}$$

가 된다.

> **정의 21.3** $K$는 $F$의 확대체, $H$는 $G(K, F)$의 부분집합이다. $H$의 모든 원소에 대해서 고정되는 원소들의 집합 $K_H$를 $H$에 의한 $K$의 **고정체**(fixed field of $K$ under $H$) 또는 간단히 $H$의 **고정체**라고 부른다.

**예제 9** $\theta \in G(\mathbb{C}, \mathbb{R})$, $\theta(a+bi) = a-bi$라고 하면 임의의 $r \in \mathbb{R}$에 대해서

$$\theta(r) = \theta(r+0i) = r$$

이므로 $\theta$는 실수 $\mathbb{R}$을 고정시킨다. 그러나 $z$가 실수가 아니면

$$z = a+bi,\ b \neq 0$$

꼴이므로 $\theta(z) \neq z$이므로 $\theta$의 고정체는 $\mathbb{R}$이다. $\theta \in G(\mathbb{C}, \mathbb{R})$가 항등함수이면 당연히 $\theta$의 고정체는 $\mathbb{C}$이다.

**예제 10** $H = \{e, \theta\} \subset G(\mathbb{Q}(\sqrt{2}, \sqrt{3}), \mathbb{Q})$, $e$는 항등함수, $\theta$는

$$\theta(a+b\sqrt{2}+c\sqrt{3}+d\sqrt{6}) = a-b\sqrt{2}+c\sqrt{3}-d\sqrt{6}$$

인 $\mathbb{Q}(\sqrt{2}, \sqrt{3})$의 자동사상이다. $\theta^2 = e$이므로 $H$는 군이 됨을 알 수 있다. $\theta(\sqrt{3}) = \sqrt{3}$이므로 $\theta(a+b\sqrt{3}) = a+b\sqrt{3}$이다. 따라서 $\mathbb{Q}(\sqrt{3})$은 $H$에 의해서 고정된다. 즉 $\mathbb{Q}(\sqrt{3}) \subset \mathbb{Q}(\sqrt{2}, \sqrt{3})_H$이다. 또 $e$의 고정체는 $\mathbb{Q}(\sqrt{2}, \sqrt{3})$이다. 또 임의의

$$x = a+b\sqrt{2}+c\sqrt{3}+d\sqrt{6} \in \mathbb{Q}(\sqrt{2}, \sqrt{3})$$

에 대해서 $\theta(x) = x$라고 하면 $b = d = 0$이므로

$$x = a+c\sqrt{3} \in \mathbb{Q}(\sqrt{3})$$

가 된다. 따라서 $\theta$의 고정체는 $\mathbb{Q}(\sqrt{3})$에 포함되므로 $\mathbb{Q}(\sqrt{2}, \sqrt{3})_H$는 $\mathbb{Q}(\sqrt{3})$의 부분집합이다. 따라서

$$\mathbb{Q}(\sqrt{2}, \sqrt{3})_H = \mathbb{Q}(\sqrt{3})$$

이다.

**예제 11** $G(\mathbb{Q}(\sqrt[3]{2}),\ \mathbb{Q})$에서 임의의 $h \in G(\mathbb{Q}(\sqrt[3]{2}),\ \mathbb{Q})$에 대해서 $h(\sqrt[3]{2})$는 $x^3-2$의 근이 되어야 하는데 실근은 $\sqrt[3]{2}$ 뿐이므로 결국 $h(\sqrt[3]{2})=\sqrt[3]{2}$이다. 따라서 $G(\mathbb{Q}(\sqrt[3]{2}),\ \mathbb{Q})$는 항등원 뿐이므로 $G(\mathbb{Q}(\sqrt[3]{2}),\ \mathbb{Q})$의 고정체는 $\mathbb{Q}(\sqrt[3]{2})$이다.

**따름정리 21.5** $K$는 $F$의 확대체이다. $H$가 $G(K,\ F)$의 부분집합이면 $H$의 고정체

$$K_H=\{\, a \in K \mid \text{모든 } \theta \in H\text{에 대해서 } \theta(a)=a \,\}$$

는 $K$와 $F$의 중간체이다.

**증명** $H \subset G(K,\ F)$이므로 임의의 $\theta \in H$에 대해서 $\theta \in G(K,\ F)$이다. 따라서 모든 $a \in F$에 대해서 $\theta(a)=a$가 성립하므로 $F \subset K_H$이다. 따라서 $K_H$는 $K$와 $F$의 중간체이다. □

$H$가 $G(K,\ F)$의 부분군일 경우와 그냥 부분집합일 경우는 $H$의 고정체 $K_H$의 성질에 다소 차이가 있다. 위의 따름정리 21.5에 의해서 $G(K,\ E)$의 한 부분군에 대해서 중간체가 대응되고 또 $F$와 $K$의 임의의 중간체 $E$에 대해서 $G(K,\ F)$의 부분군 $G(K,\ E)$를 대응시킬 수 있다. 따라서 적당한 가설을 하면 $F$와 $K$ 사이의 모든 중간체와 $G(K,\ F)$의 부분군 사이에 일대일 대응을 할 수 있다. 이것이 갈루아의 기본정리이다.

**정리 21.6** $K$가 $F$의 정규이고 분리가능한확대체이면

$$|G(K,\ F)|=[K : F]$$

이다.

**증명** $[K : F]=n$이라고 하자. $K$는 $F$의 정규확대체이므로 $K=F(\alpha_1,\ \alpha_2,\ \cdots,\ \alpha_m)$꼴이고 또 분리가능이므로 $K=F(\alpha)$꼴로 표시된다. $p(x) \in F[x]$를 $\alpha$의 극소다항식이라고 하면

$$\deg p(x)=[F(\alpha) : F]=n$$

이다. 임의의 $\theta \in G(F(\alpha),\ F)$는 $\theta(\alpha)$의 값에 의해서 결정되고 또 $\theta(\alpha)$는 역시 $p(x)$의 근이다. $p(x)$는 $n$개의 서로 다른 근을 가지므로 결국

$$|G(K,\ F)|=n=[K : F]$$

이다. □

갈루아 정리의 기본은 $K$가 $F$의 확대체일 때 $F$와 $K$의 중간체에 대해서 군 $G(K,\ F)$의 부분군을 대응시키는 것이다. 우리는 앞에서 $F$와 $K$의 중간체 $E$에 대해서 군 $G(K,\ E)$를 대응시켰다. 특히 이 대응을 갈루아 대응(Galois correspondence)이라고 부른다.

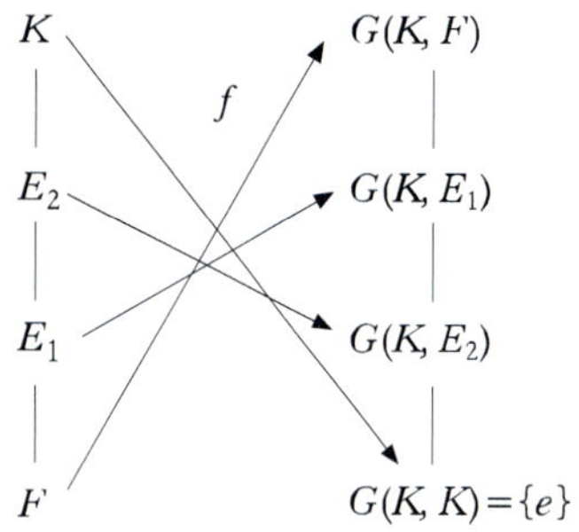


[그림 21.1]

위의 정의에 따라서 $F$의 갈루아 대응 $f(F)$의 값은 $G(K,\ F)$이고 $K$의 대응값 $G(K,\ K)$은 자명군 $\{e\}$가 됨을 쉽게 알 수 있다. 갈루아 대응에서 $E_1 \subset E_2$면 $G(K,\ E_1) \supset G(K,\ E_2)$가 되어 $f$값은 크기가 반대로 대응되는 것에 주목해야 한다.

**예제 12** 예제 3에서 $K = \mathbb{Q}(\sqrt{3},\ \sqrt{2})$, $F = \mathbb{Q}$라고 했을 때 갈루아 대응 $f$는 다음과 같다.

$$f(K) = G(K,\ K) = \{\theta_1\}$$
$$f(\mathbb{Q}(\sqrt{3})) = G(K,\ \mathbb{Q}(\sqrt{3})) = \{\theta_1,\ \theta_2\}$$
$$f(F) = G(K,\ F) = \{\theta_1,\ \theta_2,\ \theta_3,\ \theta_4\}$$

여기서 $\theta_1$은 항등함수, $\theta_2(\sqrt{2}) = -\sqrt{2}$, $\theta_3(\sqrt{3}) = -\sqrt{3}$, $\theta_4 = \theta_2 \circ \theta_3$이다.

**예제 13** $\mathbb{C} = \mathbb{R}(i)$, $F = \mathbb{Q}$, $G = G(\mathbb{C},\ \mathbb{Q})$에서 갈루아 대응 $f$는

$$f(\mathbb{Q}) = G(\mathbb{C},\ \mathbb{Q}) = G$$
$$f(\mathbb{R}) = G(\mathbb{C},\ \mathbb{R}) = \{e,\ h\}$$
$$f(\mathbb{C}) = \{e\}$$

이다. 여기서 $e$는 항등함수, $h$는 $h(a+bi) = a - bi$인 함수이다.

위의 두 예제에서 $\mathbb{Q}(\sqrt{3},\ \sqrt{2})$는 $\mathbb{Q}$의 유한확대체이다. 그러나 $\mathbb{C}$는 $\mathbb{Q}$의 유한확대체가 아니다. 우리는 앞으로 $K$가 $F$의 유한확대체일 경우를 주로 다룬다. $F$의 확대체 $K$에서, $G = G(K,\ F)$라고 했을 때 모든 $G$에 의해서 고정되는 원소

$$K_G = \{\, a \in K \mid \text{모든 } \theta \in G\text{에 대해서 } \theta(a) = a \,\}$$

는 정리 21.5에 의해서 $F$와 $K$의 중간체이다. 그러나 $F$와 다를 수도 있다. 예를 들어 $G=G(\mathbb{Q}(\sqrt[3]{2}),\ \mathbb{Q})$의 모든 고정원소는 $G$는 항등원뿐이므로 $\mathbb{Q}(\sqrt[3]{2})$가 되어 $\mathbb{Q}$가 아니다. 그러나 대부분의 경우는 $G(K,\ F)$의 고정원소는 $F$일 경우가 많다.

**정리 21.7** $K$는 $F$의 유한 확대체이고 $H$는 $G(K,\ F)$의 부분군이다. $K_H=E$, 즉 $E$를 $H$의 고정체라고 하면 $K$는 $E$의 정규확대체이며 동시에 분리가능한 확대체이다.

**증명** 우선 $F\subset E\subset K$이다. 임의의 $\alpha\in K$에 대해서 $\alpha$는 $F$상에서 대수적이므로 $E$상에서도 대수적이다. $\alpha$의 $E$상에서의 극소다항식을 $p(x)\in E[x]$라고 하자. $p(x)$의 분해체에서 모든 서로 다른 근을 $\alpha=\alpha_1,\ \alpha_2,\ \cdots,\ \alpha_n$이라고 하자. $n\le \deg p(x)$이다. $f\in H$면 정리 20.5에 의해서 $f(\alpha)$도 역시 $p(x)$의 근이므로

$$H(\alpha)=\cup\{f(\alpha)\mid f\in H\}\ \subset\ \{\alpha_1,\ \alpha_2,\ \cdots,\ \alpha_n\}\cap K$$

이다. $H(\alpha)=\{\alpha_1,\ \cdots,\ \alpha_m\}$이라고 하자. 임의의 $\theta\in H\subset G(K,\ F)$에 대해서

$$\{\theta(\alpha_1),\ \cdots,\ \theta(\alpha_m)\}=\{\alpha_1,\ \cdots,\ \alpha_m\}$$

이 됨을 보이자. 임의의 $\alpha_i\in H(\alpha)$에 대해서 $\alpha_i=\psi(\alpha)$, $\psi\in H$이므로

$$\theta(\alpha_i)=\theta(\psi(\alpha))$$

이다. 또 $H$는 부분군이므로 $\theta\psi\in H$가 되어 $\theta(\alpha_i)\in H(\alpha)=\{\alpha_1,\ \cdots,\ \alpha_m\}$이다. 따라서

$$\{\theta(\alpha_1),\ \cdots,\ \theta(\alpha_m)\}\ \subset\ \{\alpha_1,\ \cdots,\ \alpha_m\}$$

인데 $\theta$는 단사이므로 두 집합의 개수는 같다. 따라서

$$\{\theta(\alpha_1),\ \cdots,\ \theta(\alpha_m)\}=\{\alpha_1,\ \cdots,\ \alpha_m\}$$

이 된다. $\alpha_i\in H(\alpha)$는 당연히 $K$의 원소이므로

$$g(x)=(x-\alpha_1)\cdots(x-\alpha_m)=b_0+b_1x+\ \cdots\ +b_mx^m\in K[x]$$

라고 하면 임의의 $h\in H$에 대해서 위의 사실에 의해서

$$h(g(x))=(x-h(\alpha_1))\cdots(x-h(\alpha_m))=(x-\alpha_1)\cdots(x-\alpha_m)$$

에서 $h(g(x))=g(x)$이다. 그러나

$$h(g(x))=h(b_0)+h(b_1)x+\ \cdots\ +h(b_m)x^m$$

이므로 결국

$$h(b_0)+h(b_1)x+\cdots+h(b_m)x^m=b_0+b_1x+\cdots+b_mx^m$$

가 되고 이 말은 $g(x)$의 모든 계수는 $H$에 대해서 고정된다는 말이다. 따라서

$$g(x)\in E[x]$$

이다. $\alpha$는 $g(x)$의 근이고 $g(x)$는 분리가능다항식이므로 $\alpha$는 분리가능이다. 한편, $g(x)\in E[x]$, $g(\alpha)=0$이므로 극소다항식 $p(x)\in E[x]$의 성질에 의해서 $p(x)$는 $g(x)$의 인수이다.

$$p(x)\,|\,g(x),\ m\le n\le \deg p(x)$$

이므로 결국 $p(x)=g(x)$가 되고 $p(x)$의 모든 근은 $K$에 포함된다. $p(x)$의 모든 근은 서로 다르므로 따라서 $K$는 $E$의 분리가능한 확대체이다. 이번에는 $K$가 $E$의 정규확대체가 됨을 보이자.

$K$는 $E$의 유한확대체이므로 $\{c_1, c_2, \cdots, c_t\}$를 $K$의 $E$상에서의 기저라고 하면 $K=E(c_1, c_2, \cdots, c_t)$이다. 각 $c_i$의 $E$상에서의 극소다항식을 $p_i(x)\in E[x]$라고 하고

$$p(x)=p_1(x)p_2(x)\cdots p_t(x)\in E(x)$$

로 두면 $K$는 $p(x)$의 분해체가 된다. 그 이유를 알아보면 $p(x)$의 임의의 근 $\alpha_i$에 대해서 $\alpha_i$는 어떤 극소다항식 $p_i(x)$의 근이 된다. 따라서 $\alpha_i$와 $c_i$는 켤레이고 앞에서 한 것과 마찬가지로 $c_i$의 $E$상에서의 극소다항식 $p_i(x)$의 모든 근은 $K$에 포함되므로 결국 $p(x)$의 분해체를 $L$이라고 하면 $L\subset K$이다. 한편 $c_i$는 $p(x)$의 근이므로

$$K=E(c_1, c_2, \cdots, c_t)\subset L$$

이다. 따라서 $K=L$이 되어 $K$는 $p(x)$의 분해체가 된다. □

$E$가 $F$의 정규확대체이고 동시에 분리가능한 확대체일 때 $E$는 $F$의 정규분리가능 확대체라고 부른다. 위의 정리 21.7에서 $H$가 $G(K, F)$의 부분군이 아닌 그냥 부분집합이면 $K$는 $K_H$의 정규분리가능 확대체가 되지 않는다. 또 $H=G$로 두고 $E=F$, 즉 $G$의 고정체가 $F$이면 다음과 같은 따름정리를 얻는다.

**따름정리 21.8** $K$는 $F$의 유한확대체이다. $G=G(K, F)$, $K_G=F$면 $K$는 $F$의 정규분리가능 확대체이다.

**정리 21.9** $E$는 $F$와 $K$의 중간체이다. $K$가 $E$의 정규분리가능 확대체이고 $H = G(K, E)$이면 $K_H = E$이다.

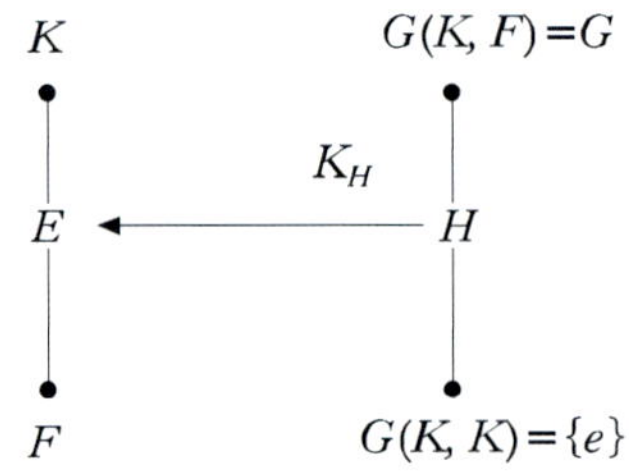


[그림 21.2]

**증 명** $u \in E$라고 하면 정의에 의해서 임의의 $\theta \in H$에 대해서 $\theta(u) = u$이다. 따라서 $u \in K_H$가 됨은 자명하다. 이번에는 $K_H \subset E$가 됨을 증명하자. 만일 $K_H \neq E$이면 $\alpha \notin E$, $\alpha \in K_H$인 $\alpha$가 존재할 것이다. $\alpha$의 $E$상에서 극소다항식 $p(x) \in E[x]$의 차수는 2보다 크다. 따라서 $p(x)$는 $\alpha$와 다른 근 $\beta$를 가진다. 앞 따름정리 20.4와 정규확대체의 성질을 이용하면

$$\bar{h} \in G(K, E), \ \bar{h}(\alpha) = \beta$$

인 $\bar{h}$가 존재한다. 그런데 $\alpha \neq \beta$이므로 $\bar{h}(\alpha) \neq \alpha$이고 $\bar{h} \in H$이므로 $\alpha \notin K_H$가 되어 모순이다. 따라서 $K_H = E$를 얻을 수 있다. □

위의 정리 21.9에서 특히 $E = F$로 두면 $K$가 $F$의 정규분리가능 확대체면 $G(K, F)$의 고정원소가 $F$가 된다. 따라서 앞의 따름정리 21.8와 함께 다음과 같은 동치조건을 얻을 수 있다.

**따름정리 21.10** $F$의 유한확대체 $K$가 $F$의 정규분리가능 확대체가 될 필요충분조건은 $K_G = F$가 됨을 알 수 있다. 단, $G = G(K, F)$

**정의 21.4** $K$는 $F$의 확대체이다. $F$상에서 $K$의 군 $G(K, F)$의 고정체가 $F$가 될 때 즉 $K_G = F$일 때 $K$를 $F$의 **갈루아확대체**(Galois extension of $F$)라고 부른다.

또 이 때 $F$상에서 $K$의 군 $G(K, F)$를 $F$상에서 $K$의 **갈루아군**(Galois group of $K$ over $F$)라고 부른다.

**정리 21.11** $F$가 표수 $p$인 유한체면 $G(F, \mathbb{Z}_p)$는 순환군이다.

**증명** $\theta \in G(F, \mathbb{Z}_p)$, $\theta(u) = u^p$는 잘 정의됨을 알 수 있다. 임의의 $h \in G(F, \mathbb{Z}_p)$는 $h = \theta^{tp}$($t$는 정수) 꼴이 됨을 보이자. $[F : \mathbb{Z}_p] = m$이라고 하면 $|F| = p^m$이다. $F^* = F - \{0\}$는 곱에 의한 순환군이므로 $F^* = \langle a \rangle$로 둘 수 있다.

$$\langle a^p \rangle = \left\{a^p,\ a^{p^2},\ \cdots,\ a^{p^{m-1}},\ a^{p^m} = 1\right\}$$

는 위수 $m$인 $\langle a \rangle$의 부분군이다. $1 \le i \le m$에 대해서 따름정리 19.5에 의해서 $\theta^i(a) = a^{p^i}$는 $G(F, \mathbb{Z}_p)$의 원소이다. 정리 20.19에서 $F$는 $\mathbb{Z}_p$의 정규확대체이므로 갈루아 정리에서 $[F : \mathbb{Z}_p] = G(F, \mathbb{Z}_p) = m$이므로 결국 $G(F, \mathbb{Z}_p) = \langle \theta \rangle$가 됨을 알 수 있다. □

마찬가지로 해서 다음 정리를 얻을 수 있다.

**정리 21.12** $F$는 유한체, $K$는 $F$의 유한확대체이면 $K$는 $F$의 갈루아 확대체이고 $G(K, F)$는 순환군이다.

**증명** $\mathbb{Z}_p$를 $F$의 소체라고 하면 $K$는 $\mathbb{Z}_p$의 유한확대체이다. $[K : \mathbb{Z}_p] = m$라고 하면 $|K| = p^m$이고 $G(K, \mathbb{Z}_p)$는 순환군이다. $G(K, F)$는 $G(K, \mathbb{Z}_p)$의 부분군이므로 역시 순환군이다. $K$, $F$는 모두 유한체이므로 $\mathbb{Z}_p$의 정규분리가능한 확대체이다.

$$|G(K, \mathbb{Z}_p)| = [K : \mathbb{Z}_p],\ |G(F, \mathbb{Z}_p)| = [F : \mathbb{Z}_p],\ [K : \mathbb{Z}_p] = [K : F][F : \mathbb{Z}_p],$$
$$G(\mathrm{F}, \mathbb{Z}_p) \cong G(K, \mathbb{Z}_p)/G(K, F)$$

에서 $|G(K, F)| = [K : F]$이고 따라서 $K$는 $F$의 갈루아 확대체이다. □

정의 21.5와 따름정리 21.10에 따라서 결국 유한확대체에서는 갈루아확대체와 정규분리가능 확대체는 같은 뜻임을 알 수 있다, 또 만일 $F$의 표수가 0이면 정리 20.11에서 $K$가 $F$의 정규확대체라는 사실과 갈루아확대체는 동치가 된다.

다음 정리 21.13은 위의 정리 21.9의 역이다.

책에 따라서([17]의 경우)는 갈루아 확대를 그냥 정규확대라 부르는 경우도 있다. 이

때는 정규란 말 속에 분리가능이 포함되어 있는 경우이므로 유의해야 한다.

**정리 21.13** $K$는 $F$의 유한확대체이다. $H$가 $G(K,\ F)$의 부분군이면 $G(K,\ K_H) = H$이고 $|H| = [K:\ K_H]$이다.

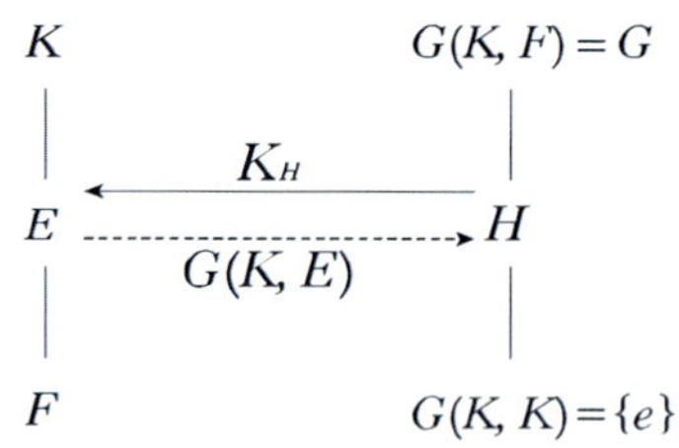


[그림 21.3]

**증명** 편의상 $K_H = E$라 두면 $F \subset E \subset K$이다. $K$는 $E$의 유한확대체이므로

$$K = E(u_1,\ u_2,\ \cdots,\ u_n)$$

으로 쓸 수 있고 앞 정리 21.7에서 $K$는 $E$의 정규분리가능 확대체이므로 $u_1,\ u_2,\ \cdots,\ u_n$은 $E$상에서 분리가능이고 대수적이다. 따라서 $K$는 $E$의 단순확대체가 된다. $K = E(u)$라 두고 $u$의 $E$상에서의 극소다항식을 $p(x)$라 두면 $[K:\ E] = \deg p(x)$이다. 임의의 $\theta \in G(K,\ E)$는 $\theta(u)$의 값으로 정해지고 또 $\theta(u)$도 역시 $p(x)$의 근이므로 결국

$$|G(K,\ E)| \le \deg p(x)$$

가 된다. 임의의 $h \in H,\ a \in E$에 대해서 $a \in K_H$이므로 $h(a) = a$이다. 따라서 $h$는 $E$를 고정시키므로 $H \subset G(K,\ E)$가 된다. 따라서 다음과 같은 부등식을 얻는다.

$$|H| \le |G(K,\ E)| \le [K:\ E]$$

또 앞의 정리 21.7과 같은 방법으로

$$H(u) = \cup\{h(u) \mid h \in H\} = \{a_1,\ a_2,\ \cdots,\ a_m\}$$

라고 하면 앞에서와 같은 방법으로

$$f(x) = (x - a_1)(x - a_2)\cdots(x - a_m) \in K[x]$$

는 실제로 $f(x) \in E[x]$가 됨을 알 수 있다. $u \in H(u)$이므로 $u$는 $f(x)$의 근이다. 따라서 $p(x) \mid f(x)$가 되므로 $m = \deg f(x) \ge \deg p(x)$이다. 그런데 $|H| \ge |H(u)| = m$이다. 따라서

$$|H| \ge m = \deg f(x) \ge \deg p(x) = [K:\ E]$$

가 되어 결국

$$|H| \le |G(K, E)| \le [K : E] \le |H|$$

로부터 $|H| = |G(K, E)| = [K : E]$이고 $H = G(K, E)$가 된다. □

**따름정리 21.14** $F \subset E \subset K$, $K$가 $F$의 유한확대체이면 $|G(K, E)| \le [K : E]$이다.

**증명** $H = G(K, E)$, $K_H = M$이라고 두면 $F \subset E \subset M \subset K$이다. $[K : E] = [K : M][M : E]$이므로 $|G(K, E)| = [K : M] \le [K : E]$이다. □

일반적으로 $H$가 $G(K, F)$의 부분군이 아니면 위의 정리 21.13은 성립하지 않는다. 만일 $H$가 $G(K, F)$의 부분군이 아니고 그냥 부분집합이면 단지 $|H| \le [K : K_H]$만 성립한다. 또 $K$가 $F$의 유한확대체가 아니더라도 일반적으로 $H \subset G(K, F)$이면 $[K : K_H] \ge |H|$이고 특히 $H$가 $G(K, F)$의 부분군이면 $[K : K_H] = |H|$이 된다([17] 2.4장 참조).

정리 20.9에서 정규확대체의 동치조건을 조사했는데 우리는 다음과 같이 갈루아확대체가 될 동치조건도 구할 수 있다. 물론 표수가 0인 체에서는 이 모두는 정규확대체와 동치이다.

**정리 21.15** $K$가 $F$의 유한확대체일 때 다음은 모두 동치이다. 단 $G = G(K, F)$이다.

(1) $K$는 $F$의 갈루아확대체이다.

(2) $|G| = [K : F]$

(3) $K$는 $F$의 정규분리가능 확대체이다.

(4) $K$는 적당한 어떤 분리가능한 다항식 $p(x) \in F[x]$의 분해체이다.

**증명** (1) ⇒ (2) 정리 21.13

(2) ⇒ (1) 정리 21.13에서 $K_G = E$라고 하면 $F \subset E \subset K$이다. $|G| = [K : E] = [K : F] = [K : E][E : F]$에서 $[E : F] = 1$이고 따라서 $K_G = F$이다.

(1) ⇔ (3) 따름정리 21.12

(3) ⇒ (4) $K$는 $F$의 정규확대체이므로 어떤 다항식 $p(x) \in F[x]$의 분해체이다. $K = F(c_1, c_2, \cdots, c_n)$, $c_i$는 $p(x)$의 근이라고 두면 $c_i \in K$이므로 $c_i$의 극소다항식

을 $p_i(x) \in F[x]$라 하면 $p_i(x)$는 분리가능이다. 또 $p_i(x) \mid p(x)$이므로 결국 $p(x)$는 분리가능한다항식이다.

(4) ⇒ (2) $F$상에서 $K$의 차원 $[K:F]$에 대한 수학적 귀납법으로 증명한다.

만일 $[K:F]=1$이면 $K=F$이므로 이때는 할 필요도 없다. $[K:F]=2$일 경우를 생각해 보면 우선 $K$를 $F$상에서 기약인 $p(x) \in F[x]$의 분해체라 하고 $p(x)$는 분리가능다항식이라고 하자. 만일 $p(x)$가 1차식이면 $p(x)=x-\alpha \in F[x]$꼴이고 $K=F(\alpha)=F$가 되어 모순이다. 따라서 $p(x)$는 최소 2차 이상이다. $p(x)$의 서로 다른 두 근을 $\alpha_1, \alpha_2 \in K$라고 두면 따름정리 20.3에 의해서 $\bar{h} \in G(K, F)$, $\bar{h}(\alpha_1)=\alpha_2$인 $\bar{h}$가 존재한다. 따라서 $|G(K, F)| \geq 2$이다. 한편

$$|G(K, F)|=[K:K_G] \leq [K:F]=2$$

이므로 결국 $|G(K, F)|=2$가 되어 정리가 성립한다.

$[K:F] \leq n-1$인 경우 정리가 성립한다고 가정하고 $[K:F]=n$이라 하자. 다시 $K=F(\alpha_1, \cdots, \alpha_t)$를 $p(x) \in F[x]$의 분해체라고 하고 $p(x)$는 분리가능한 다항식이라고 가정한다. $\alpha_i$의 $F$상에서의 극소다항식을 $p_i(x)$라고 하면 $\alpha_i$의 극소다항식 중 차수가 2 이상인 것이 반드시 존재한다. (안그러면 $K=F$가 되어 버림)

편의상 $\deg p_1(x) \geq 2$라고 가정하자. 따라서

$$n=[K:F]=[K:F(\alpha_1)][F(\alpha_1):F]=\deg p_1(x) \times [K:F(\alpha_1)] > [K:F(\alpha_1)]$$

이다. $p_1(x) \mid p(x)$이므로 $p(x)=p_1(x)g(x)$, $g(x) \in F[x]$라고 하면 역시 $K$는 $F(\alpha_1)$상에서 $p(x)$의 분해체이다. 따라서 가정에서 $|G(K, F(\alpha_1))|=[K:F(\alpha_1)]$이고 $F(\alpha_1)=K_{G(K,\ F(\alpha_1))}$이다.

$G=G(K, F)$, $F(\alpha_1)=E$라 두고 마지막으로 $K_G=F$임을 밝히자. 이 증명은 조금 어려우므로 잘 보아야 한다. $\deg p_1(x)=m$라고 하면 $p_1(x)$는 서로 다른 $m$개의 근 $\alpha_1, \alpha_2, \cdots, \alpha_m$을 가진다 $(\alpha_i \in K)$. $u \in K_G$라고 하면 임의의 $f \in G$에 대해서 $f(u)=u$이므로 따라서 임의의 $\theta \in G(K, E)$에 대해서도 $\theta(u)=u$가 성립한다. 그런데 가정에서 결국 $u \in E$가 된다. 따라서

$$u=a_0+a_1\alpha_1+a_2\alpha_1^2+ \cdots +a_{m-1}\alpha_1^{m-1},\ a_i \in F$$

꼴로 나타낼 수 있다. 그런데 $K$는 $E$의 정규분리가능 확대체이므로 임의의 $\alpha_i$ $(1 \leq i \leq m)$에 대해서 $h(\alpha_1)=\alpha_i$인 $h \in G(K, E)$가 존재함은 따름정리 20.3에서 당연하다. 따라서 $h(u)=a_0+a_1\alpha_i+a_2\alpha_i^2+ \cdots a_{m-1}\alpha_i^{m-1}$이고 $h(u)=u$이므로 결국 $u=a_0+a_1\alpha_i+a_2\alpha_i^2+ \cdots a_{m-1}\alpha_i^{m-1}$이다. 그런데 다항식

$$(a_0-u)+a_1x+a_2x^2+ \cdots a_{m-1}x^{m-1} \in K[x]$$

가 0이 아니면 $m$개의 서로 다른 근 $\alpha_1, \alpha_2, \cdots, \alpha_m$을 가진다. 그런데 이것은 도저히 불가능하다. 따라서 $a_0-u=a_1= \cdots =a_{m-1}=0$가 되고 결국 $u=a_0 \in F$

가 되어 $K_G = F$이다. 정리 21.13에 의해서 $|G(K, F)| = [K:F]$가 된다. □

위의 (4) ⇒ (2)의 증명과정에서 $G(K, E) = H$라 두면

$$|G(K, F)| = [K:F] = [K:E][E:F]$$

이고 $|G(K, E)| = [K:E]$이므로

$$|G(K, F)/G(K, E)| = [E:F] = |G(E, F)|$$

를 얻을 수 있다.

**정리 21.16** (갈루아 이론의 기본정리) $K$는 $F$의 정규분리가능 확대체이다.

$$S = \{ E \mid E\text{는 } F\text{와 } K\text{의 중간체} \}$$
$$T = \{ H \mid H\text{는 } G(K, F)\text{의 부분군} \}$$

라고 하면

(1) 갈루아 대응

$$f : S \to T,\ f(E) = G(K, E)$$

는 전단사함수이다. 또

$$|G(K, E)| = [K:E],\ [E:F] = [G(K, F) : G(K, E)]$$

이다.

(2) $E$가 $F$의 정규확대체가 될 필요충분조건은 $G(K, E)$가 $G(K, F)$의 정규부분군이다. 또 이 경우에는

$$G(K, F)/G(K, E) \cong G(E, F)$$

가 성립한다.

**증명** (1) $$E_1,\ E_2 \in S,\ H_1 = G(K, E_1),\ H_2 = G(K, E_2)$$

라고 하면 앞 정리 21.11에서 $K_{H_1} = E_1$, $K_{H_2} = E_2$이다. 만일 $f(E_1) = f(E_2)$이면 $H_1 = H_2$이므로 $E_1 = E_2$. 따라서 $f$는 단사이다. 임의의 $H \in T$에 대해서 $K_H = E$라고 하면 $E \in S$이고 정리 21.13에 의해서 $f(E) = G(K, E) = H$. 따라서 $f$는 전사이다. 앞 정리 21.13에서 $|G(K, E)| = [K:E]$임을 증명하였다. 여기서 특히 $E = F$로 두면 $|G(K, F)| = [K:F]$가 된다. 그런데

$$[K:F] = [K:E][E:F] = |G(K, E)|[E:F]$$

이다. 또 $G(K, E)$는 $G(K, F)$의 부분군이므로 라그랑즈의 정리에 의해서

$$|G(K, F)| = |G(K, E)|[G(K, F) : G(K, E)]$$

가 성립하므로 결국

$$[E : F] = [G(K, F) : G(K, E)]$$

가 된다.

(2) $E$가 $F$의 정규확대체라고 하자. 정리 20.5에 의해서 임의의 $\theta \in G(K, F)$에 대해서 $\theta|_E : E \to \theta(E)$는 $F$를 고정시키는 동형사상이므로 $\theta(E) = E$이다. 따라서

$$f : G(K, F) \to G(E, F),\ f(\theta) = \theta|_E$$

는 잘 정의되고 또 앞 정리 20.6에서 임의의 $h \in G(E, F)$에 대해서

$$\bar{h} \in G(K, F),\ \bar{h}|_E = h$$

인 $\bar{h}$가 존재한다. 따라서 $f(\bar{h}) = h$가 되므로 $f$는 전사가 된다. 또 $f$가 준동형사상이 됨을 쉽게 알 수 있다. Ker $f$를 구해보면 $h \in \text{Ker}\, f$일 필요충분조건은

$$f(h) = h|_E = 1_E$$

즉 모든 $x \in E$에 대해서 $h(x) = x$이다. 따라서 $h \in G(K, E)$이다. 준동형사상의 기본정리에 의해서

$$G(K, F)/G(K, E) \cong G(E, F)$$

이고 Ker $f = G(K, E)$는 $G(K, F)$의 정규부분이 됨은 너무나 당연하다. 역으로 $G(K, E)$가 $G(K, F)$의 정규부분군이라고 하자. $K$는 $F$의 정규확대체이므로 $K$는 $F$의 유한확대체이고 따라서 $E$도 $F$상에서 유한확대체이다. $F$상에서 $E$의 기저를 $c_1, c_2, \cdots, c_m$이라고 하자. $c_1$의 $F$상에서의 기약다항식을 $p_1(x) \in F[x]$라고 하면 $p_1(x)$의 임의의 근 $u_1$에 대해서 따름정리 20.3에 의해서

$$h \in G(K, F),\ h(c_1) = u_1$$

인 $h$가 존재한다. 임의의 $g \in G(K, E)$에 대해서 $G(K, E)$는 $G(K, F)$의 정규부분군이므로

$$h^{-1}gh = \psi \in G(K, E)$$

이다. 그런데 $c_1 \in E,\ \psi \in G(K, E)$이므로 $\psi(c_1) = c_1$이다. 따라서

$$g(u_1) = h\psi h^{-1}(u_1) = h\psi(c_1) = h(c_1) = u_1$$

이 되어 $u_1$은 모든 $G(K, E)$의 원소에 의해 고정되므로 $u_1 \in K_{G(K, E)} = E$이다. 이 사실로부터 $p_1(x)$의 모든 근은 $E$에 포함됨을 알 수 있다. $c_1, c_2, \cdots, c_m$에 대해서도 이와 같이 하면 결국 $E = F(c_1, c_2, \cdots, c_m)$은

$$p(x) = p_1(x)p_2(x) \cdots p_m(x) \in F[x]$$

의 분해체가 된다.

**예제 14** $K$를 $x^3-2 \in \mathbb{Q}[x]$의 분해체라고 하면

$$K=\mathbb{Q}(\sqrt[3]{2},\ \sqrt[3]{2}w,\ \sqrt[3]{2}w^2),\ w\text{는 } x^3-1\text{의 원시근}$$

이다. 또 갈루아군 $G(K,\ \mathbb{Q})$는 $S_3$의 부분군이다. $\mathbb{Q}(\sqrt[3]{2})$는 $\mathbb{Q}$와 $K$의 중간체이고 $[\mathbb{Q}(\sqrt[3]{2}):\mathbb{Q}]$는 $\sqrt[3]{2}$의 극소다항식 $x^3-2$의 차수이므로 3이다. 따라서 $[K:\mathbb{Q}]$는 6 또는 3인데 만일 3이면 $K=\mathbb{Q}(\sqrt[3]{2})$가 되어 $w \in \mathbb{Q}(\sqrt[3]{2})$가 되어 모순이다. 따라서 $[K:\mathbb{Q}]=6$이고 $G(K,\ \mathbb{Q}) \cong S_3$으로 생각할 수 있다. $S_3$의 모든 부분군을 구해보면 모두 6개이다. 이 각각에 대응하는 중간체를 구해보면 우선 $K_{S_3}=\mathbb{Q}$, $K_e=K$이다. 임의의 $h \in G(K,\ \mathbb{Q})$에 대해서 $h(\sqrt[3]{2})$는 $\sqrt[3]{2}$, $\sqrt[3]{2}w$, $\sqrt[3]{2}w^2$ 중 한 개이다. 따라서 편의상

$$\sqrt[3]{2}=1,\ \sqrt[3]{2}w=2,\ \sqrt[3]{2}w^2=3$$

으로 생각하면 $G(K,\ \mathbb{Q})$는 $\{1, 2, 3\}$의 치환으로 대응시킬 수 있다. 예를 들어 $(1\ 2)$에 대해서 고정되는 원소는 3뿐이므로 $\sqrt[3]{2}w^2$이다. $(1\ 2)$에 대해서는

$$h(\sqrt[3]{2})=\sqrt[3]{2}w,\ h(\sqrt[3]{2})w=\sqrt[3]{2},\ h(\sqrt[3]{2}w^2)=\sqrt[3]{2}w^2$$

인 $h \in G(K,\ \mathbb{Q})$가 대응된다고 생각한다. 따라서

$$K_{H_1}=\mathbb{Q}(\sqrt[3]{2}w^2),\ K_{H_2}=\mathbb{Q}(\sqrt[3]{2}w),\ K_{H_3}=\mathbb{Q}(\sqrt[3]{2})$$

이다. 마지막으로 $K_{A_3}$를 구해보면 $[K_{A_3}:\mathbb{Q}]=[S_3:A_3]=2$이므로 차수가 2인 중간체이어야 한다. $x^3-1=(x-1)(x^2+x+1)$에서 $w$의 $\mathbb{Q}$ 상에서의 극소다항식은 $x^2+x+1 \in \mathbb{Q}[x]$이므로 $[\mathbb{Q}(w):\mathbb{Q}]=2$이다. 따라서 $K_{A_3}=\mathbb{Q}(w)$이다. 실제로 $K$의 $\mathbb{Q}$ 상에서의 기저는

$$1,\ \sqrt[3]{2},\ (\sqrt[3]{2})^2,\ w,\ \sqrt[3]{2}w,\ (\sqrt[3]{2})^2w$$

이고 이중 $\{(1\ 2\ 3),\ (2\ 1\ 3),\ e\}$에 대해서 이동하는 원소는 우선

$$\sqrt[3]{2} \to \sqrt[3]{2}w$$

이므로

$$\begin{aligned}
&(\sqrt[3]{2})^2 \to (\sqrt[3]{2})^2w^2=(\sqrt[3]{2})^2(-1-w),\\
&\sqrt[3]{2}w \to \sqrt[3]{2}w^2,\\
&(\sqrt[3]{2})^2w=\sqrt[3]{2}\ \sqrt[3]{2}w \to (\sqrt[3]{2}w)\sqrt[3]{2}w^2=(\sqrt[3]{2})^2
\end{aligned}$$

이고

$$w = \frac{\sqrt[3]{2}\,w}{\sqrt[3]{2}} \to \frac{\sqrt[3]{2}\,w^2}{\sqrt[3]{2}\,w} = w$$

이므로 1, $w$는 $A_3$에 대해서 고정된다. 따라서 $K_{A_3} = \mathbb{Q}(w)$이다. $\mathbb{Q}(w)$는 $x^2+x+1 \in \mathbb{Q}[x]$의 분해체이므로 $\mathbb{Q}$의 정규확대체이다. 당연히 $A_3$는 $S_3$의 정규부분군이다. 그러나 $H_1$, $H_2$, $H_3$는 $S_3$의 정규부분군이 아니고 따라서

$$\mathbb{Q}(\sqrt[3]{2}\,w^2),\ \mathbb{Q}(\sqrt[3]{2}\,w),\ \mathbb{Q}(\sqrt[3]{2})$$

는 분해체가 되지 않는다.

이 예제를 좀 더 자세히 살펴보면 $K = \mathbb{Q}(\sqrt[3]{2},\ w)$와 같으므로 $G(K,\ \mathbb{Q})$의 모든 원소는 $\sqrt[3]{2}$와 $w$의 함수값으로 정해진다.

임의의 $h \in G(K,\ \mathbb{Q})$에 대해서 $h(\sqrt[3]{2})$는 $x^3-2$의 근이 되어야 하므로 $h(\sqrt[3]{2}) = \sqrt[3]{2}$, $\sqrt[3]{2}\,w$, $\sqrt[3]{2}\,w^2$ 중 1개이다. 마찬가지로 $h(w)$는 $x^2+x+1$의 근인데 $w^4+w^2+1 = w+w^2+1 = 0$에서 $w^2$도 $x^2+x+1=0$의 근이다. 따라서 $h(w) = w$, $w^2$ 중 1개이다. 이 각각을 표로 만들어 보면 다음과 같다.

| $G(K,\ \mathbb{Q})$의 원소 | $\theta_1$ | $\theta_2$ | $\theta_3$ | $\theta_4$ | $\theta_5$ | $\theta_6$ |
|---|---|---|---|---|---|---|
| $w$의 값 | $w$ | $w$ | $w$ | $w^2$ | $w^2$ | $w^2$ |
| $\sqrt[3]{2}$의 값 | $\sqrt[3]{2}$ | $\sqrt[3]{2}\,w$ | $\sqrt[3]{2}\,w^2$ | $\sqrt[3]{2}$ | $\sqrt[3]{2}\,w$ | $\sqrt[3]{2}\,w^2$ |
| $\sqrt[3]{2}\,w$의 값 | $\sqrt[3]{2}\,w$ | $\sqrt[3]{2}\,w^2$ | $\sqrt[3]{2}$ | $\sqrt[3]{2}\,w^2$ | $\sqrt[3]{2}$ | $\sqrt[3]{2}\,w$ |
| $\sqrt[3]{2}\,w^2$의 값 | $\sqrt[3]{2}\,w^2$ | $\sqrt[3]{2}$ | $\sqrt[3]{2}\,w$ | $\sqrt[3]{2}\,w$ | $\sqrt[3]{2}\,w^2$ | $\sqrt[3]{2}$ |
| 치환으로 표시 | $e$ | (1 2 3) | (1 3 2) | (2 3) | (1 2) | (1 3) |

[표 21.1]

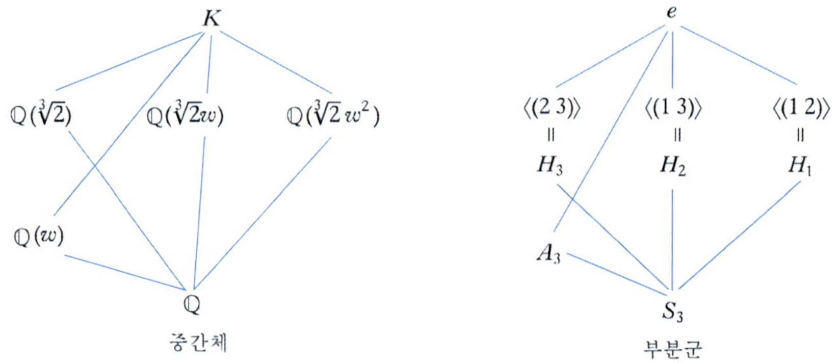


[그림 21.4]

**예제 15** $K=\mathbb{Q}(\sqrt{3},\ \sqrt{5})$는 $f(x)=(x^2-3)(x^2-5)\in\mathbb{Q}[x]$의 분해체이다.
$[\mathbb{Q}(\sqrt{3},\ \sqrt{5}):\mathbb{Q}]=4$이고 임의의 $h\in G(K,\ \mathbb{Q})$에 대해서

$h(\sqrt{3})$은 $x^2-3$의 근이므로 $\sqrt{3}$, $-\sqrt{3}$ 두 가지
$h(\sqrt{5})$는 $x^2-5$의 근이므로 $\sqrt{5}$, $-\sqrt{5}$ 두 가지

따라서 $|G(K,\ \mathbb{Q})|=4$이다. $G(K,\ \mathbb{Q})\cong\mathbb{Z}_2\times\mathbb{Z}_2$이므로 표로 만들어 보면 아래와 같다.

| $G(K,\ \mathbb{Q})$의 원소 | $\theta_1$ | $\theta_2$ | $\theta_3$ | $\theta_4$ |
|---|---|---|---|---|
| $\sqrt{3}$의 값 | $\sqrt{3}$ | $\sqrt{3}$ | $-\sqrt{3}$ | $-\sqrt{3}$ |
| $\sqrt{5}$의 값 | $\sqrt{5}$ | $-\sqrt{5}$ | $\sqrt{5}$ | $-\sqrt{5}$ |
| $\sqrt{15}$의 값 | $\sqrt{15}$ | $-\sqrt{15}$ | $-\sqrt{15}$ | $\sqrt{15}$ |
| 치환으로 표시 | $e$ | $(1\ 2)$ | $(3\ 4)$ | $(1\ 2)(3\ 4)$ |

[표 21.2]

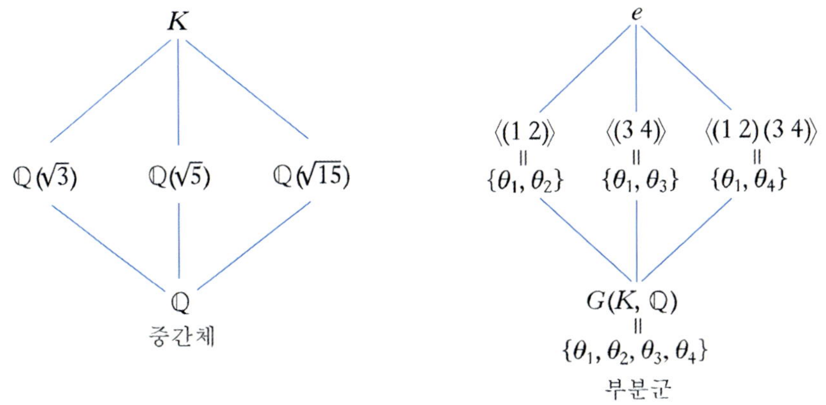


[그림 21.5]

**정리 21.17** $f(x)\in F[x]$이고 $E$를 $f(x)$의 분해체라고 하면
(1) $G(E,\ F)$는 대칭군 $S_n$의 부분군과 동형이다.
(2) 만일 $f(x)$가 차수 $n$인 분리가능 다항식이면 $n$은 $|G(E,\ F)|$의 약수이다.

**증명** $\{\alpha_1,\ \alpha_2,\ \cdots,\ \alpha_n\}$을 $f(x)$의 분해체 $E$에서 $f(x)$의 서로 다른 근이라고 하면 $1\le n\le\deg f(x)$이다.
(1) 정리 21.2
(2) $f(x)$가 분리가능이므로 $E$는 $F$의 갈루아확대체이다. 따라서

$$[F(\alpha_1):F] = \deg f(x) = n$$

이 성립한다. 갈루아 정리에 의해서 $G(E, F)$는 $F(\alpha_1)$에 대응하는 부분군을 가지고 따라서 $G(E, F)$는 $n$의 배수이다. □

앞의 정리에 의해서 만일 $f(x) \in F[x]$이고 $F$의 표수가 0이면 $\deg f(x)$는 $G(E, F)$의 약수가 됨을 알 수 있다.

**따름정리 21.18** $f(x) \in F[x]$는 차수 2인 기약다항식이다. $E$를 $f(x)$의 분해체라고 할 때 $f(x)$가 분리가능이면 $G(E, F) \cong \mathbb{Z}_n$이고 $f(x)$가 분리가능이 아니면 $G(E, F) = \{e\}$이다.

**정리 21.19** $f(x) \in \mathbb{Q}[x]$는 차수 $p$인 기약다항식이다(단, $p$는 소수). 만일 $f(x)$가 단 한 쌍의 복소수근을 가지면 $f(x)$의 갈루아군은 $S_p$와 동형이다.

**증명** 일단 $f(x)$의 갈루아군 $G = G(K, \mathbb{Q})$는 $S_p$의 부분군과 동형이다. $f(x)$의 한 근을 $\alpha$라고 하면 $[\mathbb{Q}(\alpha):\mathbb{Q}] = \deg f(x) = p$이다. 따라서 갈루아 정리에 의해서 $|G| = [K:\mathbb{Q}] = [K:\mathbb{Q}(\alpha)][\mathbb{Q}(\alpha):\mathbb{Q}]$에서 $p$는 $|G|$의 약수임을 알 수 있다. 코시 정리에 의해서 $\theta \in G$, $|\theta| = p$인 원소가 존재한다. 한편 $f$의 한 쌍의 복소수근 $z, \bar{z}$에 대해서 $\psi(z) = \bar{z}$ 역시 $G$의 원소이고 $|\psi| = 2$이다. 따라서 $\theta = (a_1\ a_2\ a_3 \cdots a_p)$, $\psi = (a\ b)$로 적으면 $\theta$는 적당히 변형해서 $\theta = (a\ c_2\ c_3 \cdots c_p)$로 나타낼 수 있고 다시 $b = c_i$, $2 \le i \le p$이므로 $\theta^{i-1} = (a\ b\ b_3 \cdots b_p)$꼴이다. 결국 표현을 달리하면 $(1\ 2)$, $(1\ 2\ 3 \cdots p) \in G$가 되어 대칭군의 성질에 의해 $G \cong S_p$이다. □

**예제 16** $f(x) = x^5 - 4x + 3 \in \mathbb{Q}[x]$는 3개의 실근과 두 개의 복소수근을 가진다. 또 Eisenstein 정리에 의해서 $f(x)$는 기약이다. 따라서 $f(x)$의 갈루아군은 $S_5$와 동형이다.

임의의 유한군 $G$에 대해서 $G = G(K, \mathbb{Q})$가 되는 $\mathbb{Q}$의 확대체 $K$가 존재하는지는 아직까지 모른다. 그러나 만일 $G = S_n$이면 이 때는 위의 정리와 같이 차수가 $n$인 다항식 $f_i(x) \in \mathbb{Z}_p[x]$ $(p = 2, 3, 5)$을 이용하여 $S_n$과 동형인 $f(x)$의 갈루아군을 구할 수 있다.

## 21 | 연습문제 EXERCISE

1. 다음 다항식의 갈루아 군을 구하여라.
   (1) $x^4-5\in\mathbb{Q}[x]$
   (2) $x^4-5\in\mathbb{Q}(\sqrt{5}\,i)[x]$
   (3) $x^3-2\in\mathbb{Q}[x]$
   (4) $(x^2-2)(x^3-5)\in\mathbb{Q}[x]$
   (5) $x^4+4x^2+2\in\mathbb{Q}[x]$
   (6) $x^3-3x+1\in\mathbb{Q}[x]$
   (7) $x^5-4x^4+2x+2\in\mathbb{Q}[x]$

2. $x^p-1\in\mathbb{Q}[x]$의 분해체를 $E$라고 하면 $[E:\mathbb{Q}]=p-1$임을 보여라. 또 $G(E,\ \mathbb{Q})$를 구하여라. 단, $p$는 소수

3. $F\subset K\subset E$이다. $G(E,\ K)=\{\phi\in G(E,\ F)\mid$ 모든 $x\in K$에 대해서 $\phi(x)=x\}$는 $G(E,\ F)$의 부분군임을 보여라.

4. $0\le d\in\mathbb{Q}$ 이면 $G(\mathbb{Q}(\sqrt{d}),\ \mathbb{Q})=e$ 또는 $\mathbb{Z}_2$와 동형임을 보여라.

5. $F\subset K\subset E$, $K$는 $F$의 정규확대체, $E$는 $K$의 정규확대체이다. $E$는 $F$의 정규확대체가 되느냐? 되면 증명하고 아니면 안되는 예를 들어라.

6. $F\subset E$, $\alpha\in E$는 $p(x)\in F[x]$의 근이다. 만일 $E$가 $p(x)\in F(\alpha)[x]$의 분해체이면 $E$는 $F$의 정규확대체임을 보여라.

7. $F\subset E\subset K$이다. $|G(K,\ E)|\times|G(E,\ F)|=|G(K,\ F)|$이냐?

8. $\mathbb{Q}(\sqrt[3]{2},\ i\sqrt{3})$은 $x^3-2\in\mathbb{Q}[x]$의 분해체임을 보여라.

9. (1) $\mathbb{Q}(\sqrt[4]{2},\ i)$는 $x^4-2\in\mathbb{Q}[x]$의 분해체임을 보여라.
   (2) $[\mathbb{Q}(\sqrt[4]{2},\ i):\mathbb{Q}]=8$임을 보여라.

10. $K$를 $x^7-1$의 분해체라 하면 $[K : \mathbb{Q}]=6$임을 증명하라.

11. $L$을 $x^6-1 \in \mathbb{Q}[x]$의 분해체라고 하면 $[L : \mathbb{Q}]=2$임을 증명하라.

12. $E$를 $x^6-2 \in \mathbb{Q}[x]$의 분해체라고 하면 $G(E, \mathbb{Q})$의 원소는 몇 개인가?

13. (1) $h \in G(\mathbb{R}, \mathbb{Q})$이면 $h$는 증가함수임을 보여라.
(2) $|G(\mathbb{R}, \mathbb{Q})|=1$임을 보여라.

14. (1) $\mathbb{C}$는 $R$상에서 갈루아임을 보여라.
(2) $0 \leq u \in \mathbb{Q}$이면 $\mathbb{Q}(\sqrt{u})$는 $\mathbb{Q}$상에서 갈루아임을 보여라.

15. $E$는 $F$의 정규분리가능한 확대체이다. $G(E, F)$가 순환군이고 $d \mid G(E, F)$면 $[K : F]=d$인 $E$와 $F$의 중간체 $K$가 단 한 개 존재함을 보여라.

16. $\alpha_1, \cdots, \alpha_n \in E$가 $F$상에서 분리가능이면 $F(\alpha_1, \cdots, \alpha_n)$은 $F$의 분리가능한 확대체임을 보여라.

17. $E$는 $F$의 확대체이다. $K=\{a \in E \mid a$는 $F$상에서 분리가능$\}$이라고 하면 $K$는 $F$와 $E$의 부분체임을 보여라.

18. $F \subset E \subset K$이다. $K$가 $F$의 분리가능한 확대체일 필요충분조건은 $E$가 $F$의 분리가능한 확대체, $K$는 $E$의 분리가능한 확대체임을 보여라.

CHAPTER 22

# 방정식의 풀이

## Solving Equations

다항식의 근을 그 다항식의 계수들의 사칙과 거듭제곱근으로 표시하는 것을 거듭제곱근 표시법 또는 거듭제곱근 공식(radical formulas)이라고 부르고 다항식 $f(x)$의 근을 거듭제곱근 공식으로 표시할 수 있을 때 $f(x)$는 거듭제곱근으로 풀이 가능(solvable by radical)이라 부른다. 여기서 근은 오직 주어진 방정식의 계수에 의해서 결정된다. 이러한 공식은 계수들의 사칙인 덧셈, 뺄셈, 곱셈, 나눗셈과 거듭제곱을 반복하여 얻어진다. 3차식에서 만일 계수 $a$, $b$가 유리수라고 하면 $D_1 = \frac{a^3}{27} + \frac{b^2}{b}$도 역시 유리수 $\mathbb{Q}$의 원소이다. 그러나 $\sqrt{D_1} \notin \mathbb{Q}$이므로 $\mathbb{Q}$를 확대하여 보다 큰 확대체 $\mathbb{Q}(\sqrt{D_1})$를 생각할 수 있고 거듭제곱근 $\sqrt{D_1}$는 $\sqrt{D_1} \in \mathbb{Q}(\sqrt{D_1})$가 된다. 다시 $D_2 = \frac{-b}{2} \pm \sqrt{D_1}$는 $\mathbb{Q}(\sqrt{D_1})$의 원소이다. 그러나 $\sqrt[3]{\frac{-b}{2} + \sqrt{D_1}}$는 $\mathbb{Q}(\sqrt{D_1})$의 원소가 아니므로 즉, $D_2 \in \mathbb{Q}(\sqrt{D_1})$, $\sqrt[3]{D_2} \notin \mathbb{Q}(\sqrt{D_1})$이므로 다시 이 체를 확대하여 체 $\mathbb{Q}(\sqrt{D_1}, \sqrt[3]{D_2})$를 만들면

$$\sqrt[3]{D_2} \in \mathbb{Q}(\sqrt{D_1}, \sqrt[3]{D_2})$$

가 된다. 이와 같이 체를 계속 확대해 나가면 결국 $x^3 + ax + b = 0$의 분해체에 도달할 수 있다. 따라서 다항식 $f(x) \in F[x]$의 근이 거듭제곱근공식으로 표시할 수 있으면 이 다항식의 계수들이 속한 체 $F$에서부터 시작해서 차례로 다양한 $n$-거듭제곱을 반복하여 $f(x)$의 분해체를 포함하는 체로 $F$를 확대할 수 있다. 이것을 좀 더 수학적으로 표시하면 다음과 같이 쓸 수 있다.

**정의 22.1** $K$는 $F$의 확대체이다. $K$가 $F$의 거듭제곱근 확대체(radical extension field)란 말은

$$F = F_0 \subset F_1 \subset F_2 \subset \cdots \subset F_t = K$$

$$F_i = F_{i-1}(c_i),\ c_i^{n_i} \in F_{i-1}\ \ (i = 1,\ 2,\ \cdots,\ t)$$

와 같이 $F$를 차례로 확대하여 $K$에 도달할 수 있을 때를 말한다.

다시 말하면 $K$가 $F$의 거듭제곱근 확대체가 될 필요충분조건은 $F$에서 반복하여 다양한 $n$-제곱근 $c_i = \sqrt[n_i]{\alpha_i}$ 을 첨가(adjoin)하여

$$K = F(c_1,\ c_2,\ \cdots,\ c_t),\ c_i^{n_i} \in F(c_1,\ \cdots,\ c_{i-1})$$

꼴이 된다는 말이다. $\alpha_i = c_i^{n_i} \in F_{i-1}$이면 $f_i(x) = x^{n_i} - c_i^{n_i} \in F_{i-1}[x]$는 $c_i$를 근으로 가진다. 따라서

$$[F_i : F_{i-1}] = [F_{i-1}(c_i) : F_{i-1}] \le \deg f_i(x) = n_i$$

이므로 유한이다. 따라서 정의에서 $F$의 거듭제곱근 확대체는 $F$의 유한확대체가 됨은 당연하다. 거듭제곱근 확대체는 때로는 근기(radical)에 의한 확대체라고도 부른다.

**예제 1** $x^3 + 3x + 2 = 0$의 근은 다음과 같다.

$$\alpha_1 = \sqrt[3]{-1+\sqrt{2}} + \sqrt[3]{-1-\sqrt{2}}$$

$$\alpha_2 = w\sqrt[3]{-1+\sqrt{2}} + w^2\sqrt[3]{-1-\sqrt{2}}$$

$$\alpha_3 = w^2\sqrt[3]{-1+\sqrt{2}} + w\sqrt[3]{-1-\sqrt{2}},\quad \text{단, } w = \frac{-1+\sqrt{3}\,i}{2}$$

여기서 $\mathbb{Q}$ 에서 출발해서 이 근을 포함하는 체를 만들어 보면

$$F_1 = \mathbb{Q}(w),\ w^3 = 1 \in \mathbb{Q}$$

$$F_2 = F_1(\sqrt{2}),\ (\sqrt{2})^2 = 2 \in F_1$$

$$F_3 = F_2(\sqrt[3]{-1+\sqrt{2}}),\ (\sqrt[3]{-1+\sqrt{2}})^3 = -1+\sqrt{2} \in F_2$$

$$F_4 = F_3(\sqrt[3]{-1-\sqrt{2}}),\ (\sqrt[3]{-1-\sqrt{2}})^3 = -1-\sqrt{2} \in F_3$$

이고 차례로 적어보면

$$\begin{aligned} F_0 = \mathbb{Q} \subset \mathbb{Q}(w) \subset \mathbb{Q}(w,\ \sqrt{2}) \subset \mathbb{Q}\left(w,\ \sqrt{2},\ \sqrt[3]{-1+\sqrt{2}}\right) \\ \subset \mathbb{Q}\left(w,\ \sqrt{2},\ \sqrt[3]{-1+\sqrt{2}},\ \sqrt[3]{-1-\sqrt{2}}\right) = F_4 \end{aligned}$$

이고 따라서 $F_4$는 $\mathbb{Q}$의 거듭제곱근 확대체이다. 또 $F_4$는 $x^3+3x+2=0$의 해 $\alpha_1$, $\alpha_2$, $\alpha_3$를 모두 포함하고 있으므로 $F_4$는 $x^3+3x+2$의 분해체를 포함한다. 물론 $x^3+3x+2=0$의 분해체를 포함하는 거듭제곱근 확대체는 $F_4$ 이외에도 많이 있다.

**정의 22.2** $f(x) \in F[x]$이다. $f(x)$의 모든 근을 포함하는 $F$의 거듭제곱근 확대체가 존재할 때 방정식 $f(x)=0$는 **거듭제곱근으로 풀이가능**(solvable by radical) 또는 근기에 의해 풀 수 있다라고 부른다.

**예제 2** $f(x)=x^2+x+1$의 근은 $\dfrac{-1\pm\sqrt{-3}}{2}$이고 $\mathbb{Q}(\sqrt{-3})$는 $f(x)$의 모든 근을 포함하므로 $f(x)$는 거듭제곱근으로 풀이 가능이다.

결국 $f(x)=0$이 거듭제곱근으로 풀이 가능일 필요충분조건은 $f(x)$의 분해체를 포함하는 거듭제곱근 확대체가 있으면 된다. 다항식 $f(x)\in F[x]$가 거듭제곱근으로 풀이가능일 경우 $f(x)$의 분해체를 포함하는 거듭제곱근 확대체는 여러 가지가 있을 수 있다. 예를 들면 $f(x)=x^4-10x^2+1$의 분해체는 $\mathbb{Q}(\sqrt{2},\ \sqrt{3})$이다. 따라서

$$\begin{aligned} &\mathbb{Q} \subset \mathbb{Q}(\sqrt{2}) \subset \mathbb{Q}(\sqrt{2},\ \sqrt{3}) \\ &\mathbb{Q} \subset \mathbb{Q}(\sqrt{3}) \subset \mathbb{Q}(\sqrt{3},\ \sqrt{5}) \subset \mathbb{Q}(\sqrt{3},\ \sqrt{5},\ \sqrt{2}) \end{aligned}$$

등은 모두 $\mathbb{Q}$의 거듭제곱근 확대체이고 $f(x)$의 분해체를 포함한다. 만일 다항식 $f(x)\in F[x]$가 풀이공식이 있으면 방정식 $f(x)=0$는 거듭제곱근으로 풀이가 가능하다. 이 사실을 거꾸로 이야기하면 $f(x)=0$가 거듭제곱근으로 풀이할 수 없으면 $f(x)=0$의 해를 구하는 공식이 없다는 말이 된다.

"$f(x)\in F[x]$이고 $K$를 $f(x)$의 분해체라고 하자. 그러면 $f(x)=0$가 거듭.제곱근으로 풀이가 가능할 필요충분조건은 $f(x)$의 갈루아군 $G(K,\ F)$가 가해군일 때이다."

앞에서 배운 군으로 잠시 돌아가서 군 $G$가 **가해군**(solvable group)이라는 말은

$$G = G_0 \supset G_1 \supset G_2 \supset \cdots \supset G_{n-1} \supset G_n = \{e\}$$

인 유한개의 군의 사슬 $G_i$가 존재해서 각 $G_i$는 $G_{i-1}$의 정규부분군이고 $G_{i-1}/G_i$는 아벨군일 때를 말한다.

> **정의 22.3** 다항식 $f(x) = x^n - 1 \in F[x]$에서 $F$의 확대체 $K$의 원소 $\alpha$가 $f(x) = 0$의 근일 때 $\alpha$를 1의 $n$-**제곱근**($n$-th roots of unity)이라고 부른다.

$F$가 표수가 0이면 정리 20.11에 의해서 $x^n - 1$은 분리가능이므로 $x^n - 1 = 0$은 정확하게 $n$개의 서로 다른 근을 가진다. 또

$$H = \{\, \alpha \in K \mid \alpha\text{는 } x^n - 1\text{의 근}\}$$

이라고 하면 $H$는 곱셈연산아래서 닫혀 있음을 쉽게 알 수 있다. 따라서 $H$는 군 $(K^*, \cdot)$의 유한부분집합이고 닫혀있으므로 $H$는 $(K^*, \cdot)$의 부분군이고 따라서 $H$는 위수 $n$인 순환군이다. 특히 이 순환군 $H$의 생성원을 1의 **원시** $n$-**제곱근**(primitive $n$-th root of unity)이라고 부른다. 또 $\alpha \in K^*$의 위수가 $n$의 약수이면 $\alpha$는 1의 $n$-제곱근이고, $\alpha$가 1의 원시 $n$-제곱근이 될 필요충분조건은 $\alpha$의 위수가 $n$임을 알 수 있다. 따라서 $w$가 1의 원시 $n$-제곱근이면 $w^n = 1$이고 $0 < m < n$이면 $w^m \neq 1$이다. 즉, $w$가 원시 $n$-제곱근이란 $w^n = 1$이 되고 $n$이 이러한 성질을 만족시키는 최소의 정수라는 뜻이다. 따라서 $w$가 1의 원시 $n$-제곱근이 될 필요충분조건은 $H = \langle w \rangle = \{1, w, w^2, \cdots, w^{n-1}\}$이므로 결국 $x^n - 1 \in F[x]$의 모든 근이 $1, w, w^2, \cdots, w^{n-1}$이면 $w$가 1의 원시 $n$-제곱근이 된다. 1의 원시 $n$-제곱근은 모두 $\varphi(n)$개만큼 있음도 쉽게 알 수 있다.

**예제 3** $f(x) = x^4 - 1 \in \mathbb{Q}[x]$의 근은 복소수 $\mathbb{C}$에서 $1, -1, i, -i$이다.

$$\langle i \rangle = \{i, -1, -i, 1\}$$

이므로 $i$가 1의 원시 4-제곱근이 된다. 마찬가지로 $-i$도 1의 원시 4-제곱근이다.

드 모아브르(DeMoivre)의 정리에 의해서, 임의의 자연수 $n$에 대해서

$$w = \cos\frac{2\pi}{n} + i\sin\frac{2\pi}{n}$$

는 $\mathbb{C}$ 에서 1의 원시 $n$-제곱근이 됨을 알 수 있다.

이후로 나오는 체 $F$는 표수가 0인 것으로 가정한다. 따라서 앞으로 $F$는 $\mathbb{Q}$ 로 생각하면 된다.

**정리 22.1** $K$는 $F$의 확대체이다. $w \in K$가 $f(x) = x^n - 1 \in F[x]$의 원시 $n$-제곱근이면 $F(w)$는 $f(x)$의 분해체이고 $G(F(w), F)$는 아벨군이다.

**증명** $w$가 $f(x)$의 원시 $n$-제곱근이므로 $f(x)$의 모든 근은 $\{1, w, w^2, \cdots, w^{n-1}\}$이고 따라서 $f(x)$의 분해체는

$$F(1, w, w^2, \cdots, w^{n-1}) = F(w)$$

이다. 임의의 $h, g \in G(F(w), F)$에 대해서 $h(w), g(w)$는 모두 $f(x)$의 근이다. 따라서

$$h(w) = w^i, \ g(w) = w^j, \ 1 \le i, j \le n-1$$

로 둘 수 있다.

$$(h \cdot g)(w) = h(g(w)) = h(w^j) = w^{ij} = w^{ji} = (g \cdot h)(w)$$

이다. 그런데 $h, g$는 $w$의 함수값 만으로 정해지므로 $G(F(w), F)$는 아벨군이다. □

물론 $w^n = 1 \in F$이므로 $F(w)$는 $F$의 거듭제곱근 확대체이다.

**정리 22.2** $f(x) = x^n - 1 \in F[x]$, $w$는 1의 원시 $n$-제곱근이다. 만일 $w \in F$면 다항식 $p(x) = x^n - a \in F[x]$의 임의의 근 $\beta$에 대하여 $F(\beta)$는 $p(x)$의 분해체이고 $F$의 거듭제곱근 확대체이다. 또 $G(F(\beta), F)$는 아벨군이다.

**증명** (1) $w \in F$이므로 $f(x)$의 모든 근은 $F$에 포함된다. 즉 $F$가 $f(x)$의 분해체이다. 한편 임의의 $\beta w^i$ $(1 \le i \le n)$에 대해서

$$(\beta w^i)^n = \beta^n (w^i)^n = \beta^n = a$$

이므로 $\beta w^i$는 $p(x)$의 근이 된다. 따라서 $p(x)$의 모든 근은 $\beta, \beta w, \beta w^2, \cdots, \beta w^{n-1}$이 됨을 알 수 있다.

$$\{\beta, \beta w, \cdots, \beta w^{n-1}\} \subset F(\beta)$$

이므로 $F(\beta)$는 $p(x)$의 분해체가 된다. 또 $\beta^n = a \in F$이므로 $F(\beta)$는 $F$의 거듭제곱근 확대체이다.

(2) 임의의 $h,\ g \in G(F(\beta),\ F)$에 대해서

$$(h(\beta))^n = h(\beta^n) = h(a) = a$$

이므로 $h(\beta)$는 $p(x)$의 근이다. 따라서 $h(\beta) = \beta w^i$, $g(\beta) = \beta w^j$라 두면

$$(g \circ h)(\beta) = g(h(\beta)) = g(\beta w^i) = g(\beta) w^i = \beta w^{j+i}$$

마찬가지로

$$(h \circ g)(\beta) = h(\beta w^j) = h(\beta) w^j = \beta w^{i+j}$$

이고 $F(\beta)$의 모든 원소는 $a_0 + a_1\beta + \cdots + a_t\beta^t$, $a_i \in F$꼴이므로 결국

$$g \circ h = h \circ g$$

가 되어 $G(F(\beta),\ F)$는 아벨군이다. □

$F$가 $f(x) = x^n - 1 \in F[x]$의 원시 $n$-제곱근을 포함하면, $p(x) = x^n - a \in F[x]$의 임의의 근 $\beta$에 대해서 $F(\beta)$는 $p(x)$의 분해체이므로 $G(F(\beta),\ F)$는 다항식 $x^n - a$의 갈루아군이다. 따라서 갈루아정리의 특수한 경우로써 $G(F(\beta),\ F)$가 가해군이므로 $x^n - a = 0$는 거듭제곱으로 풀이 가능이고 그 역도 성립한다.

**정리 22.3** $F \subset F(c)$, $c^n \in F$이다. $x^n - 1 \in F[x]$의 원시 $n$-제곱근을 $w$라 하면 $F \subset F(w) \subset F(w,\ c)$에서 $G(F(w),\ F)$, $G(F(w,\ c),\ F(w))$는 모두 아벨군이다. 또 $F(w)$는 $x^n - 1 \in F[x]$의 분해체, $F(w,\ c)$는 $x^n - c^n \in F(w)[x]$의 분해체이다.

**증명** 위의 정리 22.1에서 $G(F(w),\ F)$는 아벨군이다. 또 $x^n - 1 \in F(w)[x]$이고 $c$는 $p(x) = x^n - c^n \in F(w)[x]$의 근이므로 정리 22.2에서 $G(F(w)(c),\ F(w))$는 아벨군이다. □

**따름정리 22.4** $f(x) = x^n - a \in F[x]$, $K$가 $f(x)$의 분해체이면 $G(K,\ F)$는 가해군이다.

**증명** $x^n - 1 \in F[x]$의 원시 $n$-제곱근을 $w$라고 하고 $f(x)$의 한 근을 $\beta$라 하면 $f(x)$의 분해체는 $K = F(w,\ \beta)$가 됨을 쉽게 알 수 있다. $F \subset F(w) \subset F(w,\ \beta)$이고 $F(w)$는

$x^n - 1 \in F[x]$의 분해체이다. 또

$$\{e\} \subset G(F(w, \beta), F(w)) \subset G(F(w, \beta), F)$$

에서 $F(w)$는 $F$의 정규확대체이므로 갈루아정리 21.16(2)에서

$$G(K, F)/G(K, F(w)) \cong G(F(w), F)$$

이고 정리 22.3에서 $G(F(w), F)$는 아벨군이고 $G(F(w, \beta), F(w))$도 아벨군이다. 따라서 가해군의 조건을 만족시킨다. □

$F$의 거듭제곱근 확대체

$$F = F_0 \subset F_1 \subset F_2 \subset F_3 \subset \cdots \subset F_t$$
$$F_i = F_{i-1}(c_i),\ c_i^{n_i} \in F_{i-1}\ (i = 1, 2, \cdots, t)$$

에서 위 정리 22.3과 같은 방식으로 $F_i$에 $x^{n_i} - 1 \in F_{i-1}[x]$의 원시 $n$-제곱근 $w_i$를 차례대로 붙여주어 $E_i = F_i(w_i, c_i)$를 만들면 우리는 $G(E_i, E_{i-1})$는 모두 아벨군이 되는 새로운 $F$의 거듭제곱근 확대체 $F = E_0 \subset E_1 \subset \cdots \subset E_t$를 만들 수 있다. 또 $E_i$는 $E_{i-1}$의 정규확대체이다. 따라서 다음 정리를 얻을 수 있다.

**정리 22.5** $f(x) \in F[x]$이다. 방정식 $f(x) = 0$이 거듭제곱근으로 풀이가능이면 $f(x)$의 분해체를 포함하고 $G(E_i, E_{i-1})$가 아벨군이고 $E_i$는 $E_{i-1}$의 정규확대체인 $F$의 거듭제곱근 확대체

$$F = E_0 \subset E_1 \subset \cdots \subset E_t$$

가 존재한다.

$f(x) \in F[x]$가 거듭제곱근으로 풀이 가능하려면 $f(x)$의 분해체를 포함하는 $F$의 거듭제곱근 확대체가 있기만 하면 된다. 체 $F$에서 $F$의 거듭제곱근 확대체를 만들 때 처음부터 정리 22.5를 적용해서 체 $F$에서 시작해서 차례로 $G(F(c_1 \cdots c_i), F(c_1 \cdots c_{i-1}))$가 아벨군인 거듭제곱근 확대체

$$F \subset F(c_1) \subset F(c_1, c_2) \subset \cdots \subset F(c_1, c_2, \cdots, c_n)$$

로 생각해도 된다.

$f(x) \in F[x]$일 때 방정식 $f(x)=0$이 거듭제곱근으로 풀이가능하면 정의에서 $f(x)$의 분해체 $K$를 포함하는 $G(E_i, E_{i-1})$이 아벨군인 $F$의 거듭제곱근 확대체 $F=E_0 \subset E_1 \subset \cdots \subset E_t$가 존재한다. $K$는 당연히 $F$의 정규확대체이지만 그러나 $K$가 $F$의 거듭제곱근 확대체라고 말할 수는 없다. 단지 거듭제곱근 확대체에 포함될 뿐이다. 즉 $E_t$는 $F$의 거듭제곱근 확대체, $F \subset K \subset E_t$라고 해서 $K$가 $F$의 거듭제곱근 확대체가 되는 것은 아니다. 물론 $E_i \subset K$가 되지도 않으므로 $G(K, E_i)$도 쓸 수 없다.

**정리 22.6** $F \subset F(\alpha)$, $\alpha^n \in F$면 $F \subset F(\alpha) \subset M$인 $F$의 정규확대체이며 동시에 거듭제곱근 확대체인 $M$가 존재한다.

**증 명** $\alpha$의 $F$상에서의 기약다항식을 $p(x) \in F[x]$라 하고 $p(x)$의 모든 근을 $\alpha=\alpha_1, \alpha_2, \cdots, \alpha_m$라고 하자. $M$을 $p(x)$의 분해체라고 하면 $M=F(\alpha_1, \alpha_2, \cdots, \alpha_m)$이다.

임의의 $\alpha_i$에 대해서 $\alpha$와 $\alpha_i$는 기약다항식 $p(x)$의 근이므로

$$h: F(\alpha) \to F(\alpha_i),\ h(\alpha)=\alpha_i,\ h|_F = 1_F$$

인 동형사상이 존재한다. $h(\alpha^n)=(h(\alpha))^n=(\alpha_i)^n$에서 $\alpha^n \in F$이므로 $h(\alpha^n)=\alpha^n$이다. 따라서 $\alpha_i^n=\alpha^n \in F$가 성립한다. 따라서 $M$은 $F$의 거듭제곱근 확대체이다. $M$은 $p(x)$의 분해체이므로 당연히 $F$의 정규확대체이다. □

앞으로 $F$의 확대체 $M$가 $F$의 정규확대체이고 동시에 $F$의 거듭제곱근 확대체일 때 간단히 $M$은 $F$의 정규거듭제급 확대체로 부른다.

**정리 22.7** $E$를 $F$의 거듭제곱근 확대체라고 하면 $F \subset E \subset M$인 $F$의 정규거듭제곱근 확대체 $M$가 존재한다.

**증 명** 수학적귀납법으로 증명한다. 우선 단순거듭제곱근 확대체 $F \subset F(\alpha_1)$에서는 정리 22.6에 의해서 $F \subset F(\alpha_1) \subset M$인 $F$의 정규 거듭제곱근 확대체가 존재한다. $i \le t-1$인 경우 정리가 성립한다고 가정하고

$$F=F_0 \subset F(\alpha_1) \subset F(\alpha_1, \alpha_2) \subset \cdots \subset F(\alpha_1, \alpha_2, \cdots, \alpha_t),\ \alpha_i^{n_i} \in F(\alpha_1, \cdots, \alpha_{i-1})$$

라고 하자. 가정에 의해서

$$F \subset F(\alpha_1) \subset F(\alpha_1, \alpha_2) \subset \cdots \subset F(\alpha_1, \alpha_2, \cdots, \alpha_{t-1}) \subset M$$

$M$은 $F$의 정규거듭제곱근 확대인 체 $M$가 존재할 것이다.

$$\alpha_t^n \in F(\alpha_1, \alpha_2, \cdots, \alpha_{t-1})$$

이므로 $\alpha_t^n$는 $F$상에서 대수적이다. $\alpha_t^n = \beta$의 $F$상에서의 극소다항식을 $p(x) \in F[x]$라고 하고 $p(x)$의 모든 근을 $\beta = \beta_1, \beta_2, \cdots, \beta_m$이라고 하면 $\beta \in M$이고 $M$은 $F$의 정규확대체이므로 모든 $1 \le i \le m$에 대해서 $\beta_i \in M$이다. 임의의 $h \in G(M, F)$에 대해서 다항식

$$a(x) = (x^n - \beta_1)(x^n - \beta_2) \cdots (x^n - \beta_m) \in M[x]$$

의 함수값 $h(a(x)) = (x^n - h(\beta_1))(x^n - h(\beta_2)) \cdots (x^n - h(\beta_m))$의 계수는 고정된다. 그 이유는 임의의 $\beta_i, i \le i \le n$에 대해서 $h(\beta_i)$도 역시 $p(x)$의 근이므로 결국 $h(\beta_i) = \beta_j$꼴이다. 따라서

$$\{h(\beta_1), h(\beta_2), \cdots, h(\beta_m)\} = \{\beta_1, \beta_2, \cdots, \beta_m\}$$

이 되고 따라서 $h(a(x)) = a(x)$이다. 이 말은 즉 $a(x) \in F[x]$란 뜻이다.

$M$은 $F$의 정규확대체이므로 $M = F(c_1, \cdots, c_s)$, $c_1, \cdots, c_s$는 $f(x) \in F[x]$의 근이라고 하고 $b(x) = f(x)a(x) \in F[x]$의 $F$상에서의 분해체를 $N$이라고 하면 $a(\alpha_t) = 0$이므로

$$N = F(c_1, \cdots, c_s, \alpha_t, u_1, \cdots, u_m)$$

꼴로 적을 수 있다. (단 $\alpha_t = u_0, u_1, \cdots, u_m$은 $a(x)$의 근)

$a(x)$의 임의의 근 $u$에 대해서 $u^n = \beta_j$꼴이고 $\beta_j \in M$이므로 결국 $u^n \in M$이다. 다음과 같은 체의 열

$$F(\alpha_1, \alpha_2, \cdots, \alpha_{t-1}) \subset M \subset M(\alpha_t) = F(c_1, \cdots, c_s, \alpha_t) \subset N$$

에서 $M$은 $F(\alpha_1, \cdots, \alpha_{t-1})$의 거듭제곱근 확대체, $\alpha_t^n = \beta \in M$, 임의의 $u_i$는 $u_i^n \in M$이다. 따라서 차례로 $M(\alpha_t) \subset N$ 사이에

$$F(c_1, \cdots, c_s, \alpha_t, u_1) \subset F(c_1, \cdots, c_s, \alpha_t, u_1, u_2) \subset \cdots$$
$$F(c_1, \cdots, c_s, \alpha_t, u_1, u_2, \cdots, u_m) = N$$

과 같이 체를 한 개씩 넣어서 생각하면 $N$은 $F$의 정규확대체이고 또 $F(\alpha_1, \alpha_2, \cdots, \alpha_t)$를 포함하는 거듭제곱근 확대체이다. □

만일 $F \subset F(\alpha_1) \subset F(\alpha_1, \alpha_2)$, $F \subset F(\alpha_1) \subset F(\alpha_1, \beta)$가 모두 $F$의 거듭제곱근 확대체이면 $F \subset F(\alpha_1) \subset F(\alpha_1, \beta) \subset F(\alpha_1, \alpha_2, \beta)$와 $F \subset F(\alpha_1) \subset F(\alpha_1, \alpha_2) \subset$

$F(\alpha_1,\ \alpha_2,\ \beta)$와 같이 $F(\alpha_1,\ \alpha_2,\ \beta)$는 이 모두를 포함하는 거듭제곱근 확대체가 됨을 알 수 있다. 이와 같이 두 개의 서로 다른 $F$의 거듭제곱근 확대체는 둘 다를 포함하는 거듭제곱근 확대체를 만들 수 있다.

**정리 22.8** $K$가 $F$의 정규확대체이며 동시에 거듭제곱근 확대체이면 $G(K,\ F)$는 가해군이다.

**증명** 거듭제곱근 확대체 $F = E_0 \subset E_1 \subset E_2 \subset E_3 \subset \cdots \subset E_t = K$에서

(1) $E_i = E_{i-1}(c_i)$, $c_i^{n_i} \in E_{i-1}$, $E_i$는 $E_{i-1}$의 정규확대체이다.

(2) $K$는 $F$의 정규확대체이므로 모든 $E_i$의 정규확대체이다.

(3) $G(E_i,\ E_{i-1})$는 아벨군이다.

위의 (1), (2), (3)을 이용하여 $G(K,\ F)$는 가해군이 됨을 증명하자. 우선 갈루아군의 열

$$G(K,\ F) \supset G(K,\ E_1) \supset G(K,\ E_2) \supset \cdots \supset G(K,\ E_t) = \{e\}$$

에서 $i = 1,\ 2,\ \cdots,\ t-1$에 대해서 체 $E_{i-1} \subset E_i \subset E_t = K$에 갈루아정리를 적용하면 $G(K,\ E_i)$는 $G(K,\ E_{i-1})$의 정규부분군이고

$$G(K,\ E_{i-1})/G(K,\ E_i) \cong G(E_i,\ E_{i-1})$$

는 아벨군이다. 따라서 $G(K,\ F)$는 가해군이다. □

**따름정리 22.9** $f(x) \in F[x]$가 $F$상에서 거듭제곱근으로 풀이 가능이면 $f(x)$의 갈루아군은 가해군이다.

**증명** $f(x)$의 분해체를 $K$라고 하면 $K$를 포함하는 $F$의 정규인 거듭제곱근 확대체 $F_t$가 존재한다. 즉

$$F = F_0 \subset F_1 \subset F_2 \subset \cdots \subset F_t,\ F_i = F_{i-1}(c_i),\ c_i^{n_i} \in F_{i-1}$$

이다. 따라서 정리 22.8에 의해서 $G(F_t,\ F)$는 가해군이고 체 $F \subset K \subset F_t$에서

$$G(F_t,\ F)/G(F_t,\ K) \cong G(K,\ F)$$

이고 $G(K,\ F)$는 가해군의 준동형사상의 상이므로 가해군이다. 따라서 $f(x)$의 갈루아군은 가해군이다. □

**정리 22.10** $f(x) \in F[x]$가 $F$상에서 거듭제곱근으로 풀이 가능할 필요충분조건은 $f(x)$의 분해체 $K$의 $F$상에서의 갈루아군 $G(K, F)$가 가해군이다.

위의 정리의 역, 즉 $f(x)$의 갈루아군이 가해군이면 $f(x) \in F[x]$는 $F$상에서 거듭제곱근으로 풀이가 가능하다는 사실은 이 책의 범위를 벗어나므로 증명을 생략한다. 좀 더 알고 싶은 사람은 [1], 정리 7.12.5를 참고하기 바란다. 본 22장 연습문제 11번을 자세히 보면 대략 알 수 있다.

**정리 22.11** 다항식 $f(x) \in F[x]$의 한 근이 거듭제곱근으로 풀이가능하면 $f(x)$는 거듭제곱근으로 풀이가능이다. 즉 모든 근이 풀이가능하다.

**증명** $f(x) \in f[x]$를 기약이라고 생각해도 상관없다. $\alpha_1, \alpha_2, \cdots, \alpha_n$를 $f(x)$의 모든 근이라 하고 $F \subset F(\alpha_1) \subset E$를 $F$의 거듭제곱근 확대라고 하자. 정리 22.7에서 $F \subset F(\alpha_1) \subset E \subset M$인 $F$의 정규거듭제곱근 확대체 $M$이 존재한다. $M$은 $F$의 정규확대체이고 $\alpha_1 \in M$이므로 모든 $\alpha_i \in M$이다$(1 < i \le n)$. $f(x)$의 모든 근이 $M$에 포함되므로 따라서 $f(x)$는 거듭제곱근으로 풀이가능하다. □

**예제 4** $f(x) = x^5 - 5x - 2 \in \mathbb{Q}[x]$의 분해체를 $E$라고 하면 $G(E, \mathbb{Q}) \cong S_5$이다. 그 이유를 알아보면 우선 $f(x)$는 $\mathbb{Q}$상에서 기약임을 쉽게 알 수 있다. 또 $f(x)$의 그림표는 $x$축과 3점에서 만나므로 세 실근 $\alpha_1, \alpha_2, \alpha_3$와 두 허근 $\alpha_4, \alpha_5$를 가짐을 알 수 있다.

$G(E, \mathbb{Q})$는 $\alpha_i$의 치환들의 집합으로 볼 수 있으므로 $S_5$의 부분집합으로 생각할 수 있다. 즉 임의의 $h \in G(E, \mathbb{Q})$는 $h(\alpha_i) = \alpha_j$ $(1 \le i \le 5)$가 되므로 $h$는 $S_5$의 치환으로 생각해도 된다. 또

$$[\mathbb{Q}(\alpha_1) : \mathbb{Q}] = 5,\ [E : \mathbb{Q}] = [E : \mathbb{Q}(\alpha_1)][\mathbb{Q}(\alpha_1) : \mathbb{Q}]$$

이므로 $[E : \mathbb{Q}]$는 5의 배수이다. $|G(E, \mathbb{Q})| = [E : \mathbb{Q}]$이므로 코시정리에 의해서 $G(E, \mathbb{Q})$는 위수 5인 원소를 가진다. 또 $G(E, \mathbb{Q}) \subset S_5$이므로 결국 $S_5$에서 위수 5인 원소는 길이 5인 순환이다. 또 $\alpha_4, \alpha_5$는 켤레복소수이므로 $h(\alpha_4) = \alpha_5$인 함수 $h$는 $\mathbb{Q}$를 고정시키는 동형사상이므로 $h \in G(E, \mathbb{Q})$이고 $h$의 위수는 2, 즉 $h$는 호환이 된다. 그런데 $S_n$은 호환 $(a\ b)$과 길이 $n$인 순환 $(a_1\ a_2 \cdots a_n)$으로 생성되므로 결국

$G(E, \mathbb{Q}) = S_5$가 된다.

$S_5$는 가해군이 아니므로 $G(E, \mathbb{Q})$도 가해군이 아니다. 따라서 $f(x)$는 거듭제곱근으로 풀 수 없다. 또 아벨은 이와 관련된 다음과 같은 사실을 증명하였다. 자세한 증명은 [21], p. 308을 참조하기 바란다.

**정리 22.12** (Abel-Ruffini) $F$상에서 차수가 $n$인 일반적인 방정식이 거듭제곱근으로 풀이가능할 필요충분조건은 $n \le 4$이다.

물론 앞의 정리는 $F$의 표수가 0인 경우일 때이다. 또 이 정리는 5차 이상의 방정식은 풀 수 없다는 뜻이 아니다. 특수한 경우에는 5차 이상의 방정식도 풀 수 있다. 단지 일반적인 형태의 5차 이상의 방정식은 해법이 없다는 뜻이다.

**정의 22.4** $f(x) \in F[x]$이다. $K$를 $f(x)$의 분해체라고 하자. $f(x)$의 갈루아군 $G(K, F)$가 순환군일 때 $f(x)$를 **순환다항식**(cyclic polynomial)이라고 부른다. 또 $f(x) = 0$을 순환식이라고 한다.

**예제 5** $f(x) = x^4 - 1 \in \mathbb{Q}[x]$의 근은 $1, -1, i, -i$이고 분해체는 $\mathbb{Q}(i)$이다. $G(\mathbb{Q}(i), \mathbb{Q}) \cong \mathbb{Z}_2$이므로 $x^4 - 1 = 0$은 순환식이다.

**예제 6** $f(x) = (x^2 - 2)(x^2 - 3) \in \mathbb{Q}[x]$의 분해체는 $K = \mathbb{Q}(\sqrt{2}, \sqrt{3})$이고 $G(K, \mathbb{Q}) \cong \mathbb{Z}_2 \times \mathbb{Z}_2$이므로 $f(x)$는 순환다항식이 아니다.

**정의 22.5** $K$는 $x^n - 1 \in F[x]$의 분해체이다.

$$X = \{\alpha \in K \mid \alpha\text{는 } x^n - 1 \in F[x]\text{의 원시 } n\text{-제곱근}\} = \{\alpha_1, \alpha_2, \cdots, \alpha_t\}$$

이라고 할 때

$$\Phi_n(x) = (x-\alpha_1)(x-\alpha_2)\cdots(x-\alpha_t)$$

를 $F$상에서 $n$-**원분다항식**($n$-th cyclotomic polynomial)이라고 부르고 분해체 $K$를 $F$의 $n$-**원분확대체**($n$-th cyclotomic extension field)이라고 부른다.

만일 $\alpha_1 = w$를 1의 한 원시 $n$-제곱근이라고 하면 $\alpha_i = w^i$, 단 $\gcd(i,\ n) = 1$이 됨을 쉽게 알 수 있다. 또 $K = F(1,\ w,\ w^2,\ \cdots,\ w^{n-1}) = F(w)$가 된다.

**예제 7** $f(x) = x^4 - 1 \in \mathbb{Q}[x]$의 원시근은 $i$, $-i$이다. 따라서

$$\Phi_4(x) = (x-i)(x+i) = x^2+1$$

이 4-원분다항식이 된다.

**예제 8** $f(x) = x^3 - 1 \in \mathbb{Q}[x]$의 원시근은 $w$, $w^2$이다. 단 $w = \dfrac{-1+\sqrt{3}i}{2}$. 따라서

$$\Phi_3(x) = (x-w)(x-w^2) = x^2+x+1$$

이다.

**예제 9** $f(x) = x^8 - 1 \in \mathbb{Q}[x]$에서 $w = \cos\dfrac{2\pi}{8} + i\sin\dfrac{2\pi}{8} = \dfrac{1+i}{\sqrt{2}}$는 원시 8-제곱근이다. 따라서

$$\Phi_8(x) = (x-w)(x-w^3)(x-w^5)(w-w^7)$$

이고 계산하면 $\Phi_8(x) = x^4+1$이 된다.

원분다항식에 대한 성질은 $F$의 표수가 0이 아닌 경우에도 $n$이 $F$의 표수의 배수가 아니면 표수가 0일 때와 똑같이 성립한다. $K$를 $x^n - 1 \in F[x]$의 분해체, $w$를 1의 원시$n$-제곱근이라고 하면

$$G(K,\ F) = G(F(w),\ F)$$

이다. 임의의 $h \in G(F(w),\ F)$에 대해서 $|h(w)| = n$이고 역시 $x^n - 1$의 근이 되므로 $h(w)$도 역시 원시$n$-제곱근이 될 수밖에 없다. 결국 $G(K,\ F)$는 위수가 $\varphi(n)$인 군이

다. 사실 $|G(K, F)|=[K:F]$는 $w$의 극소다항식 $\Phi_n(x)$의 차수이므로 $\varphi(n)$이 됨은 당연하다.

자와 컴파스만으로 정$n$각형을 작도하는 법을 알아보자. 만일 우리가 정$n$각형을 작도할 수 있다면 $\cos\frac{2\pi}{n}$도 작도할 수 있다. 따라서 $\left[\mathbb{Q}\left(\cos\frac{2\pi}{n}\right):\mathbb{Q}\right]=2^t$꼴이 될 것이다. 그러면 여기서 $\cos\frac{2\pi}{n}$의 $\mathbb{Q}$ 상에서의 극소다항식을 구해보자.

복소수 $w=\cos\frac{2\pi}{n}+i\sin\frac{2\pi}{n}\in\mathbb{C}$에 대해서

$$\frac{1}{w}=\cos\frac{2\pi}{n}-i\sin\frac{2\pi}{n}$$

이므로

$$w+\frac{1}{w}=2\cos\frac{2\pi}{n}$$

이고 따라서 $\cos\frac{2\pi}{n}=\frac{1}{2}\left(w+\frac{1}{w}\right)$이다. 또

$$w^n=\left(\cos\frac{2\pi}{n}+i\sin\frac{2\pi}{n}\right)^n=1$$

이므로 $w$는 $x^n-1\in\mathbb{Q}[x]$의 근이 됨을 알 수 있다. 실제로 $1, w, w^2, w^3, \cdots, w^{n-1}$은 $x^n-1$의 근이 되므로 $w$는 $x^n-1$의 원시$n$-제곱근이다. $K$를 $x^n-1\in\mathbb{Q}[x]$의 분해체라고 하면 $K=\mathbb{Q}(w)$가 된다. $w$는 $n$-원분다항식 $\Phi_n(x)$의 근이고 $\Phi_n(x)$는 $\mathbb{Q}$에서 기약이므로 결국 $w$의 극소다항식은 $\Phi_n(x)$가 된다. 따라서

$$\begin{aligned}\left[\mathbb{Q}(w):\mathbb{Q}\left(\cos\frac{2\pi}{n}\right)\right]\left[\mathbb{Q}\left(\cos\frac{2\pi}{n}\right):\mathbb{Q}\right]&=[\mathbb{Q}(w):\mathbb{Q}]\\&=\deg\Phi_n(x)=\varphi(n)\end{aligned}$$

이다. 한편,

$$\left[\mathbb{Q}(w):\mathbb{Q}\left(\cos\frac{2\pi}{n}\right)\right]=\left[\mathbb{Q}(w):\mathbb{Q}\left(\frac{1}{2}\left(w+\frac{1}{w}\right)\right)\right]$$

를 구하려면 $w$가 근이 되는 극소다항식

$$f(x)\in\mathbb{Q}\left(\frac{1}{2}\left(w+\frac{1}{w}\right)\right)[x]=\mathbb{Q}\left(w+\frac{1}{w}\right)[x]$$

를 구하면 된다.

$$f(x) = x^2 - \left(w + \frac{1}{w}\right)x + 1 \in \mathbb{Q}\left(w + \frac{1}{w}\right)[x]$$

이고 $f(w) = 0$이다. 따라서

$$\left[\mathbb{Q}(w) : \mathbb{Q}\left(\frac{1}{2}\left(w + \frac{1}{w}\right)\right)\right] \le 2$$

이다. 그런데 $\mathbb{Q}\left(\frac{1}{2}\left(w + \frac{1}{w}\right)\right) \subset \mathbb{R}$ 이고 $w$는 복소수이므로 $\mathbb{Q}(w) = \mathbb{Q}\left(\frac{1}{2}\left(w + \frac{1}{w}\right)\right)$이 될 수는 없다. 따라서 $\left[\mathbb{Q}\left(\cos\frac{2\pi}{n}\right) : \mathbb{Q}\right] = \frac{1}{2}\varphi(n)$이 되므로 다음 정리를 얻을 수 있다.

> **정리 22.13** 자와 컴파스만으로 정 $n$각형을 작도할 수 있으면 $\varphi(n) = 2^k$꼴이 된다.

위의 정리의 역은 성립하지 않는다. 단지 작도 가능할 필요조건만 구한 것이지 $\varphi(n) = 2^k$가 충분조건은 아니다.

**예제 10** 정 7각형은 $\varphi(7) = 6$이므로 작도불가능이다.

정 $n$-각형이 작도 가능할 필요충분조건은 다음과 같다. 증명은 생략한다.

> **정리 22.14** 정 $n$-각형이 작도 가능할 필요충분조건은 $n$을 소인수분해 했을 때 3 이상의 소수 인수는 Fermat수이고 제곱꼴이 아니어야 한다.

여기서 페르마수란 $2^m + 1$, $m$은 2의 거듭제곱 꼴의 수를 말한다.

## 22 | 연습문제 EXERCISE

1. 다음 복소수를 포함하는 $\mathbb{Q}$ 의 거듭제곱근 확대체를 구하라.

(1) $\dfrac{\sqrt{5}+\sqrt[3]{2}}{\sqrt[4]{3}-\sqrt[5]{4}}$ (2) $\sqrt{\dfrac{1-\sqrt[9]{2}}{\sqrt[4]{1-\sqrt{5}}}}$ (3) $\sqrt[3]{\dfrac{(\sqrt{3}-2i)^5}{i-\sqrt{10}}}$

2. $f(x)=x^5-10x^4+40x^3-80x^2+79x-30$은 거듭제곱근으로 풀이가능임을 보여라( **힌트** $(x-2)^5-(x-2)$를 전개).

3. $K$는 $F$의 거듭제곱근 확대체, $E$는 $K$의 거듭제곱근 확대체이면 $E$는 $F$의 거듭제곱근 확대체임을 보여라.

4. $F\subset E\subset K$, $K$는 $F$의 거듭제곱근 확대체이다. $K$는 $E$의 거듭제곱근 확대체임을 보여라.

5. $f(x)\in F[x]$는 기약, $\deg f(x)=n\geq 5$, $K$는 $f(x)$의 $F$상에서의 분해체이다. $G(K,\ F)\cong S_n$, $u\in K$는 $f(x)$의 근일 때 다음을 증명하여라.

(1) $F(u)$는 $F$상에서 갈루아 확대체가 아니다.

(2) $[F(u):F]=n$, $G(F(u),\ F)=e$이다.

(3) $F(u)$를 포함하는 $F$의 거듭제곱근 확대체는 존재하지 않음을 보여라.

6. $w$는 원시 $n$-제곱근이다. 다음을 증명하라.

(1) $\mathbb{Q}(w)$는 $x^n-1\in\mathbb{Q}[x]$의 분해체이다.

(2) $n$이 소수이면 $[\mathbb{Q}(w):\mathbb{Q}]=n-1$이다.

(3) 임의의 $1\leq i\leq n-1$에 대하여 $\sqrt[n]{a}\,w^i$는 $x^n-a\in\mathbb{Q}[x]$의 근이다.

(4) $\mathbb{Q}(w,\ \sqrt[n]{a})$는 $x^n-a\in\mathbb{Q}[x]$의 분해체이다.

7. $p(x)\in F[x]$는 기약이다. $\deg p(x)=n$, $u$가 $p(x)$의 복소수근이면 임의의 단사 준동형사상 $h:F\to\mathbb{C}$ 에 대해서 $\overline{h}:F(u)\to\mathbb{C}$, $\overline{h}|_F=1$인 단사 준동형사상은 $n$개 뿐임을 보여라.

8. $F \subset K \subset \mathbb{C}$, $[K : F] = n$이다. 임의의 단사 준동형사상 $h : F \to \mathbb{C}$ 에 대해서 $\overline{h} : K \to \mathbb{C}$, $\overline{h}|_F = h$인 단사 준동형사상은 $n$개뿐임을 보여라.

9. $p$는 소수, $w$는 $x^p - 1 \in F[x]$의 원시근이다. $x^p - a \in F[x]$가 $F$상에서 가약이면 $x^p - a$는 $F$에서 근을 가짐을 보여라.

10. $H$는 $G$의 정규부분군이고 $G/H$가 아벨군이면 $H = H_0 \subset H_1 \subset \cdots \subset H_m = G$, $H_{i+1}/H_i = \langle a \rangle$, $|a|$은 소수인 $G$의 부분군 $H_i (0 \le i \le m)$가 존재함을 보여라.

11. $K$는 $f(x) \in F[x]$의 분해체이고 $G = G(K, F)$는 가해군이다. $e = H_0 \subset H_1 \subset \cdots \subset H_n = G$, $H_{i+1}/H_i = \langle a \rangle$, $|a|$는 소수인 $G$의 부분열이다. $F_i$를 $H_i$의 고정체라 하고 $F$는 1의 임의의 $n$-제곱근을 포함한다고 가정한다.
   (1) $F_i$는 $F_{i+1}$의 정규확대체이고 $[F_i : F_{i+1}]$은 소수 $p$임을 보여라.
   (2) $G(F_i, F_{i+1}) = \langle \pi \rangle$, $w \in F_{i+1}$은 $x^p - 1 \in F[x]$의 근, $b \in F_i$, $c = b + w\pi^{-1}(b) + w^2\pi^{-2}(b) + \cdots + w^{p-1}\pi^{-(p-1)}(b)$라 하면 $\pi(c) = wc$임을 보여라.
   (3) 임의의 $k \in \mathbb{Z}$ 에 대해서 $\pi^k(c^p) = c^p$임을 보여라.
   (4) $c^p \in F_{i+1}$임을 보여라.
   (5) $F_i$는 $x^p - c^p \in F_{i+1}[x]$의 분해체임을 보여라.
   (6) $K$는 $F$의 거듭제곱근 확대체임을 보여라.

# 참고문헌


1. 김응태, 박성안, 현대대수학, 이우출판사, 1984.
2. 김주필, 알기쉬운 대수학, 대선, 2002.
3. 김주필, 알기쉬운 집합론, 북스힐, 2007.
4. 김주필, 즐거운 현대대수, 교우사, 2010.
5. 천장호, 현대대수학, 대영사, 1988.
6. B. Baumslag and B. Chandler, Group theory, Schaum's Outline Series McGraw-Hill Book Co., 1968.
7. Chalres C. Pinter, A book of Abstract Algebra, McGraw-Hill Publishing Company, 1990.
8. Chalres C. Pinter, Set theory, McGraw-Hill. Inc., New York, 1969.
9. Dan Saracino, Abstract Algebra : A First Course, Addison-wesley Publishing Company, 1980.
10. David M. Burton, Elementary Number Theory, Wm. C. Brown Publishers, 1997.
11. Homer Bechtell, The Theory of Groups, Addison-wesley Publishing Company, 1971.
12. I. N. Herstein, Topics in Algebra, John Wiley & Sons, Inc. 1975.
13. John B. Fraleigh, A first Course in Abstract Algebra, Addison-wesley Publishing Company, 1982.
14. John D. Dixon, Problems in Group Theory, Dover Publications, Ins. New York, 1973.
15. Kaplansky, Fields and Rings, 2-nd edition, The Univ of Chicago Press, 1972.
16. Larry Smith, Linear Algebra, Springer-Verlag, 1978.
17. Lisl, Gaal, Classical Galois theory, Chelsea Publishing Company, New York, N. Y. 1979.
18. Ludolf Lidl & Gunter Pilz, Applied Abstract Algebra, Springer, 1998.
19. Maurice Auslander & David A. Buchsbaum, Groups, Rings, Modules, Happer & Row, publishers, 1974.
20. P. M. Cohn, F. R. S., Universal Algebra, D. Reidel Publishing Company, 1981.
21. Thomas W. Hungerford, Algebra, Holt, Rinehart and Winston, 1974.

# 찾아보기

[ㄱ]
가약(reducible) 266
가우스 정수(Gaussian integer) 240
가우스 정수환
(ring of Gaussian integer) 240
가우스의 정리 272
가해군(solvable group) 192, 369
가해열(solvable series) 192
가환(commutative) 16
가환자부분군 (commutator subgroup) 137
가환환(commutative ring) 204
갈루아군(Galoi's group) 355
거듭제곱근 확대체
(radical extension field) 368
거듭제곱근으로 풀이가능
(solvable by radical) 369
결합적(associative) 16
계수(coefficient) 259
계수(rank) 182
고정(fix) 328
고정점(fixed point) 197
곱(multiplication) 203
공역(codomain) 8
교환법칙 17
군(Group) 26
군표(group table) 33
궤도(orbit) 197
극대아이디얼(maximal ideal) 231
극대위수(maximal order) 175
극대정규부분군
(maximal normal subgroup) 192
극소생성원(mininal generator of A) 185
근(root) 264
근체(root field) 311
기본약수(elementary divisors) 168
기약(irreducible) 237
기치환(odd permutation) 96
길이(length) 190

[ㄴ]
나눗셈환(division ring) 205
나머지 정리 265
내자기동형사상(inner automorphism) 131
내직적(internal direct product) 165, 167

[ㄷ]
다항식합(polynomial addition) 261
다항식환 262
단사함수(one to one function) 9
단순군(simple group) 151
단순근(simple root) 335
단순확대체(simple extension) 286
단어(word) 49
단원(unit) 205
대수적 구조(algebraic structure) 20
대수적 확대체
(algebraic extension field) 299
대수적수(algebraic number) 287
대입함수(substitution function) 264
대칭군(symmetric group) 87
동반(associate) 217
동반원소(associator) 217

동치 191
동치관계(equivalent relation) 3
동치류(equivalent class) 3
동형(isomorphic) 108, 228
동형사상(isomorphism) 108

[ㄹ]

류방정식(class equation) 83

[ㅁ]

매입(embedding) 112
멱등원(idempotent) 209
멱영원(nilpotent) 209
무정의 용어(undefined terms) 1
무한군(infinite group) 34
무한위수(infinite order) 34, 53

[ㅂ]

반복확대체(iterated extension field) 301
부분군(subgroup) 40
부분정규열(subnormal series) 190
부분집합(subset) 2
부분체(subfield) 282
부분환(subring) 212
부정원(indeterminate) 259
분리가능(separable) 337
분리가능한 다항식
(separable polynomial) 337
분리가능한 확대체
(separable extension field) 337
분리확대체 337
분배법칙(distributive law) 205
분수체(field of quotient) 254
분할(partition) 2
분해(split) 311
분해체(splitting field) 311
불변인수(invariant factors) 168

[ㅅ]

상(image) 7
상군(quotient group) 116
상수다항식(constant polynomial) 262
상수함수(constant function) 9
상수항(constant term) 262
상집합(quotient set) 4
상환(quotient ring) 227
생성원(generators) 47
서로 소(disjoint) 90
서로소(relative prime) 244
서로소인 순환집합
(set of disjoint cycles) 91
선두계수(leading coefficient) 262
세분(refinement) 191
소(prime) 237
소아이디얼(prime ideal) 230
소체(prime field) 256
수학적 귀납법 14
순환군(cyclic group) 60
순환다항식(cyclic polynomial) 378
순환부분군
(cyclic subgroup generated by $a$) 60
실로우 $p$-부분군(Sylow $p$-subgroup) 146

[ㅇ]

아벨군(abelian group) 27
아벨군의 코시정리 143
아이디얼(ideal) 213
안정부분군(stabilizer) 197

약수(divisor) 216
역원(inverse) 24
역함수(inverse function) 12
연산(operation) 15
연산표(operation table) 17
영(zero) 264
영인자(zero-divisor) 206
오일러수(Euler number) 63
외직적(external direct product) 67
우치환(even permu-tation) 96
원상(preimage) 8
원시 $n$-제곱근
(primitive $n$-th root of unity) 370
원시다항식(primitive polynomial) 271
위수 $p^m$인 갈루아 체
(Galois field of order $p^m$) 314
위수(order) 34, 53
유리함수체(field of rational function) 254
유클리드정역(Euclidean Domain) 238
유클리드평가함수
(Euclidean evaluation function) 238
유한군(finite group) 34
유한생성(finitely generated) 47
유한생성군(finitely generated group) 48
유한생성아벨군
(finitely generated abelian group) 179
유한수열(finite sequence) 49
유한아벨군의 기본정리 168
유한위수(finite order) 53
유한확대체 295
유한확대체(finite extension field) 295
인수(factors) 190
인자(factor) 67
인자군(factor group) 116
인자환(factor ring) 227
일단계 세분 191
일차결합(linear combination) 178
일차독립(linearly independent) 179
잉여환(factor class ring) 227

[ㅈ]

자기동형사상(automorphism) 108, 130
자동사상 130
자연준동형사상
(natural homomorphism) 116
자유아벨군(free abelian group) 179
작도 가능점(constructible point) 305
전형적 준동형
(canonical homomorphism) 228
정규부분군(normal subgroup) 113
정규열(normal series) 190
정규화군(normalizer) 154
정규확대체 330
정역(integral domain) 207
정의역(domain) 8
제1-실로우정리 145
제2-수학적 귀납법 14
제2-실로우정리 149
제3-실로우정리 150
좌잉여류(left coset) 78
주아이디얼
(principal ideal generated by ) 214
주아이디얼역(principal ideal domain) 387
주아이디얼정역
(principal ideal domain) 215
준동형사상(homomorphism) 107
중국의 나머지 정리
(Chinese Remainder Theorem) 222

중근(multiple root) 335
중심(center) 45
중심화군(centralizer) 81
증가사슬조건
(Ascending Chain Condition) 246
직적(direct product) 67, 208
진부분군(proper subgroups) 43
진부분집합(proper subset) 2
진세분(proper refinement) 191
진아이디얼(proper ideal) 213
집합연산(set operation) 16

[ㅊ]
차수(degree) 262
체(field) 206
최고차계수 262
최대공약수(greatest common divisor) 244
축약단어(reduced word) 49
치역(range) 8
치환(permatation) 87

[ㅋ]
켤레((conjugate) 322
켤레(conjugate) 80, 117, 147
켤레류(conjugate class) 81
켤레부분군(conjugate subgroup) 196
켤레작용함수(conjugate action) 196

[ㅍ]
평가함수(evaluation function) 264
표수(characteristic) 251

[ㅎ]
함수(function) 7
합(addition) 203
합(sum) 215
합성열(composition series) 192
합성함수(composition function) 11
항(terms) 259
항등원(identity) 24
항등원을 가진 환(ring with identity) 204
항등함수(identity function) 9
핵(kernel) 110
호환(transposition) 94
확대체(extension field) 282
확대체의 기본정리 283
환(ring) 203
환동형사상(ring isomorphism) 228
환준동형사상(ring homomorphism) 228

[A]
$A$에서 $B$로의 관계(relation from $A$ to $B$) 3

[C]
Cauchy 144
Cayley 정리의 일반화 134

[E]
Euler 220

[F]
Fermat's little theorem 219
$F$를 고정시키는 $K$의 자동사상군』
(group of automorphism of $K$ leaving
$F$ fixed $F$) 344
$F$상에서 대수적(algebraic over $F$) 286
$F$상에서 초월적
(transcendental over $F$) 286

$F$의 갈루아확대체
(Galoi's extension of $F$) 354

[G]

$G$에서 $H$의 우잉여류
(right coset of $H$ in $G$) 74

[K]

$k$-순환($k$-cycle) 89
$k$인 순환(cycle of length $k$) 89

[N]

$n$-원분다항식
($n$-th cyclotomic polynomial) 379
$n$-원분확대체
($n$-th cyclotomic extension) 379
$n$을 법으로 하는 정수군
(group of integers modulo $n$) 29
$n$-제곱근($n$-th roots of unity) 370
$n$-차의 대칭군
(symmetric group of degree $n$) 87
$n$을 법으로 하는 $i$의 합동류
(congruence classes of $i$ modulo $n$) 27
$n$을 법으로 하는 합동류의 집합
(set of congruence classes modulo $n$) 28
$n$차의 교대군
(alternating group of degree $n$) 97

[R]

$R$상에서의 2차 일반선형군
(general linear group of degree 2 over $R$) 27

[X]

$X$에 의해서 생성되는 $G$의 부분군
(subgroup of $G$ generated by $X$) 47
$X$에 의해서 생성된 자유군
(free group generated by $X$) 51
$X$의 단어(word on $X$) 50

[기타]

$\theta$에 의한 $K$의 고정체
(fixed field of $K$ under $\theta$) 348

**김 주 필**

경북대학교 문리대 수학과 이학사
경북대학교 대학원 이학석사, 이학박사
한남대학교 이과대학 수학과 교수
한남대학교 이과대학장, 수리과학연구소장
미시간 주립대학교 연구교수

〈저서〉
『기초 현대대수학』, 한남대학교 출판부, 1996
『알기쉬운 대수학』, 대선, 2003
『알기쉬운 집합론』, 북스힐, 2007
『즐거운 현대대수』, 교우사, 2008

**간추린 현대대수학**

2013년 8월 5일 초판 인쇄
2013년 8월 10일 초판 발행

저 자 / 김주필
발행자 / 오판근
발행처 / 교우사

주 소 / 서울특별시 동대문구 약령시로 8 교우빌딩 2층
전 화 / 925-2861(代), 편집부 / 925-2825
팩 스 / 925-2860

E-mail / kyowoo@kyowoo.co.kr
http://www.kyowoo.co.kr

등록 / 1994. 3. 24 제6-0256호

ISBN 978-89-8172-994-3 (93410)

값 27,000 원